Introduction au béton armé

Jean-Louis Granju

Introduction au béton armé

Théorie et applications courantes
selon l'Eurocode 2

Deuxième édition 2014

ÉDITIONS EYROLLES
61, bd Saint-Germain
75240 Paris Cedex 05
www.editions-eyrolles.com

AFNOR ÉDITIONS
11, rue Francis-de-Pressensé
93571 La Plaine Saint-Denis Cedex
www.boutique-livres.afnor.org

Le programme des Eurocodes structuraux comprend les normes suivantes, chacune étant en général constituée d'un certain nombre de parties :
EN 1990 Eurocode 0 : Bases de calcul des structures
EN 1991 Eurocode 1 : Actions sur les structures
EN 1992 Eurocode 2 : Calcul des structures en béton
EN 1993 Eurocode 3 : Calcul des structures en acier
EN 1994 Eurocode 4 : Calcul des structures mixtes acier-béton
EN 1995 Eurocode 5 : Calcul des structures en bois
EN 1996 Eurocode 6 : Calcul des structures en maçonnerie
EN 1997 Eurocode 7 : Calcul géotechnique
EN 1998 Eurocode 8 : Calcul des structures pour leur résistance aux séismes
EN 1999 Eurocode 9 : Calcul des structures en aluminium
Les normes Eurocodes reconnaissent la responsabilité des autorités réglementaires dans chaque État membre et ont sauvegardé le droit de celles-ci de déterminer, au niveau national, des valeurs relatives aux questions réglementaires de sécurité, là où ces valeurs continuent à différer d'un État à un autre.

© Afnor et Groupe Eyrolles, 2012, 2014 pour la présente édition
ISBN Afnor : 978-2-12-465457-4
ISBN Eyrolles : 978-2-212-13842-9

Partie B

Bases réglementaires et calculs de base

B-III.7 Poutres en Té 132

B-III.8 Poutres avec aciers comprimés 141

Partie C

Application aux structures

SECTION C-I Données d'un projet et sollicitation de calcul 147

Partie D

Exemples de calcul

Partie E

Aides au calcul et ordres de grandeur

Avant-propos

« Si le résultat d'un calcul n'est pas conforme à ce que vous indique votre bon sens, recommencez le calcul, c'est probablement lui qui est faux. »

Robert L'Hermite *

Cet ouvrage s'adresse à ceux qui découvrent le béton armé avec pour objectif d'en comprendre le fonctionnement et de savoir traiter les cas simples conformément aux prescriptions de l'Eurocode 2.

Cette nouvelle édition est à jour des évolutions réglementaires survenues depuis 2012 et tient compte notamment des propositions du Guide d'application français de l'Eurocode 2 paru en décembre 2013. Elle comprend par ailleurs une prise en compte beaucoup plus stricte de la classe de ductilité des aciers et intègre les dernières évolutions des treillis soudés.

Objectifs

Procurer aux lecteurs une *connaissance approfondie et durable* des propriétés et des *comportements fondamentaux* du béton armé. Dans un souci pédagogique, l'exposé est adossé à des exemples simples soutenus par de nombreuses illustrations de façon à rendre les explications les plus concrètes possibles et laisser une trace durable dans la mémoire.

En s'appuyant sur ces acquis, exposer *les prescriptions réglementaires des Eurocodes* et les *démarches de calcul* qui en découlent. Se concentrer sur l'essentiel en limitant le propos, la théorie et les applications à *ce qu'il suffit de connaître pour les bâtiments courants en conditions courantes*. Ne rien céder du souci d'explication pour la meilleure compréhension des points traités et compléter le tableau par des exemples de calcul.

Enfin, proposer des aides au calcul et des outils d'autocontrôle : des ordres de grandeur et calculs estimatifs simples. Ces derniers participent également à forger le *bon sens* évoqué par Robert L'Hermite.

Organisation de l'ouvrage

Il est découpé en cinq parties inégales (A, B, C, D et E), elles-mêmes découpées en sous-parties qui seront désignées par le terme « section ».

---

* L'auteur rend hommage à Robert L'Hermite et à son livre *Au pied du mur* (édité en 1969 par Diffusion des techniques du bâtiment et des travaux publics). Pionnier en la matière, il proposa une présentation simple et ludique des fondements des règles de construction qui a fortement inspiré la présentation de la partie A de cet ouvrage.

A Le béton armé : de quoi s'agit-il et comment ça marche ?

C'est la base du livre. Cette partie réunit tous les éléments nécessaires à la compréhension de ce qu'est le béton armé : d'où il vient, son évolution et ses derniers développements, ses composants et enfin comment il fonctionne. Cela est exposé de façon imagée et autant que possible sans recours aux équations.

B Bases réglementaires et calculs de base

Tout d'abord est précisé le périmètre de la limitation de cet ouvrage aux bâtiments courants en conditions courantes.

Puis, après la présentation des principes fondateurs des Eurocodes et la codification réglementaire des éléments servant de données au calcul, est exposée la démarche des calculs de base réglementaires destinés à assurer la résistance aux divers effets du moment fléchissant et de l'effort tranchant.

C Applications aux structures

Limitées aux cas de la flexion simple et de la compression centrée, elles couvrent un domaine qui va des poutres – rectangulaires, en Té, sans ou avec aciers comprimés, isolées ou continues – aux planchers, poteaux, murs et fondations superficielles.

D Exemples de calcul

Ils approfondissent la compréhension des calculs ci-dessus en les illustrant.

E Aides au calcul et ordres de grandeur

Les aides au calcul se présentent sous forme de tableaux et formules aidant le calculateur.

Le volet « ordres de grandeur » regroupe un lot des repères et des modes de calcul approché suffisamment simples pour être utilisés de mémoire. Il constitue un socle d'outils estimatifs que chacun étoffera à l'usage et à partir duquel il développera son propre *bon sens du béton armé*.

Ce livre fait suite à autre ouvrage plus détaillé du même auteur, *Béton armé : théorie et applications selon l'Eurocode 2*, paru aux éditions Eyrolles. Le lecteur pourra y trouver les approfondissements non présentés ici.

Remerciements

Je tiens à remercier Jean-Marie Paillé et André de Chefdebien, tous deux membres de la commission de normalisation du calcul des ouvrages en béton Eurocode 2, pour leurs informations précieuses.

Mes remerciements vont également au département de Génie civil de l'IUT A de Toulouse qui m'a autorisé à me référer à l'expérience acquise dans ses murs.

Je remercie enfin mes interlocuteurs aux éditions Eyrolles pour leur disponibilité et leur efficacité.

Partie A

Le béton armé : de quoi s'agit-il
et comment ça marche ?

Le béton armé : de quoi s'agit-il ?

A-I.1 Les atouts du béton armé

Le béton armé est l'association gagnante de béton et d'armatures, *a priori* métalliques. Il doit son succès aux nombreux avantages du béton et au caractère gagnant de son association avec les armatures. Le béton reprend les efforts de compression et les armatures ceux de traction.

A-I.1.1 Pourquoi du béton ?

Le béton est un matériau de construction remarquable. Près de 7 milliards de mètres cubes sont mis en place chaque année dans le monde.

Ses qualités sont les suivantes :

- C'est un matériau « hydraulique » (car le ciment est un liant « hydraulique »), c'est-à-dire qu'il durcit par une réaction avec l'eau. En conséquence il ne craint pas l'eau, il en a même besoin.
  Un minimum d'humidité doit être maintenu durant ses premiers jours de durcissement et, à condition de ne pas le délaver, c'est sous l'eau qu'il durcit le mieux.
- Une fois durci, il est dur et solide comme de la pierre et même souvent plus.
- Il est moulable à température ambiante. Sa mise en place est donc simple et il s'adapte à toutes les formes désirées, même les plus complexes.
  De très grands volumes peuvent être mis en place par addition de quantités plus faibles et, moyennant quelques précautions simples, l'ensemble obtenu se comporte de façon monolithique.
- Il est peu perméable, imputrescible, peu dégradable et incombustible (bien que pouvant être finalement détruit par un incendie il résiste longtemps avant d'être altéré).
- C'est un matériau lourd.
  Pour la construction des avions c'est un défaut. Mais pour les constructions courantes c'est souvent une qualité. Le poids s'avère notamment un atout pour résister au renversement. Il est également un atout pour l'isolation acoustique.
- Son PH basique (PH $\geq$ 12) aide à la protection des armatures métalliques contre la corrosion.

- Dernier avantage et non des moindres : son prix relativement modique.

  En 2011 en France, 1 m^3 de béton courant (un C25/30) livré sur le chantier coûtait un peu moins de 90 € hors taxes.

En contrepartie, il présente des défauts qui seraient rédhibitoires sans l'association d'armatures.

- Il a une faible résistance en traction et est fragile.

  La fragilité est dangereuse et il faut absolument s'en prémunir. Elle est cause de ruptures brutales, comme du verre, sans signe avant-coureur.

- Dernier défaut dont il faut s'accommoder : le retrait.

  Hors les cas de durcissement sous l'eau ou en milieu très humide, le béton a du retrait qui est source de fissuration non désirée. On canalise le problème en créant des « joints de retrait ».

  Ses effets sont particulièrement visibles sur les éléments peu armés durcissant à l'air. C'est notamment le cas des dallages. À défaut de joints, des fissures apparaissent et se développent, espacées de 5 m environ. Un exemple très visible est aussi celui des murets séparateurs ou de protection le long des routes comme illustré sur la figure A-I.1.1.

Figure A-I.1.1. Fissures de retrait, une tous les 5 m environ (exemple d'un muret séparateur d'autoroute).

A-I.1.2 L'association gagnante béton-armatures

Le béton armé pallie les défauts du béton par l'ajout d'armatures.

- Elles reprennent les efforts de traction que le béton est inapte à reprendre seul.
- Elles apportent aux éléments renforcés la ductilité qui manque au béton seul.

  La ductilité est le contraire de la fragilité, elle est essentielle à la sécurité. Un élément ductile plie, s'étire, se déforme et ne rompt que tardivement. Ses fortes déformations et larges fissures qui précèdent sa rupture alertent les utilisateurs avant qu'il soit trop tard. De plus, elles sont accompagnées d'une forte consommation d'énergie qui peut être salvatrice. C'est notamment sur cette consommation d'énergie que s'appuie la résistance antisismique.

Le béton armé est l'association gagnante du chêne et du roseau. Le chêne est le béton, dur et difficilement altérable, il ne plie pas mais casse. Le roseau est l'armature, résistante et ductile, elle « plie mais ne rompt pas », ou ne rompt qu'après une très grande déformation.

- Le mot « association » traduit la coopération entre béton et armature mais indique aussi la nécessité d'un contact intime et d'une adhérence la plus parfaite possible entre eux deux.
- L'association est gagnante car il y a synergie : l'élément béton armé a des performances bien supérieures à l'addition des performances de chacune de ses deux composantes (l'élément en béton seul d'une part, l'armature seule d'autre part).

Un exemple d'association gagnante est illustré par le cas d'une échelle, association des deux composantes que sont, d'une part ses deux montants, d'autre part ses barreaux (figure A-I.1.2).

Figure A-I.1.2. Comparaison de l'échelle.

Pour que cette échelle soit efficace et sûre, il faut encore qu'elle réponde aux deux impératifs illustrés sur la figure A-I.1.3.

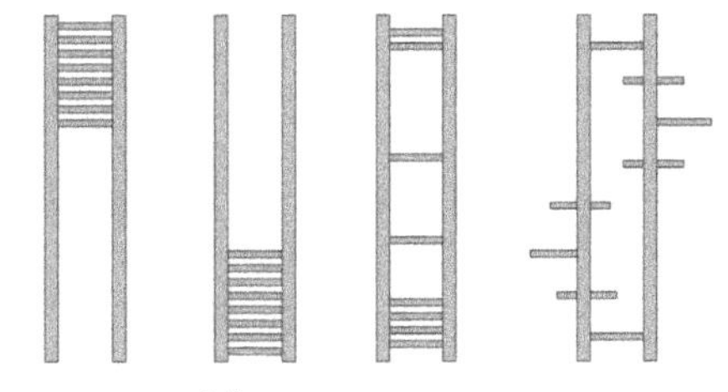

a) Être correctement conçue.
Ci-dessus quelques exemples de conception laissant à désirer.

b) Être correctement dimensionnée, c'est-à-dire correctement calculée.
Il faut notamment que montants d'une part et barreaux d'autre part soient suffisamment résistants pour le besoin à couvrir, sans pour autant être surdimensionnés de façon à viser le meilleur rapport efficacité/prix.

Figure A-I.1.3. Comparaison de l'échelle : exigences complémentaires.

A-I.2 Historique

L'idée d'associer des armatures à un matériau naturellement insuffisamment résistant en traction est très ancienne. Par exemple, quelques-uns des premiers tronçons de la muraille de Chine, datant de l'époque Han (vers 200 ap. J.-C.) ont été construits en terre renforcée par des branchages disposés en couches horizontales. Ces armatures ont permis de construire des murs relativement minces aux parements verticaux qui subsistent encore. Le pisé, terre additionnée de paille pour en renforcer la cohésion, est un autre exemple.

Le béton, un mélange de cailloux agglomérés par un liant, est aussi une idée très ancienne. Mais c'est l'invention du ciment qui lui a donné l'essor qu'on connaît aujourd'hui.

A-I.2.1 Avant l'invention du ciment

Jusqu'au début du XIXᵉ siècle, les liants disponibles étaient pour l'essentiel : la terre, peu performante mécaniquement mais gratuite, les diverses chaux naturelles, plus performantes et plus chères (mais encore beaucoup moins performantes que le ciment, voir le tableau A-I.2.1).

Les premières traces de fabrication organisée de chaux remontent à 10 000 ans av. J.-C. Il en existe deux types : les chaux « aériennes » et les chaux « hydrauliques ». Toutes deux sont issues de la calcination entre 800 °C et 1 000 °C d'une roche calcaire, la « pierre à chaux ». Seule la chaux hydraulique a la capacité de durcir en présence d'eau et ensuite de résister au délavage par l'eau, c'est aussi celle qui procure la plus grande résistance. C'était donc le liant des ouvrages qu'on voulait durables.

Seules quelques carrières de « pierre à chaux » produisaient de la chaux hydraulique. Mais jusqu'en 1817, les critères de choix de la carrière pour obtenir une chaux de type hydraulique restèrent inconnus.

À défaut de fabriquer suffisamment de chaux hydraulique, un mélange de chaux aérienne ou peu hydraulique avec de la terre cuite finement broyée ou de la pouzzolane (cendre volcanique siliceuse, souvent de couleur rouge), broyée ou naturellement fine, ont montré une capacité à durcir sous l'eau, comme une chaux hydraulique mais encore plus lentement. Le fameux « ciment des Romains » était de ce type. La technique fut perdue et réinventée au Moyen Âge. Le mortier des cathédrales en témoigne.

Le matériau durcissant très lentement, du béton qu'on coule dans les coffrages tel qu'on le connaît aujourd'hui n'était pas envisageable, car il aurait fallu attendre plusieurs mois avant de décoffrer. Ce qui tenait lieu de béton était plutôt un mélange de gros cailloux noyés dans du mortier. La technique fut largement utilisée dans tous les cas où il n'y avait pas de coffrage à récupérer. Ce fut le cas des fondations, coffrées par la terre environnante. Ce fut également le cas du remplissage, à vocation structurelle ou non selon les besoins, du volume entre deux parements en pierre ou brique.

A-I.2.2 L'invention du ciment

En 1756, John Smeaton entrevit que le caractère hydraulique des chaux venait des « impuretés » argileuses de la pierre à chaux utilisée.

En 1817, Louis Vicat, poursuivant une démarche scientifique débutée en 1812, découvrit et énonça les critères d'obtention d'une chaux hydraulique : le matériau source doit contenir 80 % de calcaire et 20 % d'argile. Sa démarche scientifique ne s'arrêta pas à ce résultat. Il jeta les bases de la chimie des liants hydrauliques. Ensuite, les avancées furent rapides.

Il inventa la « chaux hydraulique artificielle », ainsi désignée car les qualités nécessaires du matériau source n'étaient plus obtenues par cuisson d'une « pierre à chaux », mais par reconstitution artificielle (par la main de l'homme) puis cuisson d'un mélange adéquat des composants nécessaires.

Par une cuisson à température plus élevée, il obtint un produit qui, après broyage, fournissait un liant au durcissement beaucoup plus rapide et capable de meilleures résistances. C'était le précurseur du ciment.

Sur ces bases, en 1824, l'Écossais John Aspdin, un entrepreneur en construction, développa un nouveau liant qu'il dénomma « ciment Portland artificiel » pour la ressemblance du produit obtenu avec la roche grise extraite de la presqu'île de Portland, au sud de l'Angleterre. Il s'agissait du mélange préconisé par Vicat, 80 % de calcaire et 20 % d'argile, cuit en revanche à plus haute température que la chaux, jusqu'à début de fusion à 1 450°C, puis broyé après refroidissement.

Nota

Le mot « ciment » vient du mot anglais *cement* qui signifie « liant ». Donc J. Aspdin inventa non seulement le ciment, mais aussi son nom.

C'est le même type de ciment qui est encore utilisé de nos jours, avec cependant un affinage de sa composition et de sa fabrication. Jusqu'en 2001, il était désigné par les initiales CPA (pour ciment Portland artificiel). La désignation actuelle est CEM I (CEM pour le mot anglais *cement* et I pour préciser qu'il s'agit d'un ciment Portland).

Le ciment a apporté un progrès considérable par rapport aux chaux hydrauliques, comme l'illustre le tableau A-I.2.1 qui compare les résistances escomptables après différents temps de durcissement. À 2 ou 7 jours, la résistance atteinte par le ciment est vingt fois plus grande que celle d'une bonne chaux hydraulique. La résistance finale est dix fois plus grande.

Tableau A-I.2.1. Comparaison des résistances (en compression mesurées sur mortier normalisé) à différentes échéances d'une chaux hydraulique de qualité et de deux ciments Portland.

Résistance en compression	À 2 jours	À 7 jours	À 28 jours	À 3 mois	Plusieurs années
Chaux hydraulique	≈ 0,5 MPa	≈ 1 MPa	2 à 3 MPa	3 à 5 MPa	5 à 10 MPa
Ciment Portland pour utilisation en maçonnerie	≈ 10 MPa	≈ 25 MPa	≈ 35 MPa	≈ 40 MPa	≈ 40 MPa
Ciment Portland pour utilisation en structure	≈ 18 MPa	≈ 40 MPa	≈ 55 MPa	≈ 60 MPa	≈ 60 MPa

A-I.2.3 Le béton armé et précontraint

L'apparition du ciment apporta aux constructeurs un béton semblable à celui d'aujourd'hui – basé sur un mélange de ciment, sable, gravier et eau – qui se met en place par coulage, durcit assez vite pour être démoulé au bout de quelques jours et atteint des résistances le classant au rang des meilleurs matériaux minéraux utilisables en structure.

En 1848-1849, deux Français, Joseph-Louis Lambot et Joseph Monier, déposèrent des brevets pour des fabrications en « ciment armé », en fait un mortier armé. Il s'agissait dans les deux cas de caisses à fleurs et diverses décorations de jardin. Très vite, le premier se spécialisa dans la fabrication de bateaux en ciment armé et le second se tourna vers la construction de génie civil. En 1873, J. Monier déposa un brevet pour la construction de ponts dont il subsiste un exemplaire : le pont de Chazelet, 13,80 m de portée pour 4,25 m de large, construit en 1875.

Dès 1850, François Coignet fabriqua des poutres armées et, en 1861, il inventa la préfabrication à laquelle son nom resta longtemps attaché.

En 1879, François Hennebique substitua le béton armé (du type de celui qu'on connaît aujourd'hui) au ciment armé (qui n'était qu'un mortier armé).

En 1889, les ingénieurs Jean Bordenave, Paul Cottancin, François Coignet et François Hennebique formulaient les moyens de calculer et mettre en œuvre du béton armé.

En 1892, Hennebique mit en évidence le rôle et la nécessité des armatures transversales.

En 1902, Charles Rabut énonça les lois de déformation du béton armé. Celles-là mêmes qui, à quelques adaptations près, prévalent encore aujourd'hui pour les calculs à l'état limite de service (ELS). Il édicta les premières règles de calcul et « apporta de grands perfectionnements dans la construction des ponts ».

Le 20 octobre 1906 parut la première circulaire réglementant en France le calcul du béton armé.

En 1917, Eugène Freyssinet utilisa pour la première fois la vibration pour la mise en place du béton.

En 1928, il inventa la précontrainte. L'entreprise qu'il créa s'est depuis transformée en un groupe qui fait encore partie aujourd'hui des leaders du secteur.

Il faut également citer Albert Caquot et Robert L'Hermite, dont l'expertise marqua profondément l'évolution de la discipline.

Dès 1928, toutes les techniques utilisées aujourd'hui étaient inventées.

À partir de 1945, l'usage du béton armé se généralisa, et devint même intensif, pour la reconstruction d'après-guerre.

Le développement du béton armé fut soutenu par un nouveau règlement édicté en 1945, le CCBA 45, qui, avec deux toilettages en 1960 et en 1968, resta en vigueur jusque dans les années 1980. En 1981 entra en application un règlement d'un nouveau type, BAEL (béton armé aux états limites), s'appuyant sur la notion d'états limites et un traitement semi-probabiliste de la sécurité. Il fut légèrement remanié en 1991 et 1999 avant d'être très progressivement remplacé à partir de 2010 par l'Eurocode 2. Dans le groupe réglementaire plus vaste des Eurocodes, c'est celui qui traite du béton armé et précontraint.

A-I.2.4 Évolution et derniers développements du béton

Contrairement à un sentiment largement répandu, le béton n'est plus un simple mélange de granulats, ciment et eau. À partir des années 1980 il est devenu un produit très élaboré et même, dans les derniers développements, un matériau de pointe.

On en trouve le reflet dans l'évolution de la résistance admise réglementairement en France. Depuis 1945 elle était restée limitée à $f_{ck} \leq 40$ MPa (pour f_{ck} voir § B-II.1.2.2.1). En 1991 la plage fut étendue jusqu'à $f_{ck} = 60$ MPa, puis en 1999 jusqu'à 80 MPa. Enfin, l'Eurocode 2 codifie maintenant le cas de bétons jusqu'à $f_{ck} = 100$ MPa.

A-I.2.4.1 Les nouveaux bétons développés à partir des années 1980

Les nouveaux bétons ont tous vu le jour entre 1981 et 1998. Chronologiquement, ce sont :
- les bétons à hautes performances (BHP) (50 MPa $\leq f_{ck} \leq$ 80 MPa) ;
- les bétons à très hautes performances (BTHP) (80 MPa $\leq f_{ck} \leq$ 100 MPa) ;
- d'autres produits encore plus techniques, comme les bétons fibrés ultra-performants (BFUP) (150 MPa $\leq f_{ck} \leq$ 800 MPa) ;
- enfin, les bétons autoplaçants (BAP) et autonivelants (BAN). Ils sont de résistance courante, mais se mettent en place sans vibration.

Ces développements ont été rendus possibles grâce, conjointement, aux avancées suivantes.
- Le développement d'adjuvants à l'efficacité accrue :
  - des réducteurs d'eau, fluidifiants et défloculants permettant de malaxer sans grumeaux et de mettre en place par simple coulage des mélanges qui, sans cela, auraient une consistance de terre humide ;
  - des agents de texture participant à prévenir la ségrégation des mélanges très liquides que sont les BAP et BAN.
- L'utilisation généralisée de « fillers » : ce sont des granulats dont la finesse est voisine de celle du ciment. Ils remplissent (*to fill* en anglais) une part des espaces laissés vides dans le squelette granulaire du béton.
- L'utilisation (à l'origine des BHP) de granulats ultra-fins, dix à cent fois plus fins que le ciment (souvent de la « fumée de silice », résidu de la métallurgie du silicium), qui ne peuvent être mélangés sans l'aide de défloculants et fluidifiants puissants.
- Une maîtrise améliorée de la composition des bétons qui a permis, avec l'aide des nouveaux adjuvants :
  - d'élaborer des mélanges plus compacts qui donneront des bétons plus résistants ;
  - en ajoutant des granulats ultra-fins, d'élaborer des mélanges encore plus compacts, voire ultra-compacts, qui donnent des bétons très résistants ou ultra-résistants ;
  - d'élaborer des mélanges BAP ou BAN, avec des règles de composition spécifiques qu'il fallut inventer, très liquides et cependant sans ségrégation.

L'un des principes de la composition des bétons est de remplir les espaces entre les gros granulats par des granulats de plus en plus fins pour, généralement, finir par des grains de ciment et de filler. L'utilisation de granulats ultra-fins permet un remplissage encore plus poussé. Les espaces résiduels sont remplis par l'eau de gâchage.

En l'absence d'adjuvant : d'une part, les grains les plus fins s'agglomèrent en grumeaux qui se comportent comme des granulats plus gros et qui n'assurent plus le rôle de remplissage escompté des espaces fins ; d'autre part, le frottement des grains les uns sur les autres limite la maniabilité du mélange et oblige à mettre plus d'eau que souhaité uniquement pour lubrifier ces contacts. Tout excès d'eau est autant de perdu sur la compacité du mélange et sur les performances du matériau durci.

Les adjuvants défloculants empêchent l'agglomération des grains fins et leur rend leur rôle de remplissage des espaces les plus fins. Les adjuvants réducteurs d'eau et fluidifiants réduisent (pour les meilleurs presque à zéro) les frottements entre grains et réduisent d'autant la quantité d'eau en excès nécessaire.

La réduction de la quantité d'eau en excès par les moyens ci-dessus se traduit par une augmentation de la résistance du produit durci. Si celle-ci n'est pas recherchée, il est alors économique de remplacer une partie du ciment par un filler.

A-I.2.4.2 Aujourd'hui

Les BHP sont devenus d'usage courant en ouvrages d'art et dans les immeubles de grande hauteur.

La fabrication des BTHP et BFUP s'est affinée. Ils sont notamment d'un usage plus aisé, mais restent limités à des applications « de niches ».

Enfin, le développement des BAP et BAN est freiné par une difficulté à maîtriser leur retrait. Une fois ce point réglé, ils seront promis à un très grand succès. La suppression de la vibration est en effet une attente de la majorité des acteurs de la construction. De plus, les BAP fournissent une qualité de parement et d'enrobage des aciers difficilement égalable.

A-I.2.5 Évolution des aciers

Très vite, il apparut que les armatures de section circulaire ou s'en rapprochant sont les plus appropriées. Les autres géométries, comme l'illustre la figure A-I.2.1, génèrent un effet d'obstacle important à la mise en place du béton et favorisent des défauts d'enrobage rédhibitoires.

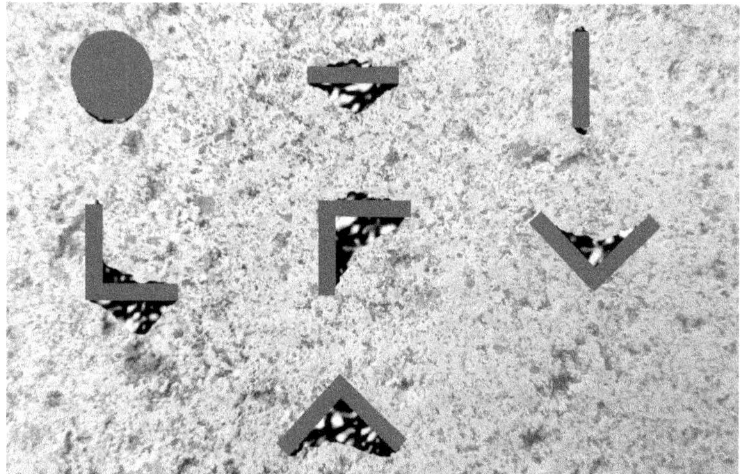

Les barres de section circulaire ou apparentée présentent la meilleure qualité d'enrobage, quelle que soit leur orientation.

Figure A-I.2.1. Défauts d'enrobage à craindre (d'où adhérence réduite et risque de corrosion accru) selon la géométrie des barres et leur orientation.

Les premiers aciers furent des aciers doux, de limite d'élasticité alors voisine de 160 MPa. Aujourd'hui les aciers de béton armé les plus courants affichent une limite d'élasticité garantie de 500 MPa.

Leur géométrie de surface, dont dépend l'adhérence, a également évolué (voir figure A-I.2.2).

Au début il y eut de simples barres rondes brutes de laminage. On comptait sur leurs irrégularités de surface pour assurer une adhérence minimum.

Puis rapidement, des formes assurant une meilleure adhérence ont été développées.

- Ce furent d'abord l'acier Ransome aux États-Unis puis l'acier Caron en Europe, de section carrée et torsadé. Ils ne pouvaient glisser dans leur gaine de béton qu'en se détorsadant.

Cela engendrait une vraie résistance au glissement, mais générait en contrepartie des efforts importants d'éclatement du béton d'enrobage.

- Ensuite apparut l'acier Tor. Il s'agissait de barres rondes munies de deux nervures longitudinales et, comme l'acier Caron, torsadées. Excepté les plus petits diamètres, elles bénéficiaient en plus de « verrous » façonnés au laminage avec une inclinaison différente de celle des nervures. Ils s'opposaient au dévissage et, par là, limitaient le risque d'éclatement du béton. Tor fut le premier acier « haute adhérence » (HA) et il fit référence jusqu'à la fin des années 1970. Sa limite d'élasticité garantie atteignait alors 400 MPa. Pour les aciers Ransome, Caron et Tor, l'opération de torsadage, faite à froid après le laminage, engendrait un écrouissage qui faisait gagner 10 à 20 % sur la limite d'élasticité garantie en traction. L'opération était donc gagnante sur deux tableaux : meilleure adhérence et meilleure résistance.

- Enfin, au début des années 1980, lorsque la métallurgie a fourni à prix compétitif, puis ensuite meilleur marché, des aciers non torsadés de limite d'élasticité garantie égale ou supérieure à celle des aciers Tor, ceux-ci furent abandonnés au profit d'aciers crénelés. Ils sont bruts de laminage et leurs verrous inclinés en sens opposé sur les deux faces opposées de la barre annihilent toute tendance au dévissage. De nombreuses géométries de verrous et nervures ont vu le jour, dont beaucoup ont depuis disparu.

- Aujourd'hui, tous les aciers HA ont une géométrie comparable à celle de l'acier crénelé de la figure A-I.2.2. Les plus courants ont une limite d'élasticité garantie de 500 MPa.

Pour renforcer les éléments surfaciques, comme les dalles de plancher, les treillis soudés (TS) (voir figure A-I.2.3) sont apparus dans les années 1950. D'abord exclusivement en rouleaux et constitués de fils lisses, ils sont maintenant exclusivement en panneaux et formés de fils haute adhérence.

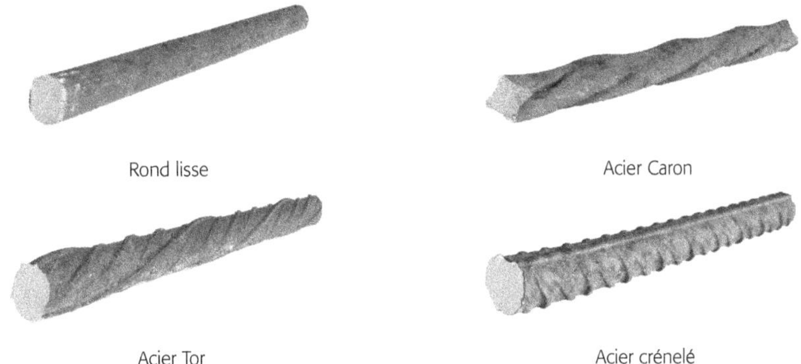

Figure A-I.2.2. Barres « lisses » et évolution des barres « haute adhérence ».

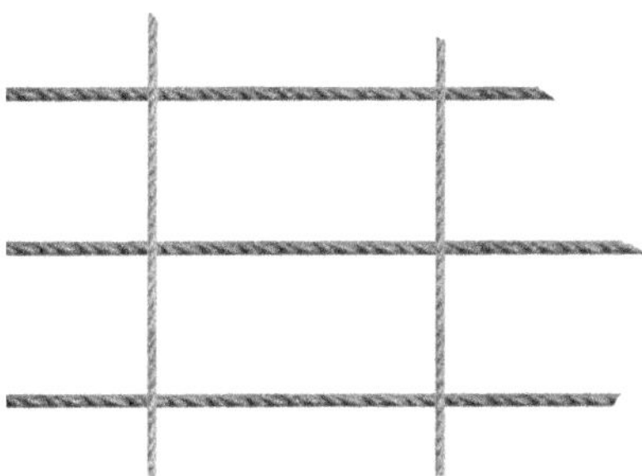

Figure A-I.2.3. Treillis soudé (en panneaux essentiellement de 2,4 × 6 m²).

A-I.3 Propriétés et comportement des composants du béton armé

Le béton armé a deux composants, le béton et l'acier, mais trois composantes. Il faut en effet y ajouter l'adhérence, complément indispensable. Son fonctionnement est présenté dans la section suivante : « Comment ça marche ? ».

A-I.3.1 Le béton

Notations

Les grandeurs relatives au béton sont repérées par l'indice c (comme *concrete* en anglais).

Les contraintes et déformations normales (compression ou traction) sont symbolisées par les lettres grecques σ et ε assorties d'abord de l'indice c pour préciser qu'il s'agit de béton, puis précisées par d'éventuels indices complémentaires.

Parmi eux :

– l'indice t signale une traction ;
– l'indice c, qui signalerait une compression, est en revanche sous-entendu et omis ; il n'y a qu'une exception à cette règle : l'aire A_{cc} de la zone de béton comprimé dans une section droite d'un élément fléchi.

Les modules d'élasticité ou de déformation son notés E et précisés par les indices utiles.

Les résistances sont toutes symbolisées par la lettre f, complétée par les indices nécessaires.

Ces résistances sont prises pour base dans les calculs et reflètent au mieux, avec divers degrés de sécurité selon le calcul, la résistance à escompter *in situ* (voir tableau B-II.3.1).

A-I.3.1.1 Comportement mécanique

La courbe déformation-contrainte de la figure A-I.3.1 en fait la synthèse. Pour sa codification réglementaire, voir § B-II.3.1.2.

Le béton résiste bien en compression, avec une capacité de déformation conséquente pouvant atteindre 4 ‰ en flexion.

Par contre, sa résistance en traction f_{ct} est très faible (environ dix fois plus faible qu'en compression) et associée à une capacité de déformation ε_{ct} extrêmement limitée, de l'ordre de 0,1 ‰. Sa rupture en traction est brutale et sans signe avant-coureur : elle est fragile.

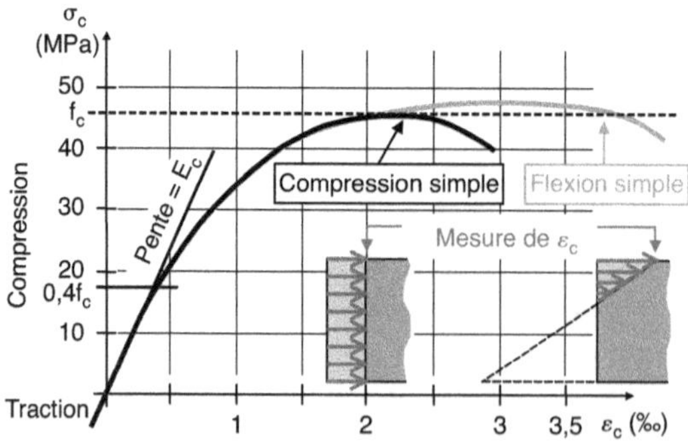

*Figure A-I.3.1. Comportement du béton en compression, en traction et en flexion
(exemple du béton des poutres étudiées au § A-II.2.2)*

Noter que la déformation ultime du béton comprimé en flexion est supérieure à celle observée en compression simple.

En effet, en flexion la fibre la plus extérieure, la plus sollicitée, est retenue par la fibre immédiatement plus à l'intérieur, moins sollicitée, qui elle-même est retenue par la fibre immédiatement plus à l'intérieur, encore moins sollicitée et ainsi de suite. Ce système « d'entraide » permet à la fibre extérieure de supporter une déformation ultime significativement plus élevée qu'en compression simple, accompagnée par une légère augmentation de la résistance (courbe en gris sur la figure A-I.3.1). Au contraire, en compression simple, les fibres sont toutes sollicitées de façon identique. Elles atteignent donc toutes en même temps leur capacité limite, sans possibilité d'entraide par des fibres moins sollicitées.

Enfin, le béton n'est pas un matériau « élastique ». Excepté le très étroit domaine de traction, sa courbe déformation-contrainte n'est jamais linéaire. En compression, on lui attribue cependant un « module d'élasticité » E_c qui devrait plus exactement être appelé « module de déformation longitudinale ». Eurocode prescrit de prendre pour référence le module sécant à la contrainte 0,4 f_c. Celui-ci augmente avec la qualité du béton, mais beaucoup plus lentement que f_c. Lorsque f_c augmente de 30 à 100 MPa, E_c n'augmente que de 35 à 55 GPa.

A-I.3.1.2 Évolution dans le temps

A-I.3.1.2.1 Résistance f_c et module de déformation E_c

Le béton est un matériau « durcissant ».

- Sa résistance augmente avec l'âge comme illustré sur la figure A-I.3.2 : elle augmente très vite au début et est considérée comme stabilisée au-delà du troisième mois.
- Comme déjà vu, le module de déformation E_c n'augmente que peu.

A-I.3.1.2.2 Fluage

Sous charge maintenue, la déformation du béton augmente avec le temps de façon régulièrement décélérée : c'est le fluage. Il atteint 80 à 90 % de son développement dès cinq ans de charge maintenue, mais dix à quinze ans sont nécessaires pour son développement complet. La déformation totale alors atteinte est de l'ordre du triple de la déformation initiale.

A-I.3.1.2.3 Retrait

Voir § A-I.1.1.

Le retrait est un raccourcissement spontané en grande partie consécutif à l'évaporation d'une partie de l'eau que contient le béton. En France, son amplitude atteint couramment ε_{cs} = 0,3 ‰ (l'indice s désigne ici le retrait : *shrinkage* en anglais). C'est trois fois plus que la déformation admissible du béton en traction, d'où le fort risque de fissuration.

Sur les éléments peu armés et présentant une grande surface d'évaporation (il s'agit notamment des dallages), le retrait peut être particulièrement dévastateur si on laisse libre cours à l'évaporation durant les premiers jours. Aussi il est de bonne pratique de faire une « cure » dont l'efficacité est maintenue au moins durant les 7 premiers jours.

La « cure » consiste à prévenir l'évaporation :

- soit en maintenant la surface du béton humide en la couvrant par des serpillières mouillées ou/et en arrosant ;
- soit en pulvérisant un « produit de cure » formant un film étanche en surface qui empêche l'évaporation ; lorsqu'aucun revêtement adhérent n'est prévu, cette seconde solution est la

plus pratique et la plus efficace, à condition que le film ait été pulvérisé en quantité et avec le soin nécessaires.

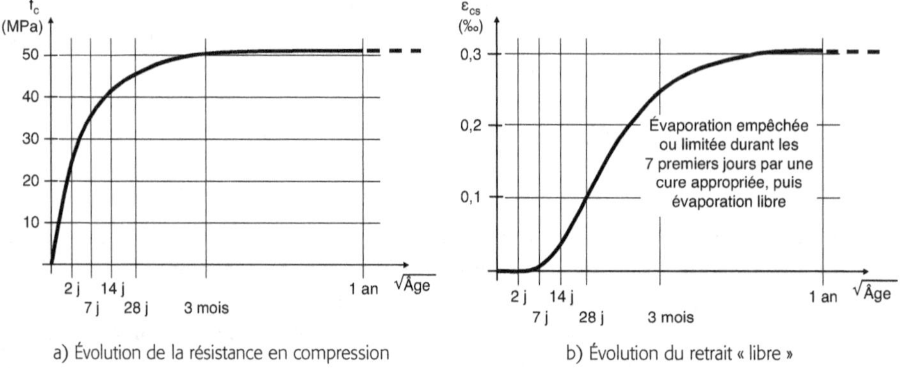

a) Évolution de la résistance en compression

b) Évolution du retrait « libre »

Figure A-I.3.2. Évolution avec l'âge de la résistance et du retrait « libre » (pas de liaison mécanique s'y opposant).

A-I.3.2 Les aciers à béton

Notations

Les grandeurs relatives aux aciers sont repérées par l'indice s (comme *steel* en anglais).

L'indice y (*yield* en anglais, qui signifie « céder ») réfère à la limite d'élasticité. L'indice k réfère à la valeur caractéristique (voir § B-II.1.2.2) qui est celle prise pour référence dans les calculs. Ainsi, la limite d'élasticité caractéristique est désignée f_{yk}. L'indice y ne se rapportant qu'aux aciers, l'indice s est ici omis.

Les aciers à béton admis par l'Eurocode pour participer à la résistance (tous les aciers sauf les aciers « de construction » ou « de montage » dont la qualité n'importe pas) sont maintenant *obligatoirement* de type HA.

A-I.3.2.1 Leur comportement

La codification réglementaire en est proposée au § B-II.3.2.2.

Contrairement au béton, l'acier a un comportement linéaire élastique sur une très large part de son domaine de fonctionnement. Il a par ailleurs un comportement symétrique (il a, théoriquement, la même courbe déformation-contrainte en traction et en compression). Ses tests de caractérisation sont menés en traction.

Le comportement mécanique des aciers à béton est illustré sur la figure A-I.3.3 sur l'exemple d'aciers de limite d'élasticité garantie f_{yd} = 500 MPa, les aciers courants en béton armé. On y voit :

- les caractéristiques de leur courbe déformation-contrainte selon le mode de laminage, à froid ou à chaud, et la désignation des différentes phases de fonctionnement et de quelques valeurs repères ;
- l'évolution (commentée plus bas) de l'apparence d'une barre au fur et à mesure de son allongement.

Pour une information sur l'élaboration des aciers à béton et notamment les deux modes de laminage, voir la documentation technique « T46 : L'armature du béton, de la conception à la mise en œuvre » (consultable à l'adresse infociments.fr/publications/genie-civil/collection-technique-cimbeton/ct-t46).

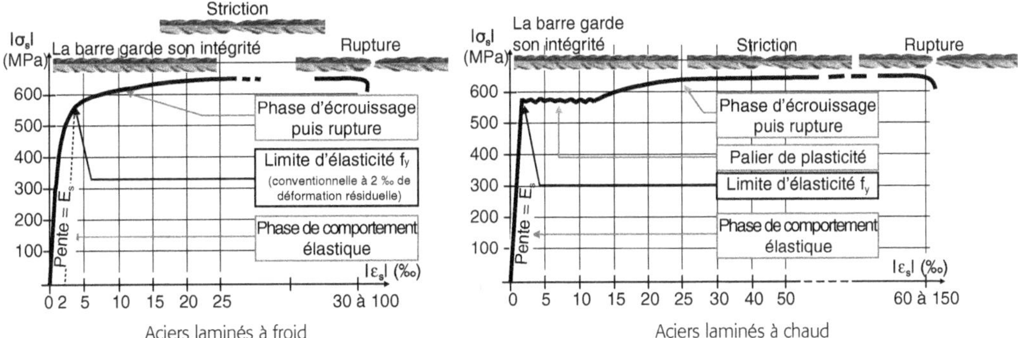

Figure A-I.3.3. Comportement en traction des aciers à béton selon leur mode d'élaboration. Exemple d'aciers de limite d'élasticité garantie f_{yd} = 500 MPa.

Au long d'un essai de traction on observe successivement les phases suivantes :

- *Phase de comportement élastique.* Comportement élastique signifie que si on relâche la charge jusqu'à zéro, la déformation revient à zéro. Cette phase est caractérisée par un module d'élasticité (le qualificatif « d'élasticité » est ici totalement justifié) $E_s \approx 205$ GPa que le règlement arrondit à la valeur unique $E_s = 200$ GPa. Elle se termine avec la limite d'élasticité f_y dont l'allongement correspondant est $\varepsilon_y \approx 2,5$ à 3 ‰. Au long de cette phase, aucune modification d'aspect n'est décelable sur la barre testée.

- *Limite d'élasticité* :
    - aciers laminés à chaud : la limite d'élasticité est clairement marquée par la fin brutale de la phase de comportement élastique qui laisse place à une phase de comportement purement plastique, le palier de plasticité ;
    - aciers laminés à froid : ces aciers ne présentent pas de palier de plasticité. Il y a un passage progressif de la phase de comportement élastique à la phase d'écrouissage (voir plus bas ce qu'est la « phase d'écrouissage »). En fait le laminage à froid a déjà écroui ces aciers, c'est pourquoi le palier de plasticité qui précède l'écrouissage n'existe plus. Il convient alors de définir une limite d'élasticité conventionnelle :
        · pour les aciers de béton armé, Eurocode la définit à 2 ‰ de déformation résiduelle,
        · pour les aciers de précontrainte, cette limite est fixée à 1 ‰ de déformation résiduelle.

- *Le palier de plasticité* (spécificité des aciers laminés à chaud). Il est d'autant plus long que l'acier est moins dur. Les aciers à béton font partie des aciers durs, leur palier de plasticité s'étend jusqu'à $\varepsilon_s \approx 8$ à 15 ‰. L'allongement significatif durant cette phase provoque l'écaillage de la couche de calamine qui recouvre la barre, mais il n'y a pas encore de modification visible de sa géométrie.

- *Phase d'écrouissage.* La phase d'écrouissage est caractérisée par une légère augmentation de la résistance, alors que la déformation augmente de plus en plus fortement. C'est dans cette phase qu'apparaît un rétrécissement localisé de la section de la barre, la striction, qui va ensuite s'accentuer et localiser la rupture.

- *Allongement ε_u à la rupture.* Généralement, il est compris entre 30 et 100 ‰ pour les aciers laminés à froid et entre 60 et 150 ‰ pour les aciers laminés à chaud.

A-I.3.2.2 Comparaison avec les aciers ronds lisses et les aciers de précontrainte

Elle est présentée sur la figure A-I.3.4. On note les différences d'échelle entre ces trois types d'aciers, en termes de résistance d'une part et de déformation ultime d'autre part.

Aciers ronds lisses

Ils sont peu performants, f_{yk} = 240 MPa, et peuvent être classés parmi les aciers doux.

Ils sont très ductiles et acceptent sans dommage d'être pliés et dépliés sans précaution.

Leur usage est aujourd'hui réservé aux crochets de manutention (susceptibles d'être pliés et dépliés sans ménagement) et aux aciers de construction (non pris en compte dans les calculs).

Aciers de précontrainte

Ce sont des aciers extra-durs, $f_{yk} \approx$ 1 200 à 1 800 MPa. Comme les aciers laminés à froid, ils n'affichent pas de palier de plasticité et un allongement ultime limité : ε_s ultime < 50 ‰.

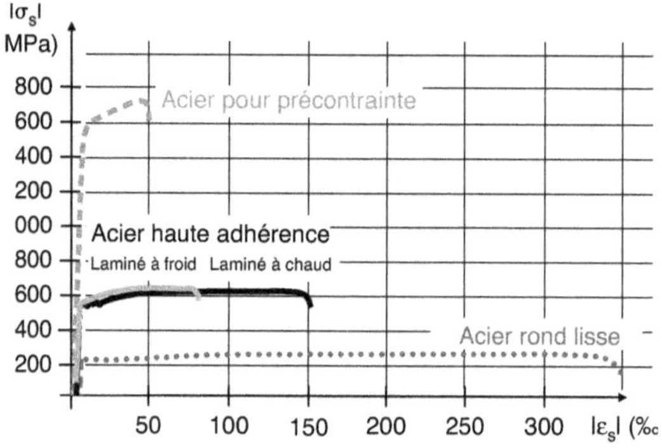

Figure A-I.3.4. Comparaison entre aciers rond lisse, HA et de précontrainte.

Le béton armé : comment ça marche ?

Sont traités ici les modes fondamentaux de fonctionnement du béton armé :

- l'adhérence béton-armature, composante essentielle du fonctionnement du béton armé ;
- la résistance aux effets d'un moment fléchissant ;
- la résistance aux effets d'un effort tranchant.

Les résistances aux effets du moment fléchissant et de l'effort tranchant des éléments en béton armé relèvent de mécanismes différents et se traduisent par deux réponses différentes en termes de disposition et calcul des armatures. Ces deux volets sont donc traités séparément.

L'exposé, simple et imagé, s'appuie sur l'exemple de poutres sollicitées en flexion. Les principes mis au jour sont généraux et s'appliquent, ou sont facilement transposables, à tous les types de structures.

A-II.1 Adhérence, ancrages et recouvrements

L'application conformément à l'Eurocode 2 est présentée au § B-II.3.3

Notations
Ce qui est relatif à l'adhérence est repéré par l'indice b (comme *bond* en anglais).
La contrainte d'adhérence maximum envisageable (assimilée à une résistance) est notée f_b.

A-II.1.1 Adhérence

Elle est essentielle au fonctionnement du béton armé.

Une adhérence de qualité est obtenue par l'usage d'armatures à haute adhérence (HA) et par une mise en place soignée du béton assurant un contact intime et continu avec l'armature. Une résistance suffisante du béton est également requise.

Le contact intime assure en plus la protection des armatures contre la corrosion, ceci de deux façons :

- d'une part, en empêchant ou en retardant l'arrivée puis l'accumulation d'agents agressifs au contact des barres ;
- d'autre part, par effet chimique, le PH basique du béton étant protecteur.

Attention : dès que dans certaines zones le contact n'est plus intime, il se produit un effet de pile entre les zones de qualités de contact différentes, plus ou moins intimes, qui déclenche une corrosion outrepassant la protection chimique.

Contrairement à ce qu'on pourrait croire, un léger voile de rouille adhérent recouvrant la surface des aciers est favorable :

* d'une part, il prouve que d'éventuels résidus huileux issus du laminage ont été éliminés ;
* d'autre part, en se liant chimiquement avec le béton d'enrobage, il neutralise cette corrosion naissante et développe une adhérence encore plus forte et plus intime.

La figure A-II.1.1 montre une barre bien enrobée. Cela est obtenu par un béton bien formulé et vibré comme il convient, suffisamment mais pas trop.

Figure A-II.1.1. Bon enrobage : un contact intime béton-armature en tout point.

Deux situations sont à éviter :

* Béton trop raide ou insuffisamment vibré : il est caverneux et, comme montré sur la figure A-II.1.2, il subsiste au contact des armatures des espaces importants non remplis de béton. Ceux-ci diminuent d'autant l'aire de contact armature-béton et, par suite, les efforts d'adhérence mobilisables.

  Par ailleurs, ces espaces sont désastreux au regard de la corrosion des armatures. Ils se comportent comme des pièges à eau, et permettent une circulation aisée des agents agressifs au contact de l'armature ainsi que l'instauration d'effets de pile outrepassant la protection chimique.

Figure A-II.1.2. Mauvais enrobage dû à un béton trop sec ou insuffisamment vibré : le béton est caverneux avec de nombreux manques au contact avec les armatures.

* Béton trop vibré ou formulé avec trop d'eau. Comme illustré sur la figure A-II.1.3, il se produit une ségrégation qui crée, en dessous des barres, un espace en forme de demi-lune rempli d'eau, donc sans béton. Ce défaut de contact a les mêmes conséquences vis-à-vis de l'adhérence et de la corrosion que le cas précédent.

Figure A-II.1.3. Mauvais enrobage dû à un béton trop mouillé ou trop vibré : un espace initialement rempli d'eau se forme en sous-face des armatures.

A-II.1.1.1 Fonctionnement de l'adhérence

Le mot « adhérence » tel qu'utilisé en béton armé est en fait un raccourci pour désigner l'ensemble des phénomènes et mécanismes mis en jeu dans la résistance au cisaillement de l'association armature-béton. Interviennent notamment, comme dans tous les cas de résistance au cisaillement, des bielles de béton comprimé inclinées par rapport à la direction du cisaillement et une tendance au développement de fissures individualisant les bielles. À l'approche de la rupture, ces fissures deviennent effectives et, du même coup, observables.

Dans le cas de l'adhérence, les bielles s'arc-boutent entre l'armature et le béton environnant.

La photo de la figure A-II.1.4 en montre un exemple. Elle est tirée des recherches menées par Maurice Arnaud sur le thème de l'adhérence acier-béton au laboratoire de génie civil de l'université Paul-Sabatier et de l'INSA (Institut national des sciences appliquées) de Toulouse. Issue d'une campagne d'essais menée durant les années 1970, elle a été obtenue en exerçant un effort d'arrachement sur une barre ancrée jusqu'à provoquer son glissement. Les fissures et autres désordres induits ont été mis en évidence par une imprégnation sous vide de résine colorée suivie, après durcissement de celle-ci, d'une coupe polie affleurant la barre. L'objectif était notamment l'étude de l'effet d'obstacle apporté par les reliefs des barres HA, aussi les barres utilisées ciblaient-elles cet effet. Obtenues par tournage, des zones de plus grand diamètre faisant obstacle ont été ménagées à intervalles choisis.

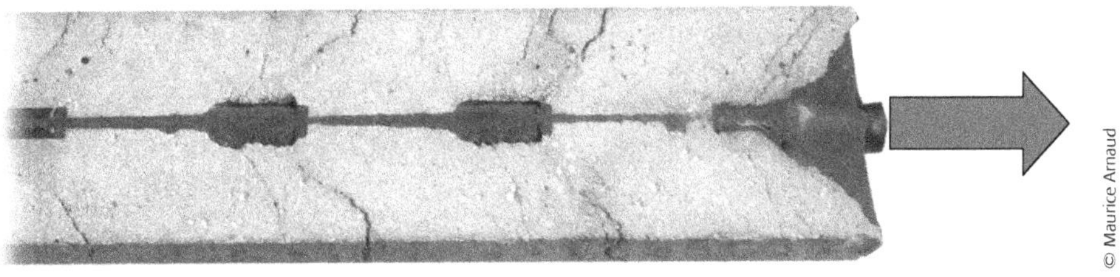

Figure A-II.1.4. Fissures inclinées et « bielles » découlant de l'effort d'adhérence d'une barre.

A-II.1.1.2 Effets secondaires

Pour chaque barre située près d'un parement (voir la figure A-II.1.5), les bielles dirigées vers l'intérieur de la pièce en béton (flèches en gris foncé) y trouvent un appui très efficace et, en s'arc-boutant sur la barre, la repoussent vers l'extérieur. Les bielles dirigées vers l'extérieur (flèches en gris clair), ne trouvant que peu d'appui, peinent à apporter un effort antagoniste. Il s'ensuit un risque d'éclatement du béton d'enrobage comme montré sur la figure avec pour conséquence une perte d'adhérence et une voie ouverte à la corrosion.

Pour y remédier (sont particullèrement concernées les zones d'ancrage), il faut mettre en place des armatures de « couture d'ancrage » disposées pour reprendre l'effort de poussée vers l'extérieur (voir figure A-II.1.6). Les armatures transversales calculées pour résister aux effets de l'effort tranchant, donc à d'autres fins, sont correctement placées pour participer à cette fonction de couture et s'avèrent généralement suffisantes.

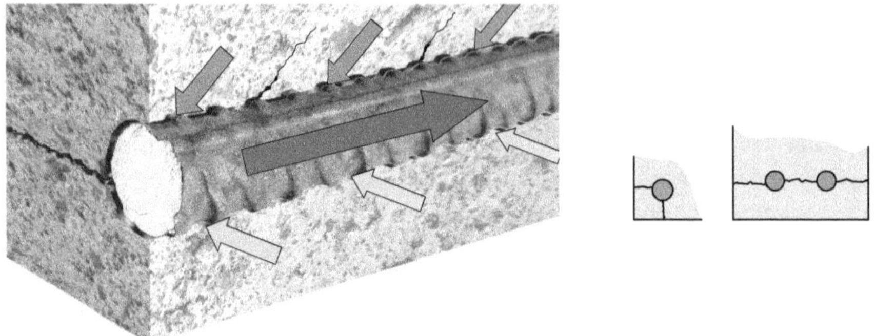

Figure A-II.1.5. Risque d'éclatement du béton d'enrobage sous l'action des efforts d'adhérence.

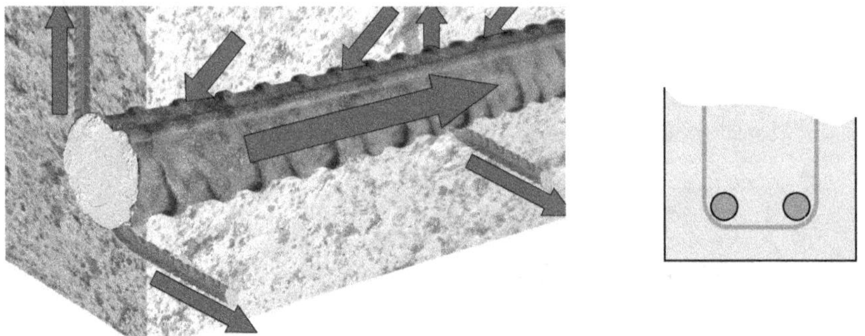

Figure A-II.1.6. Aciers de couture s'opposant à l'éclatement du béton d'enrobage sous l'action des efforts d'adhérence. Ils reprennent l'effort de poussée vers l'extérieur exercé par les bielles inclinées.

A-II.1.2 Ancrages

L'ancrage est la solidarisation par adhérence d'une barre, à son extrémité, au béton avec lequel elle doit travailler en synergie.

Pour reprendre un effort donné, une barre doit, d'une part, être suffisamment résistante, d'autre part, être ancrée pour l'effort à reprendre.

La solution la plus simple est un ancrage droit.

Lorsqu'il n'y a pas assez d'espace pour permettre le développement complet d'un ancrage droit, on a recours à un ancrage courbe. C'est notamment la solution recommandée aux extrémités des poutres. L'ancrage courbe est aussi la solution de sécurité lorsqu'il y a une incertitude sur la qualité de l'adhérence.

A-II.1.2.1 Ancrages droits

La résistance des ancrages droits résulte exclusivement de l'adhérence béton-armature.

L'effort ancré augmente avec la longueur ℓ_b ancrée. Lorsqu'il atteint la résistance de la barre, celle-ci est totalement ancrée et la longueur minimum nécessaire pour cet ancrage total s'appelle « longueur d'ancrage droit total », nous la désignerons par $\ell_{b,total}$.

Les corrélations entre ℓ_b et l'effort F_s capable d'être repris par une barre sont illustrées sur la figure A-II.1.7 et explicitées ci-dessous.

- On admet, c'est une simplification, que la contrainte d'adhérence développée le long de ℓ_b est constante. Sa valeur maximum est la résistance d'adhérence f_b.
- Alors l'effort repris est proportionnel à l'aire de contact béton-armature. Sa valeur est $F_s = f_b.\ell_b.\pi.\phi$, où ϕ est le diamètre de la barre.

Longueur d'ancrage droit total $\ell_{b,total}$

$\ell_{b,total}$ est tel que : effort ancré = résistance de la barre. Alors, en l'absence de tous les coefficients de sécurité qui seront ajoutés au calcul, cela s'écrit :

$f_b.\pi.\phi.\ell_{b,total} = f_y.\pi.\phi^2/4$

D'où : $\ell_{b,total} = [f_y.(\pi.\phi^2/4)]/[f_b.(\pi.\phi)] = \phi/4.f_y/f_b$

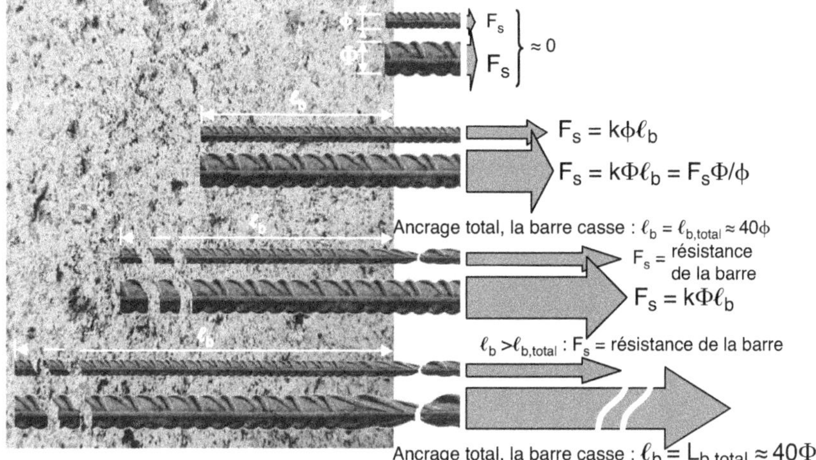

Figure A-II.1.7. Ancrage droit : évolution en fonction du diamètre de la barre et de sa longueur ancrée.

A-II.1.2.2 Ancrages courbes

Les ancrages courbes sont aussi appelés « crochets ». Il s'agit de retours à 90°, ou à 150°, ou encore à 180°, comme illustré sur la figure A-II.1.8. Le retour à 150° procure le meilleur rapport efficacité/prix.

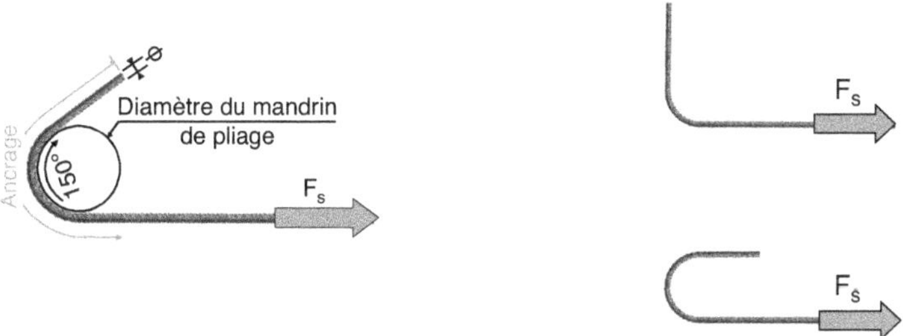

Figure A-II.1.8. Ancrages par crochet : retours à 150°, à 90° et à 180°.

Un crochet cumule deux modes de fonctionnement et les qualités ou défauts associés.

Fonctionnement

Le fonctionnement de base est celui d'un ancrage droit replié sur lui-même. Son encombrement parallèlement à l'axe de la barre est plus faible, mais il nécessite de l'espace perpendiculairement.

S'y ajoute un effet d'obstacle. La partie courbe du crochet s'appuie directement sur le béton, comme ferait une ancre de bateau.

Qualités

L'effet d'obstacle augmente l'efficacité des crochets.

Quand le béton résiste, l'ancrage ne peut céder que par glissement et déroulement du crochet dans sa gaine de béton. Cela consomme beaucoup d'énergie ⇒ rupture ductile de l'ancrage.

Défauts

Ils sont illustrés sur la figure A-II.1.9.

L'effet d'obstacle induit un effort de compression sur le béton situé à l'intérieur du crochet. Si celui-ci se développe proche d'un parement, l'effort de compression peut provoquer l'éclatement du béton d'enrobage et annihiler l'ancrage. Le risque est d'autant plus grand que le rayon de courbure du crochet est plus petit.

Les crochets à 90° nécessitent une précaution spécifique. Si leur retour est parallèle à un parement, la tendance au déroulement du crochet le fait « pousser au vide » avec un fort risque d'éclatement du béton d'enrobage. Pour prévenir ceci, le brin qui se déroule en poussant au vide doit être retenu par un acier ancré dans la masse du béton.

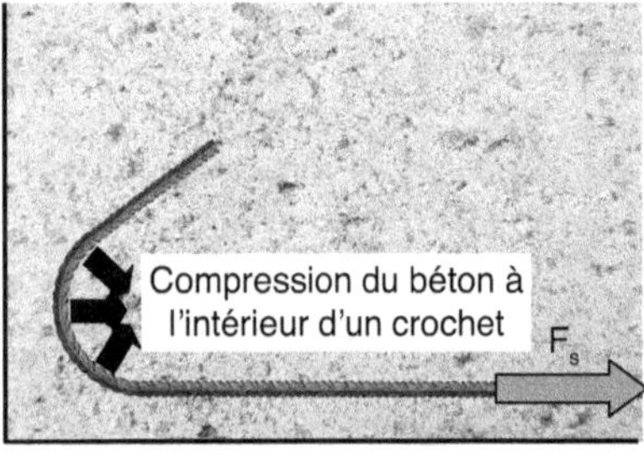

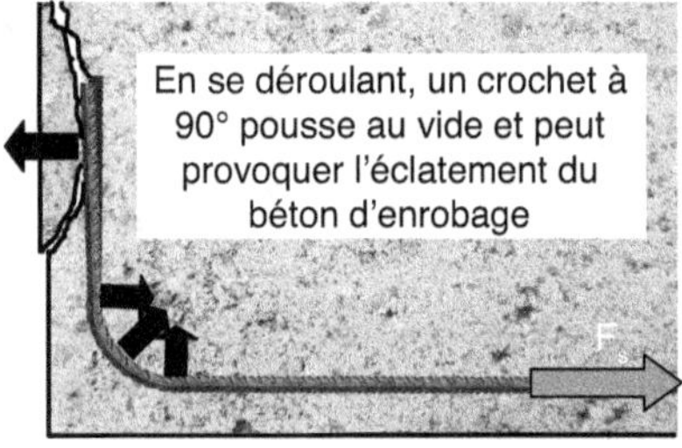

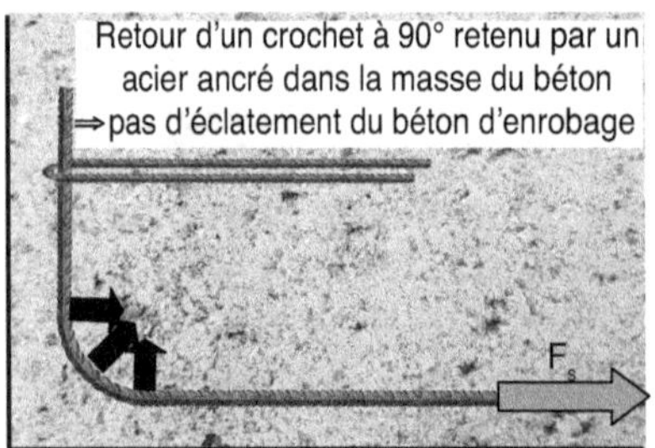

Figure A-II.1.9. Spécificité des ancrages courbes.

A-II.1.3 Recouvrements

Le recouvrement est le moyen le plus simple de prolonger une barre par une autre, de sorte que l'ensemble se comporte comme une barre continue unique. Les autres moyens sont la soudure (à condition que les aciers utilisés soient soudables) ou le recours à un coupleur (un manchon assurant une liaison mécanique entre les deux barres).

Le recouvrement est l'ancrage mutuel des deux barres l'une sur l'autre. Les barres doivent donc être en regard sur une longueur au moins égale à leur longueur d'ancrage. Les bielles et efforts mis en jeu sont illustrés sur la figure A-II.1.10. Ces bielles ont tendance à se redresser et développent un effort d'écartement des deux barres qui, si le recouvrement est proche d'un parement, induit un fort risque d'éclatement du béton d'enrobage.

Dans l'hypothèse de bielles à 45°, l'effort d'écartement est égal à l'effort F_s transmis dans le recouvrement. Pour y résister, il faut enserrer ce dernier par des aciers transversaux, appelés « aciers de couture du recouvrement », capables tous ensemble de reprendre l'effort d'écartement = F_s. Comme montré sur la figure A-II.1.10, ces aciers pourraient être bouclés directement autour du recouvrement. Pratiquement, ils sont constitués d'aciers transversaux de forme classique.

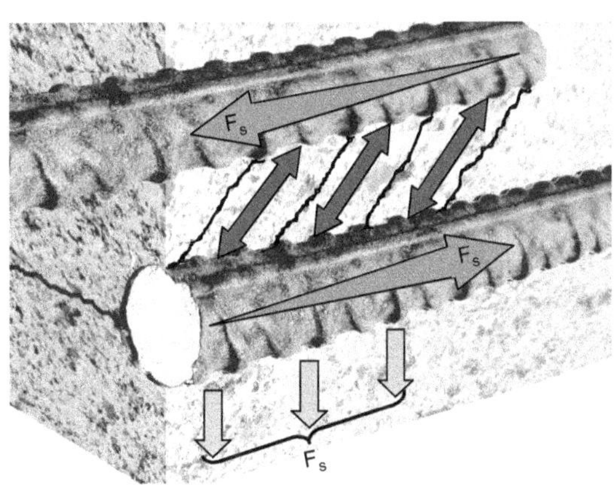
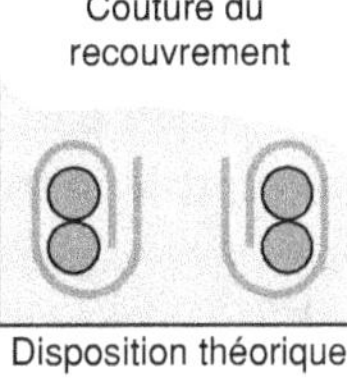

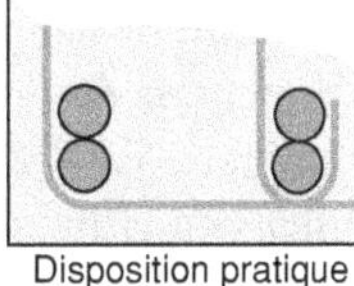

Figure A-II.1.10. Recouvrement : effort d'écartement des barres et aciers de couture pour y résister (pour une meilleure lisibilité de la figure, la distance entre les barres en recouvrement a été exagérée).

A-II.2 Résistance aux effets du moment fléchissant

A-II.2.1 Schématisation

L'étude des poutres réelles (voir § A-II.2.2) montre que les poutres béton armé sollicitées en flexion affichent des fissures verticales régulièrement réparties, découpant des segments non fissurés reliés entre eux par : d'une part l'armature tendue, d'autre part et lui faisant face, une zone de béton comprimé. C'est cette schématisation qui est reprise ici.

Elle peut être matérialisée par un assemblage de blocs de bois figurant les tronçons de béton découpés par les fissures, s'appuyant l'un à l'autre au niveau de la zone comprimée de la poutre et reliés en zone tendue par une armature, constituée ici par une simple ficelle.

La figure A-II.2.1 propose une vue d'ensemble du dispositif.

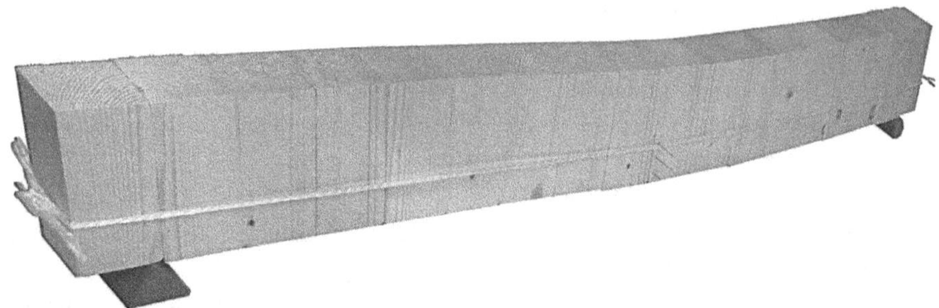

Figure A-II.2.1. Dispositif de simulation de poutres béton armé par un assemblage de blocs de bois.

A-II.2.1.1 Incidence de la position de l'armature

Dans une première phase, cette étude est faite dans le cas d'une armature ancrée non adhérente, l'armature ficelle n'est alors retenue qu'aux deux extrémités de la poutre.

La position de l'armature est caractérisée par sa hauteur utile d, distance entre son centre de gravité et la face comprimée de la poutre (ici la face supérieure). La hauteur totale de la poutre est h = 12 cm et quatre hauteurs utiles sont explorées : d = 5,5 cm, d = 8 cm, d = 9,5 cm et d = 11 cm.

On note, sur la figure A-II.2.2, que l'armature ficelle restant rectiligne alors que la poutre prend de la flèche, la hauteur utile d n'est pas constante. Elle se trouve plus faible à mi-portée, là où, justement, le moment est maximum. Pour y remédier, il est indispensable de disposer un guide qui force l'armature ficelle à passer à la hauteur choisie. De tels guides (un par valeur de d choisie) sont visibles sur la figure A-II.2.1.

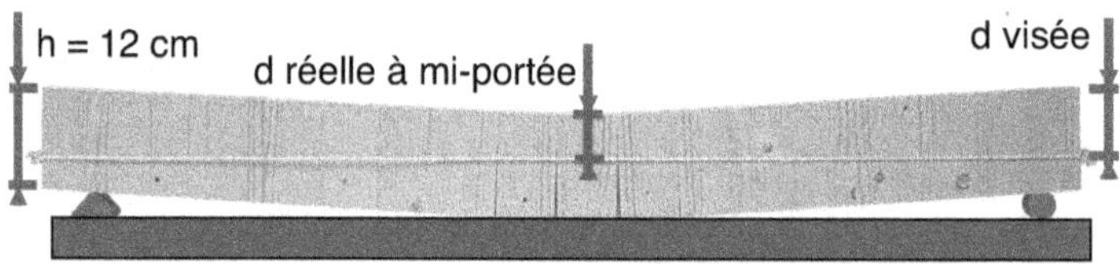

Figure A-II.2.2. Trajet de l'armature ficelle en l'absence de précaution.

La suite d'images de la figure A-II.2.3 permet d'apprécier l'incidence de la hauteur utile d d'une poutre sur sa capacité portante.

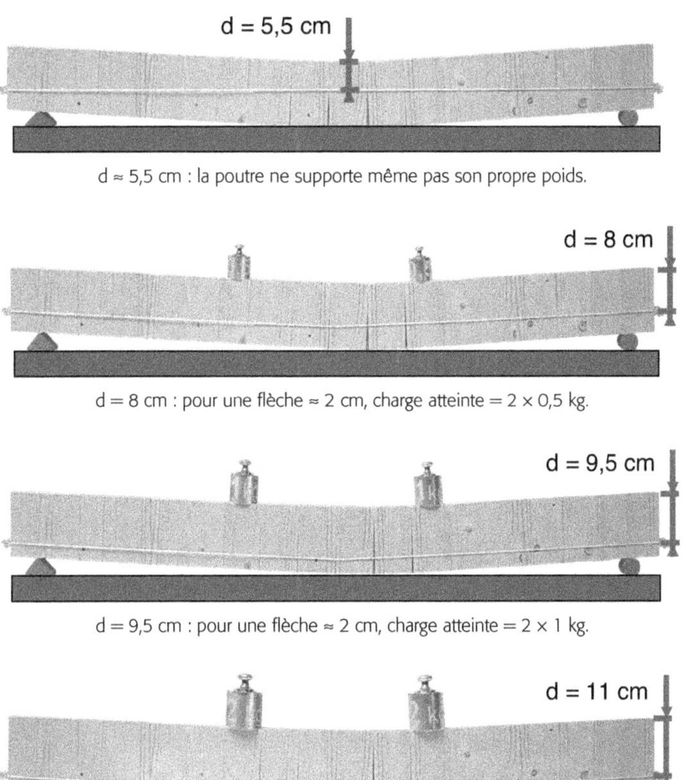

Figure A-II.2.3. Incidence de la hauteur utile d, cas d'une armature ancrée non adhérente.

Les conclusions sont les suivantes :

- La capacité portante augmente avec la hauteur utile d. Il y a donc intérêt à excentrer le plus possible les armatures. Dans les poutres réelles, il convient cependant de préserver un enrobage minimum pour une bonne adhérence de l'armature et pour sa protection suffisante contre la corrosion.
- Augmenter encore plus d augmenterait encore plus la capacité portante ; pour cela, il faut augmenter la hauteur h de la poutre.

Dans la suite, une seule hauteur utile sera considérée : la plus grande, soit d = 11 cm.

Nota
En l'absence d'adhérence (mais avec ancrage aux extrémités), on n'observe qu'un très faible nombre de fissures, chacune largement ouverte.

A-II.2.1.2 Apport de l'adhérence

Une fois ajoutée la fonction adhérence des armatures, la schématisation choisie est le reflet exact du comportement d'une poutre béton armé réelle.

L'adhérence est ici simulée de façon simple, en solidarisant chaque bloc de bois à l'armature ficelle par une punaise fichée dans l'une et l'autre, comme montré sur la figure A-II.2.4. Les blocs d'extrémités étant déjà solidarisés par l'ancrage, une punaise n'y est pas nécessaire.

Figure A-II.2.4. Solidarisation de l'armature ficelle avec chaque bloc de bois pour simuler l'adhérence.

La suite d'images de la figure A-II.2.5 montre l'évolution des fissures et de la flèche en fonction de la charge appliquée. Deux constatations immédiates s'imposent :
- les fissures en nombre limité et larges du cas « sans adhérence avec ancrage » sont remplacées par des fissures nombreuses, réparties et plus fines, passant presque inaperçues ;
- la flèche en est significativement diminuée.

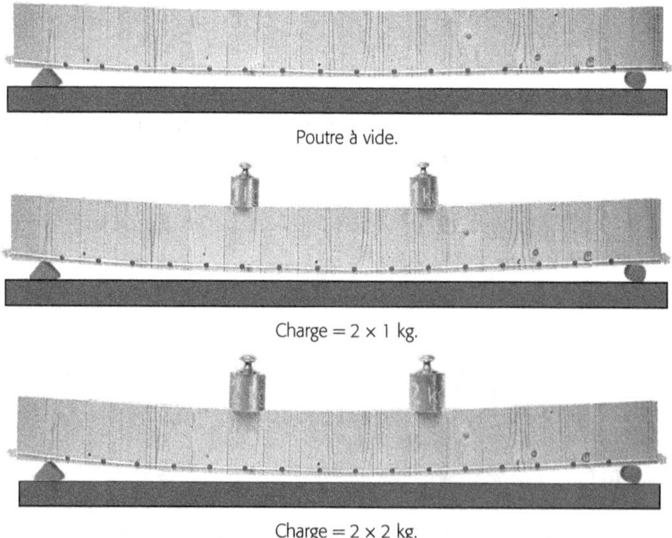

Figure A-II.2.5. Armature adhérente : fissures et flèche en fonction de la charge appliquée.

On note aussi sur la figure A-II.2.6 que l'armature ficelle, à peine tendue entre deux punaises lorsque la poutre est à vide, se tend lorsque la charge appliquée augmente. C'est l'illustration du caractère « passif » des armatures de béton armé : elles sont mises en tension en réaction à la déformation de la poutre, et plus particulièrement à l'ouverture des fissures.

Poutre non sollicitée : armature non tendue.

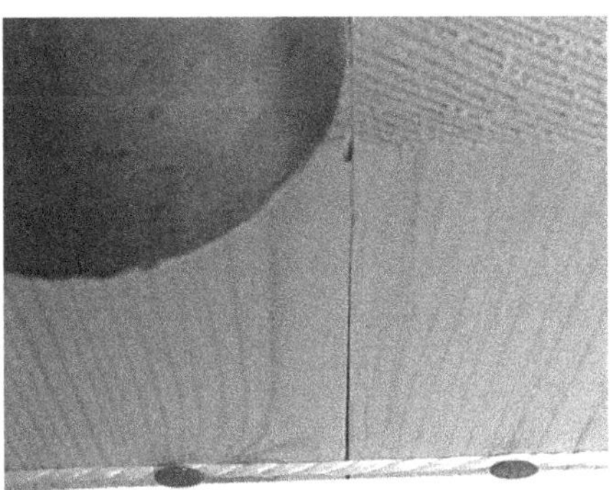

Poutre chargée : armature tendue par l'ouverture des fissures.

Figure A-II.2.6. Caractère « passif » des armatures de béton armé : leur tension découle de la sollicitation de la poutre.

A-II.2.1.3 Positionnement des armatures en fonction du signe du moment

Entre travée et appuis de continuité, le moment change de signe. Avec les conventions de signe du béton armé (voir § B-II.1.2.3), le moment est positif en travée et négatif sur appuis de continuité.

On voit sur la figure A-II.2.7 que :

- en travée, moment positif, l'armature doit être placée en partie basse de la section ;
- sur appuis de continuité, moment négatif, la situation est inversée et l'armature doit être placée en partie haute de la section.

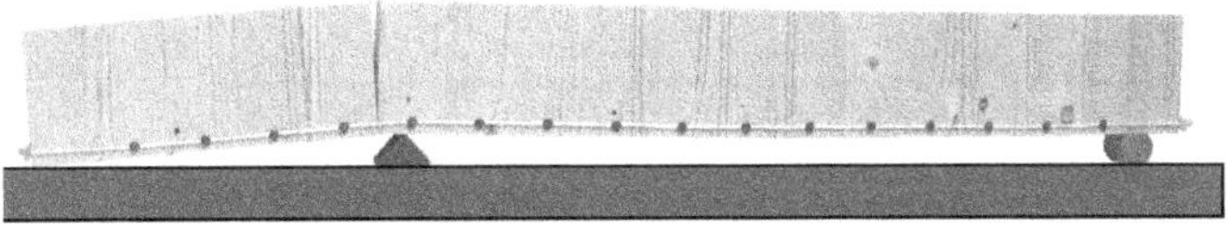

Armature en partie basse sur un appui de continuité. On voit le résultat (même à vide) !

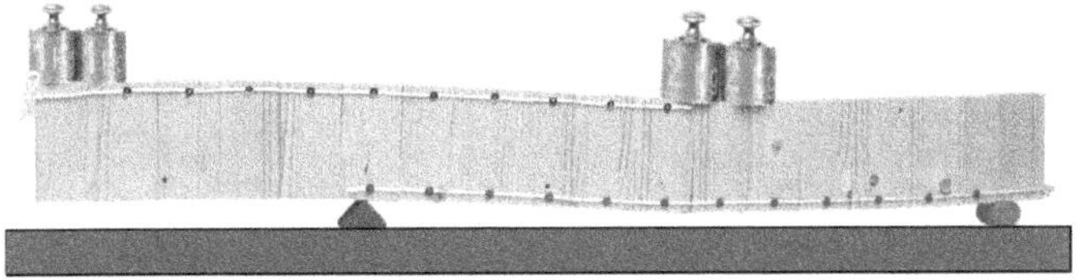

Sur un appui de continuité, l'armature doit être en partie haute de la section.

Figure A-II.2.7. Positionnement différent de l'armature selon le signe du moment : moment positif en travée et moment négatif sur appui de continuité.

A-II.2.2 Poutres de béton et d'acier

L'exposé s'appuie sur l'expérience de poutres de laboratoire fabriquées et testées en travaux pratiques de béton armé au département de génie civil de l'IUT (Institut universitaire de technologie) A de Toulouse. Il s'agit de poutres isostatiques (une seule travée sur appuis simples) sollicitées en flexion quatre points (deux appuis plus deux charges concentrées).

A-II.2.2.1 Dispositif expérimental

A-II.2.2.1.1 Géométrie des poutres, dispositif de chargement et diagrammes M et V associés

Il s'agit de poutres de 28×15 cm^2 de section et 2,80 m de portée. Le schéma fonctionnel du dispositif de chargement avec les cotes essentielles est présenté sur la figure A-II.2.8.

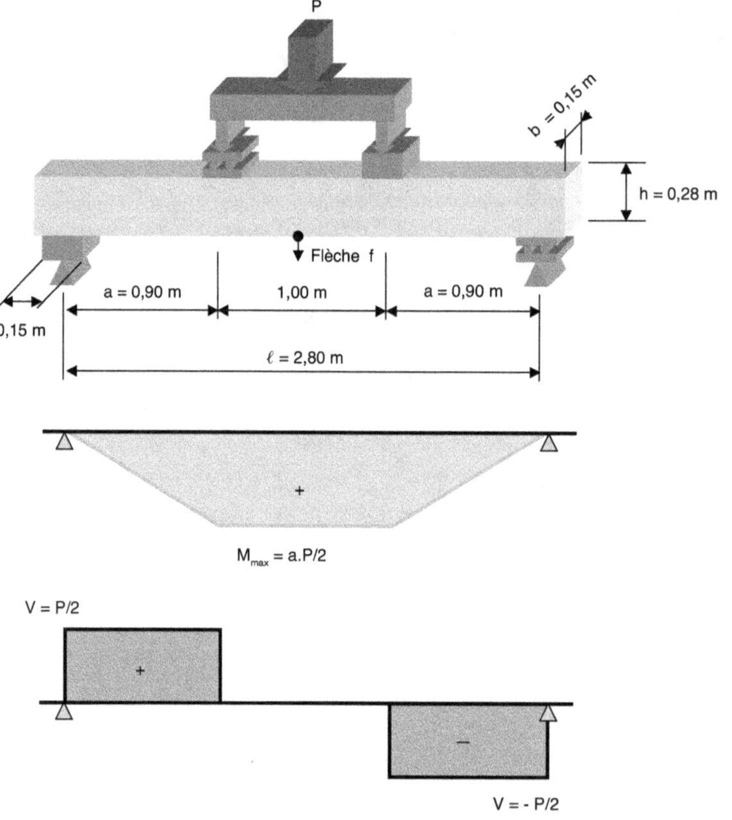

Figure A-II.2.8. Schéma fonctionnel du dispositif d'essai des poutres (département de génie civil, IUT A, Toulouse) et diagrammes M et V associés.

Des plaques d'appui de 15 cm de large (et la largeur de la poutre dans l'autre direction) représentent les appuis des poutres réelles intégrées à une structure réelle en béton armé.

Notons à ce sujet qu'un appui de largeur nulle, limité à une simple ligne, comme sur les schémas fonctionnels de la résistance des matériaux (RDM), impliquerait une contrainte de contact infinie qui écraserait le béton. Dans tous les cas, une plaque d'appui répartissant l'effort sur une surface suffisante est nécessaire.

A-II.2.2.1.2 Béton

Au moment de l'essai, le béton de ces poutres avait :

- une résistance moyenne effective en compression $f_{cm}(t) \approx 45$ MPa ;
- une résistance moyenne effective en traction $f_{ctm}(t) \approx 3,3$ MPa.

> **Notations**
> L'indice t indique qu'il s'agit de traction. L'indice m réfère à la résistance effective moyenne.
> Enfin, (t) pointe la valeur à l'âge t du béton.

A-II.2.2.1.3 Armatures

Elles sont regroupées en un seul ensemble appelé, du fait de son aspect, « cage d'armatures ». Lorsque les armatures sont faites de barres ou autres éléments métalliques, l'ensemble est généralement appelé « ferraillage ».

Dans les poutres prises en exemple ici, les armatures sont du type le plus courant : en acier HA de nuance $f_{yk} = 500$ MPa.

Trois composantes de la cage d'armatures sont distinguées selon leur fonction.

- Pour résister aux effets du moment fléchissant : les armatures longitudinales, en partie basse dans le cas traité ici (travée isolée $\Rightarrow$ moment positif).
  Leur quantité évolue en fonction de l'intensité du moment fléchissant. C'est pourquoi, ici, un deuxième lit de barres est ajouté dans la zone médiane de la poutre où le moment fléchissant est plus élevé.
- Pour résister aux effets de l'effort tranchant : les armatures transversales, souvent appelées « cadres » en raison de leur forme.
  Ce renfort est d'autant plus dense que l'effort tranchant est plus fort. C'est pourquoi les cadres sont plus rapprochés dans les zones où l'effort tranchant est plus fort, ici entre les appuis et les points d'application de la charge.
- Enfin, il y a les barres de montage : les deux barres en partie haute de cette cage de ferraillage.
  Elles sont nécessaires, ou seulement pratiques, pour tenir les diverses composantes du ferraillage (notamment les armatures transversales) dans leur bonne position. Elles n'ont aucune nécessité fonctionnelle et sont ignorées dans les calculs de résistance.

A-II.2.2.2 Association gagnante du béton et de l'armature grâce à l'adhérence

Ses caractéristiques et son comportement sont explorés par un processus qui, partant des deux composantes de base, le béton seul et l'armature seule, les associe de façon de plus en plus intime pour aboutir au cas réel du béton armé.

Les éléments ou ensembles successivement considérés sont :

- la poutre non armée (le béton seul) ;
- l'armature seule ;
- puis le béton plus l'armature sans adhérence ni ancrage (aucune liaison entre l'un et l'autre) ;
- puis le béton plus l'armature sans adhérence mais avec ancrage aux extrémités ;

* enfin, la poutre béton armé complète et réelle avec adhérence.

Cet ensemble de résultats fait référence à une poutre moyennement armée, le cas le plus courant. C'est la poutre armée avec $A_s = 3{,}14$ cm^2 du § A-II.2.2.3.

Les résultats relatifs aux cas de la poutre non armée et de la poutre finale avec adhérence sont tirés d'essais réels. Ceux relatifs à l'armature seule et aux cas sans adhérence sont simulés.

A-II.2.2.2.1 Poutre non armée, le béton seul

Voir figure A-II.2.9 : cas réel.

La poutre non armée se casse en deux brutalement sans signe avant-coureur, à une charge très faible P_{fo}, dès l'instant de l'apparition de la première fissure. C'est une rupture fragile.

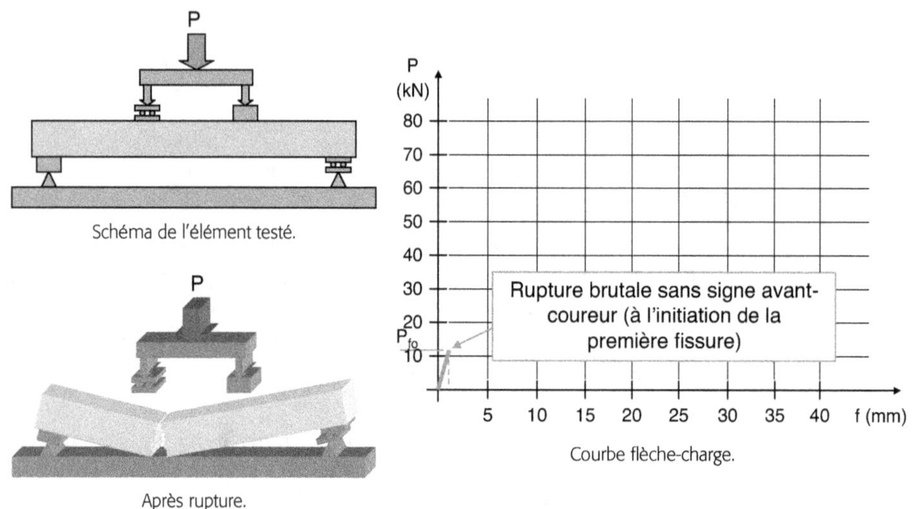

Figure A-II.2.9. Poutre non armée (peu résistante et dangereuse car rupture fragile).

Les poutres non armées (en béton seul) sont fragiles et, comme expliqué au § A-I.1.2, dangereuses. La pente très forte de la courbe flèche-charge traduit une grande rigidité.

Notations et repères

P_{fo} est la charge de fissuration et de rupture de la poutre non armée.

L'indice 0 utilisé ici indique qu'il s'agit de la poutre non armée (zéro armature). Plus loin, P_f désignera la charge de fissuration de la poutre armée.

A-II.2.2.2.2 Comportement de l'armature seule

Sa résistance propre en flexion est négligeable et, très souple, sa déformation est très grande.

A-II.2.2.2.3 Béton plus aciers sans adhérence et sans ancrage

Ce cas, purement théorique, peut être schématisé par l'armature, sans ses crochets, glissant librement à l'intérieur d'un fourreau. Il n'y a alors aucune association, mais une simple juxtaposition du béton et de l'acier de laquelle on ne peut espérer aucun effet gagnant.

La résistance attendue de l'ensemble n'est alors autre que la simple somme des résistances du béton seul et de l'armature seule. La résistance de cette dernière étant négligeable, le comportement est identique à celui de la poutre non armée : même charge maximum = P_{fo}, même rupture fragile, même courbe flèche-charge.

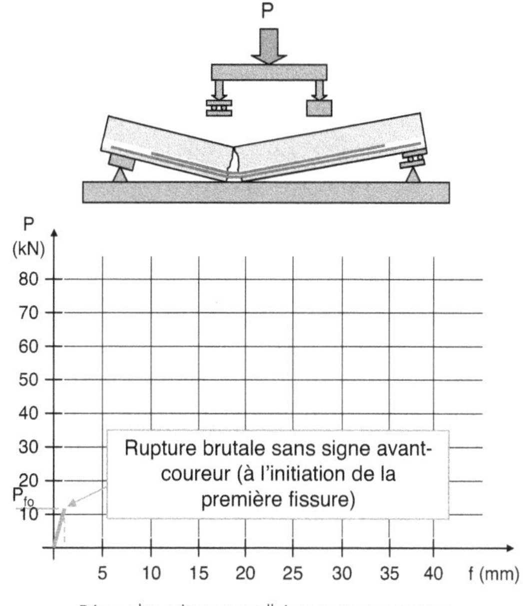

Béton plus aciers sans adhérence et sans ancrage

A-II.2.2.2.4 Béton plus aciers associés sans adhérence mais avec ancrage

Voir figure A-II.2.10, essai simulé. Correspond à la schématisation du § A-II.2.1.1 avec armature ficelle sans adhérence.

L'ancrage est une première forme d'association de l'armature avec le corps béton de la poutre. On peut en attendre un certain gain. Cet exemple reste cependant théorique car le béton armé n'est pas envisageable sans adhérence.

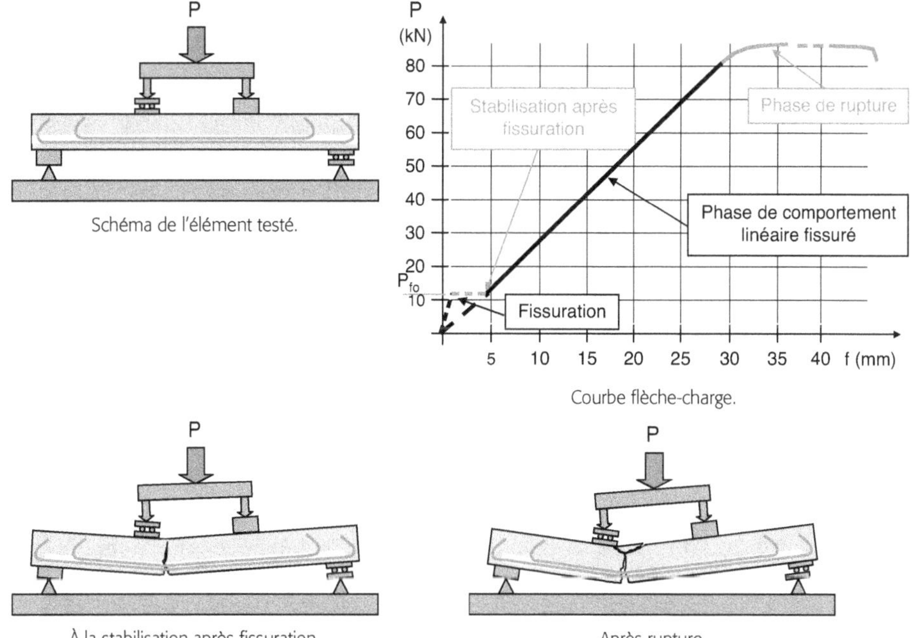

Figure A-II.2.10. Comportement escomptable d'une poutre avec armatures ancrées mais non adhérentes (situation théorique car : sans adhérence on ne peut pas encore parler de béton armé).

Avant fissuration, le comportement est identique à celui des deux cas précédents.

Une fissure apparaît encore à la charge P_{fo}, mais cette fois, elle n'entraîne pas la rupture. Quasi instantanément, cette fissure s'ouvre très largement, se propage sur presque toute la hauteur de la poutre et se stabilise, accompagnée d'une brusque augmentation de la flèche puis sa stabilisation se traduisant par un décrochement horizontal de la courbe flèche-charge.

C'est l'armature qui est l'artisane de la stabilisation. La fissure, en s'ouvrant, impose un allongement de l'armature qui s'y oppose par un effort proportionnel à cet allongement imposé (comme un élastique sur lequel on tire : plus on veut l'allonger, plus il faut tirer fort). On atteint la stabilisation quand l'effort résistant de l'armature égale la poussée de la fissure pour s'ouvrir.

Ensuite, la charge sur la poutre peut être augmentée en proportion de la réserve de résistance du plus faible des deux éléments, l'armature ou le béton comprimé. En l'absence totale d'adhérence, la fissure initiale reste l'unique fissure de la poutre et s'agrandit encore, pouvant atteindre plusieurs centimètres d'ouverture. S'il y a frottement entre armature et béton, on peut observer deux à trois fissures. Dans une première phase, la courbe flèche-charge est une droite dont le prolongement passe par l'origine : la flèche augmente proportionnellement à la charge, traduisant notamment le comportement élastique de l'armature. C'est la phase de « comportement linéaire fissuré ». Ensuite, lorsqu'un des éléments participant à la résistance approche sa limite de résistance, la courbe flèche-charge s'incurve pour tendre vers l'horizontale. C'est la « phase de rupture ».

Dans le cas de cette poutre, représentative du cas général, c'est l'acier qui approche en premier sa limite de résistance. Il entre alors en phase de grande déformation plastique qui procure à son tour à la poutre une grande capacité de déformation (phase en trait plein gris sur la figure A-II.2.10) avant rupture finale. Par cela, cette poutre a une rupture ductile, synonyme de sécurité.

La capacité d'allongement des aciers est telle que, dans la majorité des cas, c'est en fin de compte par écrasement du béton en partie supérieure de la poutre que se termine la « phase de rupture ».

Bien qu'il ne s'agisse pas encore de béton armé (car il y manque l'adhérence armature-béton), cet exemple permet déjà de dégager les bases du fonctionnement d'un élément fléchi armé.

- Avant fissuration, l'apport de l'armature est à peine perceptible. En effet, celle-ci ne contribue à la résistance qu'en réaction à la déformation de la poutre et particulièrement à l'ouverture de ses fissures, encore inexistantes dans cette phase.

- Si la capacité de résistance de l'armature est inférieure à celle nécessaire pour obtenir la stabilisation de la fissure, l'armature n'est d'aucun effet et la poutre est fragile. Elle casse comme si elle n'était pas armée. C'est une configuration dangereuse qui doit être évitée.

- L'écrasement du béton en partie supérieure de la poutre rappelle que toute flexion implique la coexistence d'efforts de traction et de compression qui combinent leurs effets pour résister, en s'y opposant, au moment appliqué. Cela est illustré sur la figure A-II.2.11.

- Le bras de levier du couple de ces efforts intérieurs résistants, l'un de traction dans les aciers F_s et l'autre de compression dans le béton F_c, est désigné par la lettre z. Par analogie avec le vocabulaire des poutres métalliques, la zone tendue est appelée « membrure tendue », ici constituée par la seule armature tendue. La zone comprimée, constituée par la section de béton comprimé au-delà des fissures, est appelée « membrure comprimée ».

- Dans le cas d'une flexion simple, l'équilibre d'une section fissurée, illustré sur la même figure A-II.2.11 s'écrit comme suit :

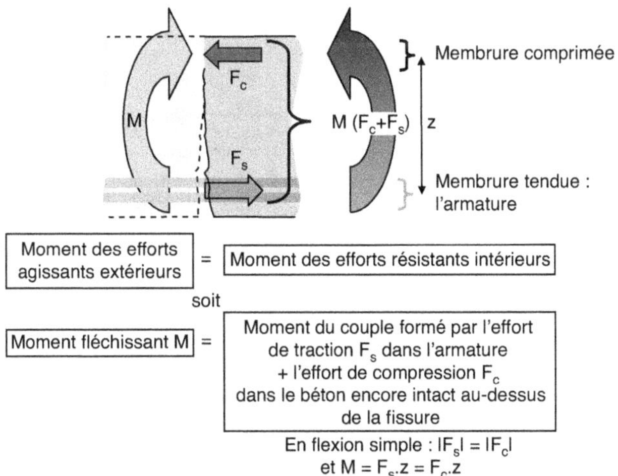

Figure A-II.2.11. Flexion simple : section renforcée fissurée, résistance à un moment fléchissant M

A-II.2.2.2.5 Association béton et aciers avec adhérence

Voir figure A-II.2.12, cas réel. Correspond à la schématisation du § A-II.2.1.2. Il s'agit alors réellement de béton armé.

Avant fissuration

La courbe flèche-charge, linéaire comme dans les cas précédents, affiche une pente légèrement plus forte que dans les autres cas. Ensuite, c'est à une charge P_f légèrement plus élevée que P_{fo} qu'apparaissent les premières fissures.

Grâce à l'adhérence, l'association armature-béton se fait sentir dès avant la fissuration (pente et charge de fissuration légèrement plus fortes que sans armature ou sans adhérence), mais il s'agit d'un gain très faible qui est habituellement négligé.

Établissement puis stabilisation de la fissuration

Il est très difficile de distinguer d'abord une première fissure, puis d'autres ensuite. D'entrée, la fissuration est multiple. Généralement, trois ou quatre fissures, ou encore plus, apparaissent simultanément. Elles sont très fines, de la taille d'un cheveu, et propagées jusqu'au tiers environ de la hauteur de la poutre.

Contrairement au cas sans adhérence, la fissuration n'est accompagnée d'aucune manifestation brutale. Il n'y a plus de décrochement horizontal de la courbe flèche-charge, mais seulement une inflexion suivie d'une rapide stabilisation. Cette inflexion constitue un repère efficace de l'amorce de la fissuration. Pour une plus grande visibilité, son amplitude a été accentuée sur les figures A-II.2.12, A-II.2.13 puis A-II.3.4.

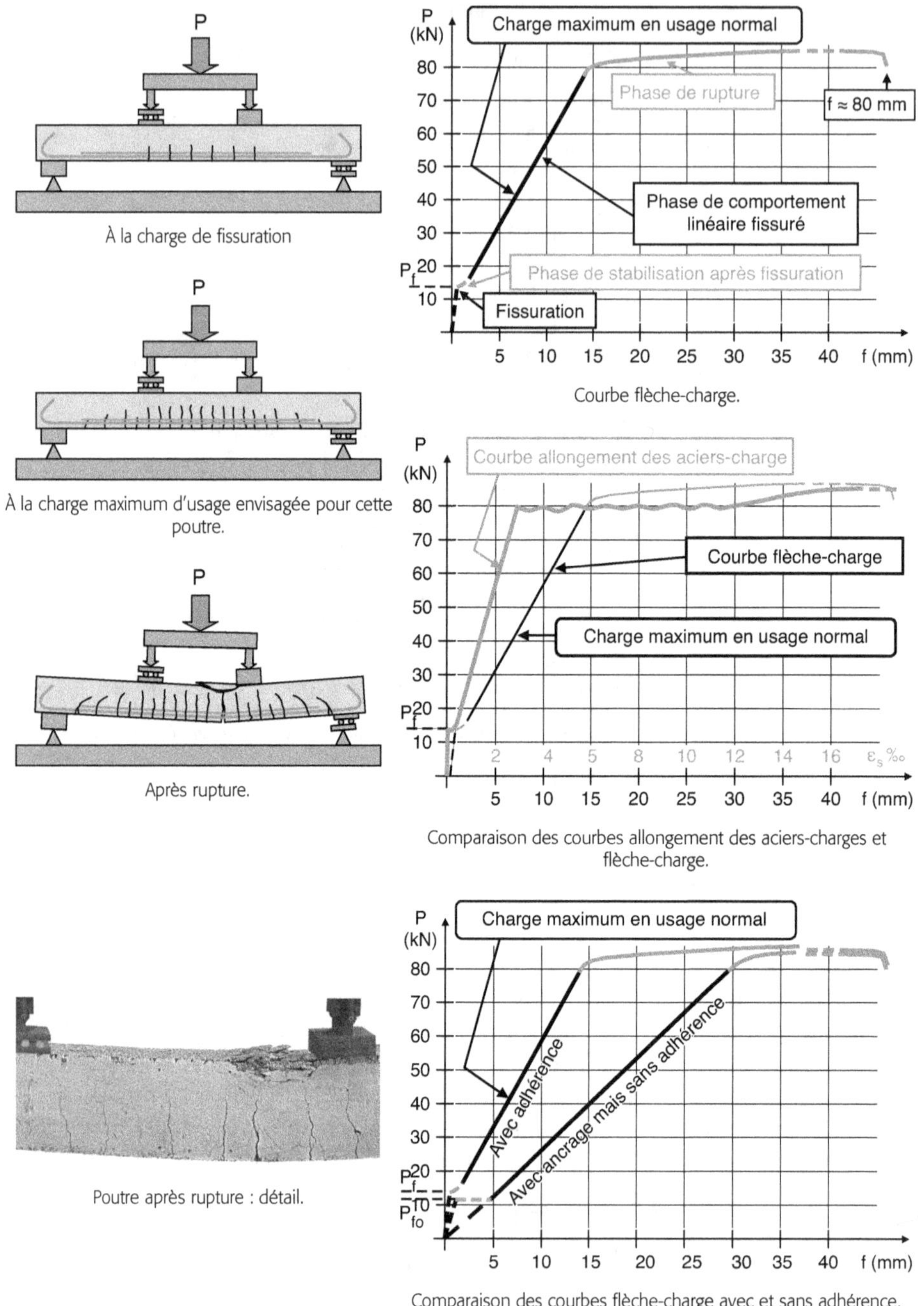

Figure A-II.2.12. Comportement d'une poutre en béton armé (donc avec armature adhérente).

Phase de comportement linéaire fissuré

L'adhérence armature-béton est à l'origine de la multiplication des fissures. Dans le cas des poutres prises pour exemple ici, on arrive à une fissure tous les 10 cm environ.

Entre deux fissures, le béton (tendu mais non encore fissuré) adhérent à l'armature travaille avec elle et reprend une partie de l'effort de traction. L'armature en est soulagée d'autant et s'allonge moins avec les conséquences bénéfiques suivantes :

- la pente de la courbe flèche-charge est beaucoup plus forte que dans le cas non adhérent, avec pour conséquence une flèche beaucoup plus faible ;
- le prolongement de la portion linéaire de la courbe flèche-charge ne passe plus par l'origine ;
- multiplier par n le nombre des fissures diminue leur ouverture de plus que n fois.

Phase de rupture

La courbe flèche-charge s'incurve et tend vers l'horizontale. Les fissures s'élargissent et s'allongent encore, la flèche devient très grande, une fissure s'élargit plus que les autres pour atteindre 3 à 5 mm d'ouverture, puis, comme déjà vu, la poutre périt généralement par écrasement du béton comprimé au-dessus de cette fissure plus large.

Analyse de ces résultats

- Points-clés du calcul
  Les sections faibles sont celles contenant une fissure. Ce sont celles sur lesquelles se concentre le calcul. L'apport de résistance du béton tendu est négligé et l'équilibre illustré sur la figure A-II.2.11 est à la base du calcul.
  Les coefficients de sécurité qu'il inclut (il y en a trois niveaux, qui sont explicités au § B-II.2) sont notamment réglés pour que la charge réglementaire maximum admissible en usage normal soit de l'ordre de la moitié de la charge effective de ruine.
  Cette marge de deux a plusieurs justifications.
  Elle constitue bien sûr une sécurité vis-à-vis de la rupture.
  Elle est aussi l'espoir d'avoir :
    - d'une part des fissures suffisamment fines pour qu'elles restent invisibles à plus de 1 m de distance et pour que l'élément conserve une étanchéité suffisante ;
    - d'autre part, une flèche suffisamment faible pour rester imperceptible et n'occasionner aucun désordre.
- Allongement des aciers
  Avant fissuration, leur déformation est négligeable, à peine perceptible.
  L'établissement puis la stabilisation de la fissuration ont leur reflet fidèle sur la déformation des aciers.
  Comme visible en comparant les courbes « allongement des aciers-charge » et « flèche-charge » (figure A-II.2.12), la zone de comportement linéaire fissuré correspond à la zone de comportement élastique des aciers.

A-II.2.2.3 Incidence de la quantité d'armature

Voir figure A-II.2.13. Cas réels.

L'incidence de la quantité d'armature est explorée par la comparaison de la poutre ci-dessus ($A_s = 3,14$ cm^2) avec trois autres de même géométrie et de béton identique, l'une renforcée avec une section d'armature longitudinale beaucoup plus faible ($A_s = 0,57$ cm^2), l'autre avec une section d'armature longitudinale environ deux fois plus forte ($A_s = 6,16$ cm^2) et une troisième avec encore plus d'acier ($A_s = 8,04$ cm^2). Dans chacune de ces poutres, la quantité et la disposition des armatures transversales ont été adaptées pour rester en cohérence avec la résistance escomptée.

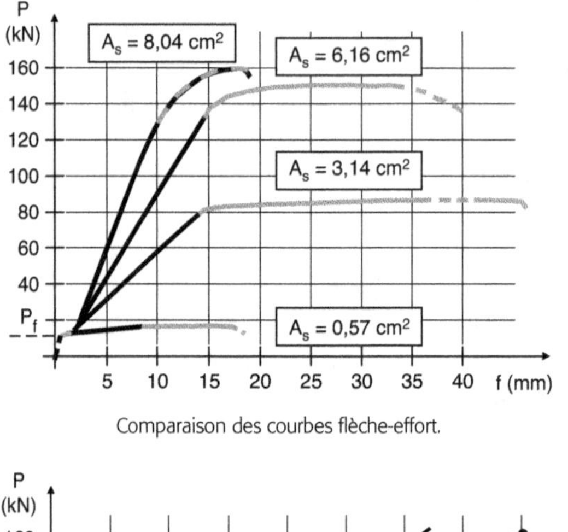

Comparaison des courbes flèche-effort.

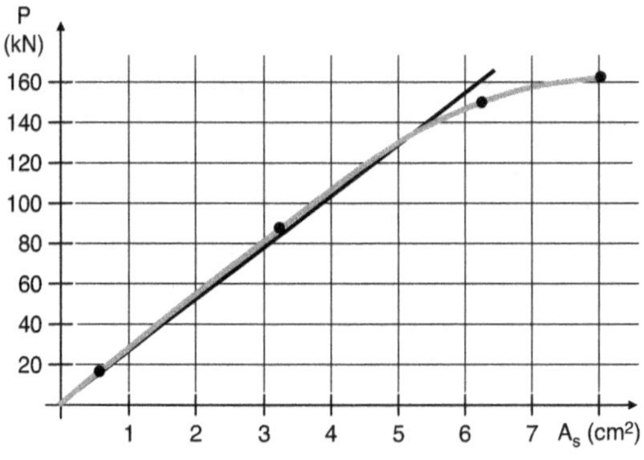

Relation « section d'armature-résistance ».

Figure A-II.2.13. Incidence de la quantité d'armature : comparaison des résistances de quatre poutres présentant quatre quantités d'armature différentes, toutes les autres caractéristiques restant identiques.

A-II.2.2.3.1 Incidence sur la charge de fissuration

Elle est pratiquement nulle.

Le comportement jusqu'à fissuration est en effet essentiellement conditionné à la résistance de la section béton et elle n'augmente que de façon négligeable avec la section d'acier.

A-II.2.2.3.2 Incidence sur la résistance

On constate que, toutes choses égales par ailleurs et tant que la section d'acier n'est pas trop importante, en première approximation, la résistance augmente proportionnellement à la section d'armature longitudinale (tracé en noir sur la figure A-II.2.13).

En allant voir plus dans le détail (tracé en gris sur la même figure), on note que l'augmentation de la résistance avec la section d'armature n'est jamais linéaire. Elle est presque linéaire, avec une légère concavité tournée vers le bas, tant que la section d'acier n'est pas trop importante. Au-delà, la concavité vers le bas s'accentue fortement et on aboutit rapidement à une stabilisation de la résistance.

Lorsqu'on augmente excessivement la section d'armature tendue, c'est le cas de la poutre avec A_s = 8,04 cm², le béton comprimé sollicité par F_c cède avant que la capacité de résistance de l'armature n'ait pu être totalement mobilisée. Ce n'est pas économique, car les aciers sont sous-utilisés. De plus, la résistance plafonne : les aciers étant surabondants, leur quantité exacte n'a plus d'incidence et c'est la capacité du béton qui gouverne alors la résistance. De tels éléments sont dits « sur-armés ».

A-II.2.2.3.3 Incidence sur la ductilité

La ductilité est la capacité à se déformer avant rupture. Dans le cas des éléments en béton armé, elle se mesure sur les courbes flèche-charge à la longueur de la phase de rupture (tracé en trait plein gris sur la figure A-II.2.13). Elle est le résultat de la déformation plastique progressive de l'armature tendue. Nous avons mis en évidence au § A-I.1.2 que ductilité = sécurité.

À l'opposé : insuffisance de ductilité = danger et absence de ductilité = fragilité à éviter absolument.

Un élément armé est fragile si la section d'acier qu'il contient est insuffisante pour assurer la stabilisation après fissuration (voir § A-II.2.2.2.4). Alors il casse comme s'il n'était pas armé (voir figure A-II.2.9), sans préavis et très brutalement, d'où la nécessité de s'en prémunir.

La poutre renforcée avec A_s = 0,57 cm² a une proportion d'acier juste un peu au-dessus du minimum de non-fragilité. Elle n'est donc pas fragile mais presque, et, de ce fait, elle n'affiche qu'une faible marge de ductilité.

À l'autre extrémité du spectre se trouvent les éléments sur-armés, tels que la poutre renforcée avec A_s = 8,04 cm². Dans ce cas, le béton cède avant que les aciers n'aient atteint leur limite d'élasticité, la déformation plastique de ces derniers est donc nulle et la ductilité telle que vu plus haut est nulle elle aussi. On observe seulement une « pseudo-ductilité » (tracé en noir et gris sur la figure A-II.2.13), qui confère un minimum de progressivité à la rupture. Elle résulte de l'accentuation du comportement non linéaire du béton à l'approche de sa rupture (voir § A-I.3.1.1, figure A-I.3.1).

Entre ces deux extrêmes, les deux autres poutres, avec A_s = 3,14 cm² et A_s = 6,16 cm², affichent une ductilité confortable, comme escompté de tout élément en béton armé. On note que celle-ci s'amenuise lorsque A_s augmente, jusqu'à s'annuler au seuil du sur-armement.

A-II.3 Comparaison béton armé-béton précontraint et réflexion sur la résistance optimum des aciers

A-II.3.1 Comparaison béton armé-béton précontraint

Béton précontraint et béton armé se partagent le marché des constructions à base de béton. Une brève comparaison n'est pas inutile.

La différence fondamentale est la suivante :

- Les aciers du béton armé sont « passifs » (voir figure A-II.2.6 et ses commentaires). Ils ne sont sollicités qu'en réaction à la déformation de la poutre et ne sont vraiment efficaces qu'une fois que celle-ci est fissurée.

- Au contraire, les aciers du béton précontraint sont « actifs ». Ils sont préalablement tendus et agissent sur la poutre en lui imposant un effort préalable de compression (ce que traduit le terme « **pré**contraint »). Cet effort est ciblé pour s'opposer aux tensions escomptables du fait du chargement. Alors, en usage normal, l'élément est escompté rester partout comprimé et par conséquent non fissuré.

A-II.3.1.1 Schématisation d'une poutre précontrainte

Les aciers de précontrainte, souvent des câbles, agissent comme des ressorts ou des élastiques. Maintenus tendus par appui sur la structure précontrainte, ils lui imposent par réaction un effort de compression égal à celui appliqué pour les tendre.

Pour une schématisation du fonctionnement, comme illustré sur la figure A-II.3.1, les câbles peuvent être remplacés par deux élastiques préalablement tendus, qui appliquent et maintiennent un effort de compression aligné sur leur trajet.

Nota

Ne pouvant transpercer les élastiques avec une punaise pour simuler une adhérence câble-béton, nous nous contentons d'un cas sans adhérence. Comme dans le cas du § A-II.2.1, il faut utiliser un guide pour maintenir la bonne hauteur des élastiques à mi-travée.

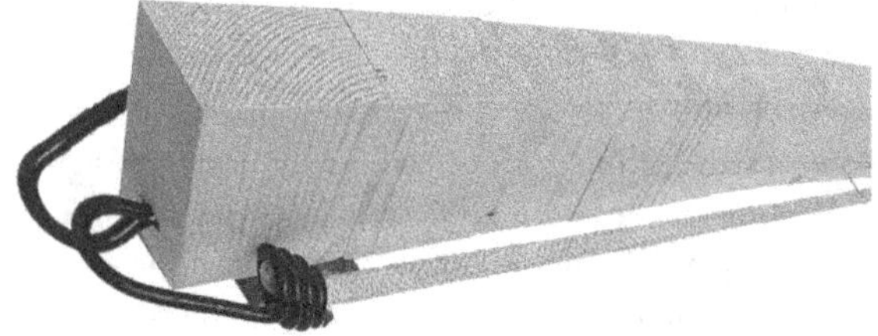

Figure A-II.3.1. Simulation d'une poutre précontrainte : dispositif utilisé.

La figure A-II.3.2 montre l'évolution de la flèche et des fissures avec la charge appliquée.

On constate que, contrairement au cas du béton armé, jusqu'à la charge de 2×1 kg comprise, la poutre ne présente aucune fissure et sa flèche reste imperceptible à l'œil. C'est le domaine d'usage normal du précontraint. L'effort de compression appliqué à la poutre par les câbles (ici les élastiques) est supérieur à l'effort d'ouverture des fissures, il n'y a donc pas de fissure. Du même coup, il n'y a également que très peu de flèche.

Après fissuration (cas de chargement $2 \times 1,5$ kg et 2×2 kg), le comportement devient comparable à celui du béton armé. Les fissures s'ouvrent et une flèche significative se développe au fur et à mesure que la charge augmente. Le dispositif de précontrainte mis en place ici est sans adhérence, une seule fissure est donc attendue et c'est ce qui est observé.

A-II.3.1.2 Poutres réelles

Sont comparées ici la poutre béton armé qui a servi de référence jusqu'ici ($A_s = 3,14$ cm²) et une poutre précontrainte de même géométrie et du même béton, calculée pour avoir la même charge de rupture. Les caractéristiques constructives de ces deux poutres sont montrées sur la figure A-II.3.3.

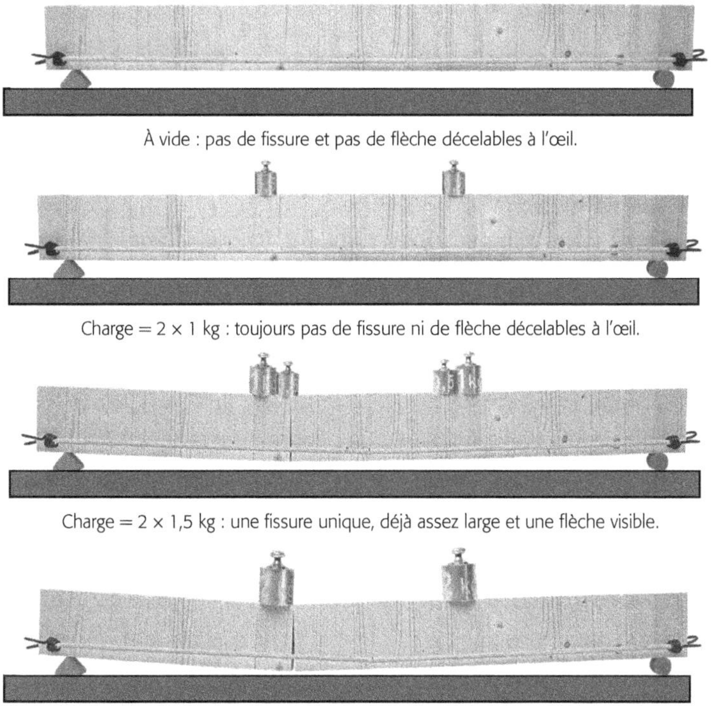

Figure A-II.3.2. Poutre précontrainte : évolution de la fissuration et de la flèche avec la charge appliquée.

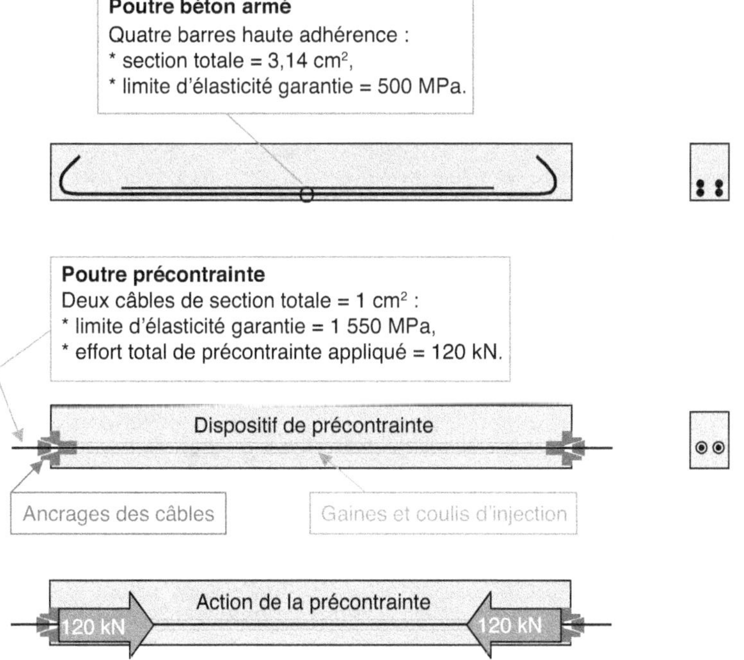

Figure A-II.3.3. Caractéristiques des poutres précontraintes et béton armé comparées.

Le dispositif constructif habituel de la précontrainte est schématisé sur la figure A-II.3.3. Des câbles introduits dans des gaines ménagées à l'intérieur de l'élément à précontraindre sont tendus avec l'effort désiré et bloqués à leurs extrémités par des dispositifs d'ancrage adéquats. Ce sont les plaques d'appui associées à ces ancrages qui impriment à la structure l'effort de compression égal à l'effort de tension dans les câbles. Un coulis de ciment injecté ensuite dans les gaines assure, en durcissant, d'une part l'adhérence des câbles au reste de la structure, d'autre part leur protection contre la corrosion.

Généralement, l'effort de précontrainte est calibré pour que, jusqu'à la charge maximum envisagée en usage normal, tout l'élément reste comprimé, donc non fissuré.

Les aciers de précontrainte sont des aciers de très haute résistance, leur limite d'élasticité garantie est voisine de 1 550 MPa (voir figure A-I.3.4). Ils sont de ce fait environ trois fois plus résistants que les aciers de béton armé, dont la limite d'élasticité garantie est, à ce jour, de 500 MPa. En conséquence, il en faut environ trois fois moins pour renforcer un élément comparable comme on peut le constater sur les données de la figure A-II.3.3. Le prix des aciers augmentant moins vite que leur résistance, il y a là une source d'économie qui participe à la compensation du surcoût associé à la plus grande technicité du précontraint. En contrepartie de leur très haute limite élastique, les aciers pour précontraint sont moins ductiles, leur allongement ultime est deux à trois fois plus faible que celui des aciers de béton armé les plus courants (voir figure A-I.3.4).

La comparaison des comportements des deux poutres est illustrée sur la figure A-II.3.4.

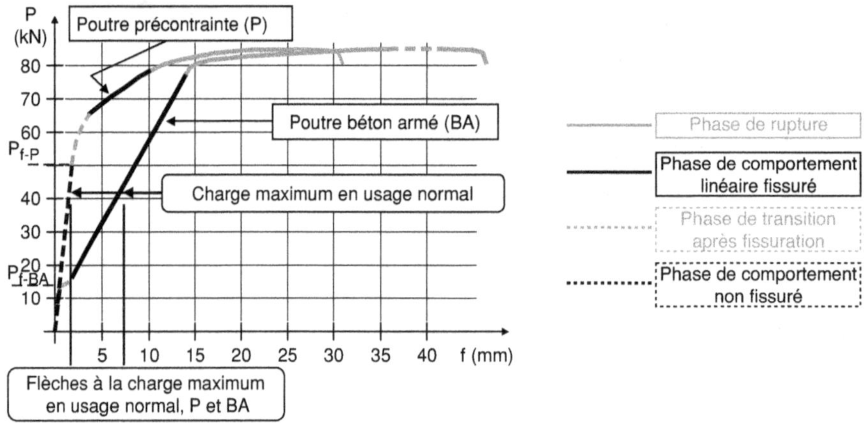

Figure A-II.3.4. Comparaison béton armé-béton précontraint.

Constatations

Comme escompté, dans le cas de la poutre précontrainte, la phase de comportement non fissuré (tracé en pointillé noir) est prolongée jusqu'au-delà de la charge maximum en usage normal. Cela lui confère, dans le domaine d'usage normal, deux avantages sur la poutre béton armé (qui, elle, fonctionne en mode fissuré) :

- une flèche beaucoup plus faible ;
- une meilleure étanchéité et une meilleure imperméabilité aux agents agressifs venant de l'environnement.

La phase de comportement linéaire fissuré (tracés en trait plein noir) de la poutre précontrainte est très courte. Mais, contrairement au cas de la poutre béton armé, elle intervient au-delà de la charge de service et ce n'est alors pas un handicap.

> **Nota**
>
> Après fissuration, une poutre précontrainte se comporte comme une poutre béton armé dont les armatures sont les aciers de précontrainte. Ceux-ci étant en section environ trois plus faible que les aciers de la poutre béton armé comparable, ils sont environ trois fois plus sollicités (leur qualité permet d'y résister) et s'allongent environ trois fois plus. C'est pourquoi, dans cette phase de comportement linéaire fissuré, la pente de la courbe flèche-effort de la poutre précontrainte est environ trois fois plus faible que celle de la poutre béton armé.

La phase de rupture (tracés en trait plein gris) est semblable pour les deux poutres. Elle est cependant plus courte dans le cas de la poutre précontrainte car les aciers de précontrainte sont moins ductiles.

A-II.3.2 Réflexion sur la résistance optimum des aciers

S'il est plus économique d'utiliser des aciers de très haute résistance, pourquoi ne pas les utiliser aussi en béton armé ?

La réponse se trouve dans la comparaison des pentes des courbes flèche-effort en phase de fonctionnement linéaire fissuré (tracés en trait plein noir) des poutres précontraintes et béton armé (figure A-II.3.4). À effort à reprendre égal, des aciers plus résistants sont nécessaires en plus petite quantité et sont plus fortement sollicités. Il s'ensuit, en phase fissurée (le domaine du béton armé), des déformations plus importantes qui induisent une flèche et des ouvertures de fissure plus importantes, incompatibles avec ce qui est attendu d'un élément en béton armé. Ce n'est donc pas la métallurgie qui limite la résistance des aciers utilisés en béton armé, mais un compromis entre résistance et déformation.

En précontraint, cette limitation est hors sujet. Plus les aciers sont résistants mieux c'est et seul le rapport résistance/prix fixe l'optimum pour la résistance des aciers de précontrainte.

A-II.4 Résistance aux effets de l'effort tranchant

L'effort tranchant est une sollicitation de cisaillement qui a pour conséquence une déformation de distorsion (transformation d'un rectangle en parallélogramme). Comme pour l'adhérence, qui entraîne aussi une sollicitation de cisaillement, le système y répond par le jeu conjoint de bielles comprimées inclinées et de tirants dans une autre direction.

A-II.4.1 Illustration des mécanismes mis en jeu

A-II.4.1.1 Cas de structures à barres

Prenons l'exemple de la figure A-II.4.1 : un cadre fabriqué avec un jeu de construction. Les forces agissantes, indiquées sur la figure, sont une charge P et la réaction d'appui égale et opposée à P. Les deux développent ensemble un effort tranchant |V| = |P|.

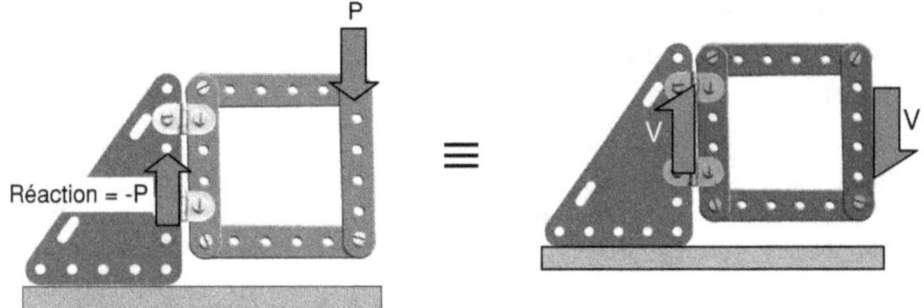

Figure A-II.4.1. Sollicitation d'un cadre par un effort P induisant un effort tranchant |V | = |P |.

La figure A-II.4.2 illustre la déformation possible de ce cadre et les moyens d'y résister.

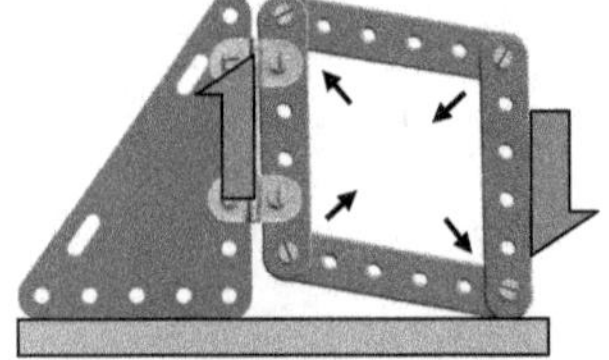

a) À défaut de dispositif particulier, l'effort tranchant distord le cadre qui se transforme en parallélogramme.

Une diagonale s'allonge, l'autre se raccourcit.

b) On peut s'opposer à la déformation du cadre en installant une diagonale comprimée.

Il s'agit alors nécessairement d'un élément rigide.

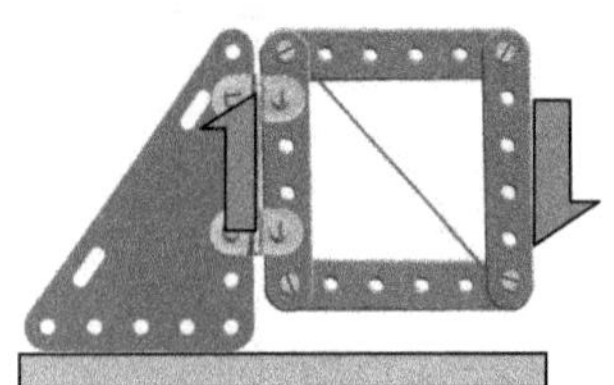

c) Une autre solution est la mise en place d'une diagonale tendue.

Dans ce cas, il peut s'agir d'un élément souple, ici matérialisé par un fil.

Figure A-II.4.2. Déformation induite par un effort tranchant et moyens d'y résister.

On voit que la résistance à un effort tranchant passe par le développement de capacités de résistance, en compression ou en traction, obliques par rapport à l'effort tranchant.

Les portails en bois ou les contrevents que chacun peut observer tous les jours en donnent une illustration évidente. Des exemples sont proposés sur la figure A-II.4.3.

Une diagonale comprimée assure la résistance à l'effort tranchant.

C'est le cas général. En effet, en menuiserie ou charpente traditionnelle, les assemblages comprimés sont les plus efficaces.

Ici encore une diagonale comprimée assure la résistance à l'effort tranchant.

Ici c'est une diagonale tendue qui assure la résistance à l'effort tranchant.

Le cadre métallique, soudé, assure des assemblages aussi efficaces en traction qu'en compression.

Figure A-II.4.3. Contrevents et portails réels et dispositifs pour résister à l'effort tranchant.

A-II.4.1.2 Cas des structures à âme pleine et continue

C'est le cas général des éléments en béton armé.

Contrairement au cadre du premier exemple, les poutres et les structures courantes en béton armé ne sont pas constituées de barres articulées bien individualisées mais ont une âme pleine et continue. Âme dans laquelle n'est initialement individualisée aucune diagonale comprimée ou tendue.

Schématisation

Elle est proposée sur la figure A-II.4.4 où l'âme pleine et continue est matérialisée par une feuille de papier tendue fermement tenue à la périphérie du cadre précédent.

On y voit que, même si au départ aucune diagonale comprimée n'est identifiée, celle-ci apparaît spontanément, délimitée par les fissures d'effort tranchant.

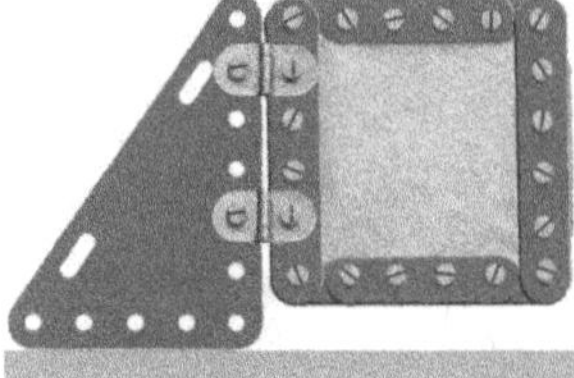

a) Avant déformation.

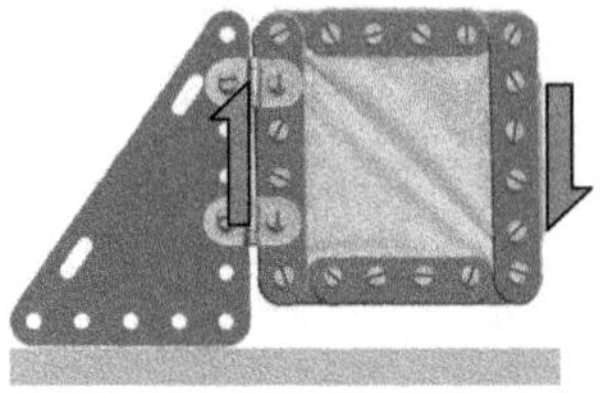

b) Tant que l'âme de cette structure, la feuille de papier, garde son intégrité, la distorsion du cadre (sa déformation en parallélogramme) reste imperceptible.

La plissure du papier est le témoin :

– d'une forte tension selon la diagonale tendue ;

– d'une compression, cause de la plissure, dans la direction perpendiculaire (à laquelle l'absence de rigidité en compression de la feuille de papier ne permet d'opposer aucune résistance).

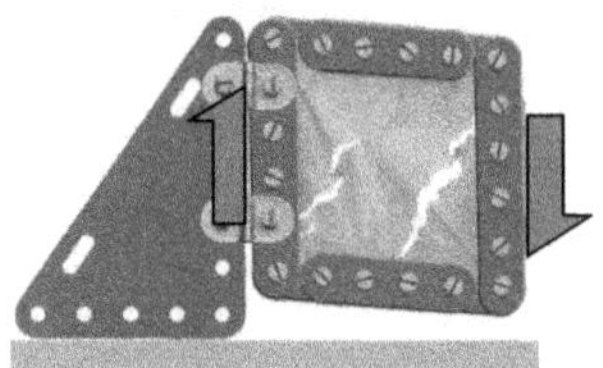

c) L'effort tranchant augmentant, des déchirures obliques zèbrent l'âme en papier de cette structure et la distorsion du cadre devient visible.

– Les déchirures sont orientées perpendiculairement à la diagonale tendue et sont plus ouvertes à mi-hauteur de l'âme.

– Elles découpent une bande intacte matérialisant la diagonale comprimée.

Figure A-II.4.4. Déformations et fissures induites par un effort tranchant dans le cas d'une structure avec âme pleine. Celle-ci est ici matérialisée par une feuille de papier tendue à l'intérieur du cadre.

A-II.4.2 Poutres réelles

Ce sont les aciers transversaux disposés en position et quantité convenables, les bielles de béton comprimé obliques et les aciers longitudinaux qui assurent la résistance aux effets de l'effort tranchant. Les aciers transversaux peuvent être verticaux ou obliques. Dans la pratique, la préférence est donnée aux aciers verticaux et c'est le choix des poutres considérées ici.

A-II.4.2.1 Pourquoi préférer des aciers transversaux verticaux ?

Les aciers transversaux obliques ont une efficacité maximum, car ils sont perpendiculaires aux fissures à coudre. Mais :

– ils doivent être orientés dans la bonne direction ⇒ attention au risque d'erreur ;

– leur inclinaison change au long d'une poutre, là où le signe de l'effort tranchant change ;

– le ferraillage est beaucoup plus délicat à assembler.

Dans un cas de sollicitation alternée, les aciers ne sont bien orientés que dans une alternance sur deux. Dans l'autre alternance, ils sont parallèles aux fissures et sont inefficaces. Ce qui est éminemment dangereux !

Il faudrait donc superposer deux jeux d'aciers transversaux, un selon chacune des inclinaisons nécessaires.

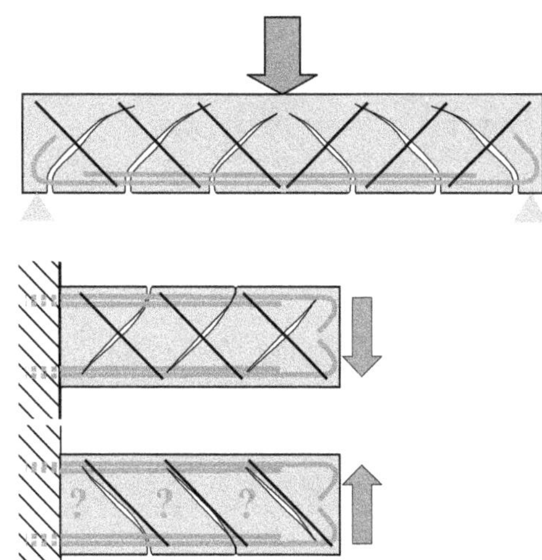

Figure A-II.4.5a. Comparaison des aciers transversaux obliques et verticaux : aciers obliques.

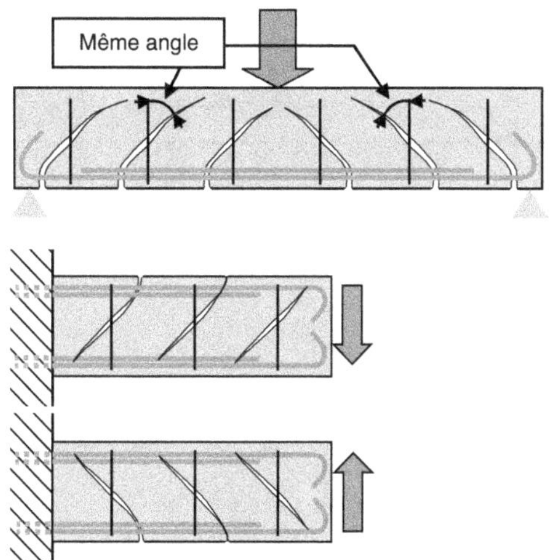

Les aciers transversaux verticaux sont beaucoup plus faciles à mettre en place.

Ils font toujours le même angle avec les fissures, quel que soit leur sens d'inclinaison, d'où :

– pas de risque d'erreur ;

– même efficacité, quels que soient le signe de l'effort tranchant et le sens d'inclinaison des fissures.

Figure A-II.4.5b. Comparaison des aciers transversaux obliques et verticaux : aciers verticaux.

A-II.4.2.2 Observations et synthèse

Les deux poutres ci-après apportent des éléments d'observation. Il s'agit de poutres de laboratoire de la même série que celles déjà observées pour l'étude de la résistance au moment fléchissant. Ce sont :

- d'une part, la poutre déjà observée pour la résistance au moment fléchissant, renforcée avec A_s = 6,16 cm^2, contenant les aciers transversaux qui conviennent et de charge ultime = 150 kN ;

- d'autre part, la même poutre, mais sans aciers transversaux.

Avec les aciers transversaux nécessaires.　　　　**Sans aciers transversaux.**

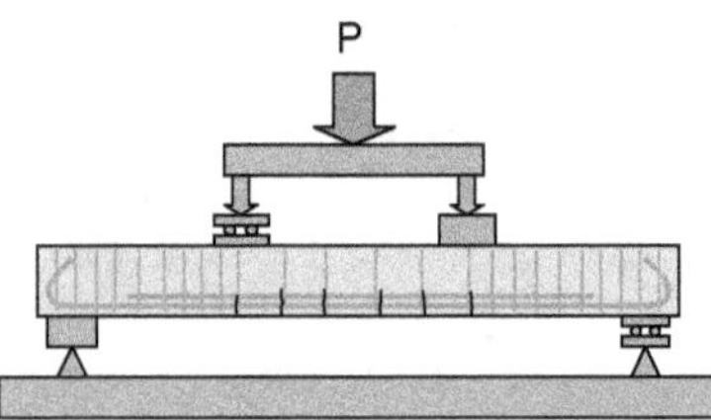
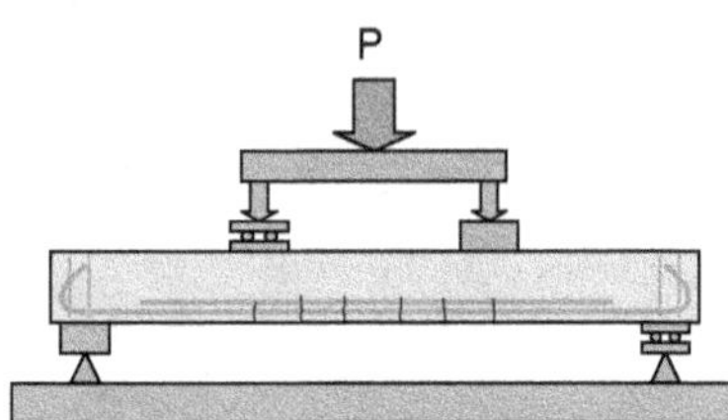

À la charge de fissuration

Pas de différence entre les deux poutres.

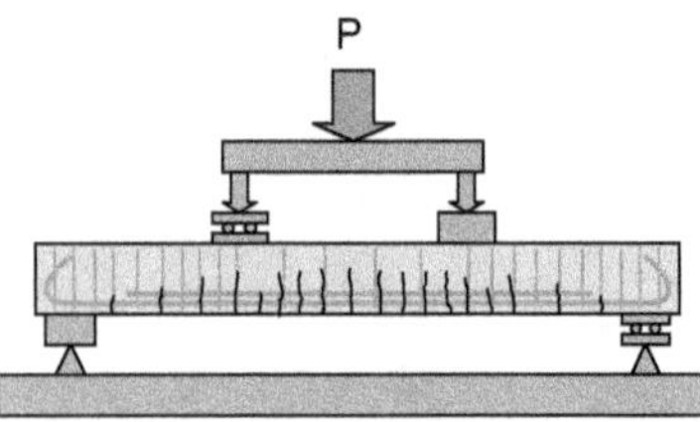
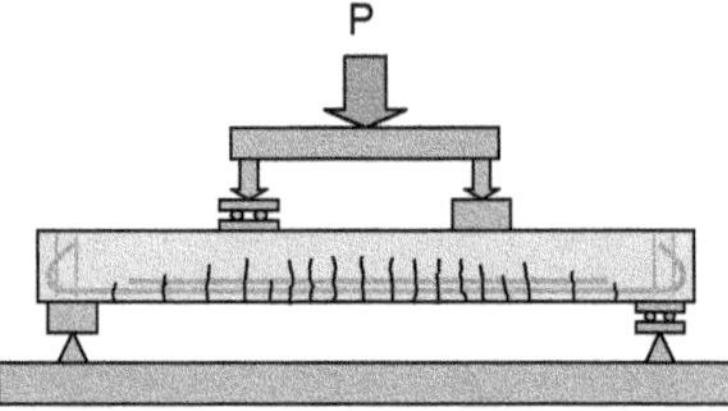

À la charge de 70 kN

C'est la charge maximum d'usage de la poutre fabriquée avec les aciers transversaux qui conviennent : toujours pas de différence et pas encore de fissure inclinée.

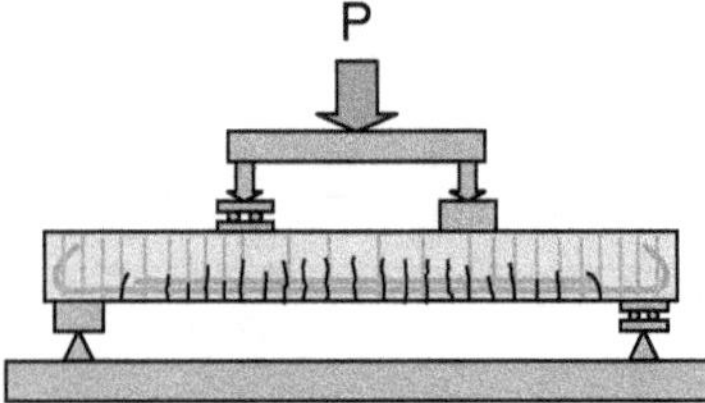
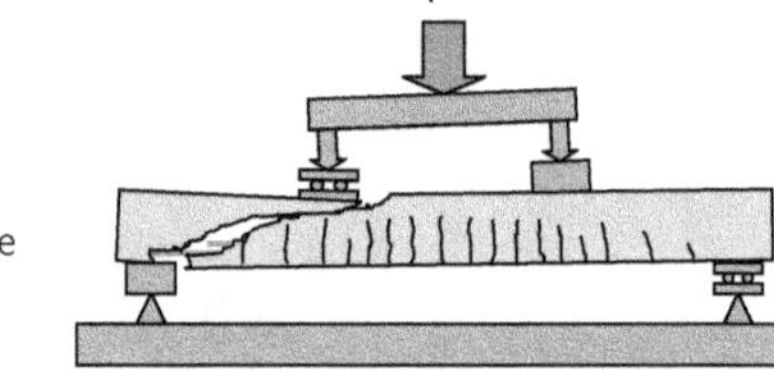

À la charge de 80 kN

Apparition des premières fissures inclinées près des appuis, en prolongement de fissures de flexion verticales.

Rupture d'effort tranchant, brutale et sans signe avant-coureur, dès l'amorce de la première fissure inclinée. C'est une rupture fragile ⇒ dangereuse.

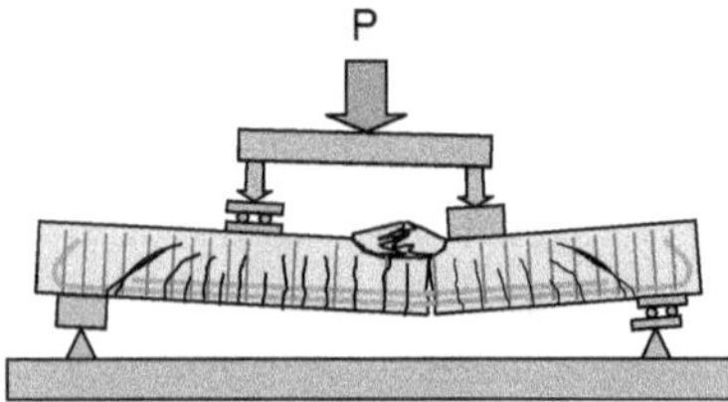

Entre 80 et 150 kN

De nouvelles fissures inclinées apparaissent, les anciennes se développent et s'élargissent, puis à 150 kN : rupture de flexion.

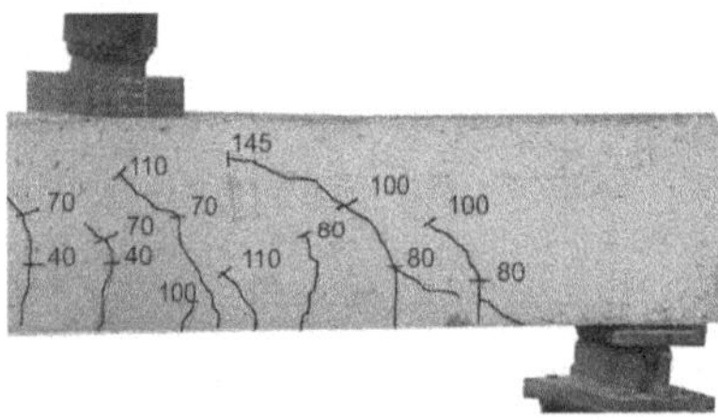
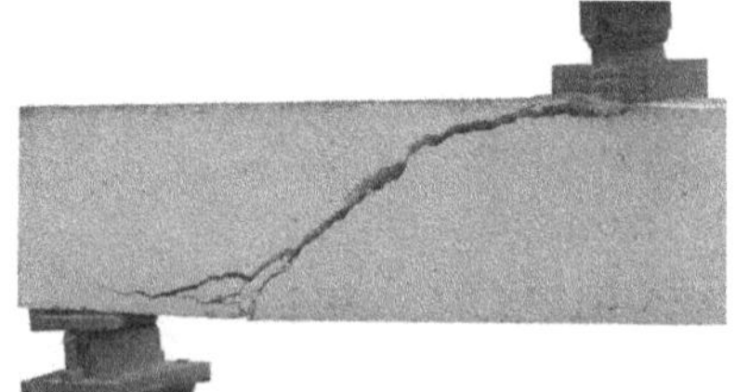

À la rupture : fissures d'effort tranchant (le long des fissures : suivi de leur développement en fonction de la charge en kN).

Photo après rupture fragile par effort tranchant, charge = 80 kN.

Figure A-II.4.6. Comparaison de la fissuration et de la rupture, avec et sans aciers transversaux.

La disposition des aciers transversaux de la première poutre est visible sur les croquis de la figure A-II.4.6. Leur distribution est plus dense entre points de chargement et appuis où l'effort tranchant est maximum. Entre les points de chargement, l'effort tranchant est nul, mais le règlement impose d'y maintenir une quantité minimum d'aciers transversaux.

L'évolution de la fissuration de ces deux poutres et leurs faciès de rupture sont comparés sur la même figure A-II.4.6. Leurs courbes flèche-charge sont comparées sur la figure A-II.4.7.

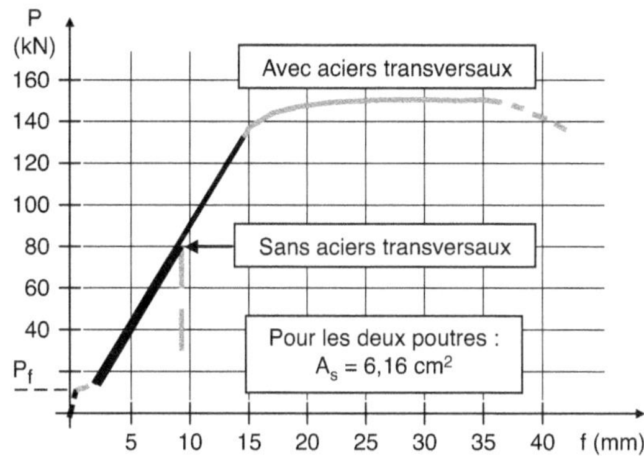

Figure A-II.4.7. Courbes flèche-charge avec et sans aciers transversaux.

A-II.4.2.2.1 Observations

Conformément à ce qui précède, on s'attend à ce que l'effort tranchant induise des fissures inclinées, d'abord à proximité des appuis où l'effort tranchant est maximum.

Jusqu'à l'apparition de la première fissure inclinée, les deux poutres se comportent (fissuration et flèche) de façon identique.

Jusqu'à ce niveau de charge, le béton seul suffit pour résister aux effets de l'effort tranchant et les aciers transversaux, lorsqu'ils sont présents, ne sont pas sollicités. À part ces aciers transversaux qui ne sont pas sollicités, ces deux poutres sont identiques. Il est alors normal qu'elles se comportent de façon identique.

À l'apparition de la première fissure inclinée, les aciers transversaux deviennent indispensables.

- S'ils sont présents, ils cousent les fissures inclinées pour retenir leur ouverture.
- S'ils sont absents, rien ne freine le développement de la fissure inclinée et c'est la rupture brutale.

S'agissant de la poutre avec aciers transversaux, elle continue à résister après l'apparition de la première fissure inclinée. Les fissures initiales se développent et il en apparaît d'autres.

L'ensemble des fissures inclinées découpe des bandes intactes matérialisant des diagonales comprimées conformément à la schématisation de la figure A-II.4.4.

Également en accord avec cette schématisation, les fissures les plus développées sont clairement plus ouvertes à mi-hauteur de la poutre. Avec l'inclinaison, c'est la deuxième caractéristique des fissures d'effort tranchant.

Bien que fortement sollicitée à l'effort tranchant, ce dont témoignent ses fissures inclinées très développées, la poutre périt de façon ductile en flexion.

Les aciers transversaux sont en effet calculés pour assurer une résistance à l'effort tranchant outrepassant légèrement la résistance en flexion, assurant ainsi une ruine en flexion, plus ductile.

A-II.4.2.2.2 Conclusion

L'absence d'aciers transversaux est dangereuse. Elle fait courir le risque d'une rupture précoce, fragile et désastreuse.

Dans l'exemple vu ici, à la charge maximum d'usage prévue (70 kN), la poutre sans aciers transversaux se comportait aussi bien que l'autre correctement armée, sans aucun signe d'alerte. Pourtant, un léger dépassement de cette charge (à 80 kN), donc sans aucune marge de sécurité vis-à-vis de la charge maximum d'usage prévue, la précipitait dans une rupture brutale.

Attention, la charge d'apparition des fissures inclinées et de rupture brutale de la poutre non armée transversalement n'est pas systématiquement supérieure à la charge maximum d'usage escomptée comme dans le cas de cet exemple. Elle dépend en fait de la géométrie de la poutre et peut être très inférieure à la charge d'usage visée.

A-II.4.3 Schématisation du fonctionnement

A-II.4.3.1 Analogie du « treillis de Ritter-Mörsch »

Elle découle des contributions complémentaires, en 1899, de l'ingénieur suisse Wilhelm Ritter et, en 1902, de l'ingénieur allemand Emil Mörsch.

Elle compare une poutre en béton armé fissurée par l'effort tranchant à une poutre métallique en treillis.

Les barres comprimées sont constituées par, d'une part, les bielles obliques comprimées découpées par les fissures inclinées, d'autre part, la zone de béton comprimé participant à la résistance au moment fléchissant. Les barres tendues sont respectivement les aciers transversaux et les aciers longitudinaux. La figure A-II.4.8 illustre cette analogie.

Il faut noter que cette schématisation ne vaut qu'une fois les fissures inclinées totalement développées. La poutre est alors à l'ultime stade avant une éventuelle rupture par effort tranchant.

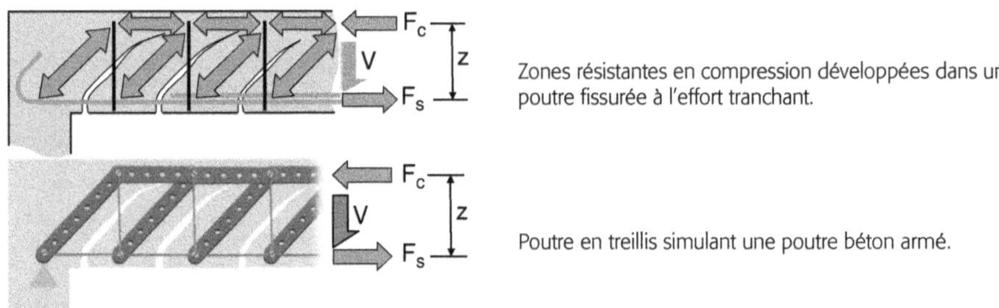

Zones résistantes en compression développées dans une poutre fissurée à l'effort tranchant.

Poutre en treillis simulant une poutre béton armé.

Figure A-II.4.8. Analogie de Ritter-Mörsch.

Dans une poutre en treillis, pour mesurer le rôle d'une barre (comprimée ou tendue), une solution est de la couper puis de mesurer ou calculer l'effort à appliquer pour rétablir l'équilibre. La figure A-II.4.9 illustre son application à l'armature transversale.

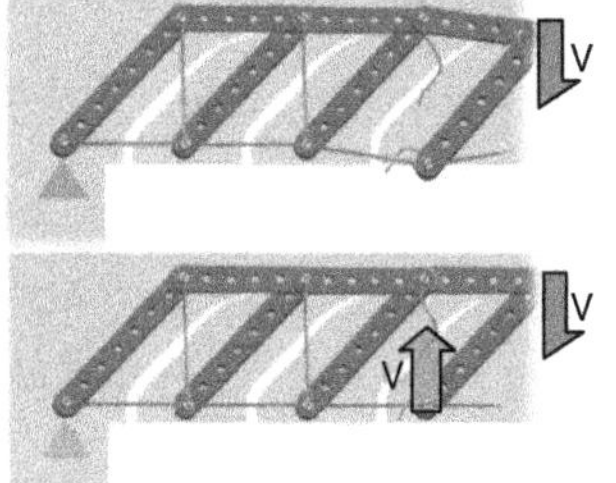

On coupe une armature transversale.

On rétablit l'équilibre avec un effort (en gris clair) qui remplace l'effet de la barre. C'est un effort vertical = V.

Figure A-II.4.9. Treillis de Ritter-Mörsch : effort dans les barres simulant des armatures transversales verticales.

Le schéma du haut montre le désordre apporté par la coupure de cette armature et le schéma du bas l'effort à appliquer pour rétablir l'équilibre. Cet effort doit équilibrer l'effort descendant vertical V, il est donc un effort vertical montant égal à V. Ceci est un résultat important, qui s'exprime comme suit.

Dans le cas d'armatures transversales verticales, chaque barre tendue du treillis de Ritter-Mörsch simulant l'armature transversale reprend un effort vertical égal à l'effort tranchant V.

Dans le cas d'armatures transversales obliques, c'est la composante verticale de l'effort repris qui doit égaler V.

A-II.4.3.2 Équilibre d'un nœud courant et du nœud d'appui

Cet équilibre est illustré sur la figure A-II.4.10.

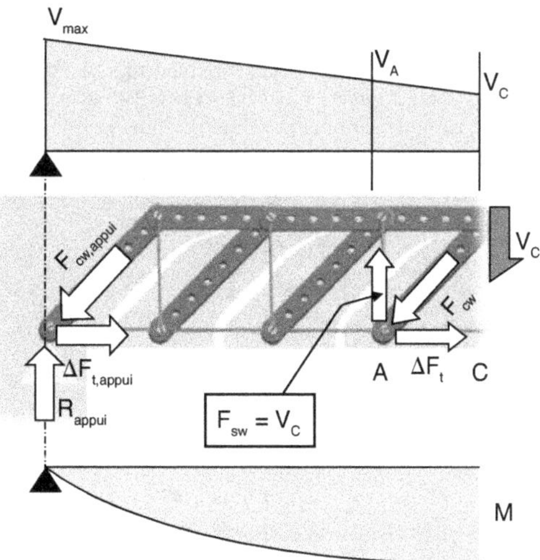

Figure A-II.4.10. Équilibre d'un nœud courant, le nœud A, et équilibre du nœud d'appui.

A-II.4.3.2.1 Nœud courant

On note que l'armature transversale à l'abscisse A reprend, et donc doit être calculée pour, l'effort tranchant à l'abscisse C. Ce décalage générateur d'économie (car $|V_C| < |V_A|$) sera exploité par le règlement.

De plus, l'équilibre de ce nœud met en évidence que le mécanisme de résistance à l'effort tranchant impose un effort ΔF_t dans l'armature tendue qui s'ajoute à l'effort qu'elle reprend pour résister aux effets du moment fléchissant seul.

Enfin, les bielles de béton découpées par les fissures inclinées sont sollicitées par un effort de compression F_{cw}. Il faudra vérifier qu'elles sont capables d'y résister.

A-II.4.3.2.2 Nœud d'appui

Ce n'est plus l'armature transversale, mais la réaction d'appui, qui apporte la troisième composante de l'équilibre. V et F_{cw} y ont leur valeur maximum. Surtout, l'effort additionnel $\Delta F_{t,appui}$ dans l'armature tendue prend ici un relief particulier.

Alors que pour résister au moment seul, la section nécessaire d'aciers longitudinaux sur appui est nulle, pour reprendre $\Delta F_{t,appui}$, il faut ici spécifiquement prolonger et ancrer sur appui une part suffisante des aciers en travée.

Ne pas respecter ce dernier point fait courir un risque de rupture fragile généralement meurtrier. Toute une travée tombe en bloc, sans signe avant-coureur, et écrase toute personne qui se trouve au-dessous. Cela est illustré par la schématisation de la figure A-II.4.14.

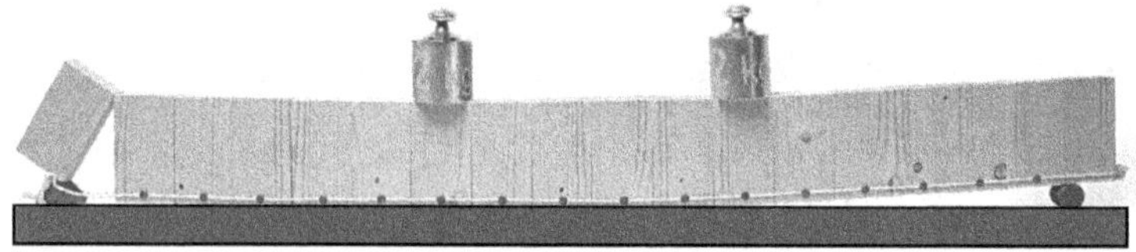

Figure A-II.4.11. Type de rupture risquée par l'absence d'ancrage de l'armature longitudinale sur appui d'extrémité. C'est une rupture fragile et, dans ce cas, généralement meurtrière.

L'ensemble de ces points est regroupé sous la dénomination « Conditions d'appui » (son traitement réglementaire est exposé au § B-III.4.4).

A-II.5 Éléments continus

Dans les constructions réelles, la majorité des poutres et éléments assimilés (dalles) sont continus. Ce qui implique des moments de continuité sur appuis et une interaction entre travées voisines.

L'exposé s'appuie sur le cas le plus simple d'élément continu : une poutre avec console.

> **Nota**
> Une « console » n'est pas une « travée », mais pour les besoins de la démonstration faite ici, elle apporte les mêmes enseignements.

A-II.5.1 Moment de continuité, réaction d'appui, déformée et positionnement de l'armature dans un élément continu

Voir figure A-II.5.1.

Sur les appuis de continuité, le moment est négatif, de signe opposé à ce qu'il est en travée, avec pour conséquence :

- une inversion de la courbure ; en travée, la concavité de la déformée est tournée vers le haut, sur les appuis de continuité, elle est tournée vers le bas ;
- en travée, la zone tendue de l'élément et les armatures de flexion associées sont positionnées en partie inférieure ; sur les appuis de continuité, zone tendue et armature associée sont en partie supérieure.

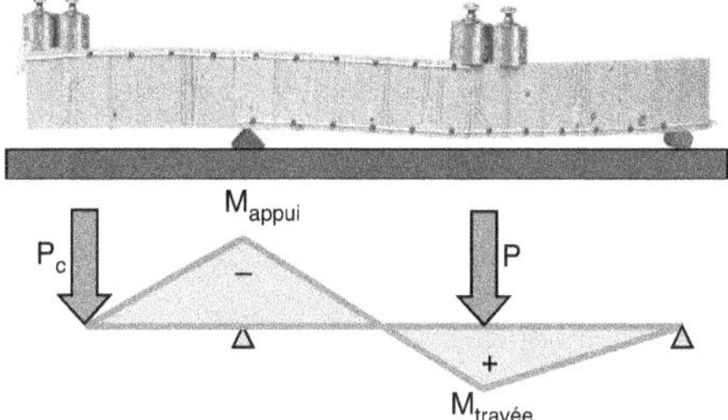

Sur un appui de continuité : la concavité de la déformée est tournée vers le bas et l'armature est placée en partie haute de la section.

Diagramme du moment fléchissant : sur appui de continuité M < 0

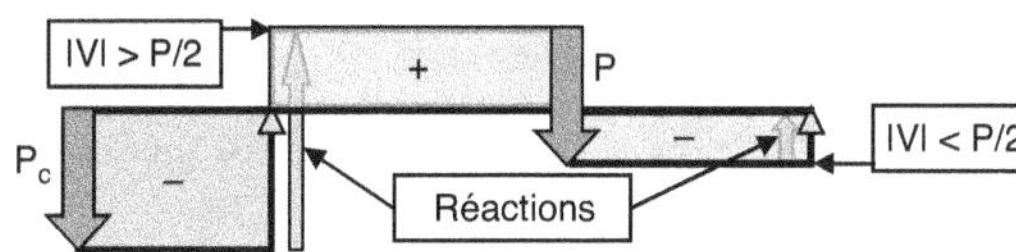

Diagramme de l'effort tranchant : sur appui de continuité, il y a un renforcement de |V| et de la réaction, et, par compensation, une diminution sur l'autre appui (les efforts appliqués et les réactions ont été dessinés en regard du diagramme V pour mettre en évidence la relation entre leur amplitude et l'évolution de V).

Figure A-II.5.1. Moment fléchissant, effort tranchant, déformée et position de l'armature dans un élément continu. Illustration avec l'exemple d'une poutre avec console.

A-II.5.2 Interaction entre travées voisines : cas de chargement à considérer

Dans le cas des éléments continus, le cas de chargement le plus défavorable n'est pas systématiquement le cas « tout chargé ».

Il est nécessaire d'envisager toutes les combinaisons de chargement. Celles-ci et les conséquences de leur ignorance sont illustrées sur la figure A-II.5.2.

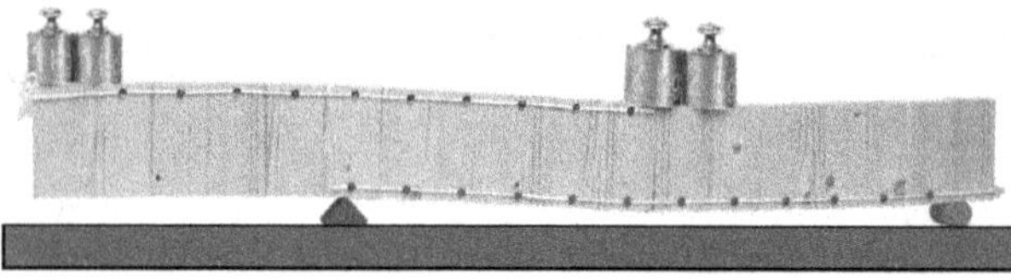

Tout chargé : c'est le cas le plus défavorable pour la section sur appui de continuité. C'est le cas à partir duquel sera déterminée la section de l'armature supérieure.

Seulement la travée chargée : c'est le cas le plus défavorable pour la travée. C'est le cas à partir duquel sera déterminée la section de l'armature inférieure.

Par rapport au cas précédent, la console apporte un contrepoids moindre, dont la conséquence est visible par une flèche en travée plus importante.

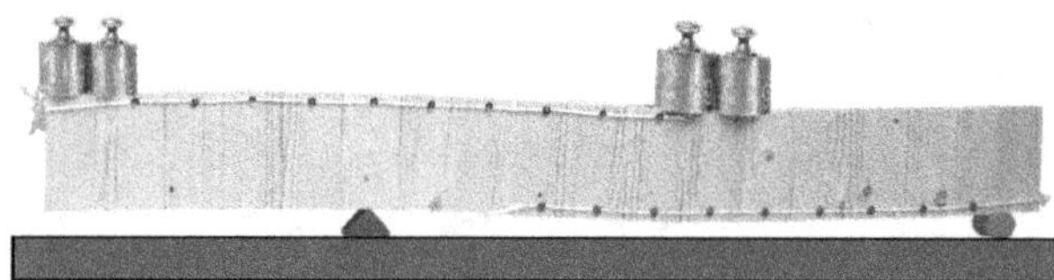

Dans le cas tout chargé, l'armature inférieure en travée peut être arrêtée sans dommage bien avant l'appui de continuité.

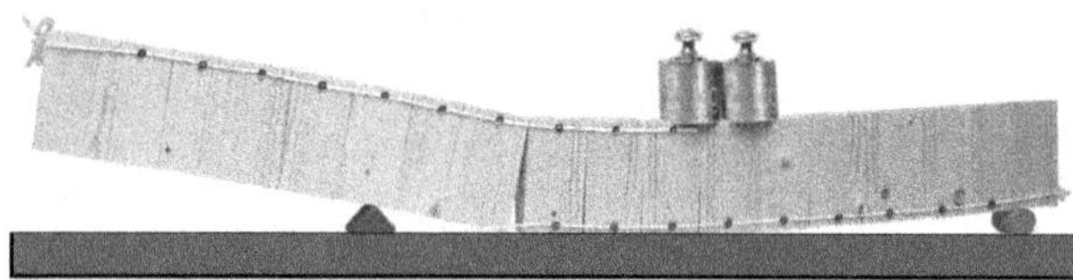

En revanche, elle s'avère alors trop courte lorsque la console est déchargée ⇒ toujours continuer l'armature inférieure en travée jusque sur l'appui de continuité.

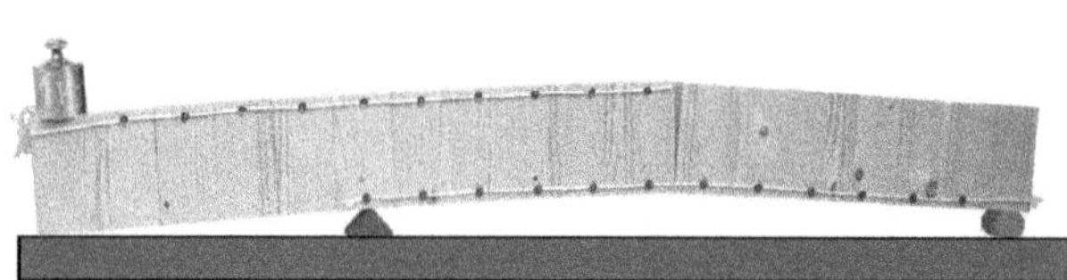

La longueur de l'armature supérieure doit être déterminée dans le cas où la console est chargée (moment de continuité maximum) et la travée déchargée.

Bien que convenant dans les autres cas, l'armature supérieure s'avère trop courte dans ce cas.

Figure A-II.5.2. Poutre avec console : les différents cas de charge à considérer pour un dimensionnement correct.

À retenir

Dans les systèmes continus :
- le cas « tout chargé » n'est pas le cas le plus défavorable, mais seulement l'un des cas défavorables ;
- des cas de travée déchargée peuvent être particulièrement défavorables.

Partie B

Bases réglementaires et calculs de base

Préambule

B-I.1 Champ couvert par les applications envisagées

En s'appuyant sur le socle de base qu'est la Partie A, la suite de l'ouvrage se limite à « *ce qu'il suffit de retenir pour les bâtiments courants en conditions courantes* ».

En conservant le même souci d'approfondissement et d'explication que dans la Partie A, l'exposé est allégé de tous les points réglementaires ou applications qui n'entrent pas dans le cadre ci-dessus.

B-I.1.1 Bâtiments courants en conditions courantes : limites du domaine

B-I.1.1.1 Bâtiments courants

- Durée d'utilisation = 50 ans.
- Béton : un C25/30 (voir § B-II.3.1.1) sauf en bord de mer.
- Aciers HA B500 (voir § B-II.3.2.2).
- Hauteur suffisamment faible pour que le contreventement (voir le point suivant) puisse être traité sans calculs spécifiques. Sauf exception y répondent déjà tous les bâtiments de hauteur ≤ R + 3.
- Contreventement assuré par des murs en quantité et qualité suffisantes, d'où :
    - dans les limites du point précédent, efforts développés par le vent sur les autres parties de la structure négligés.
    - appuis assimilables à des appuis simples.
    - poteaux en « compression réputée centrée » (voir section C-IV).
- Effets des variations de température et du retrait négligés grâce à la présence de joints en nombre et disposition suffisants (voir § C-I.4.6.1).
- Pas de torsion.

B-I.1.1.2 Conditions courantes

- Pas d'environnement agressif, à l'exception des conditions de bord de mer et des murs extérieurs non protégés du ruissellement de l'eau de pluie par un bardage ou un enduit.
- Actions climatiques extrêmes non dimensionnantes.
- Pas d'action accidentelle prise en compte.

- Pas de calcul au feu.
- Pas de calcul sismique.

B-I.1.2 Type de calcul considéré

L'exposé détaillé du calcul est limité au cas de la flexion simple avec référence au « diagramme Rectangle » (voir § B-III.2.4.1)

B-I.2 Organisation de l'exposé

L'exposé est centré sur le cas le plus courant : éléments loin de la mer et protégés de la pluie (éléments intérieurs ou extérieurs protégés par un enduit ou un bardage) construits avec un béton C25/30.

Les autres sont traités par l'indication, au fur et à mesure de la nécessité, des différences par rapport au cas ci-dessus pris pour référence.

B-I.3 Conventions d'écriture

La référence au paragraphe ou chapitre du livre *Béton armé : théorie et applications selon l'Eurocode 2* (voir Avant-propos) développant le même point de façon plus approfondie est signalée par des accolades. Par exemple {D-II.2.1}.

La référence à un article d'Eurocode est signalée entre crochets. Par exemple [4.2.1] réfère à l'article 4.2.1 de l'Eurocode 2. La référence à l'ensemble des articles de numéro 4 s'écrit [Section 4]. Si la référence concerne un article d'un autre Eurocode, cela est précisé entre les crochets, par exemple [Section 2, Eurocode 1].

Les prescriptions qui relèvent de l'Annexe nationale française sont repérées par (AF).

La référence aux « Recommandations professionnelles françaises » est signalée en toutes lettres.

Bases réglementaires

B-II.1 Présentation des Eurocodes et conventions

B-II.1.1 Les Eurocodes

B-II.1.1.1 Documents réglementaires

La famille des Eurocodes

Les Eurocodes sont un ensemble cohérent de dix volets couvrant tout le domaine du calcul des structures en génie civil. Cet ensemble est « aux états limites » (voir § B-II.1.1.2) et « semi-probabiliste » (voir § B-II.1.1.3).

Les Eurocodes 0 et 1 constituent le socle commun à l'ensemble. L'Eurocode 2 traite du béton armé et précontraint.

Pour information, les autres Eurocodes traitent des structures en acier, mixtes acier-béton, en bois, en maçonnerie, en aluminium, des calculs géotechniques et de la résistance aux séismes. La résistance à l'incendie fait l'objet d'un volet spécifique de l'Eurocode 2.

Les Annexes nationales

Pour un certain nombre de valeurs clés, les Eurocodes laissent une liberté de choix à l'intérieur d'une fourchette donnée. Dans ces limites, la majeure partie de ces choix est dévolue aux États qui, chacun dans son Annexe nationale, fixe la valeur à respecter. Ces choix, d'une part, sont guidés par les conditions d'environnement propres à chaque pays (climat, sismicité, etc.), d'autre part, traduisent des habitudes locales.

Recommandations professionnelles françaises et guide d'application de l'Eurocode 2

Alors que dans les règlements français antérieurs de nombreux articles étaient complétés par des « commentaires » précisant leur interprétation ou proposant des alternatives, rien de tel n'existe avec les Eurocodes.

En France, ce vide a commencé à être comblé par la publication en mars 2007 des Recommandations professionnelles pour l'application de la norme NF EN 1992-1-1 (NF P 18-711-1) et de son annexe nationale (NF P 18-711-1/NA-Eurocode 2, partie 1-1) relatives au calcul des structures en béton. Celles-ci ont depuis été reprises et copieusement complétées dans un Guide d'application de l'Eurocode 2 édité en décembre 2013 sous l'égide de l'Afnor. Son intitulé exact est : Afnor FD P 18-717 : Eurocode 2 - Calcul des structures en béton - Guide d'application des normes NF EN 1992.

Dans la suite du livre, il sera fait référence aux recommandations de mars 2007 par le raccourci « Recommandations professionnelles françaises » et aux apports supplémentaires de décembre 2013 par le raccourci « Guide d'application de l'Eurocode 2 ».

B-II.1.1.2 États limites

L'Eurocode en considère deux types : l'état limite ultime (ELU) et l'état limite de service (ELS). Chacun est un maillon de la gestion de la sécurité.

B-II.1.1.2.1 État limite ultime (ELU)

Les calculs s'appuient sur une modélisation du comportement en phase ultime (la phase de rupture sur la figure A-II.2.12).

Deux cas sont distingués.

Dimensionnement vis-à-vis des actions courantes

C'est le calcul de base de tout le processus de dimensionnement.

Les actions sont les charges et autres actions envisageables en usage normal.

Les différents « coefficients pondérateurs » (voir § B-II.2 et {C-I.5.4}) intervenant dans la chaîne de calcul sont alors calés pour aboutir à une résistance effective environ deux fois plus élevée que la sollicitation maximum escomptée en usage normal (voir figure A-II.2.12). Cette marge de deux est beaucoup plus qu'une marge de sécurité.

- Bien sûr, elle tient à l'abri du risque de ruine.
- Surtout, il est escompté qu'avec une telle marge, les contraintes dans les matériaux, la fissuration et les déformations seront suffisamment faibles pour que les exigences de l'ELS soient satisfaites.

Dimensionnement vis-à-vis des actions accidentelles

Les actions accidentelles sont relatives aux événements climatiques exceptionnels, incendies, chocs de véhicule, explosions et séismes. Elles sont hors du champ considéré dans cet ouvrage.

Sous action accidentelle l'objectif est d'assurer le non-écroulement de l'édifice, peu importent les fissures et les déformations. Même si après l'édifice est devenu impropre à l'usage et doit être démoli, s'il ne s'est pas écroulé sur ses occupants le contrat a été rempli.

Ce calcul n'intervient qu'après le calcul vis-à-vis des actions courantes et ne devient dimensionnant que lorsqu'il conduit à des sections d'acier et/ou de béton plus grandes que celles découlant du calcul de base sous actions courantes.

B-II.1.1.2.2 État limite de service (ELS)

Les éléments sont alors en phase de comportement linéaire fissuré, à leur « charge maximum en usage normal » (voir figure A-II.2.12). La modélisation qui sous-tend les calculs associés, différente de celle qui prévaut à l'ELU, considère un comportement linéaire des matériaux.

L'objectif est de vérifier qu'en usage normal le dimensionnement obtenu à l'ELU assurera à l'édifice, durant toute sa durée d'utilisation prévue, les qualités d'usage qu'on est en droit d'en attendre. Celles-ci sont :

- des fissures suffisamment fines pour passer inaperçues et ne pas faciliter la corrosion des aciers ;
- des flèches suffisamment faibles pour passer inaperçues, ne pas provoquer la fissuration des carrelages, des cloisons et murs portés ni entraîner une déformation des cadres des portes et fenêtres qui altérerait leur fonctionnement.

Le dépassement des limites admises n'entraîne qu'un désagrément, mais pas de risque de ruine, aussi la marge de sécurité attachée à ces vérifications est-elle voisine de zéro.

Pour les bâtiments courants en conditions courantes, le respect de règles de dimensionnement, de dispositions constructives et de certaines limites calculatoires permet, dès le calcul à l'ELU, d'assurer la satisfaction des exigences de l'ELS.

B-II.1.1.3 Gestion semi-probabiliste de la sécurité

Elle s'appuie sur deux volets.

- La prise en compte de la variabilité des grandeurs manipulées (propriétés des matériaux et actions) à travers la notion de « valeur caractéristique » (voir § B-II.1.2.2 et {C-I.5.3}).
- Pour chaque état limite considéré, la prise en compte d'un jeu de « coefficients pondérateurs » calés en fonction du risque encouru (voir § B-II.2). Ce sont :
    - d'une part, les « coefficients partiels de sécurité matériau » :
    - d'autre part, les « coefficients de pondération des actions ».

B-II.1.1.4 Gestion de la durabilité

Elle s'appuie sur la prescription, d'une part, d'un enrobage minimum des aciers $c_{min,dur}$, d'autre part, d'une ouverture de fissure maximum admissible w_{max}.

L'un et l'autre sont conditionnés par la classe d'exposition (voir § B-II.4). $c_{min,dur}$ dépend en plus de la durée d'utilisation de l'ouvrage et de la qualité du béton utilisé (voir tableau B-II.5.1).

> **Terminologie et notation**
> L'enrobage est la distance libre entre une barre et le parement le plus proche. Il est désigné par la lettre c (comme *cover* en anglais). L'ouverture de fissure est désignée par la lettre w (comme *width* en anglais).

B-II.1.2 Définitions et conventions

B-II.1.2.1 Actions, effets des actions et sollicitation, capacité résistante, valeurs de calcul

Actions

Ce sont les différents efforts agissant sur une structure. On distingue notamment le poids propre G (G comme *gravity*), les actions variables non accidentelles dont la désignation générique est Q, les actions accidentelles ou exceptionnelles notées A.

Effets des actions

Ce sont les efforts et moments agissants découlant des actions Ils sont distingués par l'indice E (comme *effect* en anglais).

Sollicitation

C'est la résultante de l'effet des actions (donc avec l'indice E) sur une section donnée. A savoir : moment fléchissant M_E, effort tranchant V_E, éventuels effort normal N_E et moment de torsion T_E.

Lorsqu'il n'y a pas d'ambiguïté possible, l'indice E est omis.

Capacité résistante

Elle est repérée par l'indice R.

Par exemple, l'équilibre d'une section sous l'effet du moment fléchissant s'écrit $M_R \geq M_E$, qui signifie : « moment résistant de la section ≥ moment agissant ». La même syntaxe vaut pour toute autre grandeur, notamment V, N et T.

Valeurs de calcul

Ce sont les valeurs ci-dessus après application de tous les coefficients pondérateurs prescrits par Eurocode. Elles sont repérées par l'indice d désignant le calcul (comme *design* en anglais).

Par exemple : V_{Ed} = effort tranchant agissant de calcul et V_{Rd} = effort tranchant résistant de calcul.

B-II.1.2.2 Valeurs caractéristiques

Elles s'appliquent aux capacités de résistance des matériaux et aux actions. Ce sont les valeurs de référence pour les calculs.

B-II.1.2.2.1 Cas des propriétés mécaniques des matériaux

Leurs valeurs caractéristiques sont repérées par l'indice k. Pour les applications béton armé chacune est calibrée de façon que, dans l'ouvrage définitif, il ne subsiste qu'un risque ≤ 5 % qu'elle soit outrepassée dans le sens dangereux. Pour plus de détails voir {C-I.5.3.1.1}.

- Si une valeur trop faible est dangereuse, sa valeur caractéristique est calibrée pour que, statistiquement, on puisse escompter que seulement 5 % des valeurs constatées in situ lui soient inférieures ; elle est repérée par l'indice « k 0,05 ».

- Si au contraire une valeur trop forte est dangereuse, sa valeur caractéristique est calibrée pour que 95 % des valeurs constatées in situ lui soient inférieures et seulement 5 % l'outrepassent ; elle est repérée par l'indice « k 0,95 ».

Prenons l'exemple de la résistance en compression f_c d'un béton de classe C25/30 (voir § B-II.3.1.1) fabriqué en centrale. Les résistances mesurées en laboratoire se répartissent comme montrée sur la figure B-II.1.1.

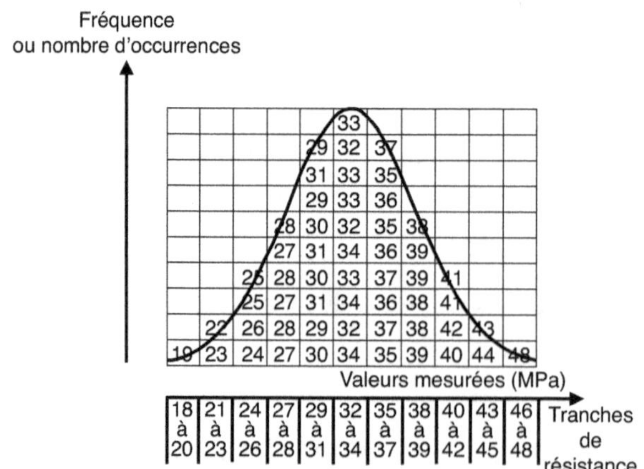

Figure B-II.1.1. Répartition des résultats d'essai obtenus sur un lot homogène d'échantillons.
Exemple traité ici : la résistance en compression d'un béton C25/30.

Le plus grand nombre de valeurs est regroupé autour de la valeur moyenne qui vaut dans ce cas f_{cm} = 33 MPa. Plus on s'en éloigne, plus le nombre d'occurrences est faible. La résistance caractéristique $f_{ck\,0,05}$ d'un tel béton ne vaut que 25 MPa, significativement plus faible que sa résistance moyenne f_{cm}.

Une préparation moins soignée du béton aurait eu pour conséquences des résultats plus dispersés se traduisant par un plus grand étalement de la courbe en cloche de la figure B-II.1.1 et un écart augmenté entre f_{cm} et $f_{ck\,0,05}$. Alors, pour respecter $f_{ck\,0,05}$ = 25 MPa il aurait fallu viser une résistance moyenne f_{cm} plus élevée que 33 MPa.

B-II.1.2.2.2 Cas des actions

L'indice k est alors omis.

Pour le poids propre, les valeurs caractéristiques sont, selon le risque, les valeurs maximum (G_{sup}) ou minimum (G_{inf}) les plus probables.

Pour les actions variables, chaque valeur caractéristique est la valeur maximum raisonnablement escomptable. En effet, les actions variables sont non bornées par essence : s'agissant des charges d'exploitation Q, elles sont limitées uniquement par un bon usage des locaux concernés, quant aux actions climatiques, W pour le vent et S pour la neige, leur prédiction reste floue.

Un lot de valeurs types, incluant les valeurs codifiées par Eurocode, est proposé aux § C-I.2 et 3.

B-II.1.2.3 Unités, conventions de signes et de représentation

Unités

Les contraintes sont exprimées en MPa, c'est-à-dire en MN/m^2.

Dans les calculs, la cohérence impose d'exprimer les efforts en MN, les longueurs en m, les aires en m^2 et les moments en MN.m.

Les données et les résultats sont souvent exprimés dans des unités différentes. En pratique : les contraintes sont toujours exprimées en MPa, les efforts généralement en kN puis les moments en kN.m.

> **Nota**
> F = 1 newton = 0,1 kilogramme force ; F = 1 kN = 100 kg force ; F = 1 MN = 100 000 kg force = 100 tonne force.

Convention de signes

- Efforts normaux N : compressions positives.
- Efforts verticaux pour le calcul de l'effort tranchant et du moment fléchissant : efforts montants positifs.
- Effort tranchant V = Σ des actions et réactions à gauche de la section considérée. Son signe découle de la convention pour les efforts verticaux ⇒ actions ou réactions montantes positives.
- Moment fléchissant M = Σ des moments par rapport à la section considérée des actions et réactions à sa gauche.
  Le moment de chaque action ou réaction de gauche est compté positif si celle-ci est positive, donc montante ⇒ s'il fait tourner dans le sens des aiguilles d'une montre.

Conséquence : le moment fléchissant est positif en travée et négatif sur appuis.

Avec cette convention de signes :

- $V = dM/dx$ avec x = abscisse parallèlement à la trace de l'élément.
- Les actions G et Q ou p/m, descendantes, sont négatives. Dans la pratique, elles sont toujours exprimées en valeur absolue (positive).

Convention de représentation

Sans rien imposer, Eurocode utilise la représentation illustrée sur la figure B-II.1.2 ci-dessous. C'est la convention suivie dans cet ouvrage.

- Le diagramme de l'effort tranchant V est tracé, de façon traditionnelle, avec l'axe positif montant $\Rightarrow$ sauf exception le diagramme V est montant au droit de chaque réaction et descendant en travée.
- Le diagramme du moment fléchissant M est tracé du côté de la fibre tendue. D'où :
    - les aciers tendus sont disposés dans chaque section du côté du diagramme M,
    - la forme générale du diagramme M rappelle (de façon lointaine) celle de la déformée,
    - en contrepartie, l'axe positif des moments doit être descendant.

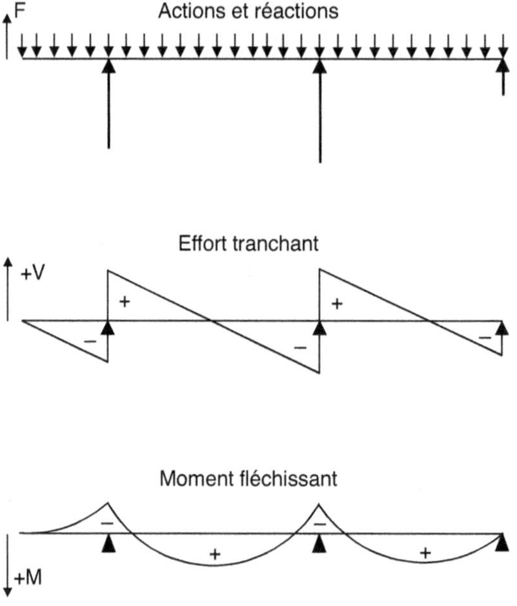

Figure B-II.1.2. Signes et représentation : actions et réactions, diagrammes de l'effort tranchant et du moment fléchissant.

B-II.1.3 Incertitude des calculs

Elle conditionne la précision à appliquer à l'écriture des résultats. Pour le traitement détaillé de ce point, voir {D-I.2}.

- Incertitude des calculs

Elle est ≥ 2 %. En conséquence, deux résultats qui diffèrent de moins de 2 % doivent être considérés comme égaux.

- Précision recommandée pour les résultats
Pour être compatibles avec l'incertitude ≥ 2 %, les résultats doivent être écrits avec trois chiffres significatifs au maximum.

Voici quelques exemples de résultats considérés comme égaux et par ailleurs exprimés avec trois chiffres significatifs.

100 = 101 = 102	521 000 = 525 000 = 529 000
970 = 980 = 990	0,00238 = 0,00240 = 0,00242
97 = 98 = 99 (ici deux chiffres significatifs suffisent)	7,43 = 7,50 = 7,57

97,0 = 98,0 = 99,0 (La même chose que ci-dessus mais avec trois chiffres significatifs.) Préciser 98,0 et ne pas se contenter de 98 stipule que le premier chiffre après la virgule est significatif, c'est à dire qu'il s'agit bien de 98,0 et non, par exemple, de 98,1. Alors la précision d'écriture est de 0,1 %.

B-II.2 Coefficients pondérateurs faisant la marge de sécurité

Les textes réglementaires les régissant sont regroupés dans [Eurocode 1, Annexe A1] et l'Annexe nationale (AF) y apporte des ajustements.

Ce sont, d'une part, les « coefficients partiels de sécurité matériau », d'autre part, les « coefficients de pondération des actions ».

Ils constituent le dernier échelon de la gestion de la sécurité et assurent le passage des valeurs « caractéristiques » au valeurs « de calcul » repérées par l'indice d.

B-II.2.1 Coefficients partiels de sécurité matériaux

Ce sont les coefficients γ_c et γ_s ci-dessous. Ils sont appliqués aux capacités de résistance et de ce fait n'interviennent que dans les calculs à l'ELU.

À l'ELU sous actions courantes

- Résistance en compression de calcul du béton : $f_{cd} = f_{ck}/\gamma_c$ avec $\gamma_c = 1{,}5$
- Limite d'élasticité de calcul de l'acier : $f_{yd} = f_{yk}/\gamma_s$ avec $\gamma_s = 1{,}15$

À l'ELU sous action accidentelle (pour mémoire)

Le seul objectif étant alors le non écroulement de l'édifice, les coefficients de sécurité sont réduits ⇒ $f_{cd} = f_{ck}/1{,}2$ (ou $f_{ck}/1{,}3$ pour les calculs au feu) et $f_{yd} = f_{yk}$ (on a alors $\gamma_s = 1$).

B-II.2.2 Pondération des actions

Elle est présentée dans tous ses détails en {C-I.5.4.2}.

Sa forme générique est : action totale pondérée = $\gamma_G.G + \gamma_Q.Q_1 + \Psi_0.Q_i + \Psi_1.Q_i + \Psi_2.Q_i$

B-II.2.2.1 À l'ELU sous actions courantes

Action totale pondérée $S_u = 1{,}35\,G_{sup} + G_{inf} + 1{,}5\,Q_1 + 1{,}5\,\Sigma\Psi_{0,i}\,Q_i$

G_{sup} et G_{inf} sont des déclinaisons de G :

- lorsque le poids G est défavorable, c'est le cas général, c'est sa valeur maximum G_{sup} qui est prise en compte avec la pondération $\gamma_G = 1{,}35$;
- lorsque le poids G est favorable, par exemple pour assurer l'équilibre au renversement, c'est sa valeur minimum G_{inf} qui est prise en compte avec la pondération $\gamma_G = 1$;
- sans variation ou incertitude significative de G, c'est le cas général, on a $G_{inf} = G_{sup}$ alors noté G.
- Q_1 est l'action variable « principale » ; elle s'applique directement sur l'élément considéré.
- $\Sigma\Psi_{0,i}\,Q_i$ est la somme des actions variables « d'accompagnement ». Chacune d'elles appartient à une autre famille que l'action principale. En tant qu'action d'accompagnement elle n'est pas prise en compte au niveau de sa valeur caractéristique Q_i mais à un niveau plus faible défini par le coefficient réducteur Ψ_0. En bâtiments courants les actions d'accompagnement découlent généralement des effets du vent.
- Les valeurs du coefficient Ψ_0 selon les circonstances ainsi que celles des coefficients Ψ_1 et Ψ_2 vus plus loin sont rapportées dans ce livre au § C-I.3, tableau C-I.3.1.

Bâtiments courants

On a généralement $G_{inf} = G_{sup}$ noté G. Si de plus le bâtiment est contreventé par des murs reprenant seuls les effets du vent il n'y a généralement pas d'action d'accompagnement à prendre en compte. La pondération s'écrit alors comme suit.

- Lorsque le poids est défavorable : action totale pondérée $S_u = 1{,}35\,G + 1{,}5\,Q$
- Lorsque le poids est favorable : action totale pondérée $S_u = G + 1{,}5\,Q$

B-II.2.2.2 À l'ELU sous action accidentelle (pour mémoire)

$S_u = G_{sup} + G_{inf} + A_d + (\Psi_{1,1} \text{ ou } \Psi_{2,1})\,Q_1 + \Sigma\Psi_{2,I}\,Q_i$

où A_d = valeur de calcul de l'action accidentelle.

B-II.2.2.3 À l'ELS

Trois combinaisons doivent être distinguées. L'ELS n'incluant aucun coefficient de sécurité les coefficients de pondération sont égaux à 1.

- Combinaison caractéristique
$S_{ser,k} = G_{sup} + G_{inf} + Q_1 + \Sigma\Psi_{0,i}\,Q_i$
C'est la combinaison de vérification de non-dépassement des contraintes maximums admises en service pour le béton et l'acier.
- Combinaison quasi permanente
$S_{ser,qp} = G_{sup} + G_{inf} + \Sigma\Psi_{2,i}\,Q_i$
C'est la combinaison des vérifications relatives aux limitations de l'ouverture des fissures et des flèches. En béton armé ce sont les vérifications les plus importantes.
$\Psi_2.Q_i$ est la part quasi-permanente de l'action variable Q_i.

* Combinaison fréquente (son usage est limité au béton précontraint)

$S_{ser,f} = G_{sup} + G_{inf} + \Psi_{1,1}\,Q_1 + \Sigma\Psi_{2,i}\,Q_i$

$\Psi_1.Q_i$ est la part fréquente de l'action variable Q_i.

B-II.3 Le béton, les aciers et l'adhérence en chiffres

Le béton armé a deux composants, le béton et les aciers, mais trois composantes, le béton, les aciers et l'adhérence. Celle-ci est l'artisane indispensable de la synergie entre aciers et béton.

B-II.3.1 Béton [3.1] {C-II.1}

Chaque béton est représenté par sa résistance caractéristique (voir § B-II.1.2.2.1) en compression à 28 jours mesurée sur éprouvettes conservées dans l'eau ou en milieu humide. Celle-ci définit sa « classe ».

B-II.3.1.1 Classe du béton et valeurs associées

La résistance en compression peut être mesurée sur cylindres ou sur cubes comme montré sur la figure B-II.3.1.

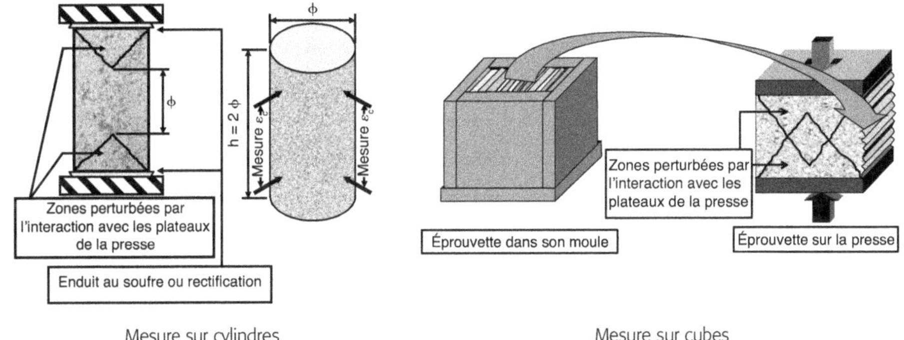

Figure B-II.3.1. Mesure de la résistance en compression du béton : sur cylindres et sur cubes.

La mesure sur cylindres est prise pour référence car elle préserve une zone de l'éprouvette d'essai non perturbée par l'interaction avec les plateaux de la presse. C'est aussi la seule admise pour les mesures de déformation. Par contre elle nécessite une préparation soigneuse (qui a un coût) des faces de l'éprouvette au contact des plateaux de la presse.

La mesure sur cubes est beaucoup plus simple, donc à coût moindre. En effet, avec des moules de qualité, deux faces moulées conviennent pour être appliquées sans autre préparation sur les plateaux de la presse. Par contre les zones perturbées par l'interaction avec les plateaux de la presse envahissent une grande part du volume de l'éprouvette. Ceci a pour conséquence des résistances mesurées plus élevées que celles, faisant référence, tirées d'essais sur cylindres et aussi de rendre non significative toute tentative de mesure de déformation.

Pour tenir compte des pratiques de chaque pays et de chacun, chaque classe de béton est désignée par un couple de deux valeurs. Par exemple, C25/30 qui signifie un béton (C) de résistance caractéristique en compression 25 MPa mesurée sur cylindres ou 30 MPa mesurée sur cubes.

Les classes prises en compte par Eurocode vont de C12/15 à C100/115. Le tableau B-II.3.1 balaie les classes ≤ C50/60 et regroupe l'ensemble des valeurs qui peuvent en être déduites. (A défaut de ce tableau, le règlement propose des formules permettant de calculer chacune d'elles : [3.1] et {C-I.4 à 6}.)

Au passage, il convient de noter l'écart entre la valeur moyenne et la valeur caractéristique.

Tableau B-II.3.1. Résistances et modules de déformation à 28 jours en fonction de la classe du béton.

Classe du béton	C12/15	C16/20	C20/25	C25/30	C30/37	C35/45	C40/50	C45/55	C50/60
Résistance moyenne en compression (cylindres) f_{cm} (MPa)	20	24	28	33	38	43	48	53	58
Résistance caractéristique mesurée sur cylindres f_{ck} (MPa)	12	16	20	25	30	35	40	45	50
Résistance moyenne en traction f_{ctm} (MPa)	1,6	1,9	2,2	2,6	2,9	3,2	3,5	3,8	4,1
Résistance caractéristique en traction (fractile 5 %) $f_{ctk,0,05}$ (MPa)	1,1	1,3	1,5	1,8	2,0	2,2	2,5	2,7	2,9
Résistance caractéristique en traction (fractile 95 %) $f_{ctk,0,95}$ (MPa)	2,0	2,5	2,9	3,3	3,8	4,2	4,6	4,9	5,3
Module de déformation moyen (cylindres) E_{cm} (GPa) Avec granulats de quartz :	27	29	30	31	33	34	35	36	37
Avec granulats de basalte :+ 20%	32	35	36	37	40	41	42	43	44
Avec granulats de calcaire : – 10%	24	26	27	28	30	31	32	32	33
Avec granulats de grès : – 30%	19	20	21	22	23	24	25	25	26

Indices utilisés (rappel partiel)

Valeur relative au béton : indice c ; valeur expérimentale moyenne : indice m ; valeur caractéristique : indice k ; traction : indice t ; compression : sous-entendu ⇒ pas d'indice.

B-II.3.1.2 Relation déformation-contrainte en compression

La figure B-II.3.2 montre, sur l'exemple d'un béton C25/30, les diagrammes, expérimental moyen, caractéristique et de calcul.

Diagramme expérimental moyen

La courbe en compression simple est tirée d'essais sur cylindres.

Celle traduisant le comportement en flexion simple est déduite d'essais sur poutres non présentés ici. Comme déjà vu et expliqué au § A-I.3.1.1, la déformation ultime accessible est plus grande que celle accessible en compression simple.

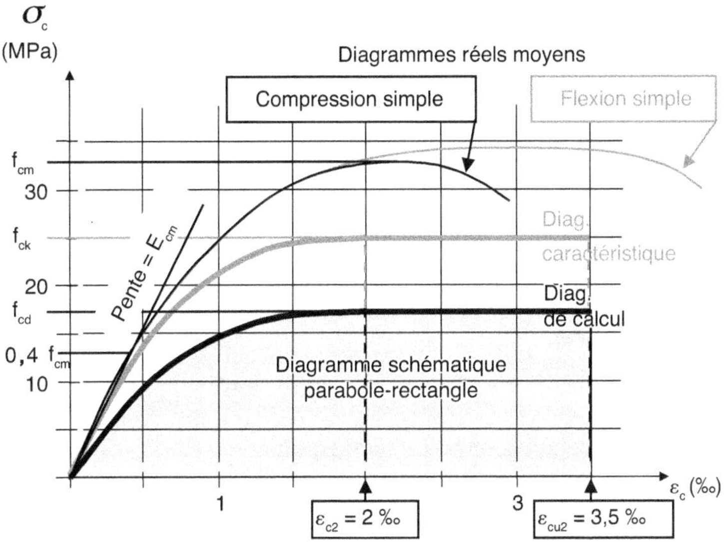

Figure B-II.3.2. Diagrammes déformation-contrainte, expérimental moyen, caractéristique, de calcul du béton en compression. Cas pris en exemple : un C25/30.

Diagramme caractéristique

Parmi les schématisations proposées par Eurocode, est retenu dans ce livre le diagramme « Parabole-Rectangle » qui rappelle la réalité expérimentale. Pour les bétons $\leq$ C50/60 ses caractéristiques sont les suivantes.

- La phase parabolique est limitée au raccourcissement ε_{c2} = 2 ‰. Elle représente l'intégralité du diagramme déformation-contrainte en compression simple et seulement la première phase de celui-ci dans le cas d'une sollicitation de flexion.
- La phase rectangulaire reflète le bonus de raccourcissement disponible en flexion. Elle se prolonge sans gain de résistance jusqu'à ε_{cu2}.
  En flexion simple ε_{cu2} = 3,5 ‰.
  En flexion composée (pour mémoire car hors du domaine couvert par ce livre) :
  - ε_{cu2} = 3,5 ‰ comme en flexion simple tant que la section conserve une zone comprimée et une zone tendue ;
  - lorsque toute la section est comprimée, ε_{cu2} est inférieur à 3,5 ‰ et d'autant plus proche de ε_{c2} = 2 ‰ que la compression est plus importante.

Eurocode admet également un diagramme simplifié, le diagramme « Rectangle », utilisable en flexion seulement tant que ε_{cu2} = 3,5 ‰. Il sera présenté au §B-III.2.4.1.

Diagramme de calcul

Il est semblable au diagramme caractéristique mais plafonne à la résistance de calcul $f_{cd} = f_{ck}/\gamma_c$ avec, sous actions courantes, γ_c = 1,5.

Module de déformation

Il intervient dans les vérifications à l'ELS pour les calculs de flèche et d'ouverture de fissures. La valeur prise en compte doit refléter au plus près la réalité du terrain, il convient donc de se référer à la valeur expérimentale moyenne.

E_{cm} est sa valeur sous actions de courte durée. Elle est déterminée, comme illustré sur la figure B-II.3.2, à partir de la courbe déformation-contrainte expérimentale moyenne au niveau 0,4 f_{cm}.

Sa valeur sous actions de longue durée est plus faible, modifiée par le fluage. Elle peut être jusqu'à trois plus faible. Voir {C-II.1.8.2}.

Coefficient de Poisson ν (nu)

ν = 0,2 tant que le béton n'est pas fissuré ; ν = 0 lorsque le béton est fissuré.

B-II.3.1.3 Retrait et dilatation-contraction thermique

Leurs effets sur les structures des bâtiments courants peuvent être négligés si des joints « de dilatation » ont été ménagés en nombre et disposition suffisants conformément au § C-I.4.6.1.

Retrait

En France, la déformation totale de retrait lorsque rien n'entrave son développement est $\varepsilon_{cs} \approx 0,3$ ‰. L'indice s réfère au retrait (*shrinkage* en anglais).

Dilatation et contraction thermique

Le coefficient de dilatation thermique est $\alpha_{c\theta} = \varepsilon_{c\theta}/\Delta\theta$

avec $\Delta\theta$ = variation de température et $\varepsilon_{c\theta}$ = déformation associée à la variation de température.

Sa valeur est sensible à la nature des granulats. À défaut d'information plus précise, on peut admettre : $\alpha_{c\theta} \approx 10.10^{-6}/K$ (avec K = degré Kelvin)

B-II.3.1.4 Cas où l'âge t du béton est différent de 28 jours

Pour tous les âges t > 28 jours, les calculs sont faits avec les valeurs à 28 jours.

Pour les âges t < 28 jours, il s'agit de vérifications en phase de construction ou d'ouvrages chargés très précocement, il faut prendre en compte les résistances, plus faibles, effectivement escomptées à cet âge t. Voir [3.1.2(6)] ou {C-II.1.7}.

B-II.3.2 Aciers [3.2] {C-II.2}

Les aciers pour béton armé sont obligatoirement à haute adhérence (HA).

Ils sont distingués par leur limite d'élasticité f_{yk} et par leur classe de ductilité.

La classe de ductilité caractérise la capacité d'allongement de l'acier avant rupture et est repérée par une des lettres A, B ou C. Les aciers les moins déformables sont de classe A et les plus déformables de classe C.

Désignation : par exemple, un acier de limite d'élasticité f_{yk} = 500 MPa et de classe de ductilité A est désigné B500A.

Contrairement à toutes les autres notations, la première lettre de la désignation des aciers, par exemple B500, ne vient pas de l'anglais *steel* mais de l'allemand *Betonsthal* signifiant « acier à béton ».

B-II.3.2.1 Mesure du comportement mécanique

Elle est effectuée en traction et l'allongement ε_s de l'acier est mesuré sur une base de longueur 5ϕ encadrant la striction. Dans la mesure où le flambement est empêché, le même comportement vaut aussi en compression.

La figure B-II.3.3 illustre le dispositif de mesure et rappelle les phases successives du comportement jusqu'à la rupture (déjà présentées au § A-I.3.2.1).

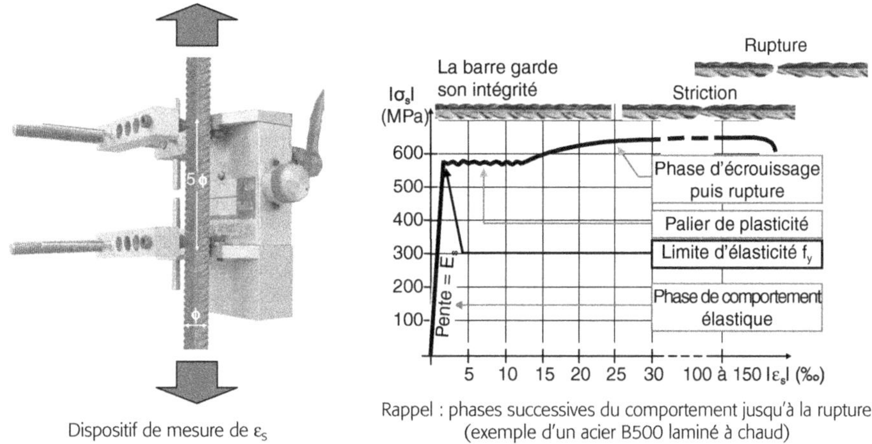

Dispositif de mesure de ε_s

Rappel : phases successives du comportement jusqu'à la rupture (exemple d'un acier B500 laminé à chaud)

Figure B-II.3.3. Aciers : dispositif de mesure de ε_s et phases successives du comportement jusqu'à la rupture (exemple d'un acier B500 laminé à chaud).

B-II.3.3.2 Données chiffrées pour les aciers B500

B-II.3.2.2.1 Classes de ductilité

Elles caractérisent l'allongement ε_{uk} garanti avant rupture.

On distingue la classe A, la moins ductile, la classe B qui représente l'idéal pour les usages courants en béton armé et la classe C réservée aux cas où une très grande ductilité est requise (nœuds de structure critiques pour la résistance aux séismes, résistance aux explosions, etc.).

La classe B ou supérieure (C) est seule autorisée pour les aciers longitudinaux, transversaux, de chaînage, dans les poutres, dalles, poteaux, fondations, etc., chaque fois que le risque sismique impose un calcul spécifique (Eurocode 8).

La classe A est pénalisée pour l'application de la redistribution (§ C-II.5 et 6), c'est-à-dire très souvent.

Pour ces deux raisons, dont particulièrement les prescriptions parasismiques qui deviennent de plus en plus prégnantes, les aciers de classe A sont amenés à disparaître dans un proche avenir au profit des aciers de classe B.

Domaine de chaque classe

* Classe A : ductilité normale, $\varepsilon_{uk} > 25$ ‰.

  Comme déjà dit, leur usage amène des restrictions à l'application de la redistribution dans les éléments continus et ils sont proscrits en tant qu'armature de béton armé chaque fois que le risque sismique impose un calcul spécifique (Eurocode 8).

  Il s'agit exclusivement d'aciers laminés à froid.

* Classe B : haute ductilité, $\varepsilon_{uk} > 50$ ‰.

  C'est l'acier de référence pour le béton armé.

  Il s'agit d'aciers laminés à chaud.

  En 2014, tous les diamètres courants sont disponibles en classe B, mais les aciers laminés à froid (donc de classe A) occupent encore une part significative du marché, surtout pour les diamètres les plus fins.

* Classe C : très haute ductilité, $\varepsilon_{uk} > 75$ ‰.

  Elle est imposée lorsqu'une très grande ductilité est requise.

  Cette très grande ductilité est difficile à obtenir avec une limite d'élasticité élevée. En 2014 sont commercialisés des aciers B450C, encore rares sur le marché français, et déjà des aciers B500C sont annoncés.

  Les aciers doux, $f_{yk} = 240$ MPa, (voir figure A.I.3.4) sont aussi de classe C. Mais produits seulement sous forme de ronds lisses, ils ne sont plus admis pour des utilisations structurelles.

Cet ouvrage étant centré sur les applications et conditions courantes, seules seront considérées dans la suite les classes A et B.

Comment anticiper, lors du calcul, la classe de l'acier utilisé ?

C'est une question qu'on se posera de moins en moins, mais en 2014 et encore pour quelques années elle est de rigueur.

À défaut de le préciser sur les plans, il n'y a pas de règle générale pour anticiper la classe des aciers effectivement mis en place sur le chantier. Le tableau ci-dessous montre notamment que les aciers en barres de diamètres 5 à 16 mm sont disponibles en classes A, B ou C. Les treillis soudés, quant à eux, sont par défaut de classes A et, en 2014, peuvent être obtenus en classe B *sur commande*.

Proposition de l'auteur

Réserver la classe C aux cas où elle est strictement imposée.

Si des aciers de classe B ne s'imposent pas (pas de sollicitation sismique) ou ne sont pas préférables (plus large capacité de redistribution pour les éléments continus), faire les calculs en envisageant des aciers de classe A (voir § B-III.2.4.3 la comparaison des résultats de calcul entre B500A et B500B).

Sinon, bénéficier des possibilités des aciers de classe B et *expliciter clairement sur les plans que les aciers mis en place sur le chantier doivent être de classe B.*

Disponibilité, en France en 2014, des différentes nuances d'acier selon le diamètre
(en gris : les aciers inusités ou peu utilisés en France)

φ (mm)	Nuance d'acier			
	B500A	B500B	B450B	B450C
5	X	X	X	X
6	X	X	X	X
8	X	X	X	X
9	X	X	X	X
10	X	X	X	X
12	X	X	X	X
14	X	X	X	X
16	X	X	X	X
20		X	X	X
25		X	X	X
32		X	X	X
40		X	X	X
50			X	X
56			X	X
Treillis soudés	X	X, sur demande		

Comment reconnaître sur stock ou sur chantier la classe d'un acier ?

L'organisation et l'inclinaison des reliefs des aciers HA apportent souvent la réponse, mais il peut rester une incertitude. Pour une information plus précise, voir la bibliographie ci-dessous.

Bibliographie

- Fiche technique « T46 : L'armature du béton, de la conception à la mise en œuvre » (téléchargeable à l'adresse infociments.fr/publications/genie-civil/collection-technique-cimbeton/ct-t46).
- Documentations de l'Association française de certification des armatures du béton accessible sur le site afcab.com (voir notamment les onglets « Certificats » puis « Aciers pour béton armé »).

B-II.3.2.2.2 Diagrammes déformation-contrainte caractéristique et de calcul

Leurs caractéristiques sont synthétisées sur la figure B-II.3.4 puis reprises dans le texte qui suit. Sur la figure on trouve, pour les aciers de classe A et pour ceux de classe B, un rappel du diagramme déformation-contrainte expérimental, le diagramme caractéristique et les deux variantes admises pour le diagramme de calcul. La référence est la traction, ce que reflètent les notations.

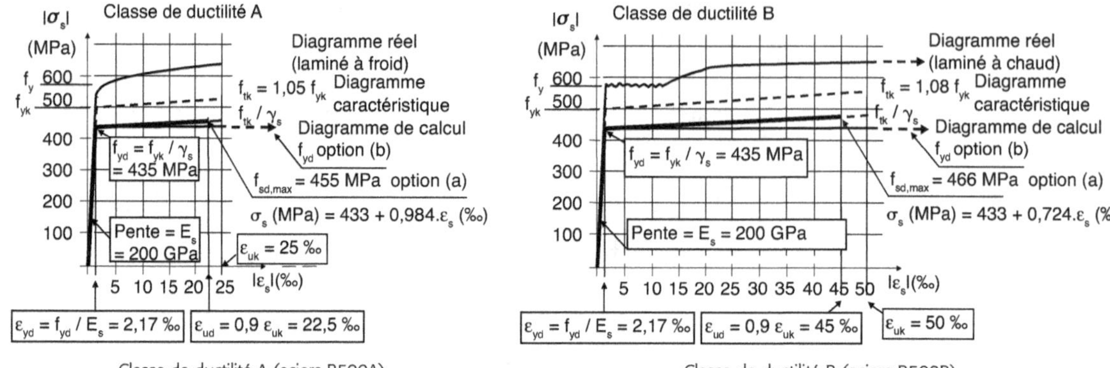

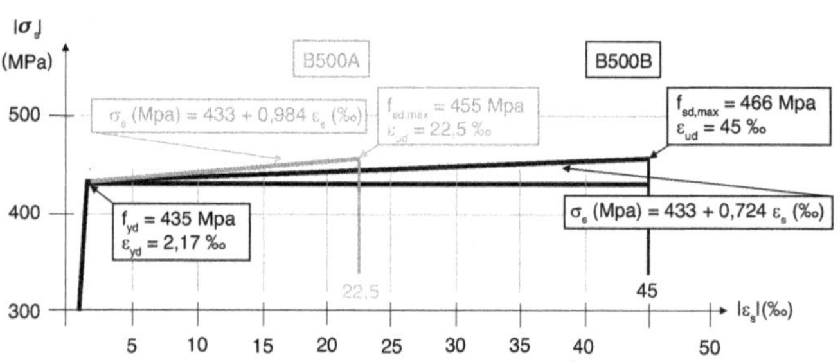

Comparaison des diagrammes de calcul entre les classes de ductilité A et B

Figure B-II.3.4. Aciers pour béton armé B500A et B500B : diagrammes déformation-contrainte expérimental, caractéristique et de calcul.

Diagramme caractéristique

Module d'élasticité E_s = 200 GPa

Limite d'élasticité f_{yk} = 500 MPa. Elle est garantie par le fournisseur de l'acier.

Phase de déformation plastique : elle est schématisée par une droite légèrement ascendante traduisant l'écrouissage.

À la déformation ultime admise :

- classe de ductilité A : $\varepsilon_s = \varepsilon_{uk} = 25$ ‰, $\sigma_s = f_{tk} = 1,05 \, f_{yk}$.
- classe de ductilité B : $\varepsilon_s = \varepsilon_{uk} = 50$ ‰, $\sigma_s = f_{tk} = 1,08 \, f_{yk}$.

Diagramme de calcul

Limite d'élasticité de calcul $f_{yd} = f_{yk}/\gamma_s$ avec, sous actions courantes, $\gamma_s = 1,15$.

Phase de déformation plastique : deux variantes.

a) Soit un diagramme déduit du diagramme caractéristique. Il prend en compte l'augmentation de résistance par écrouissage et limite l'allongement à : $\varepsilon_{ud} = 0,9 \, \varepsilon_{uk}$.

- classe de ductilité A : $\varepsilon_{ud} = 0,9 \, \varepsilon_{uk} = 22,5$ ‰ ;
- classe de ductilité B : $\varepsilon_{ud} = 0,9 \, \varepsilon_{uk} = 45$ ‰.

b) Soit un diagramme simplifié, horizontal, qui ignore l'accroissement de résistance par écrouissage mais n'impose aucune limite à l'allongement.

Option (a) en chiffres

C'est la plus économique. C'est celle qui prévaudra dans la suite.

- Classe de ductilité A $\Rightarrow$ aciers B500A.

  $f_{yd} = 500/1,15 = 435\,\text{MPa} \Rightarrow \varepsilon_{yd} = f_{yd}/E_s = 2,17\text{ ‰}$ et $\varepsilon_{ud} = 25,5\text{ ‰} \Leftrightarrow f_{sd,max} = 455\,\text{MPa}$.

  Équation du diagramme déformation-contrainte de calcul dans l'intervalle $\varepsilon_{yd} \leq \varepsilon_s \leq \varepsilon_{uk}$:

  σ_s (en MPa) $= 433 + 0,984.\varepsilon_s$ (en ‰).

- Classe de ductilité B $\Rightarrow$ aciers B500B.

- $f_{yd} = 500/1,15 = 435\,\text{MPa} \Rightarrow \varepsilon_{yd} = f_{yd}/E_s = 2,17\text{ ‰}$ et $\varepsilon_{ud} = 45\text{ ‰} \Leftrightarrow f_{sd,max} = 466\,\text{MPa}$.

- Équation du diagramme déformation-contrainte de calcul dans l'intervalle $\varepsilon_{yd} \leq \varepsilon_s \leq \varepsilon_{uk}$:

- σ_s (en MPa) $= 433 + 0,724.\varepsilon_s$ (en ‰).

B-II.3.3 Adhérence [8.3 à 8.9] {C-II.3}

Rappel
Les grandeurs et valeurs associées sont repérées par l'indice b (comme *bond*).

B-II.3.3.1 Introduction

L'adhérence est mise en jeu dans les ancrages, les recouvrements, mais aussi, et son apport y est essentiel, en pleine longueur des barres (voir § A-II.2.1.2). Comme vu aux § A-II.1.2 et A-II.1.3 elle développe des efforts d'éclatement dont il convient de se prémunir.

On le verra plus loin, la résistance des aciers n'intervient dans les calculs que par la valeur de f_{yd}. Alors le bonus de résistance apporté par l'écrouissage n'est pas pris en compte, ce qui met à égalité tous les aciers quelle que soit leur classe de ductilité. Aussi, dans la suite et lorsqu'il sera question de l'adhérence, la classe de ductilité des aciers ne sera pas précisée.

En pleine longueur avec des aciers haute adhérence (HA), imposés par Eurocode, la capacité d'adhérence est toujours suffisante $\Rightarrow$ aucune vérification n'est requise.

Eurocode, dans un souci d'universalité, considère tous les cas ou situations envisageables.

Pour une application aux bâtiments courants l'auteur propose des simplifications. Celles-ci amènent à des longueurs d'ancrage et de recouvrement quelquefois un peu plus grandes que strictement nécessaire, mais leur incidence sur le poids d'acier reste suffisamment faible pour être acceptable.

Enfin, en bâtiments courants on évite d'utiliser des barres de diamètre $\phi > 25$ mm et des paquets de barres de diamètre équivalent $\phi_n > 32$ mm. Le cas des treillis soudés sera traité plus loin avec les dalles, au § C-III.2.4.2.

B-II.3.3.2 Prescriptions communes à tous les cas

Elles sont tirées de la formule de base dégagée au § A-II.1.2.1 dans le cas d'un ancrage total, à savoir : $\ell_{b,total} = \phi/4.f_y/f_b$ avec f_b = résistance ultime d'adhérence.

À partir de là, elles incluent la prise en compte des valeurs « de calcul » (repérées par l'indice d) et des coefficients de sécurité déjà vus auxquels s'ajoute un lot de coefficients η et α fonction du contexte (voir § B-II.3.3.2.1 et B-II.3.3.3.1).

B-II.3.3.2.1 Contrainte ultime d'adhérence de calcul f_{bd}

En se limitant aux barres ou paquets de barres de diamètre ≤ 32 mm :
$f_{bd} = 2{,}25\ \eta_1\ f_{ctd}$ avec :
  – le coefficient 2,25 : calé sur les caractéristiques d'adhérence des aciers HA ;
  – f_{ctd} = résistance de calcul en traction calculée à partir de $f_{ctk,0,05}$ (voir tableau B-II.3.1) ;
  – $\eta_1 = 1$ si les conditions d'adhérence sont « bonnes » (voir la figure B-II.3.5), sinon $\eta_1 = 0{,}7$.

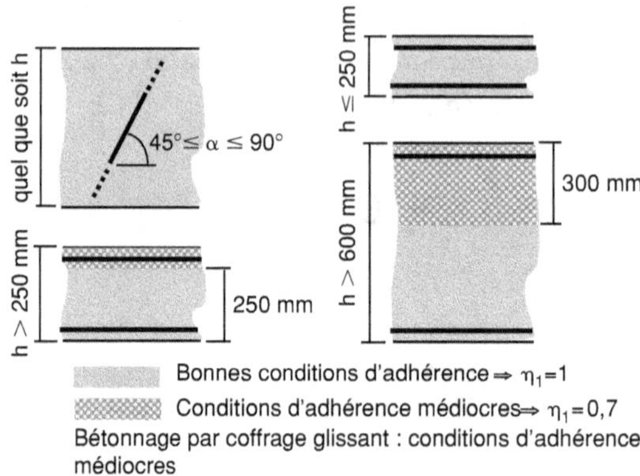

Figure B-II.3.5. Règles du choix $\eta_1 = 1$ ou 0,7 pour déterminer la contrainte ultime d'adhérence f_{bd}.

Pratiquement

- Pour les aciers inférieurs des poutres et dalles : $\eta_1 = 1$
- Pour les aciers supérieurs des éléments de hauteur h > 25 cm : $\eta_1 = 0{,}7$
  $\Rightarrow$ longueurs d'ancrage et de recouvrement 1,4 fois plus longues (en effet 1,4 = 1/0,7) ; c'est le cas courant des chapeaux des poutres.
- Pour les poteaux : $\eta_1 = 1$. Mais nous verrons, quand leur cas spécifique sera traité (§ C-IV.5.2.2), que d'autres éléments concourent à allonger les longueurs de recouvrement.

B-II.3.3.2.2 Prévention de l'éclatement du béton d'enrobage

Il est assuré par, *à la fois* :
- Un enrobage effectif $c \geq c_{min,b} = \max\ [\phi\ ;\ d_g]$
  où ϕ = diamètre de la barre ou du paquet concerné ; d_g = diamètre des plus gros granulats
- La couture du béton d'enrobage par un nombre suffisant de cadres.
  Pour les ancrages droits ou courbes : les cadres déjà présents dans la zone (calculés pour d'autres raisons) suffisent. Pour les recouvrements : voir § B-II.3.3.5.5.

B-II.3.3.2.3 Longueur d'ancrage nominale $\ell_{bd,nom}$

C'est une notion créée par l'auteur. C'est la longueur d'ancrage nécessaire pour un ancrage total dans des conditions standard, à savoir, bonnes conditions d'adhérence d'où $\eta_1 = 1$ et tous les coefficients α cités au § B-II.3.3.3.1 égaux à 1.

On a donc
$\ell_{bd,nom} = (\phi/4).(f_{yd}/f_{bd,nom})$ avec $f_{bd,nom} = f_{bd}$ calculé avec $\eta_1 = 1$

Cette longueur servira de référence dans toute la suite de l'exposé. Sa valeur à retenir selon la classe du béton est proposée dans le tableau B-II.3.2.

Tableau B-II.3.2. Valeurs de $\ell_{bd,nom}$ selon la classe du béton (aciers B500 HA).

Classe du béton	C25/30	C30/37	C35/45
$f_{ctd} = f_{ctk,0,05}/\gamma_c$	1,2	1,33	1,47
$f_{bd,nom} = 2,25\ f_{ctd}$	2,7 MPa	3,0 MPa	3,3
$\boldsymbol{\ell_{bd,nom} = (\phi/4).(f_{yd}/f_{bd,nom})}$	$\approx \mathbf{40}\ \phi$	$\approx \mathbf{36}\ \phi$	$\approx \mathbf{33}\ \phi$

B-II.3.3.3 Ancrages droits

B-II.3.3.3.1 Ancrage droit total

La formule prescrite par Eurocode est :

$\ell_{bd,total} = \alpha_1.\alpha_2.\alpha_3.\alpha_4.\alpha_5.(\phi/4).(f_{yd}/f_{bd}) \geq \ell_{b,min}$ précisé ci-dessous

qui s'écrit $\ell_{bd,total} = \alpha_1.\alpha_2.\alpha_3.\alpha_4.\alpha_5.\ell_{bd,nom}/\eta_1 \geq \ell_{b,min}$ précisé ci-dessous

Les valeurs des coefficients α sont précisées dans [8.4.4, tableau 8.2] et {tableau C-II.4.1}.

La simplification proposée dans cet ouvrage est d'ignorer les coefficients α. Elle conduit à l'expression simple :

$\ell_{bd,total} = \ell_{bd,nom}/\eta_1. \geq \ell_{b,min}$ avec $\ell_{bd,nom}$ lu dans le tableau B-II.3.2 et :

– en traction : $\ell_{b,min} = \max [0,3\ \ell_{bd,total} ; 10\ \phi ; 100\ mm]$

– en compression : $\ell_{b,min} = \max [0,6\ \ell_{bd,total} ; 10\ \phi ; 100\ mm]$

Dans le cas des ancrages totaux (cas traité ici) on a toujours $\ell_{bd,total} \geq \ell_{b,min}$.

B-II.3.3.3.2 Ancrage droit partiel

Lorsque l'effort à ancrer est inférieur à l'effort capable de la barre, on peut se contenter d'un ancrage partiel, plus court. On a alors :

$\ell_{bd,partiel} = \ell_{bd,total}.(\text{effort à ancrer/effort capable de la barre}) \geq \ell_{b,min}$.

Ici, la vérification de $\ell_{bd,partiel} \geq \ell_{b,min}$ est essentielle.

B-II.3.3.3.3 Ancrage droit des paquets de barres

L'ancrage des paquets tendus de diamètre équivalent $\phi_n \leq 32$ mm (paquets de trois barres $\phi \leq 16$ mm) et des paquets comprimés quel que soit ϕ_n peut être traité avec les règles des barres isolées mais en utilisant leur diamètre équivalent ϕ_n.

Sinon, décaler les ancrages comme indiqué sur la figure B-II.3.6. Alors chaque barre est considérée ancrée individuellement et ℓ_{bd} est calculé avec le diamètre effectif de chaque barre.

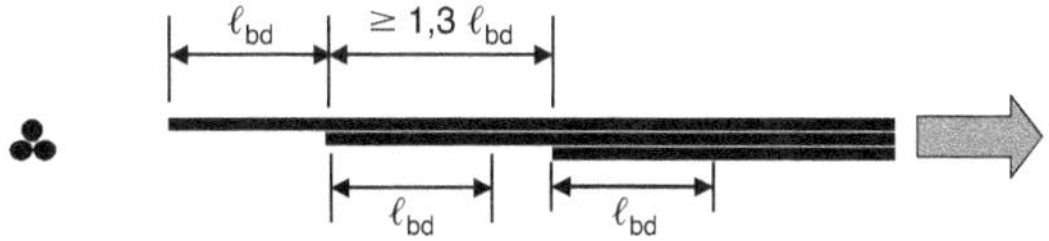

Figure B-II.3.6. Ancrage d'un paquet de barres avec décalage : exemple d'un paquet de trois barres.

B-II.3.3.4 Ancrages courbes des barres isolées

B-II.3.3.4.1 Généralités

Il est très délicat d'ancrer par courbure un paquet de barres pris en bloc. Aussi, le plus souvent chaque barre est ancrée séparément.

Les ancrages courbes ne sont pas admis en compression.

Eurocode distingue les trois types illustrés ci-dessous. Ce sont : les « coudes » pliés à 90°, les « crochets » pliés à 150° ou plus (c'est l'ancrage courbe le plus utilisé), les « boucles » pliées à 180°.

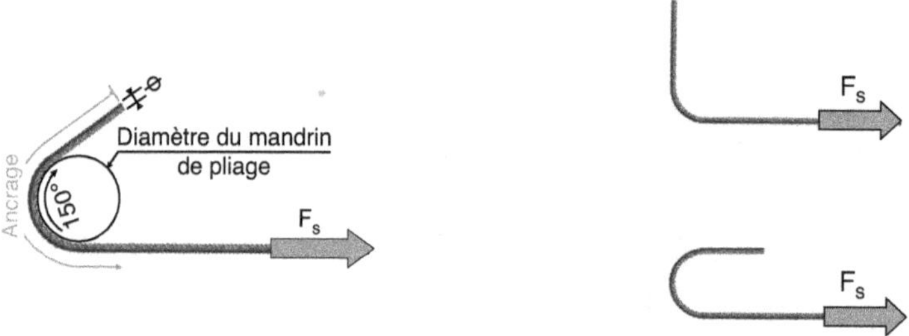

Eurocode traite un ancrage courbe comme un ancrage droit replié sur lui-même. En conséquence, sa longueur développée est égale à la longueur de l'ancrage droit ℓ_{bd} équivalent, avec cependant des valeurs spécifiques pour certains coefficients α.

Un ancrage courbe fonctionne aussi comme une ancre qui s'appuie sur le béton à l'intérieur de la courbure. Il s'y développe un effort de compression qui, toutes choses égales par ailleurs, se traduit par une contrainte d'autant plus forte que le rayon de courbure de la barre est plus petit. Lorsqu'on est proche d'un parement, cela peut provoquer l'éclatement du béton d'enrobage.

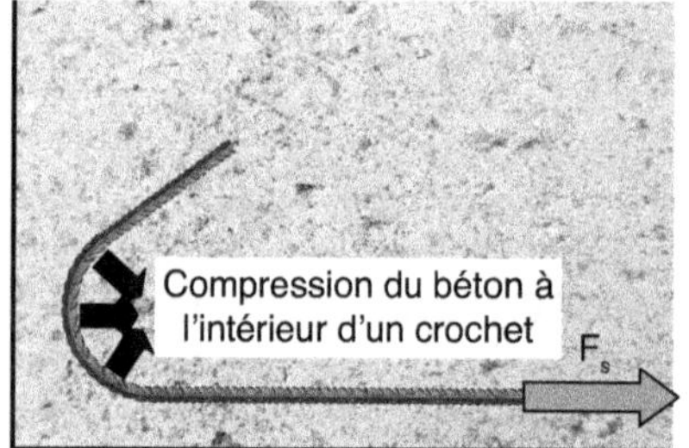

B-II.3.3.4.2 Propositions de l'auteur

Comme pour les ancrages droits :

- par simplification, ignorer les coefficients α ;
- faire référence à un ancrage « nominal » = ancrage courbe total calculé avec tous les coefficients $\alpha = 1$ et $\eta_1 = 1$.

Géométrie des ancrages :

- pour un façonnage plus aisé et un encombrement horizontal plus faible : allonger la partie rectiligne au-delà de la courbure pour la faire passer de $5\,\phi$ à $10\,\phi$;
- pour se prémunir d'une contrainte trop forte dans le béton à l'intérieur de la courbure : augmenter à $10\,\phi$ le diamètre du mandrin de pliage ; (Eurocode préconise de $4\,\phi$ à $7\,\phi$).

La géométrie à laquelle aboutissent ces propositions est précisée sur la figure B-II.3.7.

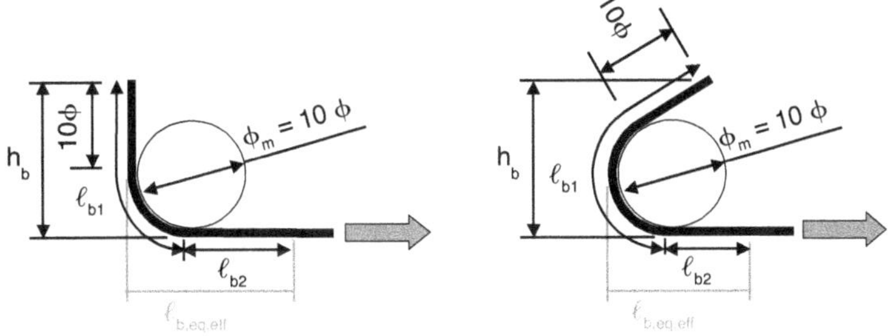

Figure B-II.3.7. Ancrages courbes : géométrie proposée pour les coudes et crochets.

Nota

$\ell_{b,eq,eff}$ est une notation spécifique à cet ouvrage. L'indice « eff » précise qu'il s'agit de l'encombrement effectif, contrairement à $\ell_{b,eq}$ d'Eurocode qui, voir [8.4.4(2)], peut être forfaitaire.

Il faut retenir :

$\ell_{b1} + \ell_{b2} = \ell_{bd}$

ℓ_{b1}, invariable, est caractéristique de la géométrie choisie.

ℓ_{b2} et $\ell_{b,eq,eff}$ évoluent avec la longueur développée ℓ_{bd} de l'ancrage, qu'il soit total ou partiel.

$\ell_{b2} = \ell_{bd} - \ell_{b1}$

$\ell_{b,eq,eff}$ = encombrement horizontal de l'ancrage = $\ell_{b2} + \phi_m/2 + \phi$

avec ϕ_m = diamètre du mandarin de pliage et ϕ = diamètre da la barre

h_b = encombrement vertical de l'ancrage

Ancrages nominaux

Les ancrages nominaux sont ceux dont la longueur développée $\ell_{bd} = \ell_{bd,nom}$.

Leurs valeurs clés sont regroupées dans le tableau B-II.3.3.

Tableau B-II.3.3. Ancrages courbes nominaux : quelques valeurs clés.

Ancrages courbes nominaux		**C25/30** $\ell_{bd,nom} = 40\phi$		**C30/37** $\ell_{bd,nom} = 36\phi$		**C35/40** $\ell_{bd,nom} = 33\phi$	
	h_b	ℓ_{b1}	ℓ_{b2}	$\ell_{b,eq,eff}$	ℓ_{b2}	$\ell_{b,eq,eff}$	ℓ_{b2}	$\ell_{b,eq,eff}$
Coudes	16ϕ	18ϕ	22ϕ	28ϕ	18ϕ	24ϕ	15ϕ	21ϕ
Crochets	16ϕ	24ϕ	16ϕ	22ϕ	12ϕ	18ϕ	9ϕ	15ϕ

Ancrages non nominaux

Ce sont les autres. Il s'agit des ancrages partiels (s'y applique la même règle que celle énoncée au § B-II.3.3.3.2 pour les ancrages droits) et ceux où $\eta_1 \neq 1$ ou les deux à la fois.

Proposition de l'auteur

Ne pas envisager d'ancrage partiel qui débuterait dans la partie courbe du coude ou crochet. Donc longueur développée de l'ancrage partiel $\geq \ell_{b1}$.

Alors, $\ell_{bd} \geq \ell_{b,min}$ est automatiquement respecté sauf pour les barres de diamètre ϕ = 5 mm.

B-II.3.3.5 Recouvrements

B-II.3.3.5.1 Généralités

La longueur de recouvrement est désignée par ℓ_0.

Le principe d'un recouvrement est l'ancrage mutuel des deux barres l'une sur l'autre.

- Sa longueur découle de la longueur d'ancrage droit.
- Son fonctionnement est exposé au § A-II.1.3 et illustré sur la figure A-II.1.10. Les efforts d'éclatement induits peuvent nécessiter des aciers de couture spécifiques.

B-II.3.3.5.2 Précautions nécessaires

- Dans la mesure du possible, disposer les recouvrements à l'écart de la zone de sollicitation maximum des barres concernées.
- Disposer les recouvrements de manière symétrique quelle que soit la section.
- Éviter la superposition de recouvrements dans la même zone, sinon la longueur de recouvrement doit être allongée.

B-II.3.3.5.3 Recouvrement de barres individuelles

Toujours pour simplification, il est proposé d'ignorer les coefficients α (pas tous identiques à ceux spécifiés pour les ancrages).

Cas où une seule barre est en recouvrement dans la même zone

$\ell_0 = \ell_{bd} + a \geq \ell_{0,min}$,
    avec $\ell_{0,min} = \max [0,3\,\ell_{bd,total}\,;\,15\,\phi\,;\,200\ mm]$ différent de $\ell_{bd,min}$ ancrages.
    a = distance libre a entre barres en recouvrement, à ajouter à ℓ_{bd} lorsque a > 4 ϕ ou 50 mm.

Cas où plusieurs barres sont en recouvrement dans la même zone

Si des superpositions ne peuvent être évitées, un coefficient pénalisant α_6 doit être appliqué.

Deux recouvrements sont en superposition s'ils se superposent sur plus que $0,35\,\ell_0$ (Eurocode dit « si leur décalage d'axe à axe est inférieur à $0,65\,\ell_0$ »).

Il est conseillé d'organiser les recouvrements de façon qu'ils soient :

    – ou bien franchement en superposition,

    – ou bien franchement en « non superposition » ; alors ils doivent être décalés de plus que $1,3\,\ell_0$. (C'est la même règle que celle illustrée sur la figure B-II.3.8 pour les paquets.)

La valeur de α_6 se calcule comme suit.

    $1 \leq \alpha_6 = \sqrt{\rho_1(\text{en \%})\,/\,25} \leq 1,5$ (voir tableau B-II.3.4)
    avec ρ_1 (en %) = proportion de recouvrements en superposition. (Exemple, si dans une zone une armature comprend 4 aciers et que dans cette même zone 2 sont en recouvrement avec superposition : $\rho_1 = 2/4 = 50\ \%$).

Tableau B-II.3.4. Quelques valeurs de α_6 en fonction de ρ_1.

ρ_1	$\leq 25\ \%$	33 %	50 %	> 50 %
α_6	1	1,15	1,4	1,5

Noter qu'au niveau des attentes en pied de poteau (voir § C-IV.5.2.2), systématiquement 100 % des aciers sont en recouvrement avec superposition $\Rightarrow$ systématiquement $\alpha_6 = 1,5$.

B-II.3.3.5.4 Recouvrement de paquets de barres

Recouvrir séparément chaque barre en décalant chaque recouvrement de $1,3\ \ell_0$ comme illustré sur la figure B-II.3.8.

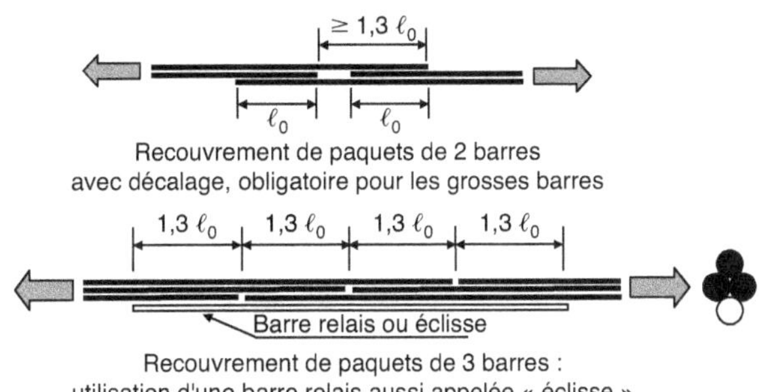

Figure B-II.3.8. Recouvrement de paquets de barres.

B-II.3.3.5.5 Couture des recouvrements

- Tant que ϕ barres en recouvrement < 20 mm ou $\rho_1 \leq 25$ %, c'est le cas le plus courant en bâtiments courants : pas de prescription spécifique $\Rightarrow$ les cadres déjà présents dans la zone suffisent.
- Sinon : appliquer la prescription du § A-II.1.3. Coudre le recouvrement avec des cadres capables tous ensemble de reprendre un effort égal à l'effort transmis dans le recouvrement.
  $\Rightarrow$ section totale des cadres assurant la couture = $\Sigma A_{st} \geq A_s$ en recouvrement.
  Les Recommandations professionnelles françaises proposent de les répartir uniformément sur la longueur du recouvrement.

B-II.4 Classes d'exposition

Elles définissent le degré d'agression par l'environnement.

Seules sont considérées dans cet ouvrage les classes présentées dans le tableau B-II.4.1 ci-dessous. Y est adjointe la qualité de béton requise dans chaque circonstance.

Pour une présentation exhaustive, voir [4.2 (AF) et Annexe E] ou {C-I.6.2 et 3}.

Tableau B-II.4.1. Classes d'exposition considérées dans ce livre et qualité requise pour le béton.

Classe	Environnement	Exemples	Béton
Aucun risque de corrosion ni d'attaque			
X0	Béton non armé et sans pièces métalliques noyées Béton armé très sec	À l'intérieur de bâtiments où le taux d'humidité de l'air ambiant est **très** faible	/
Corrosion induite par la carbonatation			
XC1	Sec ou humide en permanence	Parties de bâtiments à l'abri de la pluie, même si le bâtiment est ouvert Parties extérieures des ouvrages et bâtiments protégés de la pluie par un enduit imperméable à l'eau ou un bardage Parties des ouvrages et bâtiments submergées en permanence dans l'eau	≥ C20/25
XC2	Humide, rarement sec (Dans ce livre : assimilé à XC4)	Surfaces de béton soumises au contact à long terme de l'eau : un grand nombre de fondations	≥ C20/25
XC3	Humidité forte (Dans ce livre : assimilé à XC4)	À l'intérieur de bâtiments où le taux d'humidité est élevé : buanderies, locaux de piscines, ouvrages industriels, etc.	≥ C25/30
XC4	Alternativement humide et sec	Surfaces de béton soumises au contact de l'eau mais n'entrant pas dans la classe XC2 Paries extérieures des ouvrages et bâtiments non protégés de la pluie	≥ C25/30
Corrosion induite par les chlorures présents dans l'eau de mer			
XS1	Exposé à l'air véhiculant du sel marin mais pas en contact direct avec l'eau de mer	Structures sur ou à proximité d'une côte au-delà de XS3 : jusqu'à 1 000 m et 5 000 m dans des zones particulières	≥ C30/37
XS2	Immergé en permanence (Hors du champ de ce livre)	Éléments de structures marines	≥ C30/37
XS3	Zones de marnage, zones soumises à des projections ou embruns	Éléments de structures marines : jusqu'à 100 m de la côte et 500 m dans des zones particulières	C35/45

B-II.5 Disposition des aciers, enrobage et distance entre barres

B-II.5.1 Disposition des aciers et hauteur utile d

B-II.5.1.1 Disposition des aciers

Les barres peuvent être isolées ou en paquets et séparé(e)s par une distance suffisante a.

Règlementairement un paquet est assimilé à une barre isolée fictive de diamètre équivalent $\phi_n = \phi\sqrt{n_b}$ où n_b est le nombre de barres constituant le paquet.

Il y a des paquets de trois barres, rares dans la pratique française,

et des paquets de deux barres, disposition courante dans les poutres.

À titre dérogatoire, dans le cas de bonnes conditions d'adhérence, deux barres superposées dans un plan vertical *et ancrées individuellement* peuvent être traitées comme des barres individuelles.

Les aciers, barres isolées ou paquets, sont disposés en colonnes et en lits. Quelques exemples sont illustrés sur la figure B-II.5.1.

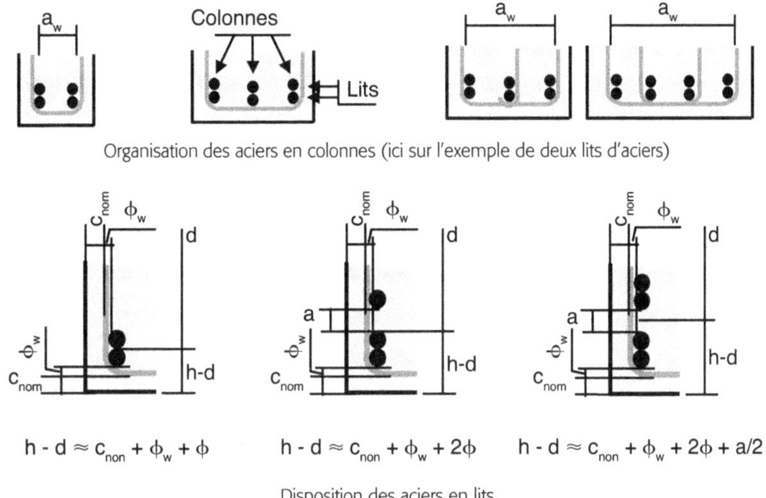

Figure B-II.5.1. Disposition des aciers en colonnes et en lits (pour les différents paramètres, voir § B-II.5.2 et 3)

B-II.5.1.2 Hauteur utile d

C'est une donnée essentielle pour les éléments fléchis (voir A-II.2.1.1 et B-III.1.2).

Sa valeur dépend de l'enrobage c_{nom} des aciers, du diamètre des aciers et de leur organisation en lits comme illustré sur la figure B-II.5.1.

Dans les cas courant : condition d'exposition XC1 $\Rightarrow$ c_{nom} = 25 mm, $\phi_w \approx$ 10 mm, $\phi \leq 20$ mm

- Poutres : A_s en deux lits $\Rightarrow d \approx h - 5{,}5$ cm ; A_s en trois lits $\Rightarrow d \approx h - 7{,}5$ cm.
- Dalles armées avec du treillis soudé (TS) : traité plus loin au § C-III.4.2.1.1.

B-II.5.2 Enrobage

L'enrobage c d'une barre (c comme *cover*) est sa distance libre au parement le plus proche.

- Il participe à la durabilité en prévenant la corrosion des aciers $\Rightarrow c \geq c_{min,dur}$
- Il participe à prévenir le risque d'éclatement accompagnant l'adhérence $\Rightarrow c \geq c_{min,b}$
- Il doit être suffisant pour permettre une bonne mise en place du béton $\Rightarrow$ notamment $c \geq 10$ mm
- Il est enfin un facteur essentiel de la résistance à l'incendie (voir {C-I.7.3.5}).

Hors conditions liées à l'incendie, il convient déjà de respecter un enrobage $c \geq c_{min}$ tel que :
$c_{min} = \max [c_{min,dur} ; c_{min,b} ; 10 \text{ mm}]$.

Compte tenu de l'incertitude d'exécution Δc_{dev} du chantier, pour être sûr de respecter $c \geq c_{min}$ la valeur indiquée sur les plans est
$c_{nom} = c_{min} + \Delta c_{dev}$ (l'indice « dev » reflète le mot anglais *deviation* signifiant ici « écart »)

B-II.5.2.1 Cas général

- $\Delta c_{dev} = 10 \text{ mm}$.
- Tant que $d_g < 32 \text{ mm}$: $c_{min,b} = \phi$ ou ϕ_n.
- La valeur de $c_{min,dur}$ est comme suit.

  Elle est conditionnée par la classe d'exposition et dépend en plus de la qualité du béton utilisé et de la durée d'utilisation de l'ouvrage. La relation complexe entre tous ces paramètres est codifiée par Eurocode en [4.4.1 et 8.2] et présentée en {C-I.6.1 à 5}.

  Dans le cas des bâtiments courants en conditions courantes, les valeurs à retenir sont regroupées dans le tableau B-II.5.1. Il a été construit en supposant des aciers transversaux de diamètre $\phi_w \leq 10 \text{ mm}$ et des aciers longitudinaux de diamètre $\phi \leq 20 \text{ mm}$.

  Sur le chantier, ce sont des cales d'espacement *disposées sur les aciers transversaux* qui permettent de respecter l'enrobage requis.

Tableau B-II.5.1. Enrobages à envisager dans les poutres de bâtiments courants

Classe de résistance envisagée pour le béton	C25/30		C30/37	C35/45
Classe d'exposition	XC1	XC4	XS1	XS3
Qualité requise pour le béton (rappel)	$\geq$ C20/25	$\geq$ C25/30	$\geq$ C30/37	$\geq$ C35/45
$c_{min,dur}$	15 mm	30 mm	35 mm	45 mm
En bâtiments courants : $\phi \leq 20$ mm et $\phi_w \leq 10$ mm				
Aciers transversaux : $c_{min,b} = \phi_w$	10 mm	10 mm	10 mm	10 mm
$c_{min,w} = \max [c_{min,dur} ; c_{min,b} ; 10 \text{ mm}]$	15 mm	30 mm	35 mm	45 mm
Aciers longitudinaux : $c_{min,eff} = c_{min,w} + \phi_w$	25 mm	40 mm	45 mm	55 mm
Aciers longitudinaux : Vérification $c_{min,eff} \geq c_{min} = \max [c_{min,dur} ; c_{min,b} ; 10 \text{ mm}]$	25 mm $\geq$ 20 mm OK	40 mm $\geq$ 30 mm OK	45 mm $\geq$ 35 mm OK	55 mm $\geq$ 45 mm OK
$c_{nom,w}$ à prescrire pour les aciers transversaux $= c_{min,w} + \Delta c_{dev}$ avec $\Delta c_{dev} = 10$ mm	**25 mm**	**40 mm**	**45 mm**	**55 mm**

B-II.5.2.2 Cas particuliers

- Cas de parement irrégulier, par exemple béton à granulats apparents : augmenter c_{min} de 5 mm au moins.
- Cas de structures au contact du sol :
  - au contact d'un sol ayant reçu une préparation (béton de propreté), $c_{min} = 30 \text{ mm}$ (AF) $\Rightarrow c_{nom} = 40 \text{ mm}$;
  - au contact direct d'un sol, $c_{min} = 65 \text{ mm}$ (AF) $\Rightarrow c_{nom} = 75 \text{ mm}$.

B-II.5.3 Distance entre barres ou paquets

L'espacement entre barres ou paquets est désigné par la lettre a.

- Il doit permettre un développement efficace de l'adhérence $\Rightarrow$ a $\geq$ max [ϕ ou ϕ_n ; 20 mm].
- Pour un bétonnage correct, il doit :
    - laisser le passage aux plus gros granulats $\Rightarrow$ a $\geq$ d$_g$ + 5 mm ;
    - laisser le passage à l'aiguille vibrante comme illustré ci-dessous ; généralement le lit le plus inférieur n'est pas concerné (encombrement de l'aiguille vibrante $\approx$ 50 mm).

En résumé la prescription est

a $\geq$ max [ϕ ou ϕ_n ; d$_g$ + 5 mm ; 20 mm ; encombrement aiguille vibrante lorsque nécessaire].

Nota
La distance a entre colonnes de barres est conditionnée à la largeur libre a$_w$ à l'intérieur des cadres.

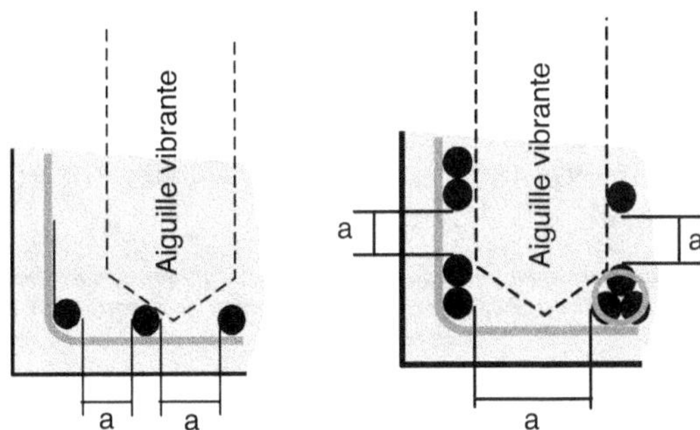

B-II.5.4 Dispositions constructives propres aux poutres continues

En travée le moment est positif et les aciers tendus sont en partie inférieure de la section.

Sur appuis et sur les consoles la situation est inversée. Le moment est négatif, les aciers sont en partie supérieure de la section et généralement appelés « chapeaux ».

Dispositions constructives propres aux chapeaux sur appuis de continuité

À partir de chaque appui, les aciers en chapeau se développent sur les deux travées de part et d'autre et relient les ferraillages de ces deux travées. Dans le cas de x travées continues, le ferraillage fini forme un ensemble continu beaucoup trop encombrant pour être transporté et même manipulé sur le chantier.

C'est pourquoi les cages de ferraillage sont livrées travée par travée. Elles sont transportées et manipulées sans les aciers de chapeau qui sont mis en place au tout dernier moment sur le chantier. Pour éviter toute erreur, ils peuvent être attachés à la cage de ferraillage d'une des travées concernées avec une étiquette permettant leur reconnaissance.

Cela implique que les cadres à l'approche des appuis doivent être tenus par des aciers de construction qui prennent une partie de la place dédiée aux aciers en chapeau, la hauteur utile de ces derniers peut en être affectée (« hauteur utile » : voir § A-II.2.1.1 et § B-III.1.2).

Ces points et la suite des opérations de mise en place de l'ensemble du ferraillage sont illustrés sur la figure B-II.5.2.

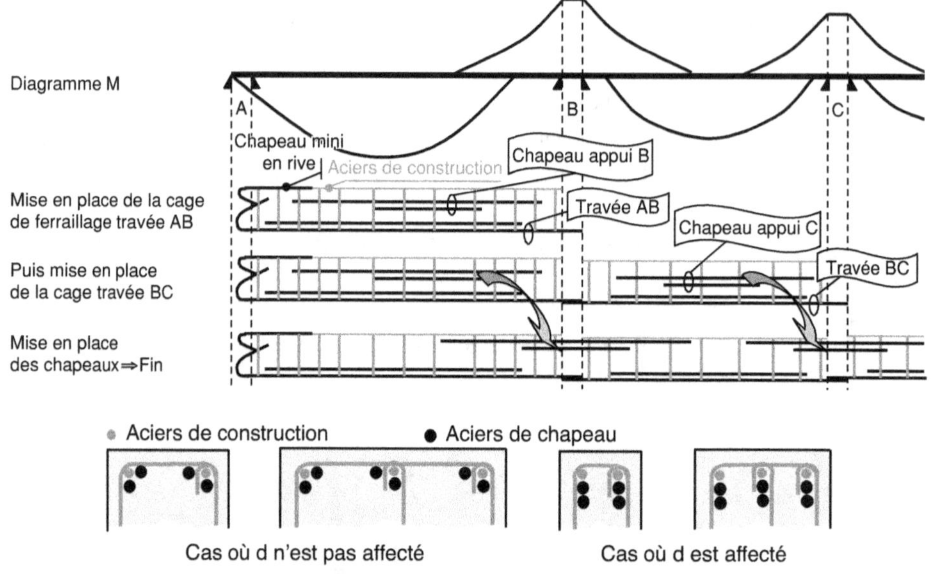

Figure B-II.5.2. Organisation de la mise en place des ferraillages des différentes travées d'une poutre continue. Les chapeaux sont mis après coup et cohabitent avec des aciers de construction, leur hauteur utile d peut en être affectée.

B-II.6 Portée des éléments fléchis [5.3.2.2]

Contrairement aux règlements français antérieurs, la portée à prendre en compte n'est plus la portée de nu à nu des appuis, maintenant notée ℓ_n, mais la « portée utile » notée ℓ_{eff}, plus grande que ℓ_n. Dans Eurocode, lorsque ℓ n'est complété par aucun indice, il doit être interprété comme ℓ_{eff}.

Les règles pour déterminer ℓ_{eff} sont présentées sur la figure B-II.6.1. Dans la pratique, cela aboutit généralement à ℓ_{eff} = portée d'axe à axe des appuis.

Sous une apparence de simplicité, la référence à ℓ_{eff} apporte beaucoup de complications comparée à la référence antérieure à ℓ_n.

En effet, les charges à l'aplomb d'un appui sont transmises directement à celui-ci sans solliciter les poutres ou dalles. Donc, pour déterminer leur sollicitation M et V, seules doivent être considérées les charges entre les nus des appuis (à savoir seulement sur la longueur ℓ_n). Les diverses implications en sont traitées au § C-II.4 et résumées sur la figure C-II.4.1.

Afin d'éviter toute confusion entre les grandeurs issues d'un calcul basé sur ℓ_{eff} ou au contraire sur ℓ_n, dans la suite de cet ouvrage, chaque fois que nécessaire, elles seront distinguées par l'indice ℓeff ou ℓn.

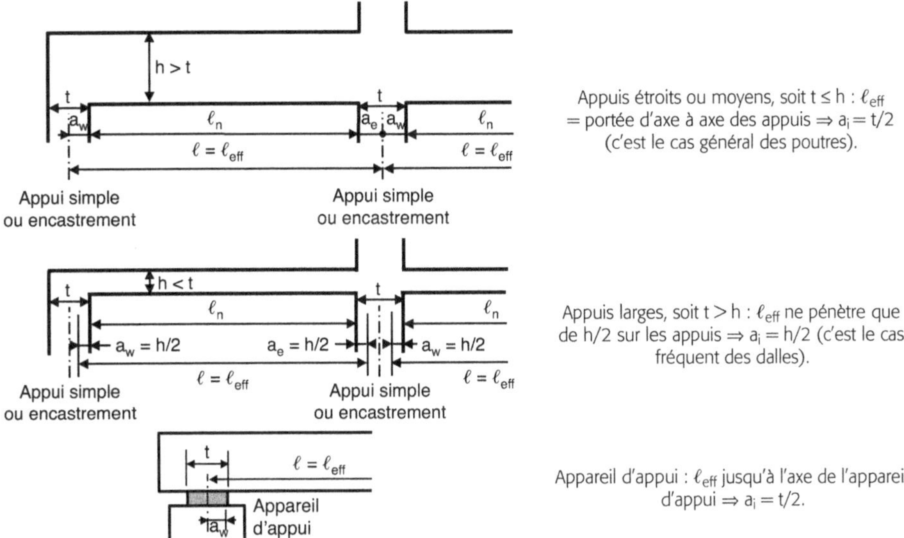

Figure B-II.6.1. Détermination de la portée utile $\ell = \ell_{eff}$ (a_i est le terme générique représentant a_w ou a_e à gauche [west] ou à droite [est] de l'axe de l'appui).

Remarque

Le repère par référence aux points cardinaux sera largement utilisé dans la suite de l'ouvrage. L'indice pour le côté ouest est w comme en anglais. En prime, cela évite une confusion avec les divers indices o ou 0.

Calculs de base

B-III.1 Informations préliminaires

L'exposé s'appuie en priorité sur l'exemple des poutres rectangulaires à une seule travée, sur appuis simples, uniformément chargées en flexion simple et sans aciers comprimés.

B-III.1.1 Géométrie, chargement, sollicitation

Ces points sont précisés sur la figure B-III.1.1.

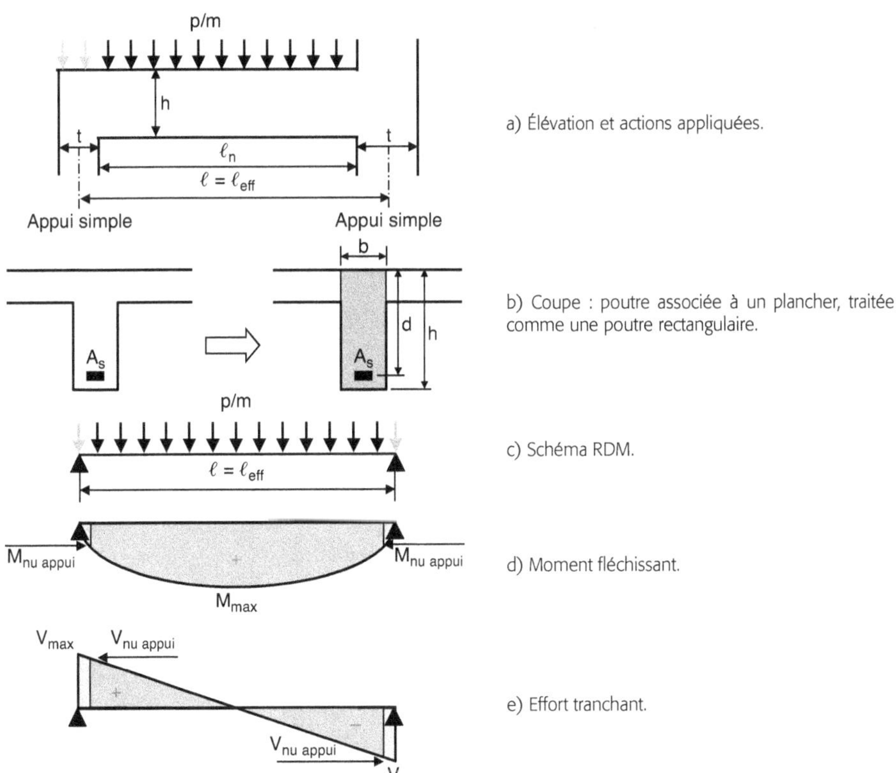

Figure B-III.1.1. Géométrie, chargement et sollicitation des poutres considérées pour l'exposé des calculs de base.

B-III.1.2 Notations

Hauteur totale de la poutre = h.

Hauteur utile = d = distance entre le centre de gravité de l'armature tendue et la fibre la plus comprimée (la fibre supérieure dans le cas de ces poutres). C'est le paramètre de hauteur le plus important pour un élément en béton armé.

Largeur de la partie comprimée d'une poutre = b. Dans le cas d'une section rectangulaire, b = largeur unique de l'élément.

Section de l'armature tendue = A_s.

Le moment fléchissant et l'effort tranchant sont les effets des actions appliquées et devraient être notés M_E et V_E. Nous avons choisi de les noter simplement M et V.

B-III.1.3 À savoir

- Qu'est-ce qu'une poutre rectangulaire ?
  C'est quelquefois une poutre de section de coffrage rectangulaire. C'est beaucoup plus souvent une poutre associée à un plancher comme celle de la figure B-III.1.1. Sa forme naturelle est en Té et, par simplification, le calculateur néglige une part du béton pouvant participer à la résistance pour ne considérer que la portion constituant une poutre rectangulaire.
- Interpénétration des éléments dans les nœuds de structure
  En béton armé, les éléments d'un même volume de béton se comportent comme s'ils avaient été moulés d'un seul bloc et s'interpénètrent sans restriction. Ainsi, la hauteur totale de la poutre se développe-t-elle sans restriction sur toute la hauteur de béton disponible, même si une part de celui-ci appartient également au plancher. Lors du calcul du plancher, ce même volume de béton commun sera alors considéré sans restriction comme appartenant totalement au plancher.
- Hauteur utile d
  C'est une donnée de base essentielle pour le calcul, mais elle n'est qu'approximativement connue quand le calcul débute. Sa valeur dépend :
  - d'une composante connue à 90 % avant le début du calcul : l'enrobage des aciers longitudinaux ;
  - d'une composante totalement inconnue à l'avance : les aciers longitudinaux choisis pour former la section d'armature A_s (résultat du calcul en cours) et leur disposition (le diamètre des barres, leur nombre et leur organisation en un ou plusieurs lits).
  Le calcul doit donc s'appuyer sur une anticipation de la valeur de d, disons « un pari », dont il faudra vérifier en fin de calcul s'il est gagné. S'il s'avère perdu, il faudra recommencer avec une autre anticipation de d espérée meilleure.

B-III.2 Flexion : calcul à l'ELU sous actions courantes

C'est le calcul de base.

Il est l'objet de [Section 6.1] et est présenté dans tous ses détails en {D-II}.

B-III.2.1 Fondement du fonctionnement

Il a été dégagé au § A-II.2. Le calcul se fait dans l'hypothèse la plus défavorable, c'est-à-dire en supposant qu'une fissure entame la section de calcul. La flexion y induit un effort de compression F_c repris par le béton comprimé au-delà de la fissure et un effort de traction F_s repris par l'armature tendue. Les deux conjuguent leurs effets comme illustré sur la figure B-III.2.1 pour :

- équilibrer le moment appliqué ;
- générer ce qui est appelé la « déformation de la section », conséquence du raccourcissement de la zone comprimée et de l'allongement de la zone tendue ; par effets cumulés d'une section à la suivante, c'est elle qui est à l'origine de la flèche observée.

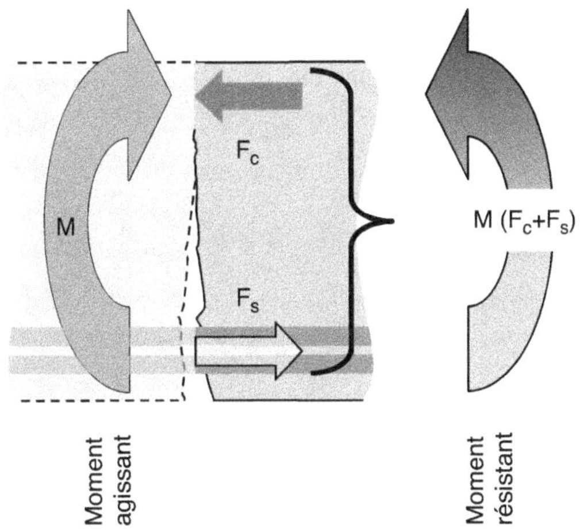

Équilibre d'une section armée et fissurée.

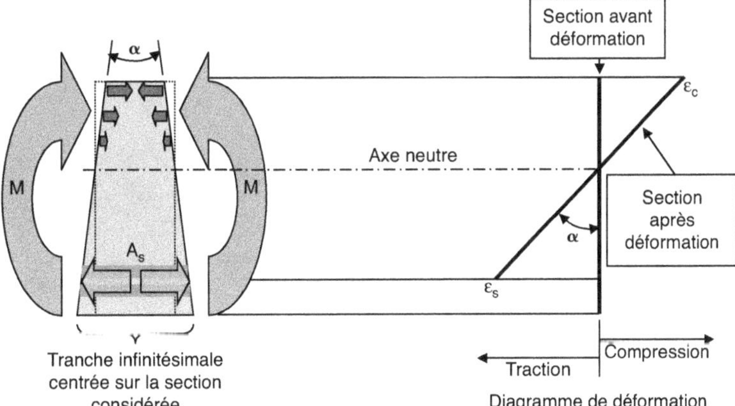

Figure B-III.2.1. Flexion : équilibre et déformation d'une section en flexion simple.

B-III.2.2 Prescriptions réglementaires de base

B-III.2.2.1 Hypothèses fondamentales

Elles sont universelles. Elles restent vraies quel que soit l'état limite et se retrouvent dans les règlements de tous les pays. Elles sont au nombre de quatre et repérées ici par la lettre F comme « fondamentales » :

Hypothèse 1F

Au cours de la déformation, les sections initialement planes restent planes, c'est l'hypothèse de Navier-Bernouilly.

> Traduction sur le diagramme de déformation : la section avant déformation, plane, est représentée par une droite ; elle reste plane après déformation et est encore représentée par une droite.

Hypothèse 2F

Il n'y a pas de glissement relatif entre acier et béton (du fait de leur adhérence nécessaire).

> Les aciers ont la même déformation que le béton dans lequel ils sont enserrés ; les déformations de l'un et de l'autre se lisent donc sur le même diagramme de déformation.

Hypothèse 3F

La résistance en traction du béton est négligée (car le béton tendu est fissuré).

> En zone tendue la résistance apportée par le béton est négligée $\Rightarrow$ seuls comptent les aciers.
> Traduction sur le diagramme de déformation : il n'est pas développé au-delà de l'armature tendue.

Hypothèse 4F

On peut supposer concentrée en son centre de gravité la section d'un groupe de plusieurs barres pourvu que l'erreur ainsi commise sur la déformation de chacune reste faible.

> Bien que l'armature puisse être constituée de plusieurs barres en plusieurs lits, elle est schématiquement représentée par un seul bloc, généralement un rectangle, dont la déformation n'est lue qu'au niveau de son centre de gravité.

B-III.2.2.2 Prescriptions conditionnées au règlement utilisé, ici l'Eurocode

Elles sont au nombre de trois.

- Les actions sont pondérées, comme précisé au § B-II.2.2.1.
- Les diagrammes déformation-contrainte de calcul de l'acier et du béton sont ceux définis aux § B-II.3.1.2 et B-II.3.2.2.
- L'ELU est atteint dès que, soit l'allongement des aciers, soit le raccourcissement du béton atteint le maximum admis. Voir « Diagramme des pivots » ci-dessous, § B-III.2.2.3.

B-III.2.2.3 Diagramme des pivots

Il traduit de façon synthétique la troisième prescription ci-dessus. Il est le répertoire de l'ensemble des diagrammes de déformation d'une section envisageables à l'ELU. Pour une raison de lisibilité, seuls y sont représentés les diagrammes marquant la frontière entre deux zones de comportements différents.

Les coordonnées de chaque pivot dépendent de la variante choisie pour les diagrammes déformation-contrainte du béton et des aciers. Les choix de cet ouvrage sont :

- pour le béton : le diagramme « parabole-rectangle » et la simplification du diagramme « rectangle » (voir plus loin § B-III.2.4.1) lorsqu'elle est autorisée ;
- pour les aciers : la classe de ductilité A ou B (classes à envisager hors calcul parasismique qui ne fait pas l'objet de cet ouvrage) et l'option a du diagramme déformation-contrainte de calcul (voir figure B-II.3.4) car elle conduit au dimensionnement le plus économique.

Le diagramme des pivots à l'ELU qui correspond à ces options est présenté sur la figure B-III.2.2.

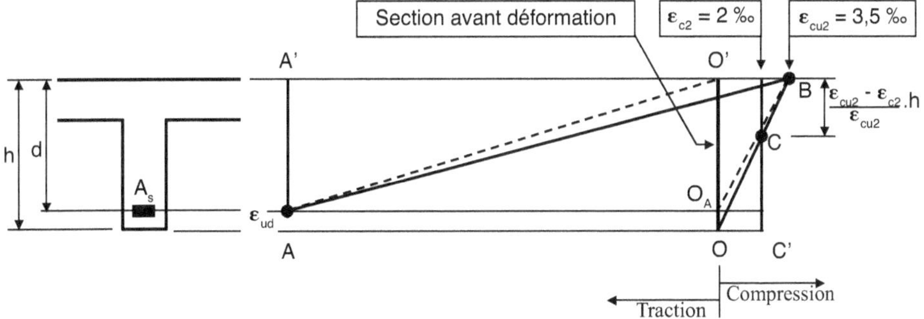

Figure B-III.2.2. Diagramme des pivots.

Pivot A

L'ELU est atteint par épuisement de la capacité réglementaire d'allongement des aciers ; avec l'option a pour le diagramme $\sigma_s = f(\varepsilon_s)$, choix de ce livre on a :

- en classe de ductilité A : $\varepsilon_s = \varepsilon_{ud} = 22,5$ ‰ ;
- en classe de ductilité B : $\varepsilon_s = \varepsilon_{ud} = 45$ ‰.

Le diagramme de déformation AA' correspond à la traction simple à l'ELU (hors de la cible de cet ouvrage). La déformation de traction est uniforme et maximum dans toute la section.

> **Remarque**
> Si l'option b est choisie pour le diagramme déformation-contrainte des aciers, il n'y a pas de limitation de ε_s et le pivot A est reporté à l'infini, ce qui revient à l'ignorer.
> On peut choisir une solution plus réaliste qui consiste à le placer à $\varepsilon_s = \varepsilon_{ud}$.

Pivot B

L'ELU est atteint par épuisement de la capacité réglementaire de raccourcissement du béton en flexion simple (cible de cet ouvrage) ou en flexion composée à condition qu'il subsiste dans la section une partie comprimée et une partie tendue. Avec le diagramme parabole-rectangle ou sa simplification qu'est le diagramme rectangle, ce pivot correspond à : $\varepsilon_c = \varepsilon_{cu2} = 3,5$ ‰.

Pivot C

C'est le domaine (hors de la cible de cet ouvrage) de la flexion composée compression avec, à l'ELU, toute la section comprimée.

Dans l'hypothèse du diagramme parabole-rectangle, le raccourcissement ultime réglementaire du béton diminue de ε_{cu2} = 3,5 ‰ à la frontière avec le domaine du pivot B jusqu'à ε_{c2} = 2 ‰ à l'autre extrémité du domaine, la compression simple représentée par la droite CC'. Les diagrammes de déformation intermédiaires passent de façon continue de la position BO à CC' et, par simplification, le règlement admet qu'ils tournent autour du pivot C.

Zones du diagramme

- La zone AA'-AO' n'est accessible qu'en flexion composée traction.
- La zone AO'-BO_A est la seule accessible en flexion simple. Elle est également accessible en flexion composée traction ou compression lorsque l'effort normal est modéré.
- La zone BO_A-CC' n'est accessible qu'en flexion composée compression.

B-III.2.3 Équations d'équilibre et leur exploitation

Nota

Les informations présentées dans ce paragraphe B-III.2.3 sont communes à tous les calculs faisant référence à un diagramme des pivots.

Elles sont valables quel que soit le règlement et ne sont pas limitées au simple ELU. Pour le signifier, les notations dans ce paragraphe sont neutres, sans référence à l'ELU.

Bien que présentées sur l'exemple de poutres rectangulaires, sauf précision contraire elles sont valables quelle que soit la géométrie de la section. L'exposé se limite au cas de la flexion simple.

B-III.2.3.1 Données

Elles sont explicitées sur la figure B-III.2.3.

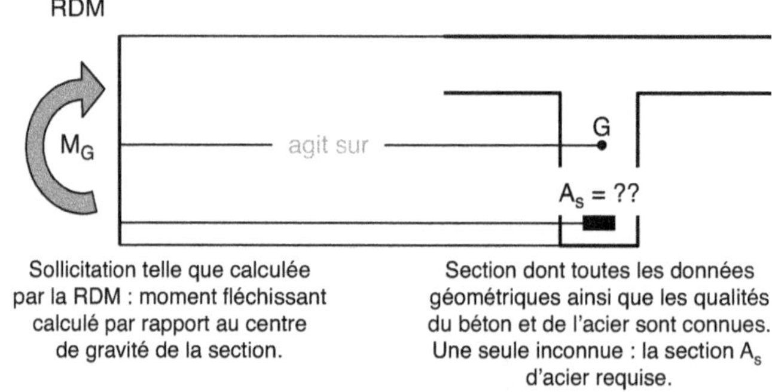

Sollicitation telle que calculée par la RDM : moment fléchissant calculé par rapport au centre de gravité de la section.

Section dont toutes les données géométriques ainsi que les qualités du béton et de l'acier sont connues. Une seule inconnue : la section A_s d'acier requise.

Figure B-III.2.3. Données du calcul en flexion simple.

L'objectif est de déterminer la section d'acier A_s nécessaire pour assurer l'équilibre de la section.

La RDM fournit la valeur du moment calculée par rapport au centre de gravité de la section. Dans cet ouvrage elle sera désignée M_G.

Pour les calculs de béton armé, il convient de se référer à la valeur du moment calculée par rapport au centre de gravité des aciers tendus qui sera désignée M_A.

Relation entre M_G et M_A

Pour plus de clarté elle est présentée sur l'exemple d'une flexion composée. L'exposé s'appuie sur la figure B-III.2.4.

La partie (a) de la figure présente M_G et N donnés par la RDM.

Sur la partie (b), la même sollicitation est représentée sous la forme de l'effort N excentré de la valeur qui convient pour traduire le moment :

moment calculé par rapport au centre de gravité de la section $\Rightarrow$ excentricité de N = e_G ;

moment calculé par rapport au centre de gravité des aciers $\Rightarrow$ excentricité de N = e_A.

La partie (c) présente M_A et N ramenés au niveau du centre de gravité de l'armature tendue.

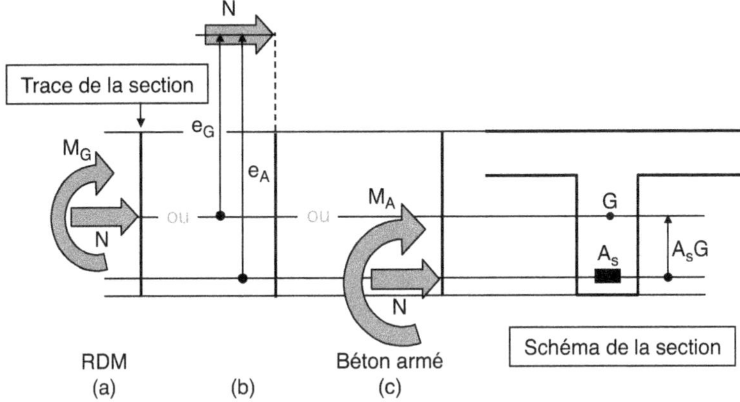

Figure B-III.2.4. Passage de la valeur M_G du moment fléchissant calculée par rapport au centre de gravité de la section à celle M_A calculée par rapport au centre de gravité des aciers tendus.

De cela il ressort :

$$M_A = N.e_A = N.(e_G + A_sG) = N.e_G + N.A_sG = M_G + N.A_sG \text{ d'où} : M_A = M_G + N.A_sG$$

En flexion simple

$N = 0 \Rightarrow M_A = M_G$. Ils sont souvent confondus dans une même notation M.

B-III.2.3.2 Équilibre d'une section

Le point crucial du calcul est la détermination du diagramme de déformation de la section.

Supposons celui-ci connu et, à partir de là, dégageons les équations d'équilibre qui seront exploitées dans la suite. Les éléments interagissant sont présentés sur la figure B-III.2.5.

Notations et conventions de représentation

La distance entre l'axe neutre et la fibre la plus comprimée est la hauteur de béton comprimé. Elle est désignée x et appelée « hauteur de l'axe neutre ».

L'aire de béton comprimé est hachurée oblique et, lorsque nécessaire, désignée par A_{cc}. (A car c'est une aire, c car il s'agit de béton et, contrairement à la règle générale, le c de « comprimé » n'est pas sous-entendu. Il est ici nécessaire pour faire la distinction avec A_c qui est l'aire totale de béton, comprimé et tendu). Les diagrammes associés de déformation et des contraintes du béton comprimé sont hachurés horizontalement. Parmi eux, le diagramme des contraintes du béton comprimé sera dans la suite désigné « diag σ_c ».

Le bras de levier par rapport à l'armature tendue de la résultante des efforts de compression développés dans la zone comprimée est désigné z. Lorsqu'on souhaite le différencier, le bras de levier du seul effort F_c développé dans le seul béton comprimé est désigné z_c.

Sur le diagramme des efforts : les efforts ou moments extérieurs agissants, c'est-à-dire la sollicitation de la section, sont représentés du côté gauche de la section et les efforts intérieurs résistants, développés en réaction à la sollicitation appliquée, sont représentés du côté droit de la section.

Les efforts de compressions sont représentés par des flèches dirigées vers la section et les efforts de traction par des flèches s'éloignant de la section.

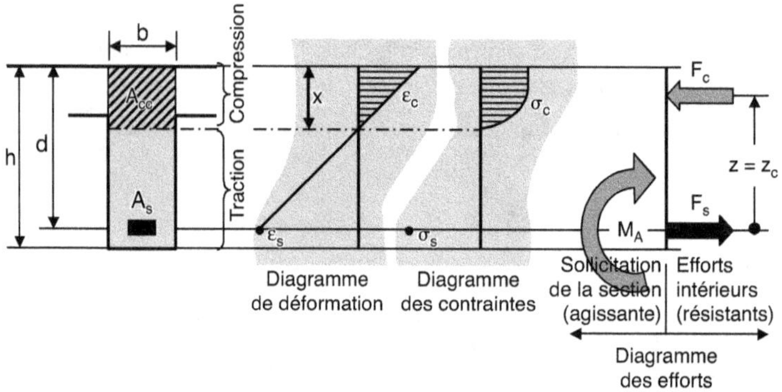

Figure B-III.2.5. Diagrammes de déformation, des contraintes et des efforts conduisant aux équations d'équilibre d'une section.

Équation d'équilibre des moments

L'écrire par rapport au centre de gravité de l'armature tendue permet d'éliminer une inconnue, F_s, qui a alors un bras de levier nul par rapport au point de référence. Grâce à cela, l'équation devient soluble et aboutit à la détermination de la hauteur x de l'axe neutre.

Elle s'écrit $\qquad \Sigma M_{/A} = 0 \Rightarrow$ en valeurs absolues $M_A = F_c.z_c$

Équation d'équilibre des efforts normaux

Elle s'écrit $\qquad \Sigma F = 0 \Rightarrow$ en flexion simple et en valeurs absolues $F_s = F_c$

Sur le diagramme des efforts, cet équilibre se traduit par :

Σ longueurs des flèches vers la droite = Σ longueurs des flèches vers la gauche.

B-III.2.3.3 Construction du diagramme des contraintes à partir du diagramme de déformation

Voir la figure B-III.2.6. C'est un passage indispensable pour atteindre les valeurs de F_c et A_s.

À chaque ordonnée de la section, on lit sur son diagramme de déformation la valeur ε_s ou ε_c qui y règne et, en se reportant au diagramme déformation-contrainte du matériau concerné, on en tire la valeur de la contrainte associée. On obtient directement la contrainte σ_s dans l'armature tendue. Par contre, le diag σ_c doit être construit point par point.

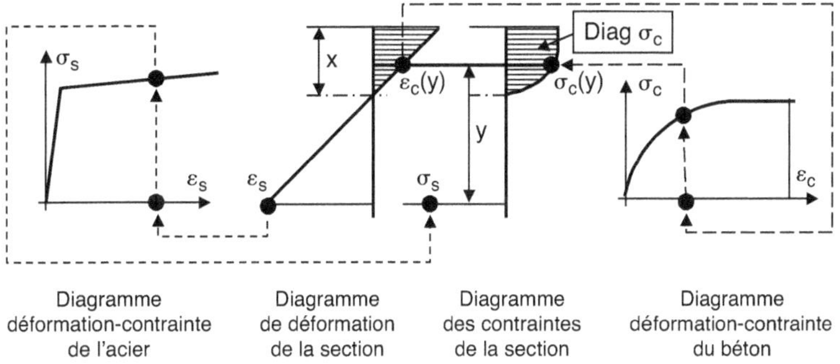

Figure B-III.2.6. Construction du diagramme des contraintes d'une section à partir de son diagramme de déformation et des diagrammes déformation-contrainte des matériaux concernés.

ε_c augmentant linéairement à partir de l'axe neutre, les caractéristiques géométriques du diag σ_c sont calquées sur celles du diagramme déformation-contrainte du béton.

B-III.2.3.4 Paramétrage de F_c, de son moment par rapport à l'armature tendue et de z_c

Il découle du calcul intégral exposé ci-dessous et illustré sur la figure B-III.2.7.

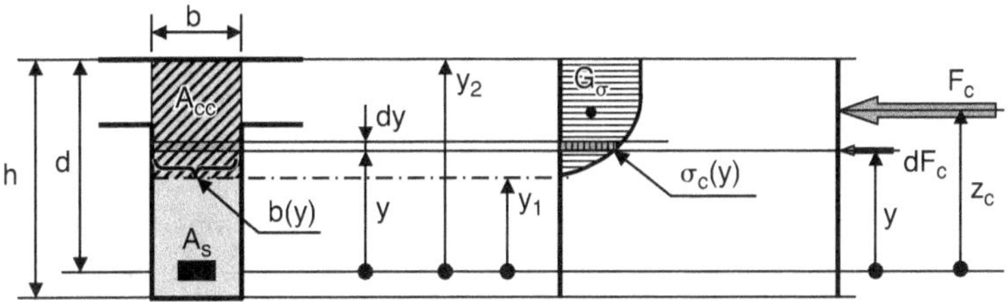

Figure B-III.2.7. Calcul de F_c, de son moment par rapport à l'armature tendue et de z_c.

- Effort élémentaire dF_c = résultat de la contrainte appliquée sur l'aire $b(y).dy$ de béton comprimé : $dF_c = b(y).dy.\sigma_c(y)$
- Moment par rapport à l'armature tendue de cet effort élémentaire : $dM_{Fc} = b(y).dy.\sigma_c(y).y$
- Effort F_c total = résultat de l'intégrale des efforts élémentaires sur la hauteur où se développe le diag σ_c, soit ici de y_1 à y_2 : $F_c = \int_{y1}^{y2} b(y).\sigma_c(y).dy$
- Moment de l'effort total F_c par rapport à l'armature tendue : $M_{Fc} = \int_{y1}^{y2} b(y).\sigma_c(y).y.dy$
- D'où on tire : $z_c = \dfrac{M_{Fc}}{F_c} = \dfrac{\int_{y1}^{y2} b(y).\sigma c(y).y.dy}{\int_{y1}^{y2} b(y).\sigma c(y).dy}$

B-III.2.3.5 Cas particulier des sections rectangulaires ou assimilées

Elles sont caractérisées par une largeur de béton comprimé constante, $b(y) = C_{te} = b$, sur toute la hauteur où se développe le diag σ_c.

B-III.2.3.5.1 Valeurs de F_c et z_c

$b = C_{te}$ sur toute la hauteur où se développe le diag σ_c peut être sorti des intégrales et on a :

$$F_c = b.\int_{y1}^{y2} \sigma_c(y).dy = b.\text{aire diag } \sigma_c$$

$$z_c = \frac{b\int_{y1}^{y2} \sigma_c(y).y.dy}{b\int_{y1}^{y2} \sigma_c(y).dy} = \text{distance au centre de gravité du diag } \sigma_c$$

B-III.2.3.5.2 Écriture pratique de l'équation d'équilibre des moments

Cette écriture et les paramètres associés sont spécifiques aux sections rectangulaires ou assimilées. Son utilisation serait erronée dans toute autre circonstance.

Elle est faite sous forme normée et aboutit à une équation d'équilibre des moments adimensionnelle. De cette façon, l'écriture du résultat est unique quelles que soient les dimensions de la poutre, la qualité du béton considéré et le type de calcul ELU ou ELS.

Paramétrage du diag σ_c

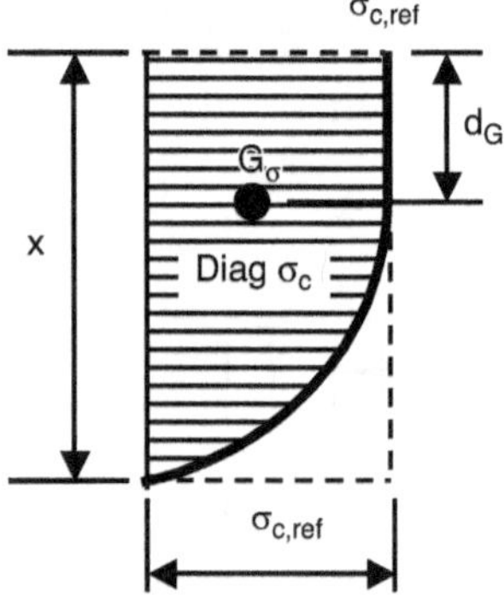

Exemple : schéma basé sur le calcul à l'ELU

Il est paramétré par :

- Une contrainte que nous désignerons $\sigma_{c,ref}$ prise pour référence et caractérisant le diag σ_c ; c'est souvent la contrainte maximum admissible pour le béton comprimé.
- Un paramètre adimensionnel α caractérisant sa hauteur x par référence à la hauteur utile d de la poutre : $\alpha = x/d$
- Un paramètre adimensionnel Ψ caractérisant son aire :
  $\Psi = $ aire diag σ_c/aire du rectangle $x.\sigma_{c,ref}$
  Ψ est appelé « coefficient de remplissage » car il exprime la proportion dans laquelle le diag σ_c remplit le rectangle $x.\sigma_{c,ref}$.
- Un paramètre adimensionnel δ_G caractérisant la hauteur d_G de son centre de gravité G_σ par référence à sa hauteur x : $\delta_G = d_G/x$
  δ_G est appelé « coefficient de centre de gravité ».

Paramétrage des équations

- $z_c = $ distance des aciers tendus au centre de gravité du diag $\sigma_c \Rightarrow z_c = d - d_G = d.(1 - \delta_G.\alpha)$
- $F_c = b.\text{aire diag } \sigma_c \Rightarrow F_c = b.\psi.\alpha.d.\sigma_{c,ref}$
  En l'absence d'aciers comprimés, il est préférable de calculer F_c par la relation $F_c = M_A/z_c = M_A/[d.(1 - \delta_G.\alpha)]$ moins sensible à une éventuelle erreur ou inexactitude sur la valeur de α.
- Équation d'équilibre des moments
  Elle s'écrit : $M_A = F_c.z_c = (b.\psi.\alpha.d.\sigma_{c,ref}).d.(1 - \delta_G.\alpha)$
  En introduisant un dernier paramètre adimensionnel μ appelé « moment réduit » et tel que $\mu = M_A/(b.d^2.\sigma_{c,ref})$, elle s'écrit enfin : $\mu = \psi.\alpha.(1 - \delta_G.\alpha)$
  C'est une équation du deuxième degré en α dont on tire la valeur de α.

Remarque

Outre un paramètre utile pour normer l'écriture de l'équation d'équilibre des moments, le moment réduit μ est un indicateur puissant.

Il caractérise le degré de mobilisation du béton disponible pour reprendre F_c. Plus celui-ci est élevé, plus grande est la hauteur de béton comprimé, donc plus grand est α et, par suite, plus grand est $\mu = \psi.\alpha.(1 - \delta_G.\alpha)$.

À chaque valeur de μ est associé un diagramme de déformation de la section et réciproquement. Alors :
– à chaque frontière entre domaines du diagramme des pivots correspond une valeur frontière de μ ;
– diverses prescriptions réglementaires et des limites économiques ou pratiques peuvent également être traduites par des valeurs limites de μ à ne pas outrepasser.

La comparaison de μ effectif aux valeurs frontières et limites ci-dessus apporte une aide précieuse au calculateur. Ce point sera largement exploité dans la suite (§ B-III.2.5).

Nota

Ici s'arrêtent les informations générales, valables quel que soit le règlement et non limitées à l'ELU.

B-III.2.4 Application aux calculs à l'ELU sous actions courantes, sections rectangulaires ou assimilées

Ce qui suit étant spécifique à l'ELU, les valeurs de référence sont celles propres à l'ELU. On a alors $\sigma_{c,ref} = f_{cd}$ et, pour rappel, moment fléchissant et autres sont marqués de l'indice u.

Les poutres ou dalles atteignent l'ELU au pivot B ou A. La très grande majorité des poutres l'atteint au pivot B. Seuls les éléments les moins sollicités, c'est souvent le cas de dalles, l'atteignent au pivot A.

B-III.2.4.1 Introduction au diagramme σ_c « rectangle »

Le diagramme σ_c « parabole-rectangle » est une schématisation fidèle du diagramme réel et il est pris pour référence.

Dans les calculs au pivot B ou A il est admis de le remplacer par le diagramme « rectangle ». Totalement artificiel, il est caractérisé par une largeur constante $= f_{cd}$ et une hauteur invariablement $= 0,8$ x apportant une grande simplification aux calculs. Ses spécificités et sa comparaison avec le diagramme parabole-rectangle sont présentées sur la figure B-III.2.8 et sont discutées ci-dessous.

Pivot B

Les valeurs $\psi = 0,8$ et $\delta_G = 0,4$ du diagramme rectangle sont une bonne approximation des valeurs $\psi = 0,81$ et $\delta_G = 0,416$ du diagramme parabole-rectangle. Malgré des géométries très dissemblables, numériquement ces deux diagrammes sont alors équivalents.

Pivot A

Les valeurs réalistes de ψ et δ_G du diagramme parabole-rectangle diminuent significativement avec la diminution de ε_c et dépendent du résultat cherché. Le calcul nécessite alors une démarche par approximations successives, ou le recours à des abaques ou à des tableaux précalculés. Contrairement à cela, avec le diagramme rectangle qui conserve toujours la même géométrie, $\psi = 0,8$ et $\delta_G = 0,4$ sont connus à l'avance. C'est une simplification évidente. Conserver des valeurs constantes de ψ et δ_G alors que leurs valeurs réalistes diminuent induit deux erreurs, l'une sur aire diag σ_c et l'autre sur z_c. Par un heureux hasard, au pivot A leurs effets sur la section calculée d'armature se compensent presque exactement. C'est ce qui justifie alors l'utilisation du diagramme rectangle.

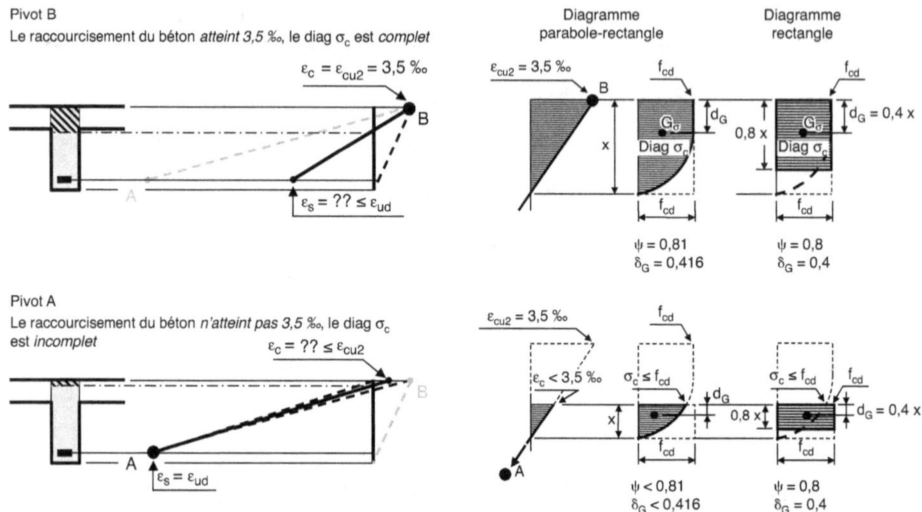

Figure B-III.2.8. *Diagrammes « parabole-rectangle » et « rectangle » selon le pivot B ou A.*

L'utilisation du diagramme rectangle (au pivot B ou A) apporte une simplification supplémentaire : elle facilite le calcul des poutres de section non rectangulaire. C'est notamment le cas des poutres en Té traitées plus loin au § B-III.7.

Nota

Pour ces deux raisons, la pratique donne la prééminence au diagramme rectangle chaque fois qu'il est autorisé. C'est lui qui est pris pour référence dans cet ouvrage.

B-III.2.4.2 Démarche du calcul de A_s sur la base du diagramme rectangle

Un exemple de calcul au pivot A est proposé au § D.1.6.1.4 et un exemple de calcul au pivot B est proposé au § D.1.6.2.2.

La figure B-III.2.9 sert de support à l'exposé.

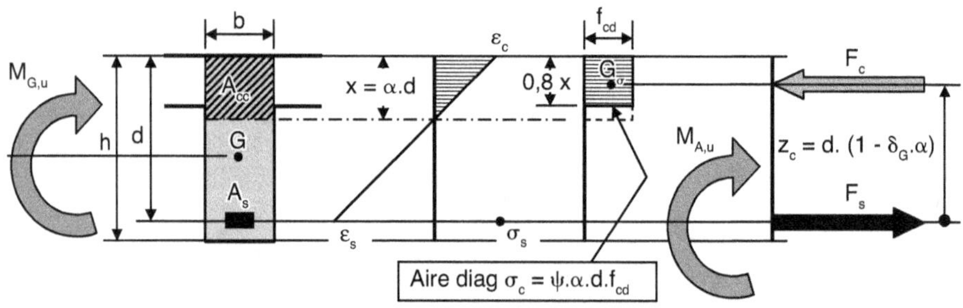

Figure B-III.2.9. *Éléments pour le calcul d'une section fléchie.*

Données du problème

* Sollicitation : $M_{G,u}$ fourni par la RDM
* Géométrie de la section, notamment b et h

- Qualité du béton utilisé, particulièrement f_{cd}
- Caractéristiques des armatures utilisées : classe de ductilité A ou B, valeur de f_{yk}, option a pour leur diagramme déformation-contrainte $\Rightarrow f_{yd}$, ε_{ud} et $f_{sd,max}$

Étapes successives du calcul

1) Estimer d

2) Calculer $M_{A,u}$: flexion simple $\Rightarrow M_{A,u} = M_{G,u}$

3) Calculer μ_u : à l'ELU on a $\sigma_{c,ref} = f_{cd} \Rightarrow \mu_u = M_{A,u}/(b.d^2.f_{cd})$

4) De l'équation d'équilibre des moments $\mu_u = \psi.\alpha.(1 - \delta_G.\alpha)$ on tire : $\alpha = 1,25.(1 - \sqrt{1 - 2.\mu_u})$

> **Nota**
> Les coefficients 1,25 et 2 sont associés aux valeurs $\psi = 0,8$ et $\delta_G = 0,4$ donc à la référence au diagramme rectangle.

5) Calculer $F_c = b.\psi.\alpha.d.f_{cd}$

En l'absence d'aciers comprimés, préférer la relation $F_c = M_{A,u}/z_c = \dfrac{M_{A,u}}{d.(1 - \delta_G.\alpha)}$ qui est beaucoup moins sensible à une éventuelle erreur ou inexactitude sur la valeur de α.

6) Calculer F_s : flexion simple $\Rightarrow F_s = F_c$.

7) Calculer ε_s et en déduire σ_s

Au pivot A : $\varepsilon_s = \varepsilon_{su}$ et $\sigma_s = f_{sd,max}$ sont connus à l'avance

Au pivot B : seul $\varepsilon_c = \varepsilon_{cu2} = 3,5$ ‰ est connu à l'avance et on sait simplement que $\varepsilon_s < \varepsilon_{su}$ et $\sigma_s < f_{sd,max}$

En écrivant que les points 1, 2, 3 sont alignés ou que les triangles O'12 et O23 sont semblables, on calcule :

$$\frac{\varepsilon_c}{\alpha.d} = \frac{\varepsilon_s}{d.(1 - \alpha)}$$

d'où : $\varepsilon_s = \varepsilon_c . \dfrac{1 - \alpha}{\alpha}$

On lit sur le diagramme déformation-contrainte des aciers la valeur de σ_s correspondante.

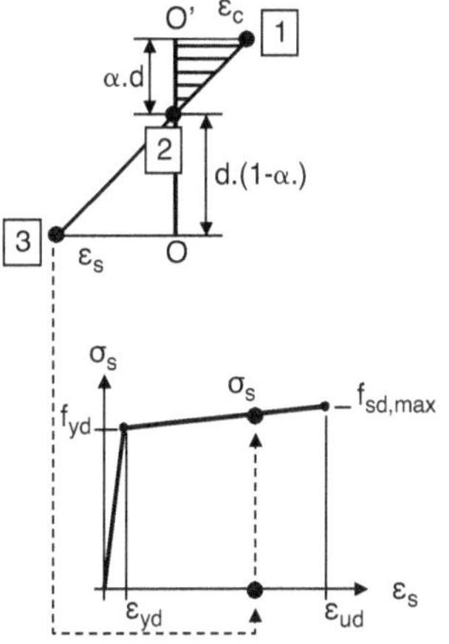

> **Nota**
> Lorsque μ_u est très élevé, on aboutit à $\varepsilon_s < \varepsilon_{yd}$. La poutre est sur-armée (voir § A-II.2.2.3.2 et 3) et les aciers sont mal utilisés. Il est alors économique et bon pour la sécurité de redimensionner la poutre pour aboutir à une valeur de μ_u plus petite et $\varepsilon_s > \varepsilon_{yd}$ (voir § B-III.2.5.3).

8) On en tire : $A_s = F_s/\sigma_s$

9) En l'absence des différentes vérifications, notamment à l'ELS, exigées par le règlement, serait alors venu le temps de conclure la démarche par :

- le choix des aciers commerciaux assurant la section A_s ;
- le choix de leur disposition ;
- la vérification de la vraie valeur de d. Si celle-ci est suffisamment proche de l'estimation de départ, le calcul est terminé ; sinon, il faut recommencer avec une meilleure approximation de d.

B-III.2.4.3 Comparaison des résultats du calcul entre aciers B500A et B500B

Cette comparaison est faite dans le cas de la flexion simple avec utilisation du diagramme rectangle. Elle est proposée dans le tableau ci-dessous, limitée au domaine des calculs courants $(0,4 \leq \mu_u \leq 0.24)$ (voir § B-III.2.5.5).

Avec le diagramme rectangle, les coefficients ψ et δ_g gardent la même valeur ($\psi = 0,8$ et $\delta_g = 0,4$) au pivot A et au pivot B, donc le résultat du calcul est indifférent à la valeur de ε_{ud} localisant la position du pivot A. La seule différence vient du bonus de résistance apporté par l'écrouissage, différent selon qu'on a affaire à des aciers de classe de ductilité A ou B.

Écart $[A_{s,u}(B500B)-A_{s,u}(B500A)]/A_{s,u}(B500B)$ en %, sections rectangulaires, option a pour les aciers, calcul avec diagramme rectangle

μ_u	0,04	0,06	0,08	0,10	0,12	0,14	0,16	0,18	0,20	0,22	0,24
Écart %	−2,29	−1,77	0,09	1,20	1,07	0,87	0,73	0,62	0,53	0,45	0,39

On constate que dans le domaine des calculs courants, à l'exception des valeurs les plus basses de μ_u, c'est le calcul $A_{s,u}(B500B)$ qui conduit à la plus forte section d'acier, donc qui est du côté de la sécurité.

Mais les écarts restent très faibles ($\leq 2\%$ environ) et peuvent souvent être considérés comme négligeables.

Proposition de l'auteur

Dans l'incertitude des aciers qui seront effectivement mis en place sur chantier : faire le calcul $A_{s,u}(B500B)$ en gardant en mémoire que pour $\mu_u < 0,08$ c'est le calcul avec des aciers B500A qui est le plus défavorable.

Nota

Si on se réfère à l'option b pour le diagramme déformation-contrainte des aciers, $\sigma_{s\ de\ calcul} = C_{te} = f_{yd}$ dans leur zone de déformation plastique, plus rien ne distingue les aciers les classes de ductilité A ou B. Par contre, les sections d'acier ainsi calculées excèdent systématiquement celles de $A_{s,u}(B500B)$, l'écart diminue de 7 % pour $\mu_u < 0,56$ jusqu'à presque 0 % pour $\mu_u = 0,24$.

B-III.2.4.4 Aides au calcul

En général elles sont applicables au seul cas des sections rectangulaires sans aciers comprimés. C'est le cas traité ici.

Tableaux de calcul

Tous sont du même type. Pour une série de valeurs de μ_u ils proposent, par une simple lecture, les résultats de la suite de calcul des points 4) à 7) ci-dessus ; à savoir les valeurs de α, $\beta = z_c/d$, ε_s et quelquefois de σ_s et ε_c. Leur usage raccourcit significativement le temps de calcul.

Un tel tableau est proposé au § E.1.4.1.2.

Formule pour un calcul raccourci

Une telle formule développée par l'auteur fournit une approximation quasi exacte de $A_{s,u}$.

Applicable en flexion simple aux pivots B et A, elle est valable quelles que soient la classe de résistance du béton. Elle s'appuie sur le diagramme rectangle et sur des aciers B500A ou B500B avec l'option a pour leur diagramme déformation-contrainte. Elle résulte d'un calage numérique sur une série de résultats exacts couvrant le domaine pratique des calculs courants, $0,04$ environ $\leq \mu_u \leq 0,24$ environ, et son expression est très simple.

Lorsque la classe de ductilité des aciers n'est pas spécifiée, la formule doit être calée pour approcher au mieux les calculs $A_{s,u}$(B500B) et $A_{s,u}$(B500A).

Elle s'écrit alors : $A_{s,u} = \dfrac{M_u}{0,9d \cdot f_{yd}} \cdot (\mu_u + 0,82)$.

L'écart avec le calcul exact est toujours $\leq 2\,\%$ environ comme le montre le tableau ci-dessous.

Écarts en pourcentage entre $A_{s,u} = \dfrac{M_u}{0,9d \cdot f_{yd}} \cdot (\mu_u + 0,82)$ et $A_{s,u}$(B500B) ou $A_{s,u}$(B500A, sections rectangulaires,

option a pour les aciers, calcul avec diagramme rectangle

μ_u	0,04	0,06	0,08	0,10	0,12	0,14	0,16	0,18	0,20	0,22	0,24
Écart % avec $A_{s,u}$(B500B)	0,18	0,89	0,18	0,09	0,28	0,59	0,94	1,27	1,57	1,80	1,95
Écart % avec $A_{s,u}$(B500A)	−2,10	−0,87	−0,86	1,29	1,34	1,46	1,66	1,88	2,08	2,24	2,33

Lorsque les aciers qui seront mis en place sur chantier sont avec certitude de classe de ductilité B, la formule est calée pour approcher au mieux les calculs $A_{s,u}$(B500B).

Elle s'écrit alors : $A_{s,u} = \dfrac{M_u}{0,9d \cdot f_{yd}} \cdot (\mu_u + 0,81)$.

Les écarts en plus ou en moins avec le calcul exact sont alors $\leq 1\,\%$ comme montré sur le tableau ci-dessous.

Écarts en pourcentage entre $A_{s,u} = \dfrac{M_u}{0,9d \cdot f_{yd}} \cdot (\mu_u + 0,81)$ et $A_{s,u}$(B500B), sections rectangulaires,

option a pour les aciers, calcul avec diagramme rectangle

μ_u	0,04	0,06	0,08	0,10	0,12	0,14	0,16	0,18	0,20	0,22	0,24
Écart % avec $A_{s,u}$(B500B)	−0,99	−0,25	−0,95	−1,00	−0,79	−0,45	−0,09	−0,27	0,59	0,85	1,02

B-III.2.5 Valeurs limites et valeurs frontières

Nota

Les limites s'appuyant sur des valeurs de μ_u ne sont applicables qu'à des sections rectangulaires ou assimilées.

B-III.2.5.1 Sections d'armature minimum et maximum autorisées [9.2.1.1]

B-III.2.5.1.1 Section minimum d'armature $A_{s,min}$: non fragilité

Pour plus de détails, les points ci-après sont développés et justifiés en {D-II.7}.

Il a été vu au § A-II.2.2.2.4 qu'à l'instant de la fissuration d'un élément, il se produit un transfert d'effort du béton tendu (qui vient de se fissurer) vers les aciers. Si la section d'acier est insuffisante, la stabilisation illustrée sur la figure A-II.2.10 est impossible et l'élément casse instantanément de façon fragile, comme s'il n'était pas armé. C'est dangereux !

Pour s'en prémunir, le règlement stipule que : un élément armé est non fragile si sa résistance en phase fissurée (calcul de type ELU) est supérieure à la résistance du même élément non armé (approximation de la charge de fissuration de l'élément armé).

La prescription qui en découle est

$A_{s,min} = 0,26.b_t.d.f_{ctm}/f_{yk} \geq 1,3$ ‰.b_t.d

où $A_{s,min}$ = section minimum de non-fragilité ; b_t = largeur moyenne de la zone tendue ; f_{ctm} = résistance moyenne en traction du béton.

On note que la limite $A_{s,min} \geq 1,3$ ‰.b_t.d est la valeur qui découle de la formule de calcul dans le cas d'un béton C25/30 et d'aciers B500.

Pour les éléments secondaires où un certain risque de rupture fragile peut être accepté ou pour des fonctions qui n'ont pas un rôle structural comme les chapeaux minimums sur appuis (§ B-III.6), on peut admettre $A_s < A_{s,min}$ à condition de multiplier par 1,2 la section d'acier $A_{s,u}$ découlant du calcul initial à l'ELU $\Rightarrow A_s = 1,2\ A_{s,u}$

Nota

À l'exception des chapeaux minimums, il est conseillé de n'utiliser cette dérogation que dans les cas où les actions sur l'élément sont strictement bornées. Pratiquement : lorsque les actions sont limitées au seul poids propre sans aucune charge d'exploitation envisageable, même pas pour entretien, et avec des actions climatiques nulles ou presque. C'est généralement le cas de bandeaux de façade décoratifs ou de pare-soleil dans des régions non neigeuses.

Dans la pratique courante du calcul, l'auteur propose de se référer aux valeurs $\mu_{u,limite,frag}$ ci-dessous (voir {D-II.7.2.1.2}).

Béton	C25/30	C30/37	C35/45
$\mu_{u,limite,frag}$	0,042	0,040	0,038

Ces valeurs limites incluent une marge de sécurité de 15 % par rapport au calcul de base de sorte que :

- si $\mu_u > \mu_{u,limite,frag}$, en flexion simple ou flexion composée avec faible effort normal, on est sûr que l'élément n'est pas fragile et aucune autre vérification n'est nécessaire ;

- si $0,85\ \mu_{u,limite,frag} \leq \mu_u \leq \mu_{u,limite,frag}$, il y a un risque de fragilité et une vérification plus précise s'impose ;

- si $\mu_u < 0,85\ \mu_{u,limite,frag}$, on est sûr que l'élément est fragile et il faut prendre les mesures nécessaires.

Dans le cas de sections en Té, la valeur de μ_u à prendre en compte est celle calculée sur la nervure seule.

B-III.2.5.1.2 Section maximum d'armature $A_{s,max}$

Hors des zones de recouvrement : $A_{s,max} = 0,04.A_c$ avec A_c = aire totale de la section.

Cette limitation a deux raisons :

- prévenir un bétonnage trop difficile associé à un ferraillage trop dense ;

- au-delà d'une certaine proportion d'acier, les hypothèses de base du calcul béton armé sont mises à mal (le béton armé se transforme en acier enrobé).

En flexion simple, dans la limite du domaine économique d'utilisation du béton armé (§ B-III.2.5.3), ce maximum n'est jamais atteint.

B-III.2.5.2 Frontières entre domaines associés aux pivots

Ces domaines et leurs frontières sont visibles sur la figure B-III.2.2.

Frontière AO' : limite inférieure du domaine accessible en flexion simple

A cette limite la zone comprimée de la section est réduite à zéro, on a donc $F_c = 0$. Sachant que μ_u caractérise le degré de mobilisation du béton disponible pour reprendre F_c, on a $\mu_{uAO} = 0$.

En pratique, l'impératif $\mu_u > \mu_{u,limite,frag} \approx 0,04$ fait que cette limite n'est jamais atteinte.

Frontière AB : séparant les domaines des pivots A et B

Elle est caractérisée par : $\varepsilon_s = \varepsilon_{ud}$.
- Aciers de classe de ductilité B :
    On a $\varepsilon_{ud} = 45$ ‰ et $\varepsilon_c = \varepsilon_{cu2} = 3,5$ ‰.
    On en tire : $\alpha_{AB} = \varepsilon_c/(\varepsilon_c + \varepsilon_s) = 3,5/(3,5 + 45) = 0,072$.
    d'où : $\mu_{uAB} = \alpha.\psi.(1 - \delta_G.\alpha) = 0,072.0,8\,(1 - 0,4.0,072) = 0,056$.
- Aciers de classe de ductilité A :
    On a $\varepsilon_{ud} = 22,5$ ‰ et $\varepsilon_c = \varepsilon_{cu2} = 3,5$ ‰.
    On en tire : $\alpha_{AB} = \varepsilon_c/(\varepsilon_c + \varepsilon_s) = 3,5/(3,5 + 22,5) = 0,135$.
d'où : $\mu_{uAB} = \alpha.\psi.(1 - \delta_G.\alpha) = 0,135.0,8\,(1 - 0,4.0,135) = 0,102$.

Frontière $O_A B$: limite supérieure du domaine accessible en flexion simple

Elle est caractérisée par $\varepsilon_s = 0$ et $\varepsilon_c = \varepsilon_{cu2} = 3,5$ ‰ et surtout par $x = d \Rightarrow \alpha = 1$
Alors : $\mu_{uOAB} = \alpha.\psi.(1 - \delta_G.\alpha) = 1.0,8\,(1 - 0,4.1) = 0,48$

Hors des frontières ci-dessus, c'est-à-dire lorsque $\mu_u < 0$ ou $\mu_u > 0,48$

En l'absence d'un effort normal suffisant pour que la section soit effectivement totalement tendue ou totalement comprimée, il n'y a pas d'équilibre possible et l'élément doit être redimensionné. Ce point est traité dans les paragraphes relatifs aux poutres en Té et aux aciers comprimés, (§ B-III.7 et 8).

B-III.2.5.3 Limite économique $\mu_{u,limite,\varepsilon yd}$ d'utilisation des aciers

Elle est atteinte lorsque ε_s atteint ε_{yd} (voir § B-III.2.4.2, point 7, Nota), d'où l'indice pour la désigner. Elle est unique quelle que soit ma classe de ductilité et est associée au pivot B et à $\varepsilon_s = \varepsilon_{yd} \Rightarrow \sigma_s = f_{yd}$.

Dans le cas d'aciers B500 il y correspond $\mu_{u,limite,\varepsilon yd} = 0,37 \Rightarrow \mu_u \le \mu_{u,limite,\varepsilon yd} = 0,37$.

B-III.2.5.4 Autres limites

B-III.2.5.4.1 Limites assurant le respect des contraintes limites de l'ELS

Ces contraintes limites sont présentées au § B-III.3.

Il faut respecter $\mu_u \le \mu_{u,limite,ELS}$ et, avant plus de détails, il convient de retenir $\mu_{u,limite,ELS} \approx 0,24$.

B-III.2.5.4.2 Limites pour une ductilité suffisante

Sont concernées les sections sur appuis des poutres continues calculées avec « redistribution » (voir § C-II.5 et C-II.6).

On tire un bénéfice de la redistribution à partir de $\mu_{u,appui} < 0{,}295$ et celui-ci est maximum lorsque $\mu_{u,appui} \leq 0{,}154$.

B-III.2.5.5 Synthèse

Le domaine réglementaire est confiné dans les limites ci-dessous.

$$\text{environ } 0{,}04 \leq \mu_u \leq \text{environ } 0{,}24$$

$$\text{(non-fragilité)} \quad \text{(limitation ELS)}$$

Pour un chiffrage plus précis de ces limites, voir § B-III.2.5.1.1 pour la limite inférieure et B-III.3.2.2 puis C-II.5, C-II.6 pour la limite supérieure.

À l'intérieur de ces limites, les exigences de l'ELS pour la limitation de la flèche et de l'ouverture des fissures apportent des restrictions supplémentaires.

Si $\mu_u >$ une des limites ci-dessus à l'exception de $\mu_{u,limite,frag}$: modifier la géométrie de l'élément (changer ses dimensions, considérer une poutre en Té ou mettre des aciers comprimés), éventuellement changer la qualité du béton, pour aboutir à une valeur de $\mu_u \leq$ limite imposée.

B-III.3 Vérifications à l'ELS

À l'ELS, le domaine de fonctionnement des aciers est limité à leur zone de fonctionnement élastique ($\sigma_{s,ser} < f_{yk}$). Alors, la considération de la classe de ductilité qui ne concerne que la zone de fonctionnement plastique et/ou d'écrouissage n'a pas lieu d'être et n'a pas d'incidence sur les résultats.

Les vérifications sont l'objet de [Section 7] et sont traitées de façon approfondie en {D-III}.

Elles visent toutes à s'assurer, dans les conditions d'usage normal, du non dépassement de valeurs limites concernant : la contrainte dans les aciers et le béton, l'ouverture de fissure et la flèche des éléments fléchis.

Comme vu ci-dessus, dans le cas des bâtiments courants et moyennant le respect des certaines conditions lors du calcul à l'ELU, ces vérifications sont assurées par avance. C'est l'option prise dans ce livre et ce qui suit se limite à la description des conditions à respecter.

B-III.3.1 Limitation des contraintes

Limiter les contraintes limite ipso facto les déformations et participe déjà à limiter l'ouverture de fissure et la flèche.

B-III.3.2 Limitations de σ_c

En bâtiments courants : assurées dès l'ELU par le respect de $\mu_u \leq \mu_{u,limite,ELS}$.

B-III.3.2.1 Prescriptions

- Le béton doit rester dans le domaine du fluage linéaire (hypothèse des calculs d'ouverture de fissure et de flèche traités plus loin).

  Pour cela, il faut respecter $\sigma_{c,ser,qp} \leq 0{,}45\ f_{ck}$ sous combinaison quasi permanente des actions.

- Prévention du risque de fissures de compression préjudiciables à la durabilité en cas d'ambiance agressive.

  Vérification conseillée, et non exigée, dans les conditions d'exposition XS (exposition marine), XD (chlorures non marins) et XF (gel-dégel). Noter que le béton alors exigé est de classe $\geq$ C30/37

  Pour cela, il faut respecter $\sigma_{c,ser,k} \leq 0{,}6\ f_{ck}$ sous combinaison caractéristique des actions.

B-III.3.2.2 Valeurs de $\mu_{u,limite,ELS}$ proposées par l'auteur

Elles s'appuient sur un coefficient de transfert entre ELS et ELU. En flexion simple il s'agit de $\gamma = M_u/M_{ser}$. Si en plus on est dans le cas d'un chargement uniforme p/m on a $\gamma \approx p_u/p_{ser}$.

- Pour assurer $\sigma_{c,ser,qp} \leq 0{,}45.f_{ck}$ sous combinaison quasi permanente : respecter $\mu_u \leq \mu_{u,limite,\sigma cqp}$

- Les valeurs de $\mu_{u,limite,\sigma cqp}$ s'appuient sur $\gamma_{qp} = M_u/M_{ser,qp}$.

  Avec des aciers B500 et l'option a pour leur diagramme $\sigma_{sd} = f(\varepsilon_{sd})$:

Classe d'exposition et béton associé		$\gamma_{qp} = M_u/M_{ser,qp}$	1,6	1,8	2,0
XC1 à XC4	C25/30	$\mu_{u,limite,\sigma cqp}$	0,201	0,241	0,282
XS1	C30/37	$\mu_{u,limite,\sigma cqp}$	0,212	0,253	0,296
XS3	C35/45	$\mu_{u,limite,\sigma cqp}$	0,223	0,265	0,309

- Pour assurer $\sigma_{c,ser,k} \leq 0{,}60.f_{ck}$ sous combinaison caractéristique : respecter $\mu_u \leq \mu_{u,limite,\sigma ck}$

  Les valeurs de $\mu_{u,limite,\sigma ck}$ s'appuient sur $\gamma_k = M_u/M_{ser,k}$ et aussi, à travers $\alpha_{e,eff,k} = E_s/E_{c,eff,k}$, sur $\gamma_{qp} = M_u/M_{ser,qp}$.

  Avec des aciers B500 et option a pour leur diagramme $\sigma_{sd} = f(\varepsilon_{sd})$:

Nota

Ces valeurs limites découlent de vérifications à l'ELS à partir des résultats des calculs à l'ELU et englobent les incertitudes de l'ELS et de l'ELU. Dans ce contexte, l'écart très faible entre $A_{s,u}$ (B500B) et $A_{s,u}$ (B500A), voir tableau B-III.2.1, fait que l'incidence de la classe de ductilité B ou A sur les valeurs de $\mu_{u,limite,ELS}$ est négligeable.

XS1, béton C30/37 : valeur de $\mu_{u,limite,\sigma ck}$				XS3, béton C35/45 : valeur de $\mu_{u,limite,\sigma ck}$			
γ_k \\ γ_{qp}	1,6	1,8	2,0	γ_k \\ γ_{qp}	1,6	1,8	2,0
1,375	0,271	0,279	0,286	1,375	0,282	0,290	0,298
1,4	0,277	0,285	0,292	1,4	0,288	0,296	0,305
1,425	0,283	0,291	0,299	1,425	0,295	0,302	0,309
1,45	0,289	0,297	0,305	1,45	0,301	0,309	0,316

Situations les plus fréquentes : valeurs encadrées

Remarque

On constate que pour les sections rectangulaires en flexion simple, excepté lorsque $\gamma_{qp} \approx 2$, c'est systématiquement la condition $\sigma_{c,ser,qp} \leq 0{,}45.f_{ck}$ qui est prépondérante.

B-III.3.3 Limitations de σ_s

En flexion simple avec des aciers B500 les limites imposées par Eurocode sont toujours vérifiées.

B-III.3.4 Limitation de l'ouverture de fissure

Les ouvertures de fissure sont notées w comme *width* (largeur en anglais).

Elles sont calculées sous combinaison quasi-permanente des actions. Ce qui indique que c'est l'ouverture de fissure durablement installée qui doit être considérée préjudiciable plutôt que celle atteinte épisodiquement sous charge de pointe.

B-III.3.4.1 Prescription

Ouverture de fissures maximum w_{max} admise

La prescription est synthétisée dans le tableau B-III.3.1 ci-dessous.

Tableau B-III.3.1. Valeurs recommandées de w_{max} pour les éléments en béton armé.

Classe d'exposition	Prescriptions (AF)	w_{max} pour éléments béton armé
Sous la combinaison d'actions quasi permanente		
X0 : pas de risque de corrosion XC1 : sec (intérieur des bâtiments courants et extérieur si protection par un enduit) ou humide en permanence	Sauf demande spécifique : vérification de l'ouverture de fissure non nécessaire si les dispositions constructives (notamment $A_{s,min}$, $A_{s,max}$ et rapport ℓ_{eff}/d du tableau B-III.3.2) sont satisfaites	0,4 mm
XC2, XC3, XC4 : humide ou alternativement humide et sec	Idem ci-dessus, mais non-vérification limitée aux immeubles d'habitation, de bureau, de réunion et les magasins *(Mais imagine-t-on des habitations, bureaux, locaux de réunion et magasins humides ou alternativement humides et secs ?)*	0,3 mm
XD1, XD2, XD3, XS1, XS2, XS3 : exposition aux chlorures non marins (XD) ou marins (XS)		0,2 mm (AF)

Cas où on peut se dispenser du calcul direct de l'ouverture de fissure.

- Cas signalés dans le tableau B-III.3.1.
- Cas des dalles sollicitées en flexion sans traction significative, d'épaisseur $h \leq 200$ mm et respectant les dispositions constructives.
- Cas gérés par les tableaux [7.2N] et [7.3N] de l'article [7.3.3], non reproduits ici car d'un usage aussi complexe que le calcul direct de l'ouverture de fissures.

Cas où on ne peut pas se dispenser du calcul de l'ouverture de fissure.

C'est notamment le cas de tous les éléments de bâtiments en bord de mer (classes d'exposition XS) à l'exception des dalles d'épaisseur h ≤ 200 mm.

B-III.3.4.2 Points à retenir et comment diminuer w_k lorsque nécessaire ?

Facteurs principaux dont dépend l'ouverture de fissure

Les fissures sont d'autant plus fines que la densité d'acier dans la membrure tendue (rapport de la section d'acier A_s mise en place à la section de béton $A_{c,eff}$ dans laquelle elle est enrobée) est plus grande et que le diamètre ϕ des barres utilisées est plus petit.

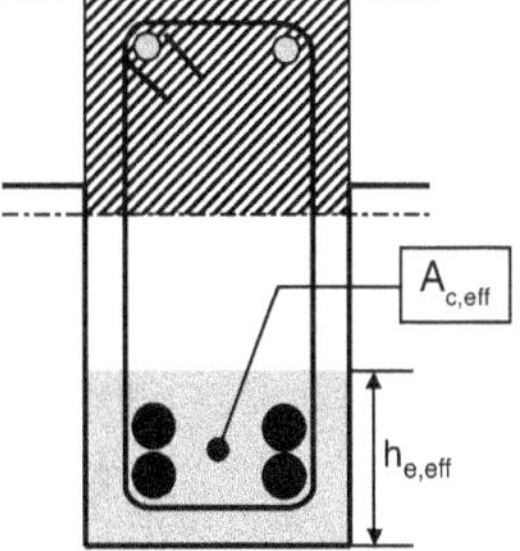

$A_{c,eff}$ tel que $h_{c,eff}$ = min [2,5 (h – d) ; (h – x)/3 ; h/2]

Il s'ensuit que :

- Les plus faibles ouvertures de fissure sont obtenues dans les cas où μ_u est élevé, traduisant une grande section d'acier en regard de la largeur b de la poutre. À l'opposé, les plus grands risques de dépassement de l'ouverture de fissure autorisée sont encourus avec les éléments pour lesquels μ_u est le plus petit, on est alors à la limite de non-fragilité.
- Plus la section A_s de l'armature tendue est dispersée en de nombreuses barres fines, c'est-à-dire plus leur diamètre ϕ est petit, mieux c'est.
- Enfin, augmenter l'enrobage c est défavorable. En effet, cela augmente $A_{c,eff}$ par rapport à A_s et diminue la densité d'acier dans la membrure tendue.
  Ce point complique la tâche du calculateur car, dans les conditions d'environnement difficile, il doit concilier une diminution drastique de l'ouverture maximum de fissure autorisée avec une augmentation significative de l'enrobage c requis. Deux exigences qui s'avèrent antinomiques.

Comment diminuer l'ouverture de fissure lorsque sa valeur dépasse w_{max} autorisé ?

- D'abord, diminuer le diamètre ϕ des barres formant A_s, avec pour conséquence l'augmentation de leur nombre. Ce remède atteint vite ses limites.
- Ensuite, rendre A_s excédentaire par rapport au strict besoin de résistance. C'est la solution la plus efficace, mais elle implique un surcoût d'acier.
- On peut enfin envisager un béton de classe plus élevée. Le gain reste faible.

Ce qui ne marche pas

Augmenter h ou b ou traiter la poutre en poutre en Té

B-III.3.5 Limitation de la flèche [7.4]

B-III.3.5.1 Flèches limites

Deux types de flèches doivent être considérés, chacune avec sa propre valeur limite.

B-III.3.5.1.1 Flèche totale

Elle ne doit pas être visible, ce qui créerait un malaise esthétique, et ne doit pas nuire à la fonctionnalité de l'ouvrage.

Valeur limite = $\ell_{eff}/250$, applicable aux poutres, dalles et consoles.

Elle est calculée sous la combinaison quasi permanente des actions. Il convient alors de supposer un développement complet du fluage.

> **Nota**
>
> Elle peut être compensée partiellement ou en totalité par une contre-flèche initiale.

B-III.3.5.1.2 Flèche susceptible d'endommager les éléments sensibles avoisinants

Valeur limite = $\ell_{eff}/500$.

Les éléments sensibles sont :

- les cloisons et murs rigides, notamment en blocs béton, brique, ou carreaux de plâtre, qui risquent des fissures, comme schématisé ci-contre (les cloisons en plaques de plâtre, légères et mises en place de sorte que les poutres ou dalles en plafond ne pèsent pas dessus, n'y sont pas sensibles) ;

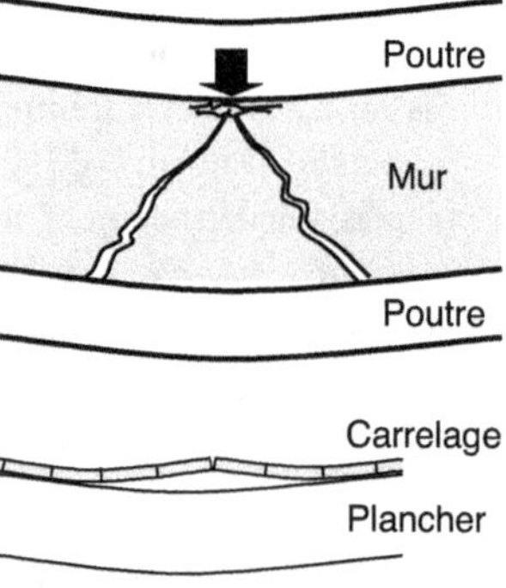

- les revêtements rigides comme les carrelages qui peuvent « cloquer » comme schématisé ci-contre ;
- des ensembles de machinerie dont des éléments doivent rester parfaitement alignés.

La flèche concernée est en fait l'augmentation de flèche après la mise en place et la rigidification de l'élément sensible considéré. Elle est calculée comme la flèche totale définie au § B-III.3.5.1.1 moins la flèche escomptée avant la date de fin de durcissement ou de réglage des éléments sensibles. Cette dernière flèche venant en soustraction est calculée en ne prenant en compte que les charges effectivement présentes à cette date (incluant le poids des éléments sensibles) et le développement du fluage jusqu'à cette date.

B-III.3.5.2 Cas de dispense du calcul de la flèche

Eurocode dispense de cette vérification lorsque le rapport ℓ_{eff}/d est inférieur aux valeurs limites regroupées dans le tableau B-III.3.2 ci-dessous issu du tableau [7.4NA] de l'AF. Ce tableau a été construit pour les poutres rectangulaires en flexion simple. Sa donnée d'entrée originelle est le ratio d'armature $\rho = A_s/bd$. Il a été complété dans ce livre par une autre entrée alternative : μ_u. Appliqué aux poutres en Té, à condition de ne considérer que la nervure pour le calcul de ρ ou μ_u, il est une approximation du côté de la sécurité.

Attention

La référence est ici ℓ_{eff}/d, et non plus ℓ_n/h comme dans les règlements français antérieurs.

Tableau B-III.3.2. Flexion simple : valeurs limites de ℓ_{eff}/d dispensant de vérification de la flèche selon la valeur de K et la classe du béton (C25/30 à C35/45). (On peut entrer dans ce tableau au choix par ρ ou μ_u calculés sur la nervure seule.)

			Poutres		Dalles		
Flexion simple			$\rho =$ 1,5 %	$\rho =$ 0,5 %	(AF) $\rho \approx$ 0,41 %	(AF) $\rho \approx$ 0,36 %	$\rho \gg \approx$ 0,26 %
Système structural ⇒ valeur de K	**K**	**Béton**	$\mu_u \approx$	$\mu_u \approx$	$\mu_u \approx$	$\mu_u \approx$	$\mu_u \approx$
		C25/30	0,310	0,124	0,104	0,093	0,069
		C30/37	0,269	0,106	0,088	0,078	0,058
		C35/45	0,237	0,092	0,077	0,068	0,050
Valeurs limites de ℓ_{eff}/d							
Travées isolées sur appuis simples : poutres ou dalles portant dans une seule direction	1,0	C25/30	14	18	22	25	40
		C30/37	14	20	25	30	49
		C35/45	15	23	29	35	58
Travée de rive d'une poutre ou dalle continue ou dalle continue le long d'un grand côté et portant dans les deux directions	1,3	C25/30	18	23	28	32	52
		C30/37	18	26	30	35	44
		C35/45	19	30	38	46	76
Travée intermédiaire d'une poutre ou dalle portant dans une ou deux directions	1,5	C25/30	20	27	33	38	60
		C30/37	20	30	35	40	73
		C35/45	22	34	44	53	88
Consoles : poutre ou dalle portant dans une direction	0,4	C25/30	6	7	9	10	16
		C30/37	6	8	10	12	19
		C35/45	6	9	12	14	23
Si $\ell_{eff} > 7$ m, multiplier la valeur de ℓ_{eff}/d par $7/\ell_{eff}$ (avec ℓ_{eff} en m). Pour les valeurs de ρ ou μ_u intermédiaires entre les valeurs ci-dessus : interpoler linéairement.							

B-III.3.5.3 Comment remédier à une flèche trop importante ?

La flèche est d'autant plus grande que l'inclinaison α du diagramme de déformation est plus grande (voir la figure B-III.2.1 également applicable à l'ELS). L'inclinaison du diagramme découle à la fois de la valeur de la déformation ε_c du béton comprimé en fibre extrême, conséquence de sa contrainte σ_c, et de la hauteur x de l'axe neutre. Pour la diminuer, il faut donc : soit diminuer σ_c, soit augmenter x, soit faire les deux à la fois.

- Le plus efficace est d'augmenter d, ce qui agit sur les deux tableaux. En effet :
    - à l'ELS, l'augmentation de d entraîne toujours l'augmentation de x ;
    - de plus, l'augmentation de d augmente z_c et diminue $F_c = M/z_c$, avec pour conséquence une diminution σ_c.
- Une autre solution est d'augmenter la largeur de la poutre, ou au moins celle de sa partie comprimée en considérant une poutre en Té. Cela répartit F_c sur une aire plus grande de béton et σ_c diminue. En revanche, x diminue aussi, grignotant une large part du gain sur σ_c.

B-III.4 Résistance aux effets de l'effort tranchant

B-III.4.1 Introduction

L'effort tranchant sollicite l'âme des éléments concernés.

Tout ce qui est relatif à l'âme des poutres est repéré par l'indice w (comme *web* en anglais, qui désigne notamment l'âme des poutres).

Par exemple : b_w = largeur ou largeur minimum (b) de l'âme (w) d'une poutre ; A_{sw} = section (A) d'un cours d'armatures (*a priori* en acier d'où l'indice s) d'âme (w) ; etc.

Tout ce qui est relatif à l'effort tranchant est repéré par la lettre V.

À savoir : V = effort tranchant (déjà vu) ; v (v minuscule) = contrainte de cisaillement (cette dernière notation est ambiguë car elle se confond facilement avec le coefficient ν (nu)).

Ces notations sont déclinées en V_E et V_R puis v_E et v_R précisés par tous les indices utiles.

Les calculs supposent le développement complet de la fissuration (voir § A-II.4.3.1), aussi sont-ils menés à l'ELU et uniquement à l'ELU.

Les ruptures par effort tranchant des éléments béton armé, lorsqu'elles surviennent, peuvent être brutales et sont toujours moins ductiles que les ruptures par flexion. Aussi les coefficients intervenant dans les calculs de béton armé sont-ils calés pour que les éléments périssent par flexion avant que leur capacité de résistance à l'effort tranchant ne soit complètement épuisée.

Cas des poutres : un renfort par des aciers transversaux, aussi appelés « armatures d'âme », s'impose. Dans ce livre, l'exposé est limité au seul cas des aciers transversaux « droits » (perpendiculaires à la ligne moyenne de la poutre), aussi qualifiés de « verticaux ».

Cas des dalles : les contraintes induites y sont faibles et généralement le béton y résiste seul, dispensant d'aciers transversaux. Leur cas spécifique est traité en section C-III.

Nota

Les formules réglementaires de calcul sont toutes calées sur σ_s à l'ELU = f_{yd}. C'est-à-dire que le bonus de résistance apporté par l'écrouissage n'est pas pris en compte, ce qui met à égalité tous les aciers quelle que soit leur classe de ductilité.

Ce cas a déjà été vu pour les ancrages et, de la même façon, dans la suite la classe de ductilité des aciers transversaux ne sera pas précisée.

B-III.4.2 Principe de fonctionnement des aciers transversaux et bases de leur calcul

B-III.4.2.1 Rappels tirés de § A-II.4.2.1 et § A-II.4.3

Ils s'appuient sur les figures B-III.4.1 et 2.

L'effort tranchant développe des fissures inclinées, plus ouvertes à mi-hauteur et dont la pointe supérieure s'éloigne de l'appui le plus proche.

Le calcul s'appuie sur la schématisation de Ritter-Mörsch qui assimile une poutre béton armé à une poutre en treillis dans laquelle :

AB = diagonale comprimée (entre deux fissures inclinées) ;
BA' = armature transversale ;
AA' = longueur totale sur laquelle se développe chaque maille de la triangulation ;
AC = projection sur la ligne moyenne de l'élément de la longueur sur laquelle se développe chaque diagonale comprimée AB.

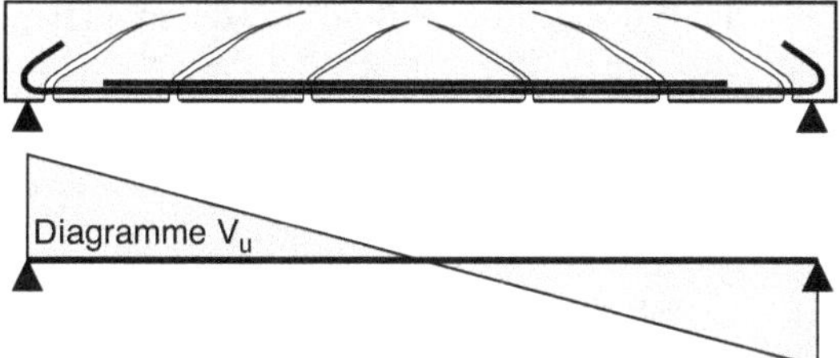

Figure B-III.4.1. Orientation des fissures inclinées d'effort tranchant.

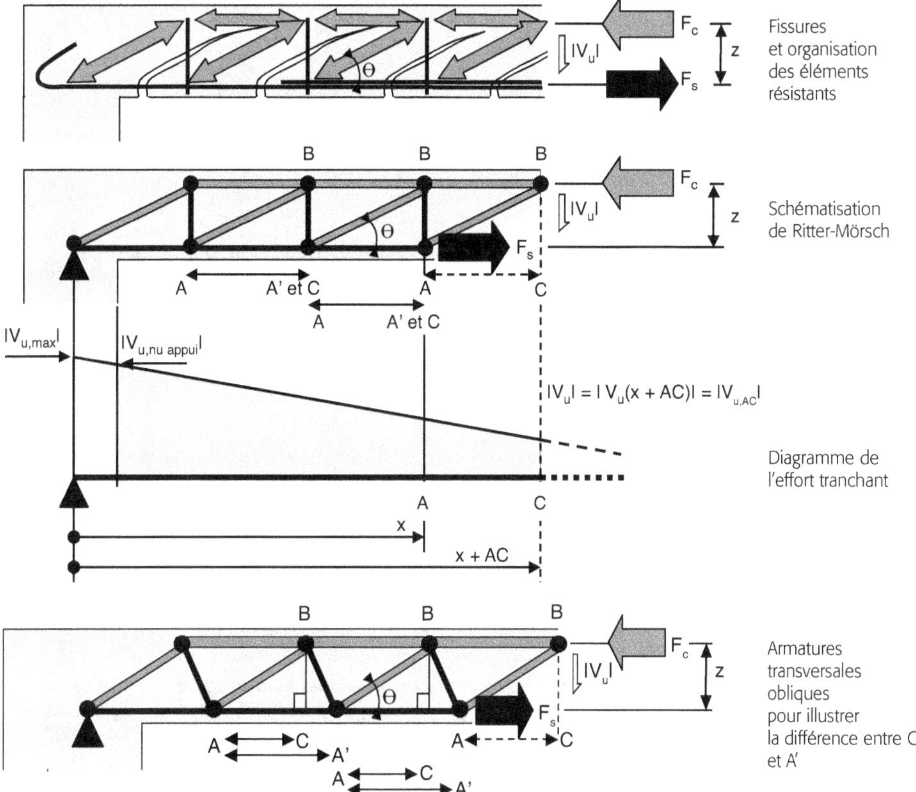

Figure B-III.4.2. Résistance aux effets de l'effort tranchant : éléments de base
(exemple d'une travée isolée uniformément chargée).

À retenir

- La résistance à un effort tranchant ne se développe pas dans une section (comme la résistance au moment fléchissant) mais dans un volume, celui nécessaire au développement d'une cellule de triangulation ABA'. Alors, parler du calcul « à une abscisse x » est un raccourci de langage pour parler du calcul dans la zone autour de l'abscisse x.

- Les efforts développés dans les éléments du treillis de Ritter-Mörsch aboutissant à un nœud A d'abscisse x résultent de l'effort tranchant $|V_u|$ au droit du point C, c'est-à-dire à l'abcisse x + AC. Aussi, pour une écriture plus précise, cet effort tranchant $|V_u|$ sera dans la suite désigné $|V_{u,AC}|$.

* Les calculs sont menés uniquement à l'ELU et en valeurs absolues.
* Sur la longueur AA', les aciers transversaux reprennent un effort vertical égal à $|V_u|$ plus précisément $|V_{u,AC}|$.

B-III.4.2.2 Caractéristiques et équilibre d'une maille du treillis de base de Ritter-Mörsch

Le « treillis de base » est celui présenté sur la figure B-III.4.2 et repris sur la figure B-III.4.3. Dans la réalité, la distance entre aciers transversaux successifs est plus courte que AA'. Ce treillis de base est donc une première approche, qui sera affinée au paragraphe suivant.

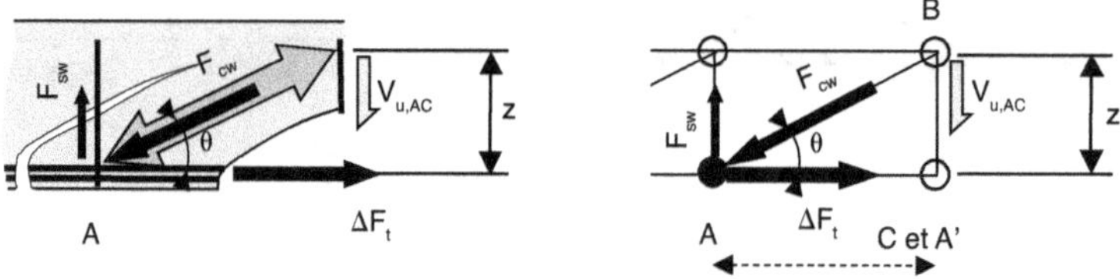

Figure B-III.4.3. Caractéristiques et équilibre d'une maille du treillis de base de Ritter-Mörsch sous le seul effet de l'effort tranchant.

Longueurs AA' et AC

Avec des aciers transversaux verticaux : $AC = AA' = z.cotg\theta$

Équilibre du nœud A

* Effort de traction dans une barre verticale schématisant des aciers transversaux verticaux : $F_{sw} = V_{u,AC}$. (Dans le cas d'aciers transversaux obliques : composante verticale de $F_{sw} = V_{u,AC}$).
* Effort de compression véhiculé par une diagonale comprimée : $F_{cw} = V_{u,AC}/sin\theta$
* Effort additionnel sollicitant l'armature tendue : $\Delta F_t = V_{u,AC}.cotg\theta$

Nota
– Sachant que « sur la longueur AA', les aciers transversaux reprennent un effort vertical égal à $|V_{u,AC}|$ », l'économie invite à choisir AA' le plus grand possible. C'est-à-dire des diagonales comprimées les plus horizontales possible $\Rightarrow \theta$ le plus petit possible $\Leftrightarrow cotg\theta$ le plus grand possible.
– L'équilibre du nœud A montre que les valeurs de F_{sw}, F_{cw} et ΔF_t dépendent de la valeur de $V_{u,AC}$ au nœud B, donc à une distance $AC = z.cotg\theta$ plus loin dans le sens où $|V_u|$ décroît.

B-III.4.2.3 Treillis multiple représentatif du cas des poutres réelles

L'espacement effectif des aciers transversaux est noté s (symbole utilisé pour désigner une distance parallèlement à la ligne moyenne d'un élément).

Dans les poutres réelles, s est plus petit que la longueur AA' et plusieurs treillis se superposent pour former un « treillis multiple ». Ils ajoutent leurs effets comme montré sur la figure B-III.4.4. Le nombre (pas nécessairement entier) de treillis superposés est : $n = AA'/s$

Chacun de ces n treillis qui se superposent sera désigné « treillis élémentaire ».

Les n barres verticales du treillis multiple reprennent ensemble l'effort de la barre verticale unique du treillis de base. Également, l'ensemble des diagonales comprimées du treillis multiple se regroupent en une diagonale unique recréant la diagonale du treillis de base.

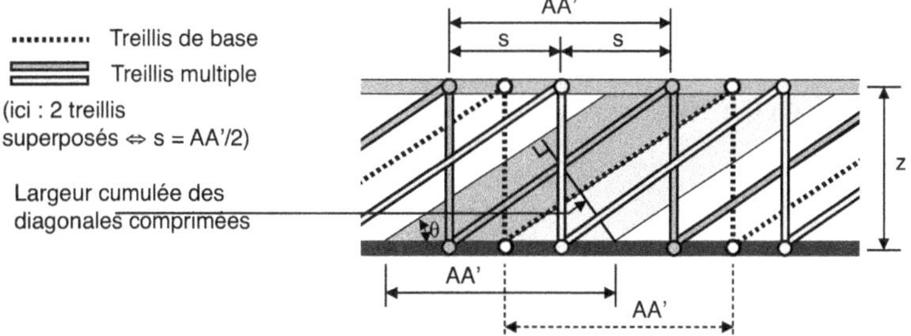

Figure B-III.4.4. Illustration et caractéristiques du « treillis multiple », représentatif des poutres réelles (sur cette figure : n = 2 ⇒ deux treillis élémentaires additionnent leurs effets).

B-III.4.3 Démarche de calcul des aciers transversaux

Tous les calculs associés s'appuient sur la seule valeur absolue de l'effort tranchant.

Un exemple illustre cette démarche, au § D.1.9.

B-III.4.3.1 Constitution et organisation d'un cours d'armature transversale

Un cours d'aciers transversaux est l'ensemble des aciers transversaux disposés à une abscisse x donnée. Il est constitué, conformément à la figure B-III.4.5, de « cadres », « épingles » et « étriers ».

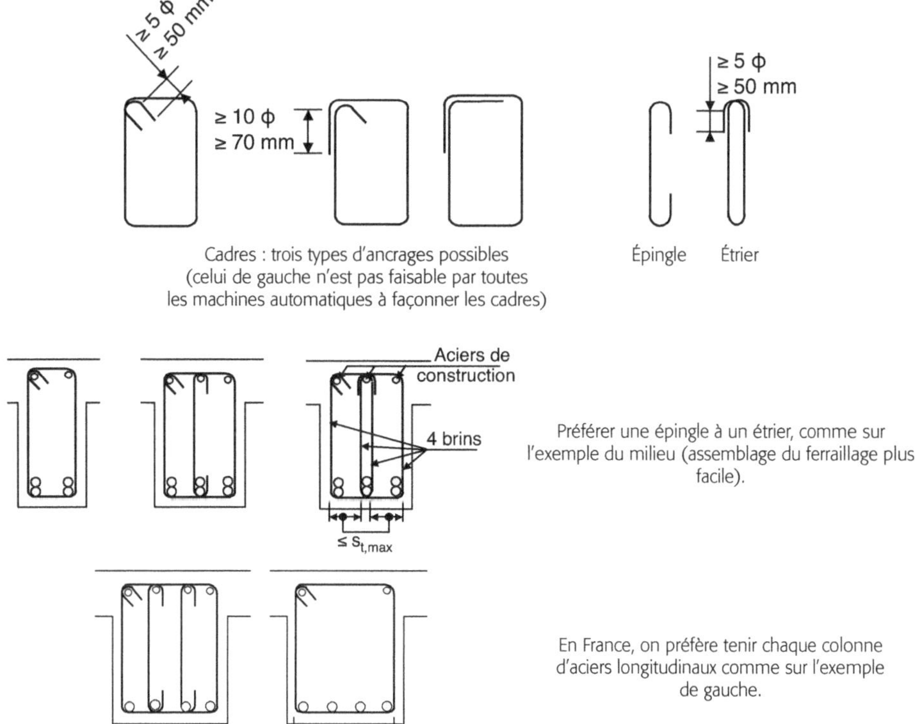

Figure B-III.4.5. Éléments constitutifs d'un cours d'armature transversale et exemples de dispositions possibles.

Sa section résistante est A_{sw} = section d'un brin × nombre de brins (voir la figure B-III.4.5). L'espacement maximum entre deux brins [9.2.2] est :

$s_{t,max}$ = min [0,75 d ; 600 mm] ;   si h ≤ 250 mm : $s_{t,max}$ = 0,9 d   (AF)

B-III.4.3.2 Choix initiaux

B-III.4.3.2.1 Choix de la constitution d'un cours d'aciers transversaux ⇒ A_{sw}

Aciers

A priori B500, obligatoirement haute adhérence (HA) comme tous les aciers de structure.

Diamètre ϕ_w

En plus de leur fonction de résistance aux effets de l'effort tranchant, les aciers transversaux assurent aussi la rigidité de la cage de ferraillage durant sa manutention. Si les aciers la constituant sont trop fins, elle risque des déformations gênantes.

Proposition de l'auteur

d ≤ 35 cm environ ⇒ ϕ_w = 6 mm

d ≤ 45 cm environ ⇒ ϕ_w = 8 mm

d ≤ 65 cm environ ⇒ ϕ_w = 10 mm

d ≤ 85 cm environ ⇒ ϕ_w = 12 mm

… etc.

Nombre de brins

Il dépend du nombre de colonnes d'aciers à tenir et du choix, s'il y a lieu, d'épingles ou d'étriers. Voir la figure B-III.4.5.

Section A_{sw} d'un cours d'aciers transversaux

Elle est déduite de ϕ_w et du nombre de brins choisis.

B-III.4.3.2.2 Choix de l'angle d'inclinaison θ des diagonales comprimées

θ peut être choisi dans la plage 1 ≤ cotgθ ≤ 2,5 qui correspond à 45° ≥ θ ≥ 22°.

Plus θ est petit, plus c'est économique, par contre plus les diagonales comprimées sont sollicitées.

En pratique on fait le choix initial de diagonales les plus horizontales possible, soit cotgθ = 2,5, quitte à le changer ensuite si la contrainte de compression qui en découle dans les diagonales comprimées dépasse le maximum admissible.

B-III.4.3.3 Données des calculs

Ce sont : A_{sw} et θ choisis ci-dessus, z, AC = z cotgθ, et les diagrammes V_u puis $V_{u,AC}$ désignés selon Eurocode V_{Ed} et $V_{Ed,AC}$.

Valeur de z

Il s'agit d'un paramètre récurrent de tous les calculs à l'effort tranchant. Pour cet usage, le règlement prescrit de se contenter de l'approximation z = 0,9 d.

Diagramme $V_{Ed,AC}$ ou $V_{u,AC}$

Comme illustré sur la figure B-III.4.6, il est obtenu en décalant le diagramme V_{Ed} ou V_u de $AC = z.\cotg\theta$ dans la direction où $|V_{Ed}$ ou $V_u|$ diminue.

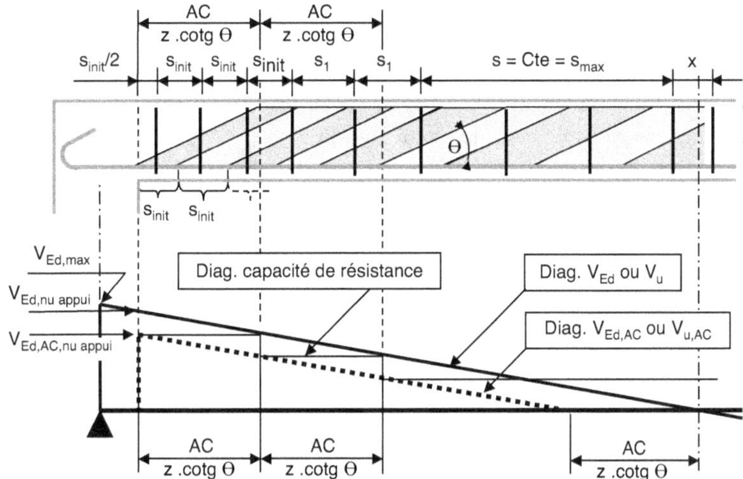

Figure B-III.4.6. Éléments du calcul des aciers transversaux et de leur répartition, le 1ᵉʳ cadre est placé à $S_{init}/2$ du nu de l'appui comme proposé plus loin pour les cas courants en bâtiments courants (sur le schéma de la poutre, à chaque cours d'aciers transversaux est associée la bielle comprimée du treillis élémentaire correspondant dont la largeur est égale à l'espacement s calculé pour ce cours).

B-III.4.3.4 Détermination de s_{init}

1) Choisir a priori $\cotg\theta = 2,5$

2) Vérifier si $\cotg\theta$ choisi convient
   Pour cela il faut vérifier $V_{Ed,\text{nu appui}} \leq V_{Rd,max} = \alpha_{cw}.b_w.z.\sin^2\theta.\cos\theta.v_1(\text{nu}_1).f_{cd}$

   qui s'écrit aussi

   $$V_{Ed,\text{nu appui}} \leq \alpha_{cw}. \frac{b_w.z}{\cotg\theta + \tg\theta}.v_1.f_{cd} \text{ ou encore } V_{Ed,\text{nu appui}} \leq \alpha_{cw}. \frac{b_w.z.\cotg\theta}{1+\cotg^2\theta}.v_1.f_{cd}$$

   avec :
   b_w = plus petite largeur de la poutre sur la hauteur où se développent les diagonales comprimées inclinées de θ.
   $v_1.f_{cd}$ = contrainte maximum admise dans le béton constituant les diagonales comprimées avec v_1 (nu$_1$) $= 0,6.(1 - f_{ck}/250)$. C'est un coefficient de réduction de la résistance en compression du béton (éventuellement fissuré) dans les zones d'effort tranchant (source d'une traction défavorable perpendiculaire à la compression).
   α_{cw} tient compte d'un éventuel effort axial. Une compression est favorable et une traction défavorable. En flexion simple $\alpha_{cw} = 1$.
   À travers cette vérification, c'est en fait le non-dépassement de la contrainte admissible $v_1.f_{cd}$ dans les diagonales comprimées qui est vérifié.
   Si la condition n'est pas vérifiée, il faut diminuer $\cotg\theta$. Si possible, viser $V_{Rd,max} = V_{Ed,\text{nu appui}}$.
   Attention : changer $\cotg\theta$ change le diagramme $V_{Ed,AC}$.

Si la démarche ci-dessus aboutit à $\cot g\theta < 1 \Leftrightarrow \theta > 45$ on est hors limites. Il est alors impératif de changer les dimensions de la poutre. Pour cela, d'abord augmenter b_w.

3) Calculer les espacements minimum et maximum autorisés

$$s_{min} = \frac{A_{sw}}{b_w} \cdot \frac{2.f_{ywd}}{\nu_1.f_{cd}}$$

$$s_{max} = \min\ [0,75\ d\ ;\ s_{\ell,max,\rho w} = \frac{A_{sw}}{b_w} \cdot \frac{f_{ywd}}{0,08.\sqrt{f_{ck}}}\ ]$$

En bâtiment, très généralement, le calcul aboutit à : $s_{max} = 0,75\ d$. C'est le cas tant que $1\ 000\ A_{sw}\ (cm^2) \geq 5\ V_{u,nu\ appui}(kN)$ (relation développée par l'auteur).

4) Calcul de $s_{init,calculé}$ par la formule d'Eurocode

$$s_{init,calculé} = \frac{A_{sw}}{V_{Ed,AC,nu\ appui}} .z.\cot g\theta.f_{yd}\ \text{ ou }\ s_{init,calculé} = \frac{A_{sw}}{V_{u,AC,nu\ appui}} .z.\cot g\theta.f_{yd}$$

Ceci traduit la formule déjà largement répétée : « sur la longueur AA' les aciers transversaux reprennent un effort vertical $= V_{u,AC} = V_{Ed,AC}$; avec des aciers verticaux : AA' $= z.\cot g\theta$ ».

5) Valeur de s_{init} retenue

Si $s_{init,calculé} < s_{min} \Rightarrow$ augmenter A_{sw}

Si $s_{init,calculé} \leq s_{max} \Rightarrow$ retenir $s_{init} = s_{init,calculé}$

Si $s_{init,calculé} > s_{max} \Rightarrow$ retenir $s_{init} = s_{max}$

B-III.4.3.5 Répartition des aciers transversaux le long de la travée

B-III.4.3.5.1 Où placer le premier cadre dans le cas d'aciers transversaux verticaux ?

L'Eurocode est muet sur ce sujet et considère que c'est à chacun de faire au mieux. Le guide d'application de l'Eurocode 2 fait la proposition de positionner le premier cadre à $s_{init}/2$ de l'appui. Ce qui suit en est la présentation et la justification.

Les cadres doivent être disposés de façon à coudre les fissures potentielles d'effort tranchant (inclinées) et notamment la première d'entre elles, la fissure d'appui potentielle telle que montré sur la figure A-II.4.6 et schématisé ci-après. On parle de fissure potentielle car tout est fait, notamment en disposant des aciers transversaux en position et quantité adéquates, pour que les fissures d'effort tranchant ne s'ouvrent pas. (Ce n'est que sous action accidentelle qu'il est escompté qu'elles puissent s'ouvrir comme sur les schémas les représentant.)

Dans le cas d'aciers transversaux verticaux, pour satisfaire cette exigence, il est généralement admis de placer le premier cadre entre les deux limites ci-dessous.

- Au plus proche de l'appui : à l'abscisse du point où la bielle d'appui intercepte les aciers inférieurs amenés sur l'appui. À savoir, si on appelle d_1 la distance entre le parement inférieur et le centre de gravité des aciers amenés sur l'appui : à la distance $d_1.\cot g\theta_{bielle\ appui}$ du nu de l'appui (voir la figure B-III.4.6bis).

- Au plus loin : à l'abscisse ci-dessus $+\ s_{init}/2$.

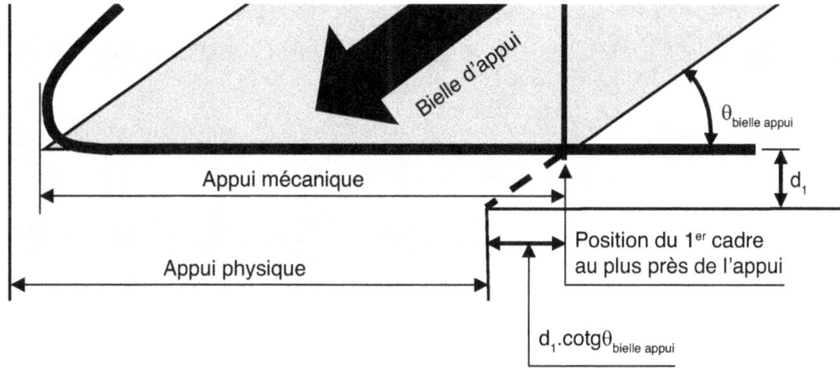

Figure B-III.4.6bis. Zoom sur la position du premier cadre au plus près de l'appui

Profitons de ce schéma pour parler de la différence entre l'appui *physique* et l'appui *mécanique*. L'appui physique est le mur, le poteau ou l'appareil d'appui sur lequel repose l'élément considéré. L'appui mécanique est la surface d'appui de la bielle d'appui. Selon Eurocode, le pied de la bielle d'appui est au niveau des aciers amenés sur l'appui. On voit sur le schéma qu'il commence là où la bielle d'appui intercepte les aciers inférieurs amenés sur l'appui, soit à la distance $d_1.\cotg\theta_{\text{bielle appui}}$ du nu de l'appui physique et que, pour un appui d'extrémité, il se termine au bout du crochet ancrant ces aciers.

Ce point est général et est un élément essentiel du traitement des « conditions d'appui » (§ B-III.4.4.1 et § B-III.5.2.2).

On note que la plage dans laquelle il est généralement admis de placer le premier cadre s'étend du bord de l'appui mécanique jusqu'à $s_{\text{init}}/2$ plus loin.

Comparaison de ces deux localisations extrêmes pour le premier cadre

Elle est dépendante de l'intensité de l'effort tranchant.

On constate déjà sur les schémas ci-dessous qu'un cadre disposé à la distance $d_1.\cotg\theta_{\text{bielle appui}}$ du nu de l'appui physique, c'est-à-dire au ras de l'appui mécanique, n'est d'aucune utilité pour coudre la fissure d'appui potentielle.

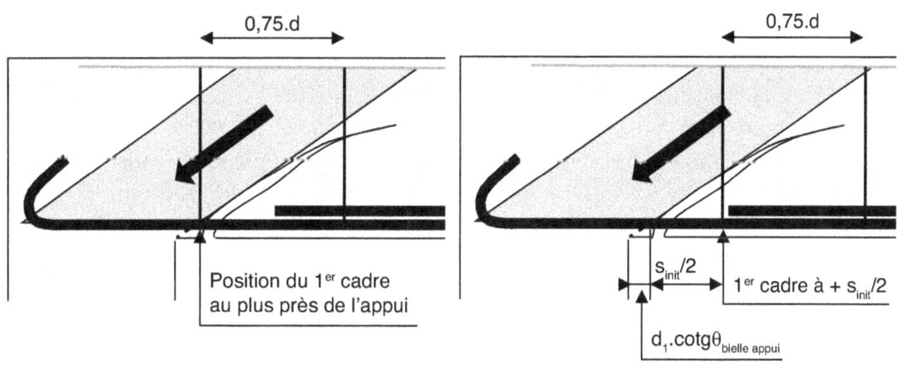

Figure B-III.4.6ter. Effort tranchant faible ou modéré

- Cas où l'effort tranchant est faible ou modéré (voir la figure B-III.4.6ter).

s_{init} est grand, atteignant souvent $s_{max} \approx 0{,}75d$, avec $cotg\theta_{bielles\ travée} = 2{,}5$ et $cotg\theta_{bielle\ d'appui} \approx 1{,}25$ qui fait que la fissure d'appui, inclinée à $\approx 39°$, se développe sur une longueur horizontale $\leq 0{,}9\ d$.

Si le premier cadre est positionné au plus près de l'appui, au ras de l'appui mécanique, il n'a aucune efficacité pour coudre la fissure potentielle et le cadre suivant, jusqu'à 0,75d plus loin, se trouve au-delà de la fissure potentielle et ne la coud pas non plus. Dans ce cas, cette disposition ne convient pas.

Par contre, si le premier cadre est disposé $s_{init}/2$ plus loin, donc à $s_{init}/2$ au-delà de l'appui mécanique, il est positionné en pleine longueur de la fissure potentielle et participe efficacement à sa couture. Dans le cas d'effort tranchant faible, c'est de loin la meilleure solution.

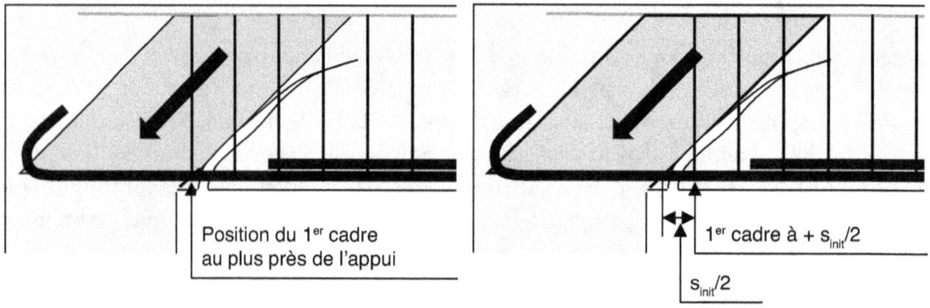

Efficacité semblable des deux solutions

Figure B-III.4.6quater. Effort tranchant élevé

- Cas où l'effort tranchant est important (voir la figure B-III.4.6quater).

Plus l'effort tranchant est important, plus les bielles sont verticales, comme le montrent les schémas. En conséquence, réglementairement, $cotg\theta_{bielles\ travée} < 2{,}5$ d'où $cotg\theta_{bielle\ d'appui} < 1{,}25$ peuvent s'imposer.

Un premier cadre placé au ras de l'appui mécanique n'a toujours aucune efficacité pour coudre la fissure potentielle. Par contre, comme on le voit sur les schémas, s_{init} étant petit, on dispose tout de même d'un nombre significatif de cadres pour coudre la fissure d'appui.

Placer le premier cadre à $s_{init}/2$ de l'appui mécanique n'apporte pas un plus significatif, mais reste intellectuellement plus satisfaisant, car aucun cadre n'est inefficace.

Il est clair que la meilleure solution est de placer le premier cadre à $d_1.cotg\theta_{bielle\ appui} + s_{init}/2$ du nu de l'appui (c'est-à-dire à $s_{init}/2$ au-delà de l'appui mécanique). C'est aussi la plus harmonieuse car, comme illustré sur la figure B-III.4.6 par la mise en évidence des bielles associées à chaque cadre, cela assure une largeur uniforme des bielles couvrant le premier intervalle $AC = z.cotg\theta$.

Proposition de l'auteur

Pour les usages courants en bâtiments courants, l'auteur propose de se contenter de la règle qui prévalait avec BAEL : placer le premier cadre à $s_{init}/2$ du nu de l'appui. C'est proche de la disposition prônée ci-dessus.

Nota : cas d'aciers transversaux obliques

Les aciers transversaux obliques sont habituellement réservés aux cas où l'effort tranchant est très élevé. Il n'y a pas de guide pour positionner le premier cadre et la seule règle est de chercher la disposition qui coud au mieux la fissure d'appui potentielle.

B-III.4.3.5.2 Répartition proprement dite

Les éléments de la démarche sont illustrés sur la figure B-III.4.6.

1) Partir de chaque appui en se dirigeant vers les valeurs plus faibles de $|V_{Ed,AC}| = |V_{u,AC}|$.

2) Positionner le premier cadre comme vu plus haut.

3) Continuer de remplir la longueur $AC = z.cotg\theta$ avec des cadres espacés de s_{init}.

4) Puis calculer $V_{Ed,AC}$ et s_1 sur l'intervalle $AC = z.cotg\theta$ suivant et le remplir par des cadres espacés de s_1.

5) Faire de même pour chaque intervalle $AC = z.cotg\theta$ suivant ($\Rightarrow$ séries d'espacements s_2, s_3,…) jusqu'à buter, soit sur s_{max}, soit sur le point $V_{Ed,AC} = V_{u,AC} = 0$.

6) Ensuite, si le point d'effort tranchant nul (cette fois, il s'agit de $V_{Ed} = V_u = 0$) n'a pas été atteint, compléter jusqu'à l'atteindre en accumulant des espacements constants = s_{max}.

7) À la rencontre des répartitions venant des appuis de gauche et de droite, subsiste autour du point $V_{Ed} = V_u = 0$ un espacement résiduel qui doit être $\leq s_{max}$ et est coté x

Cette méthode aboutit à un diagramme des capacités de résistance en escalier par excès.

> **Nota**
> Dans les cas courants ce diagramme en escalier ne dépasse pas trois niveaux : s_{init}, s_1 et s_{max}. Il en compte même moins si la répartition bute rapidement sur s_{max}.

B-III.4.4 Conditions d'appui

Le traitement rigoureux des conditions d'appui est exposé en {D-IV.7 et 8}. Il s'en dégage notamment que :

- pour le calul, le système d'appuis peut être remplacé par une bielle d'appui équivalente de largeur constante et d'inclinaison $\theta_{bielle\ appui}$ telle que $cotg\theta_{bielle\ appui} \approx (cotg\theta_{bielle\ travée})/2$;
- la longueur horizontale du pied de bielle a_{bielle} est supérieure à la profondeur d'appui a conformément aux indications de la figure B-III.4.7.

B-III.4.4.1 Rappel

Assurer les conditions d'appui, c'est assurer l'équilibre de la bielle d'appui sous les efforts illustrés sur la figure B-III.4.7. C'est-à-dire :

- amener et ancrer sur appui une section d'acier capable de reprendre l'effort $\Delta Ft_{d,appui}$ retenant le pied de la bielle, (s'agissant maintenant de calcul : ΔF_t et ses déclinaisons deviennent ΔF_{td} et ses déclinaisons) ;
- s'assurer que la contrainte de compression dans la bielle d'appui ne dépasse pas la contrainte maximum admise réglementairement.

Comme exposé au § A-II.4.3.2.2, un défaut d'ancrage des aciers inférieurs sur appui fait courir un risque mortel. Ceci justifie des précautions particulières. Notamment, sur les appuis d'extrémité l'auteur préconise d'avoir systématiquement recours à un ancrage par crochet.

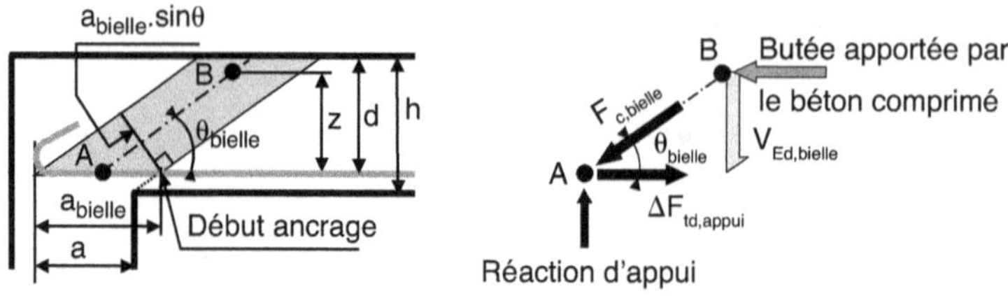

Figure B-III.4.7. Équilibre d'un nœud d'appui et ses composantes.

B-III.4.4.2 Prescription d'Eurocode dans le cas d'un chargement uniforme à l'approche de l'appui

B-III.4.4.2.1 Cas des bâtiments courants

Dans ce cas, le seul traité dans cet ouvrage, Eurocode ne prescrit rien (ou presque) !

De fait, par son silence, il implique que les conditions d'appui sont assurées sans autre précaution par les prescriptions du § B-III.4.3.4 (2) (vérification si cotgθ convient en prenant pour référence V_{Ed} au nu de l'appui sans décalage de AC) et du § B-III.5.1.1 (application jusque sur l'appui de la règle d'arrêt des barres développée pour la travée). C'est une approximation !

La seule prescription, forfaitaire, est limitée aux appuis d'extrémité :

A_s ancré sur appui d'extrémité $\geq 0,25\ A_{s,max,travée}$

Généralement, cette prescription ne devient contraignante que dans les cas où il y a plus que trois lits d'aciers en travée.

B-III.4.4.2.2 Calcul exact de la condition d'appui

On a :

- $\text{cotg}\theta_{\text{bielle appui}} = (\text{cotg}\theta_{\text{bielle travée}})/2$
- $V_{Ed,\text{bielle d'appui}} = V_{Ed}$ à l'abscisse du point B de la figure B-III.4.7, c'est-à-dire à la distance $z.\text{cotg}\theta_{\text{bielle appui}} = AC/2$ du nu de l'appui.

D'où

- $\Delta F_{td,appui} = V_{Ed,\text{ bielle d'appui}}.\text{cotg}\theta_{\text{bielle appui}}$
- $F_{c,\text{bielle d'appui}} = V_{Ed,\text{bielle d'appui}}/\sin\theta_{\text{bielle appui}}$

Il faut amener sur appui et ancrer une section d'acier capable de reprendre l'effort $\Delta F_{td,appui}$. L'ancrage débute où indiqué sur la figure B-III.4.7.

Il faut aussi vérifier que la contrainte de compression du béton de la bielle ne dépasse pas la contrainte maximale admise.

La bielle d'appui d'un nœud d'extrémité est soumise à la conjugaison d'une compression (l'effort $F_{c,\text{bielle d'appui}}$ qu'elle transmet) et, à sa base, d'une traction transverse égale à l'effort de $\Delta F_{td,appui}$ des aciers inférieurs faisant tirants. Dans de telles circonstances, la contrainte maximum admise dans une bielle est $f_{c,bielle} = k_2.\nu'.f_{cd}$ avec $k_2 = 0,85$ et $\nu' = (1 - f_{ck}/250)$.

(ν' doit être distingué de $\nu_1 = 0,6.(1 - f_{ck}/250)$ qui intervient dans la vérification des bielles loin des appuis.)

Il faut donc vérifier : $F_{c,\text{bielle appui}}/(\text{section droite de la bielle d'appui}) \leq k_2.\nu'.f_{cd}$.

Avec « section droite de la bielle d'appui » = $a_{\text{bielle appui}} \cdot \sin\theta_{\text{bielle appui}} \cdot b_w$ cette vérification s'écrit :

$$(V_{\text{Ed,bielle appui}}/\sin\theta_{\text{bielle appui}})/(a_{\text{bielle appui}} \cdot \sin\theta_{\text{bielle appui}} \cdot b_w) \le 0{,}85 \cdot (1 - f_{ck}/250) \cdot f_{cd}$$

soit $V_{\text{Ed,bielle appui}} \le \sin^2\theta_{\text{bielle appui}} \cdot a_{\text{bielle appui}} \cdot b_w \cdot 0{,}85 \cdot (1 - f_{ck}/250) \cdot f_{cd}$

B-III.4.4.3 Valeur effective de la profondeur d'appui selon le cas

L'extrémité de a côté travée n'est pas systématiquement au nu de l'appui. La figure B-III.4.8 montre ce qu'il en est selon le parti constructif choisi.

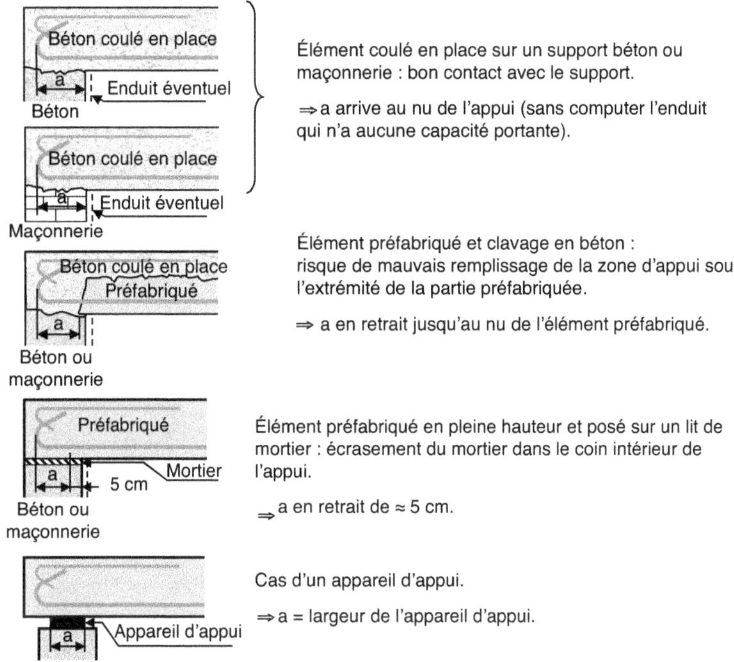

Figure B-III.4.8. Profondeur d'appui a à prendre en compte selon le parti constructif.

B-III.4.4.4 Cas où la charge est appliquée en partie inférieure de l'élément porteur [9.2.5]

Nous avons vu au § B-III.4.2.1 que le fonctionnement conformément au treillis de Ritter-Mörsch impose que les charges soient appliquées en partie supérieure des éléments concernés, en tête des diagonales comprimées.

Dans le cas d'une dalle ou d'une poutre secondaire reposant sur une poutre porteuse, il faut que le pied de la bielle d'appui de l'élément porté repose en « partie supérieure » de la poutre porteuse. Par « partie supérieure » il faut entendre : plus haut que 2/3 ou à la rigueur 1/2 de la hauteur de la poutre.

Cela n'est vérifié que :

- pour une dalle située en partie haute de sa poutre porteuse ;
- pour une poutre peu haute s'appuyant en partie supérieure d'une poutre beaucoup plus haute.

Dans tous les autres cas, il faut prévoir des « suspentes ». Voir figure B-III.4.9.

Ces cas sont les suivants :

- croisement de deux poutres de hauteurs semblables ;
- poutre porteuse « en soffite » : on ne veut pas de retombée visible ou l'on n'a pas la place pour une retombée et la poutre est installée au-dessus de l'élément porté.

Dans tous les cas, les suspentes sont dimensionnées à l'ELU pour, travaillant à la contrainte $\sigma_s = f_{yd}$, reprendre un effort dont la composante verticale égale la charge apportée par l'élément porté.

Elles sont généralement constituées d'aciers verticaux en forme de cadres, disposés en plus des cadres déjà calculés pour la résistance à l'effort tranchant. Elles sont bouclées, d'une part sous les aciers inférieurs de l'élément porté, d'autre part en partie supérieure de l'élément porteur. De plus, les aciers inférieurs de l'élément porté doivent passer au-dessus des aciers inférieurs de la poutre porteuse.

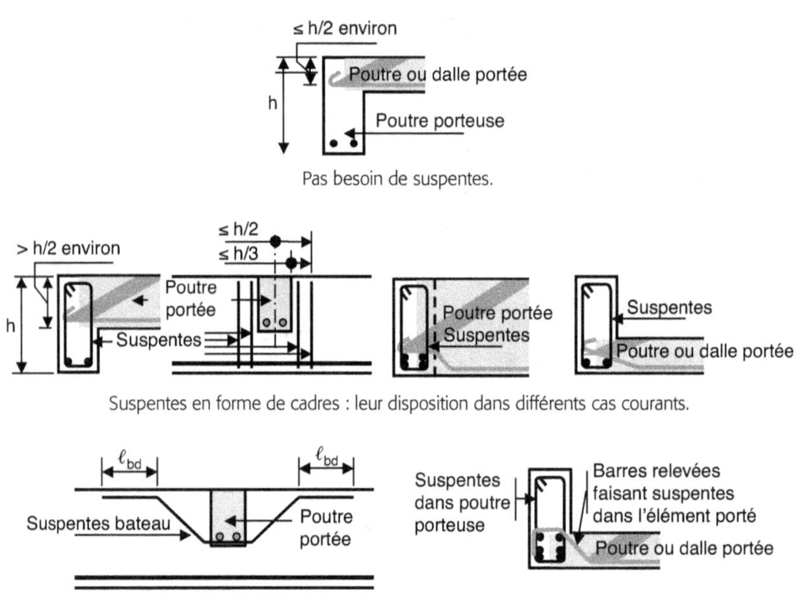

Figure B-III.4.9. Suspentes : domaine d'utilisation et dispositions les plus courantes (les aciers transversaux à disposer pour la résistance à l'effort tranchant ne sont pas représentés).

B-III.5 Arrêt des barres [9.2.1.3 à 9.2.1.5]

Il s'agit de l'arrêt des barres de l'armature longitudinale calculée pour résister aux effets du moment fléchissant. Le moment étant maximum en travée et diminuant lorsqu'on s'approche des appuis, l'économie demande d'arrêter des barres au fur et à mesure qu'elles ne sont plus indispensables.

Ce faisant, il ne faut pas oublier l'effort additionnel, ΔF_{td} en travée et $\Delta F_{td,appui}$ sur appuis, apporté par la participation des aciers longitudinaux à la résistance aux effets de l'effort tranchant.

Par chance, la section maximum d'aciers longitudinaux calculée pour résister au moment maximum n'en est pas affectée. En effet, au point de moment maximum correspond le point d'effort tranchant nul ($|V(x)| = |dM(x)/dx|$) et l'effort additionnel y est nul. C'est le seul point de la poutre qui bénéficie de cette particularité.

Un exemple illustre la démarche au § D.1.8.

B-III.5.1 Prescriptions d'Eurocode pour la prise en compte de l'effort additionnel $\Delta F_{td}(x)$ dans l'armature tendue

B-III.5.1.1 Effort additionnel à prendre en compte

Avec des armatures transversales verticales et un chargement réparti sans force concentrée, l'effort additionnel à prendre en compte dans l'armature tendue à chaque abscisse x en travée est :

$$\Delta F_{td}(x) = \frac{V_{Ed,AC}(x)}{2} . \cot g\theta = \frac{V_{u,AC}(x)}{2} . \cot g\theta$$

C'est deux fois plus petit que ce qui avait été mis en évidence sur le treillis de base de Ritter-Mörsch. Cela vient du remplacement du treillis de base par un treillis multiple (§ B-III.4.2.3) plus réaliste. Cet écart est justifié en {D-IV.9.4}

En cas de charges réparties à l'approche de l'appui (c'est le cas de ce paragraphe), Eurocode admet que ce même décalage (calé sur les conditions en travée) est suffisant pour définir la section d'acier inférieurs à amener et ancrer sur appui pour assurer les conditions d'appui (voir § B-III.4.4.2).

B-III.5.1.2 Prescription d'Eurocode pour traiter cet effort additionnel

Pour les poutres : décaler le diagramme M_u de $a_\ell = \dfrac{z}{2} . \cot g\theta$ en s'éloignant des appuis, avec, comme pour tout ce qui est relatif à l'effort tranchant, $z = 0{,}9\ d$.

Pour les dalles (car traitées plus loin en Section C-III) : $a_\ell = d$.

Le diagramme M_u ainsi transformé est appelé « diagramme M_u décalé ».

> ***Ordre de grandeur***
> Si on admet $d \approx 0{,}9\ h$, dans le cas où $\cot g\theta = 2{,}5$ ce décalage est $\approx 0{,}9 \times 0{,}9\ h \times 2{,}5/2 \approx h$.

B-III.5.2 Épure d'arrêt des barres [9.2.1.3]

C'est une construction graphique (épure) de laquelle on tire la longueur nécessaire de chaque barre ou groupe de barres. Elle est illustrée sur la figure B-III.5.1.

Les mêmes règles s'appliquant aux aciers inférieurs (zones de moment positif) et aux aciers supérieurs (zones de moment négatif), la présentation est faite sur l'exemple d'une poutre continue.

B-III.5.2.1 Construction de l'épure

L'exemple proposé sur la figure B-III.5.1 est une poutre renforcée en travée par deux lits égaux de 2 HA 16 chacun et sur appui par deux lits inégaux, l'un de 2 HA 16 et l'autre de 2 HA 14.

L'usage ancien proposait de placer les aciers les plus gros le plus à l'extérieur. En fait, comme sur cet exemple, il est mieux de placer les aciers les plus gros le plus à l'intérieur. L'avantage est double :

- c'est source d'économie car ce sont les aciers les plus gros qui sont arrêtés les premiers ;
- surtout la résistance à l'incendie en est améliorée car les aciers les plus gros (ceux qui apportent la plus grande part à la résistance) étant plus à l'intérieur, ils sont mieux protégés et plus tardivement altérés par l'incendie.

La construction de l'épure compte trois étapes :

1) Tracé du diagramme des moments M_u. Dans le cas d'éléments continus, il s'agit du diagramme enveloppe des moments tenant compte des différentes combinaisons de chargement envisageables (voir § A-II.5.2 et § C-II.2).

2) Tracé du « diagramme M_u décalé ».

3) Sur cette base : construction du diagramme des capacités de résistance effectives. La sécurité veut que celui-ci soit en tout point extérieur au diagramme des capacités de résistance nécessaires et l'économie veut qu'il l'encadre au plus près.

L'arrêt des barres se fait généralement par lits entiers.

Les paragraphes suivants détaillent les points à retenir et les points délicats des étapes 2) et 3) ci-dessus.

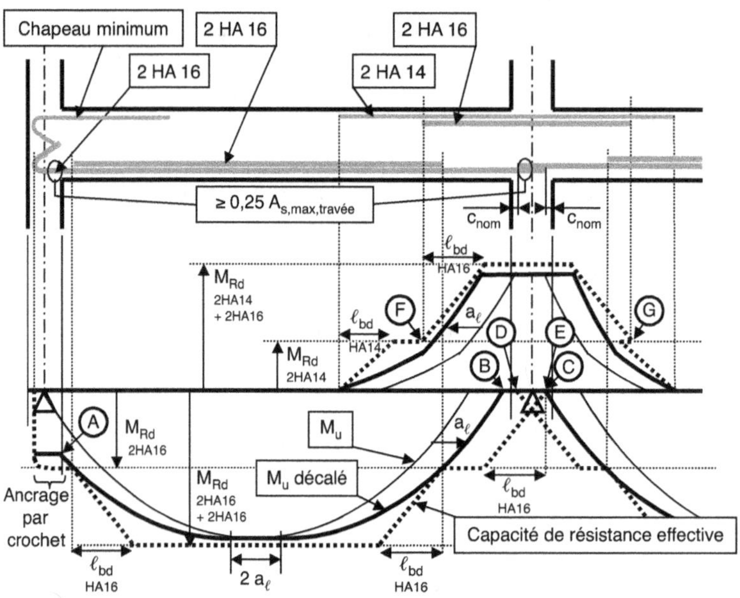

Figure B-III.5.1. Épure d'arrêt des barres
(pour une meilleure lisibilité, l'échelle verticale du schéma de la poutre a été dilatée).

B-III.5.2.1.1 Diagramme M_u décalé

Le décalage est appliqué à l'enveloppe des moments positifs et négatifs et fournit le diagramme des capacités de résistance requises.

En l'absence de charge concentrée au voisinage de l'appui, il indique aussi la quantité d'aciers inférieurs à amener et ancrer sur appui pour assurer la condition d'appui.

Sur un appui d'extrémité, vérifier en plus que A_s ancré sur appui $\geq 0{,}25\ A_{s,max,travée}$.

B-III.5.2.1.2 Tracé du diagramme des capacités de résistance effectives

Le moment résistant M_{Rd} associé à chaque groupe de barres pris en compte est matérialisé sur l'épure par un tracé horizontal.

Pour déterminer le moment résistant M_{Rd} apporté par chaque groupe de barres, on admet (et c'est justifié) que M_{Rd} est proportionnel à A_s.

Par exemple :

- pour les 2 lits de HA 16 en travée $\Rightarrow$ 4 HA 6, on calcule :

$$M_{Rd}\,(2\ HA\ 16 + 2\ HA\ 16)\ \text{en travée} = M_{u\ travée} \cdot \frac{A_s(2\ HA\ 16 + 2\ HA\ 16)}{A_{su}\,(\text{calculé pour résister à } M_{u\ travée})}.$$

- pour le seul lit inférieur en travée (2 HA 16), on calcule :

$$M_{Rd}\,(2\ HA\ 16)\ \text{en travée} = M_{u\ travée} \cdot \frac{A_s(2\ HA\ 16)}{A_{su}\,(\text{calculé pour résister à } M_{u\ travée})}$$

L'intersection du diagramme M_u décalé avec les horizontales matérialisant les moments résistants disponibles fournit une première approximation de l'abscisse d'arrêt de chaque groupe de barres.

Pour un arrêt exact, il faut encore prendre en compte la longueur nécessaire pour l'ancrage de chaque barre.

- En travée et sur appuis intermédiaires, il s'agit généralement d'ancrages droits. Leur longueur nécessaire est ℓ_{bd}. La capacité de reprise d'effort par les barres, nulle à leur extrémité, augmente linéairement sur leur longueur d'ancrage. Cela se traduit sur le diagramme par un tracé oblique désigné dans cet ouvrage « pente d'ancrage ».

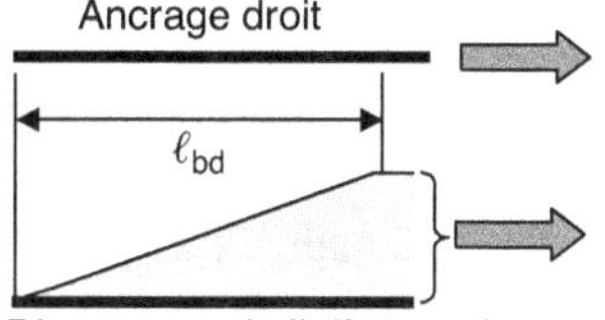

- Sur les appuis d'extrémité, l'espace disponible est souvent insuffisant pour déployer un ancrage droit et alors un ancrage par crochet s'impose.

  #### Nota

  Pour des raisons de sécurité, sur appuis d'extrémité l'auteur préconise systématiquement un ancrage par crochet, même lorsque le calcul montre qu'un ancrage droit pourrait suffire.

  Comparé à un ancrage droit, l'ancrage par crochet a une longueur d'encombrement, $\ell_{b,eq,eff}$, plus faible et une reprise d'effort beaucoup plus rapide.

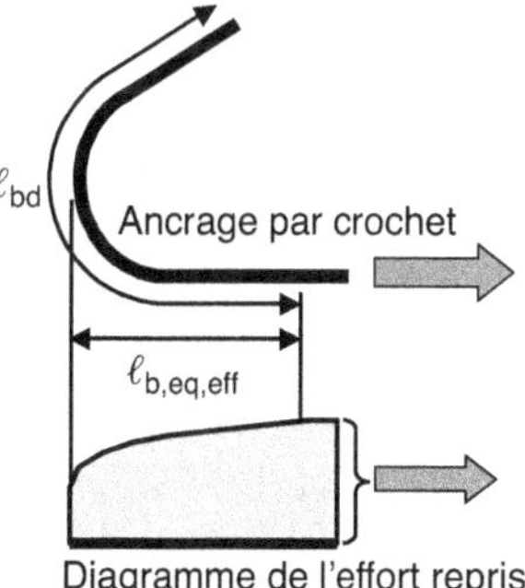

On en tire enfin le diagramme des capacités de résistance effectives. Il doit être en tout point extérieur au diagramme des capacités de résistance requises.

Il se peut que ce ne soit pas le cas au niveau d'un ou plusieurs ancrages. Alors il faut allonger les barres concernées jusqu'à ce que ça devienne le cas. La figure B-III.5.1 en fournit un exemple au niveau des points F et G.

C'est souvent le cas en chapeau sur les appuis intermédiaires, où la pente du diagramme M_u décalé peut être très forte. De plus, ne pas oublier que les aciers en chapeau sont souvent en zone de mauvaises conditions d'adhérence $\Rightarrow$ ils nécessitent une longueur d'ancrage ℓ_{bd} plus longue (1,4 fois plus) qui accentue encore le problème.

B-III.5.2.2 Épure d'arrêt des barres et conditions d'appui

B-III.5.2.2.1 Appuis d'extrémité

Le point A (où le diagramme M_u décalé atteint le nu intérieur de l'appui) indique, exprimé sous forme d'un moment, la quantité d'acier à amener et ancrer sur l'appui pour reprendre l'effort additionnel $\Delta F_{td,appui}$. Cette façon de traiter la condition d'appui découle du § B-III.4.4.2.

Sur l'exemple de la figure, ce moment est plus faible que M_{Rd} du premier lit d'aciers en travée. Donc, celui-ci est en quantité suffisante pour reprendre $\Delta F_{td,\ appui}$. Ne reste qu'à assurer son ancrage (par un crochet, en s'assurant que $a_{bielle} \geq \ell_{b,eq,eff}$, voir un exemple au § D.1.10.1). Il faut aussi vérifier le non-dépassement de la contrainte admise dans la bielle d'appui. Dans le cas d'un chargement uniforme, comme vu au § B-III.4.4.2, cette vérification est déjà assurée par celle des bielles en travée.

Le fait que le point A soit clairement au-dessus de M_{Rd} du premier lit indique qu'un ancrage partiel pourrait suffire.

Proposition de l'auteur pour les appuis d'extrémité

Toujours préférer un crochet, à la rigueur calculé en ancrage partiel (voir un exemple au § D.1.10.1).

> **Remarque**
> Si le point A avait correspondu à un moment > M_{Rd} du premier lit, il aurait fallu :
> – soit augmenter la section du premier lit, et en contrepartie diminuer celle du deuxième ;
> – soit amener et ancrer les deux lits sur l'appui.

B-III.5.2.2.2 Appuis intermédiaires

- Au point B, le diagramme M_u décalé coupe la trace de la poutre avant le nu de l'appui. Cela signifie qu'aucun acier inférieur n'est nécessaire pour assurer la condition d'appui.
  En effet, l'effort de compression $M_{u\ appui}/z$ induit en partie basse de la poutre par le moment négatif sur appui diminue d'autant $\Delta F_{td,appui}$. Quand il l'égale ou le dépasse, il n'est plus besoin d'aciers inférieurs pour assurer l'équilibre de la bielle d'appui. C'est ce qu'admet l'AF [NA-9.2.1.4(1)]. Cela ne dispense aucunement de la vérification de la contrainte de chacune des deux bielles d'appui.

  De façon plus imagée, on peut dire que les deux bielles qui convergent sur un appui intermédiaire (celle de la travée de gauche et celle de la travée de droite) s'appuient l'une sur l'autre. Dans l'exemple de la figure B-III.5.1, cela ne suffit à assurer totalement que l'équilibre de la bielle de gauche.

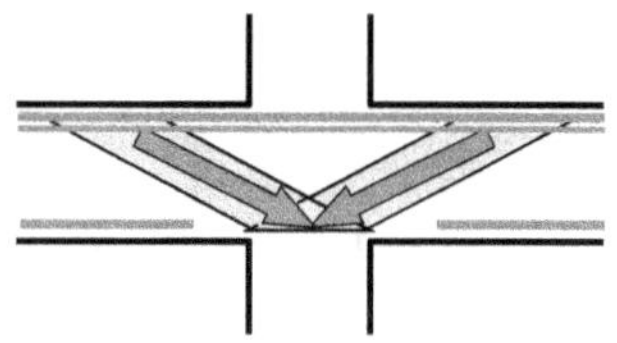

- Au point C, le diagramme M_u décalé atteint le nu de l'appui, signifiant que l'équilibre de la bielle d'appui de droite nécessite un apport des aciers inférieurs de la travée.

  La longueur minimum sur laquelle le lit inférieur doit être prolongé sur l'appui en tenant compte de son ancrage nécessaire est déduite du diagramme des capacités de résistance effectives, qui doit rester en tout point extérieur au diagramme des capacités de résistances requises.

Traitement de ces conditions par le calcul

Sur un appui intermédiaire, le moment de continuité induit en partie inférieur de la section une compression $N_c = M_{u,appui}/z$ qui diminue d'autant $\Delta F_{td,appui}$.

On a donc : $\Delta F_{td,appui} = V_{Ed,\text{ bielle d'appui}} \cdot \cot g\theta_{\text{bielle appui}} - M_{u,appui}/z$.

Chaque bielle (à gauche et à droite de l'appui) et son acier inférieur associé doivent être vérifiés. Le cheminement est calqué sur celui déjà exposé pour les appuis d'extrémité, mais avec quelques variantes. Il est faut alors ce qui suit :

- Calculer $\Delta F_{td,appui}$:
  - si $\Delta F_{td,appui} < 0$, il n'y a théoriquement pas besoin d'amener les aciers correspondants jusqu'à l'appui ;
  - si $\Delta F_{td,appui} > 0$, on ne peut se dispenser d'amener les aciers correspondants sur l'appui en quantité suffisante et avec l'ancrage suffisant pour reprendre l'effort $\Delta F_{td,appui}$.
- Vérifier la compression du béton de la bielle :
  - si, même d'un seul côté de l'appui, $\Delta F_{td,appui} > 0$, les bielles sont soumises à une combinaison de compression et de traction transverse et $f_{c,bielle} = k_2.v'.f_{cd}$. Il faut alors vérifier $V_{Ed,\text{bielle appui}} \leq \sin^2\theta_{\text{bielle appui}} \cdot a_{\text{bielle appui}} \cdot b_w.0{,}85.(1\text{-}f_{ck}/250).f_{cd}$;
  - si des deux côtés de l'appui $\Delta F_{td,appui} < 0$, il n'y a pas besoin d'aciers inférieurs faisant tirant et aucun effort de traction transverse ne vient affaiblir les bielles. On dit alors que l'appui est complétement comprimé et on peut admettre $f_{c,bielle} = k_1.v'.f_{cd}$ avec $k_1 = 1$. Il faut alors vérifier $V_{Ed,\text{bielle appui}} \leq \sin^2\theta_{\text{bielle appui}} \cdot a_{\text{bielle appui}} \cdot b_w.(1 - f_{ck}/250).f_{cd}$.

Précautions

Les défauts de conditions d'appui entraînent un risque de rupture fragile (brutale et sans préavis) de la zone d'appui, qui entraîne à son tour la chute brutale et en bloc de tout un pan de plancher, écrasant toute personne qui se trouve en-dessous. C'est un risque mortel dont la prévention mérite une marge de sécurité renforcée.

Le risque est particulièrement grand en phase de chantier. Bien que les charges soient alors plus faibles qu'en phase d'usage définitif, il y a les risques suivants :

- Tant que le béton n'a pas suffisamment durci, les ancrages sont moins efficaces. La résistance des ancrages droits en est beaucoup plus affectée que celle des crochets. D'où la préférence affichée pour ces derniers sur appui d'extrémité.
- Les moments de continuité, qui permettraient de se passer d'aciers inférieurs sur appui sont beaucoup plus faibles qu'en phase définitive. La phase la plus délicate a lieu lors du décoffrage. On ne peut pas décoffrer toutes les travées simultanément. Le moment le plus critique est le temps durant lequel une travée est décoffrée mais pas encore étayée. Elle doit alors se tenir par ses propres moyens, tandis que la travée adjacente, encore soutenue par le coffrage, n'apporte qu'un faible moment de continuité et ne contribue que de façon faible à diminuer la section des aciers inférieurs nécessaires sur appui. Au moins pour cette phase, il faut prévoir un minimum d'aciers inférieurs sur appuis intermédiaires.
- On retrouve une situation semblable lors de l'enlèvement des étais.

Au-delà de la phase de chantier :

- Si par accident une travée s'effondre, cela entraîne la disparition du moment de continuité sur l'appui commun avec la travée adjacente et, en l'absence d'aciers inférieurs sur appui, entraîne la chute de cette travée adjacente par défaut de conditions d'appui. Puis l'effondrement en chaîne de toutes les travées en continuité avec les précédentes.
- Un minimum d'aciers inférieurs prévient cet effondrement en chaîne.

Prescription d'Eurocode

(1) L'aire de la section des aciers à amener sur appui est déterminée comme vu précédemment.

(2) Dans le cas des barres droites : longueur d'ancrage sur appui ≥ 10ϕ.

Dans le cas de crochets :

- barres ϕ ≥ 16 mm ⇒ longueur d'ancrage sur appui ≥ ϕ_m (où ϕ_m est le diamètre du mandrin de pliage) ;
- barres ϕ < 16 mm ⇒ longueur d'ancrage sur appui ≥ 2ϕ_m.

(3) Si un tassement de l'appui, une explosion, etc., est à craindre, en toute circonstance il faut assurer la continuité des armatures inférieures sur les appuis de continuité. Cela peut être réalisé au moyen de recouvrements. (Pour les dispositions antisismiques, voir l'Eurocode 8.)

Ces points sont illustrés sur la figure B-III.6.1.

Nota
La redistribution limitée et, dans une plus faible mesure, la redistribution forfaitaire exposées aux § C-II.5.2 et C-II.6 amènent souvent à ajouter sur appuis intermédiaires des aciers comprimés. Ceux-là sont placés en partie inférieure de l'appui et, conformément aux dispositions b et c de la figure B-III.6.1, participent à la continuité des aciers amenés sur appui (voir l'exemple de calcul § D.1.8).

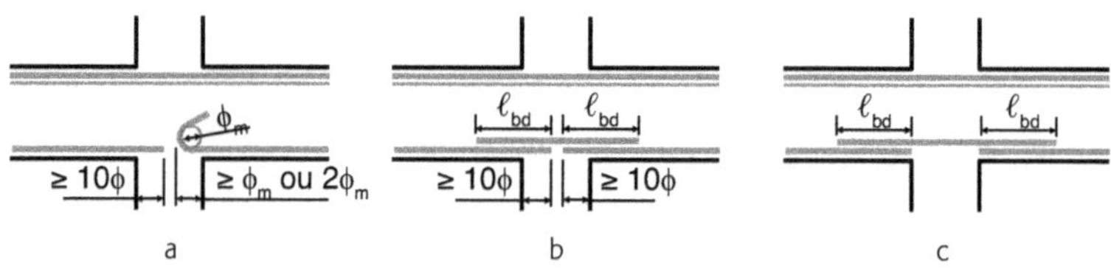

Cas courants (a)   En cas de risque de tassement d'appui, d'explosion, etc. (b et c)

Figure B-III.6.1. Ancrage des aciers inférieurs sur appuis intermédiaires selon l'Eurocode [9.2.1.4(1)]

Interprétation de l'auteur
L'auteur interprète comme suit la prescription du point (2) concernant les crochets :
Les diamètres normalisés des mandrins de pliage sont :
– ϕ ≥ 16 mm ⇒ $f_m = 7\phi$;
– ϕ < 16 mm ⇒ $f_m = 4\phi$ ⇒ $2f_m = 8\phi$.
On retrouve ici la règle courante : encombrement d'un ancrage par crochet ≈ 0,7 longueur de l'ancrage droit équivalent.
L'auteur propose donc de lire comme suit le point (2) : dans le cas de crochets, les faire pénétrer sur l'appui d'une longueur ≥ 0,7.10ϕ = 7ϕ.

Apport de l'Annexe nationale

Comme vu plus haut, lorsque $\Delta F_{td,appui}$ < 0, l'article AF [NA-9.2.1.4(1)] autorise à arrêter les aciers inférieurs avant l'appui en calant l'épure d'arrêt des barres sur le diagramme M_u décalé seul.

Proposition de l'auteur pour les appuis intermédiaires
Toujours prolonger le lit inférieur de chacune des travées adjacentes sur au moins toute la largeur de l'appui moins c_{nom} (voir la figure B-III.5.1) en respectant une longueur de recouvrement ≥ 10 ϕ et A_s prolongé sur appui ≥ 0,25 $A_{s,max,travée}$.
Faire a priori démarrer le diagramme des capacités de résistance effectives à l'extrémité des barres ainsi arrêtées (points D et E sur la figure) puis éventuellement allonger les barres si nécessaire.
Si un décoffrage précoce est prévu : même sur appuis intermédiaires, ancrer les aciers inférieurs par crochet ou assurer leur continuité d'une travée à l'autre.

B-III.6 Chapeaux minimums [9.2.1.2]

Voir un exemple aux § D.1.7 et D.1.8.

En plus des aciers inférieurs assurant la condition d'appui, il faut aussi disposer une section minimum d'acier en chapeau (sur l'appui en partie haute), comme illustré sur la figure B-III.6.2. Cela a pour objet d'éviter une fissure qui (voir figure), au-delà de la nuisance pour l'utilisateur de l'édifice, coupe la bielle d'appui et rend inopérant son fonctionnement escompté.

Sont concernés :

- les appuis d'extrémité sur lesquels, a priori, le moment est nul ;
- les appuis intermédiaires sur lesquels le moment de continuité est très faible.

Leurs section et longueur sont forfaitaires.

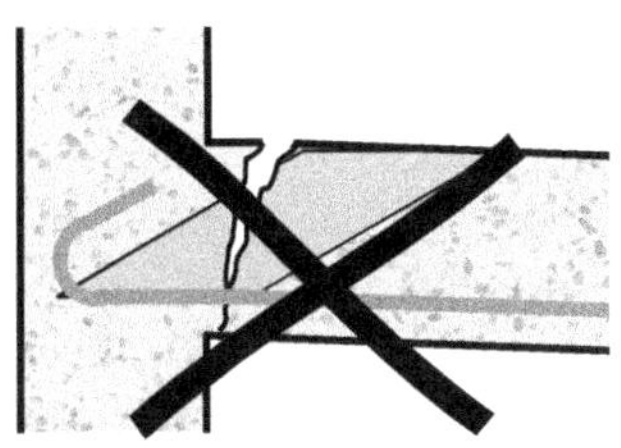

En l'absence de chapeau minimum : risque d'une grosse fissure qui coupe la bielle d'appui.

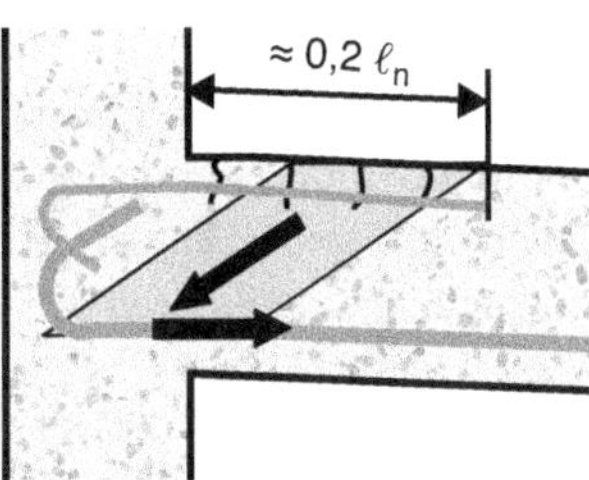

Avec chapeau minimum : plusieurs petites fissures qui passent inaperçues et la continuité de la bielle d'appui est préservée.

Figure B-III.6.2. Rôle, disposition et longueur du chapeau minimum sur appui (cas d'un appui d'extrémité).

Section des chapeaux minimums

- Sur appuis d'extrémité : ils doivent permettre de reprendre un moment d'encastrement $M_{u,\text{chapeau min}} \geq 0,15\, M_{u,\text{travée}}$ environ, qui doit être lu $0,10\, M_{u,\text{travée}} \leq M_{u,\text{chapeau min}} \leq 0,20\, M_{u,\text{travée}}$.
  Pour les poutres de hauteur constante, cela se traduit par $A_{s,\text{chapeau min}} \geq 0,15\, A_{s,\text{travée}}$ environ.
- Sur appuis intermédiaires : $M_{u,\text{chapeau min}} \geq 0,25\, M_{u,\text{travée}}$ environ.

Leur rôle n'étant pas structurel ils peuvent être fragiles à condition d'être surdimensionnés de 20 %, ce qui passe inaperçu dans la plage de choix de $M_{u,\text{chapeau min}}$.

Leur ancrage et leur longueur

Ils doivent être totalement ancrés sur l'appui. Sur appuis d'extrémité : ancrage par crochet.

Leur longueur côté travée doit « être suffisante ». Pour les chapeaux minimums à mettre dans les dalles, Eurocode prescrit de les prolonger au-delà du nu de l'appui sur la longueur $0,2\, \ell_n$. On peut appliquer la même règle aux poutres.

B-III.7 Poutres en Té

B-III.7.1 Introduction

Un exemple de calcul de poutre en Té est proposé au § D.1.6.1.

Une poutre en Té est la solution lorsque $\mu_u > \mu_{u,\text{limite}}$. Une autre alternative, à n'utiliser qu'en dernier recours car consommatrice d'acier, est l'ajout d'aciers comprimés (voir § B-III.8).

Comme déjà vu, μ_u caractérise le degré de sollicitation du béton comprimé d'un élément fléchi. Si $\mu_u > \mu_{u,\text{limite}}$ (voir B-III.2.5), quel que soit l'objet de cette limite, cela signifie que la contrainte du béton comprimé de l'élément fléchi est, pour l'objet en question, trop élevée. Il convient alors de modifier sa géométrie ou f_{cd} pour diminuer le degré de sollicitation du béton et, en conséquence, diminuer μ_u.

Dans l'ordre de préférence économique, et dans la mesure des possibilités, les changements à envisager sont les suivants :

- Changement applicable uniquement aux poutres : les traiter en poutres en Té
  C'est possible chaque fois que la poutre est associée à un plancher béton armé dans lequel l'effort de compression peut s'étaler. L'effort F_c de compression dans le béton reste pratiquement inchangé mais, s'étalant alors sur une aire de béton plus grande, la contrainte associée est diminuée.
  Avantage important de cette solution : elle n'implique aucun changement de dimension et, au pire, ne coûte que l'ajout d'aciers en faible quantité pour étaler l'effort F_c dans le plancher.
  De plus, par un effet du second ordre, il en découle un léger gain sur la section des aciers longitudinaux A_s qui peut atteindre 10 %.
- Changement applicable aux poutres et aux dalles : augmenter leur hauteur h et, par là, leur hauteur utile d
  Ici, la largeur de béton comprimé reste inchangée. C'est l'effort F_c qui diminue et avec lui la contrainte associée.
  Le principal défaut de cette solution est de consommer de la hauteur, pas toujours disponible. En contrepartie, elle fait économiser de l'acier, en effet, F_c diminuant, F_s et A_s diminuent de même.
  Sachant que $\mu_u = M_u/(bd^2f_{cd})$, sa diminution est proportionnel à l'augmentation de d^2.
- Changement applicable uniquement aux poutres: augmenter leur largeur b
  Cela relève du même principe que passer à une poutre en Té : le résultat est une augmentation de la largeur sur laquelle peut s'étaler l'effort de compression. Mais ici s'arrête la comparaison.
  Dans la pratique, l'augmentation possible de b est très limitée. De plus, elle s'accompagne d'une augmentation du volume de béton $\Rightarrow$ une augmentation du poids puis du moment puis de A_s. D'où en fin de comptes une augmentation des coûts de béton et d'acier.
  D'après $\mu_u = M_u/(bd^2f_{cd})$, sa diminution n'est proportionnel qu'à l'augmentation de b à la puissance 1. C'est la modification géométrique qui a le plus faible rendement.
- Changement applicable aux poutres et aux dalles : ajouter des aciers comprimés
  Comme déjà dit, c'est la solution du dernier recours. Ce point est l'objet du § B-III.8.
- Enfin, changement applicable aux poutres et aux dalles : augmenter la classe du béton utilisé
  N'est pas envisageable localement pour résoudre le problème de quelques éléments isolés dans une construction. N'est envisageable que si l'on prévoit de nombreux points de

dépassement de $\mu_{u,limite}$ et alors, tout l'édifice est construit avec un béton de classe supérieure ; c'est le cas des ouvrages d'art.

B-III.7.2 Présentation des poutres en Té et données de base

De fait, comme déjà noté au § B-III.1.3, toutes les poutres associées à un plancher fonctionnent en poutre en Té. Les calculer en poutres rectangulaires est un choix simplificateur du calculateur, qui décide d'ignorer l'étalement de l'effort de compression dans le plancher (voir la figure B-III.1.1).

B-III.7.2.1 Terminologie et notations

Elles sont explicitées sur la figure B-III.7.1.

La partie de la poutre excluant l'apport du plancher est appelée « nervure », sa largeur est notée b_w (avec l'indice w comme *web* en anglais désignant « l'âme » des poutres). La zone participante de plancher, y compris dans l'épaisseur de la nervure, est appelée « table de compression » ou plus simplement « table ». Sa largeur participante est notée b_{eff} (c'est la largeur de la zone comprimée *effectivement* participante), ses débords effectivement participants à gauche et à droite de la nervure sont notés $b_{eff,1}$ et $b_{eff,2}$. Enfin, sa hauteur est notée h_f (l'indice f réfère au mot anglais *flange* désignant les ailes d'une poutre) et les largeurs géométriquement disponibles, qu'elles soient ou non participantes, sont notées b, b_1, b_2.

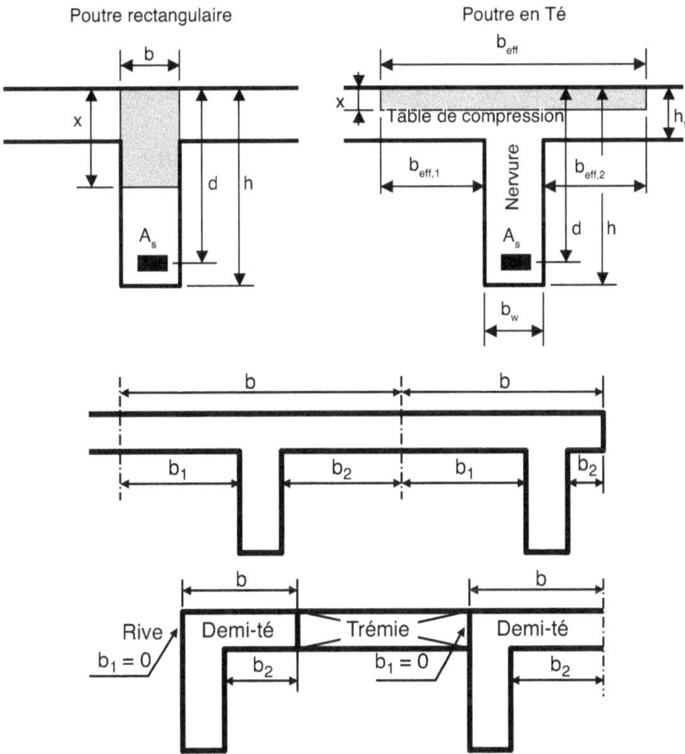

Figure B-III.7.1. Poutres rectangulaires, poutres en Té et notations.

B-III.7.2.2 Limitations et servitudes

B-III.7.2.2.1 Limitations

Il n'y a pas de fonctionnement en Té possible s'il n'y a pas de plancher lié de façon monolithique à la poutre au niveau de sa zone comprimée.

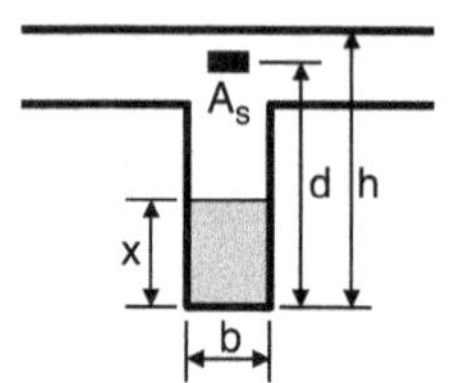

Lorsque la poutre est en retombée sous le plancher, les cas d'impossibilité les plus courants sont les suivants :

- Sur appui : la zone comprimée de la poutre est alors en partie inférieure et n'y trouve pas de plancher pour s'étaler. Le seul fonctionnement possible est en poutre rectangulaire.

- En travée lorsqu'il n'y a pas de plancher ou que celui-ci est localement amputé par une ou des trémies. S'il subsiste un plancher solidaire d'un côté au moins de la poutre, Eurocode admet sans restriction un fonctionnement en « demi-Té » (voir la figure B-III.7.1).

La participation du plancher s'amenuise au fur et à mesure qu'on s'éloigne de la nervure. Le règlement fixe jusqu'à quelle distance on peut considérer le plancher comme totalement collaborant.

B-III.7.2.2.2 Servitudes

L'étalement dans le plancher d'une part de l'effort de compression de la poutre développe, dans les parties en débord par rapport à la nervure, une sollicitation de cisaillement à laquelle il convient de résister. Cette sollicitation est maximum au nu de la nervure (à la « liaison table-nervure ») et d'autant plus grande que l'effort de compression repris dans le débord est grand et que le débord mis à profit dans les calculs est grand. Elle demande une vérification spécifique et peut nécessiter l'ajout d'aciers dédiés.

Enfin, la prise en compte d'une poutre en Té implique une servitude de pérennité de la zone de plancher comptée comme table de compression. Il faut prévenir le risque que, même des années après la construction, le percement d'une trémie dans le plancher (par exemple, pour faire communiquer deux étages par un escalier ou un monte-charge) ampute la table de compression considérée dans les calculs.

B-III.7.2.3 Largeur participante b_{eff} maximum de la table de compression

La largeur participante obéit à trois principes :
- b_{eff} est limité par la largeur b géométriquement disponible ;
- la même zone de plancher ne peut appartenir à deux tables de compression ;
- b_{eff} est limité par la capacité d'étalement de l'effort de compression dans le plancher.

Prescription d'Eurocode

À défaut d'autre précision, dans les formules réglementaires, il faut traduire $\ell = \ell_{eff}$

$b_{eff} = \Sigma b_{eff,i} + b_w$

   avec $b_{eff,i} \leq 0,2\, b_i + 0,1\, \ell_0 \leq 0,2\, \ell_0$ (c'est la limite admise pour l'étalement de l'effort de compression dans le plancher)

   où $b_{eff,i} \leq b_i$, c'est-à-dire $\leq b_i$ physiquement disponible

   et ℓ_0 = distance entre points de moments nuls. Ses valeurs préconisées par Eurocode à cette fin sont précisées sur la figure B-III.7.2.

Les autres paramètres sont définis sur la figure B-III.7.1.

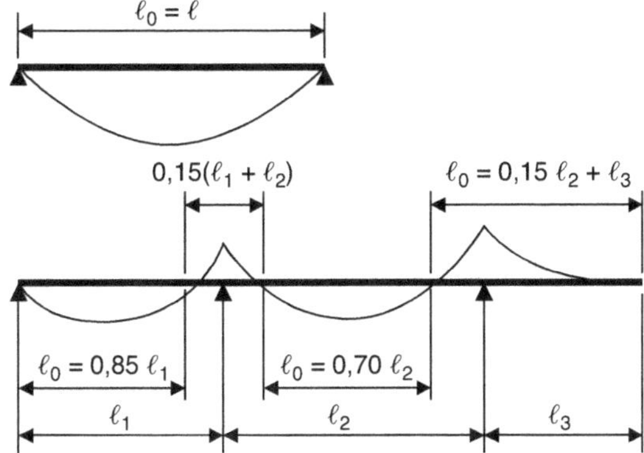

Figure B-III.7.2. Valeurs de ℓ_0 représentant la distance entre points de moment nul pour le calcul de la largeur participante de la table de compression. Notation : $\ell = \ell_{e\!f\!f}$.

Cette prescription suppose : longueur de la console $2/3 \le \ell_i/\ell_{i+1} \le 1,5$ et $\ell_3 \le \ell_2/2$

Par ailleurs, elle vaut quelles que soient les valeurs de b_i et notamment lorsque l'un d'eux est nul, on a alors une poutre en « demi-Té ».

B-III.7.3 Résistance aux effets du moment fléchissant

B-III.7.3.1 Calcul de base à l'ELU

Il faut distinguer deux cas de figure :

B-III.7.3.1.1 Cas simple où le diag σ_c se développe entièrement dans la table de compression

Le béton tendu étant négligé dans le calcul réglementaire, les seules données géométriques signifiantes sont la hauteur utile et la géométrie de la zone de béton comprimé.

Alors, conformément à l'illustration de la figure B-III.7.3, tant que le diag σ_c se développe entièrement dans la table de compression, une poutre en Té de largeur de table b_{eff} se comporte et se calcule comme une poutre rectangulaire de largeur $b = b_{eff}$. Le calcul est fait sur la base de $\mu_{u,\text{Té}} = M_u/(b_{eff}.d^2.f_{cd})$.

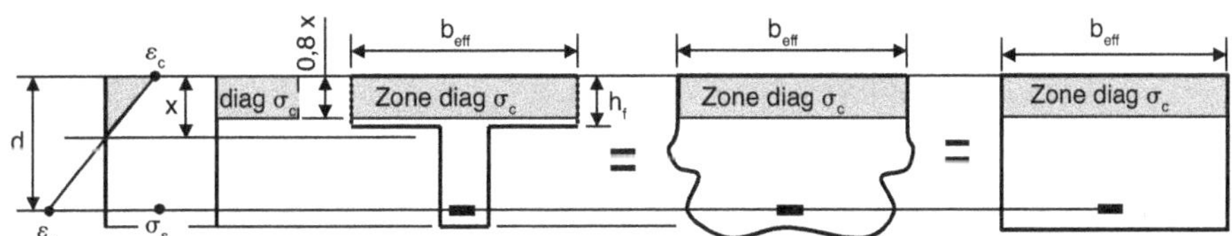

Figure B-III.7.3. Poutres en Té, cas où le calcul est simple : le diagramme σ_c est développé entièrement dans la table de compression $\Rightarrow$ calcul comme une poutre rectangulaire de largeur b_{eff} (exemple avec référence au diagramme rectangle).

Avec le diagramme rectangle, c'est le cas tant que $0,8\,x \le h_f \Rightarrow 0,8\,x/d \le h_f/d$, soit $0,8\,\alpha \le h_f/d$

À la limite du domaine on a : $0,8\,\alpha = h_f/d$

d'où, avec $\psi = 0{,}8$ et $\delta_G = 0{,}4$ on a $\mu_u = \alpha.\psi.(1 - \delta_G.\alpha) = \alpha.0{,}8.(1 - 0{,}4.\alpha) = 0{,}8.\alpha - (0{,}8.\alpha)^2/2$

En substituant h_f/d à $0{,}8.\alpha$, on en tire enfin la formulation ci-dessous.

Une poutre en Té se calcule comme une poutre rectangulaire tant que $\mu_{u,Té} \leq h_f/d - (h_f/d)^2/2$

Avec les dimensions rencontrées en bâtiments courants, cette situation est le cas général.

Disposition des aciers

- Dans les zones de moment positif (en travée), les aciers sont disposés comme dans une poutre rectangulaire se limitant à la nervure.
- Dans les zones de moment négatif (sur appuis), les aciers, alors appelés chapeaux, sont en partie supérieure de la section et Eurocode prescrit de les étaler partiellement dans le plancher en autorisant une plus grande concentration à l'aplomb de la nervure [9.2.1.2(2)]. Habituellement, chaque fois que les conditions d'encombrement le permettent, on ne pratique pas cet étalement et on concentre tous les chapeaux dans la largeur de la nervure.

Remarque

La largeur b_{eff} étant souvent importante, on a souvent $\mu_{u,Té} = M_u/(b_{eff}.d^2.f_{cd})$ très faible. Sa valeur peut même être inférieure à $\mu_{u,limite,frag}$, mais sans que cela pose problème.

En effet, calculer $M_{u,Té} < \mu_{u,limite,frag}$ signifie qu'une poutre rectangulaire (avec du béton en largeur b_{eff} sur toute sa hauteur) serait fragile. Ce n'est pas le cas de la poutre en Té, dont le béton tendu est en quantité beaucoup plus faible. La vérification de non-fragilité doit être faite sur la nervure seule, sur la base de : $\mu_{u,w} = M_u/(b_w.d^2.f_{cd})$

B-III.7.3.1.2 Autre cas : le diag σ_c déborde de la table de compression

C'est une situation rare en bâtiments courants, elle est illustrée sur la figure B-III.7.4. La zone sur laquelle se développe le diag σ_c n'est plus rectangulaire $\Rightarrow$ la poutre concernée n'est plus assimilable à une poutre rectangulaire et le paramètre μ_u ne s'applique plus.

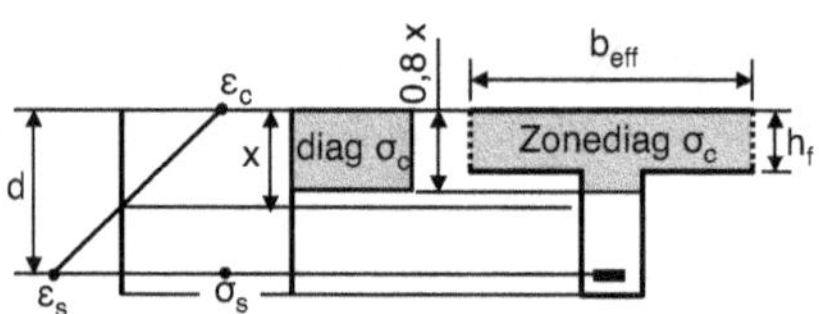

Figure B-III.7.4. Poutres en Té, cas où diag σ_c déborde de la table de compression :
la poutre n'est plus assimilable à une poutre rectangulaire.

Le calcul relève alors de celui des poutres « de section quelconque » développé en détail en {D-V.4}.

Dans le cas des poutres en Té, le plus simple est souvent de revenir aux intégrales du calcul de base, présentées au § B-III.2.3.4. Les formes à traiter comprenant plusieurs zones, chacune de largeur constante, les intégrales à manipuler sont simples.

Disposition des aciers : comme dans le cas précédent.

B-III.7.3.2 Vérifications à l'ELS

Si, comme c'est l'optique de cet ouvrage, la limitation des flèches et de la fissuration sont traitées forfaitairement, il ne reste à vérifier à l'ELS que le non-dépassement de la valeur limite de $\sigma_{c,ser}$. Dans le cas de poutres rectangulaires, cette vérification se transpose, comme montré au § B-III.2.5.4.1, en la vérification du non-dépassement des valeurs $\mu_{u,limite,\sigma ck}$ et $\mu_{u,limite,\sigma cqp}$.

* Dans tous les cas, pour se limiter au domaine du fluage linéaire :
* En conditions d'exposition XS, XD, XF $\Rightarrow$ béton C30/37 :

Ces valeurs limites restent exactes pour les poutres en Té si, à l'ELS comme à l'ELU, diag σ_c est entièrement dans la table de compression.

En fait, à l'ELS l'axe neutre est significativement plus bas qu'à l'ELU. Il n'est pas rare que $x_{ser} > h_f$ et alors les limites ci-dessus ne sont plus applicables. Elles conservent cependant une valeur approximative. Si $\mu_{u,Té}$ leur est suffisamment inférieur, on peut admettre chaque condition comme vérifiée.

B-III.7.4 Résistance aux effets de l'effort tranchant

B-III.7.4.1 Résistance de l'âme de la poutre

Les vérifications et aciers nécessaires sont ceux de la poutre rectangulaire de largeur b_w qui constitue la nervure.

B-III.7.4.2 Liaison table-nervure [6.2.4]

B-III.7.4.2.1 Principe

Pour s'opposer efficacement à l'effort de traction dans les aciers et former avec lui le couple qui permet de résister au moment fléchissant, l'effort de compression développé dans chaque débord de la table de compression doit être ramené vers la nervure. Cela induit une sollicitation de cisaillement qui est maximum à la liaison table-nervure. Comme pour les autres cas de cisaillement (recouvrements, fonctionnement des aciers transversaux dans l'âme des poutres, …), la résistance est assurée par la triangulation de bielles de béton comprimé et d'aciers faisant tirants, enfin, le calcul est fait à l'ELU.

B-III.7.4.2.2 Organisation des bielles et tirants

Elles et ils s'organisent comme montré sur la figure B-III.7.5.

L'effort de cisaillement dans la table, maximum à l'interface table-nervure, diminue au fur et à mesure qu'on s'en éloigne jusqu'à, bien sûr, s'annuler aux limites $b_{eff,1}$ et $b_{eff,2}$.

Par ailleurs :

* le besoin de table de compression est d'autant plus fort que le moment est fort ;
* l'effort de cisaillement évolue comme l'effort tranchant, c'est-à-dire qu'il est nul là où le moment est le plus fort et maximum là où le moment, celui sollicitant aussi la table, est nul.

Les bielles de béton comprimé sont inclinées d'un angle θ_f par rapport à l'interface. Comme pour les aciers transversaux, θ_f est partiellement laissé au choix du calculateur.

Les aciers mis en place sont appelés « aciers de couture de l'interface table-nervure ».

* Dans le cas général des poutres en Té (deux débords de la table), deux interfaces sont à coudre et chaque barre mise en place coud les deux interfaces en même temps. Pour avoir la même efficacité sur les deux interfaces, ces barres doivent avoir la même inclinaison par rapport aux bielles comprimées des deux débords. La seule solution est de les placer perpendiculaires aux deux interfaces.

- Dans le cas d'une poutre en demi-Té, il n'y a plus qu'une interface.

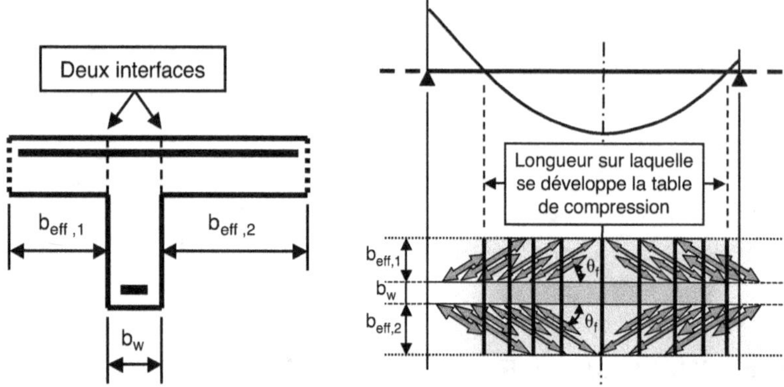

Figure B-III.7.5. Interfaces, bielles et tirants dans une poutre en Té. Les efforts augmentent au fur et à mesure qu'on s'approche, d'une part de l'interface, d'autre part des points de moment nul.

On voit sur la figure B-III.7.5 que chaque élément de la triangulation bielles et tirants se développe sur une portion conséquente de la portée de la poutre. Alors, un calcul focalisé sur une abscisse x précise n'a pas de sens ; seul un calcul intégrant les phénomènes sur une longueur suffisante convient.

B-III.7.4.2.3 Calculs

Ils s'appuient sur « l'effort de cisaillement par unité de longueur » le long de l'interface table-nervure, appelé « glissement » et noté g_u. Pour une présentation exhaustive, voir {D-V.2.3.2}.

B-III.7.4.2.4 Valeur du glissement $g_{u,d}$ à prendre en compte pour les calculs réglementaires

On démontre, voir {D-V.2.3.2}, que sur chaque interface la valeur du glissement à l'abscisse x est

$$g_u = [V(x)/z].b_{eff,i}/b_{eff} \quad \text{avec } z = 0,9 \text{ d de la nervure}$$

Eurocode prescrit de faire le calcul sur la base du glissement moyen $g_{u,d}$ (l'indice d pour valeur de calcul) déterminée sur une longueur Δx suffisante.

Il y associe la contrainte de cisaillement v_u (v minuscule) $= g_{u,d}/h_f$

Dans le cas d'un chargement réparti : $\Delta x = \dfrac{\text{distance entre points de moment nul}}{4}$

Dans le cas de charges concentrées : $\Delta x = $ distance entre charges

Dans le cas d'une charge répartie p_u/m, cela se traduit par les valeurs ci-dessous :

- $g_{u,d}$ côté appui $= [(0,75.p_u.2\Delta x)/z].b_{eff,i}/b_{eff}$
  v_u côté appui $= \{[(0,75.p_u.2\Delta x)/z]/ h_f\}.b_{eff,i}/b_{eff}$
- $g_{u,d}$ central $= g_{u,d}$ côté appui/3
  v_u central $= v_u$ côté appui/3

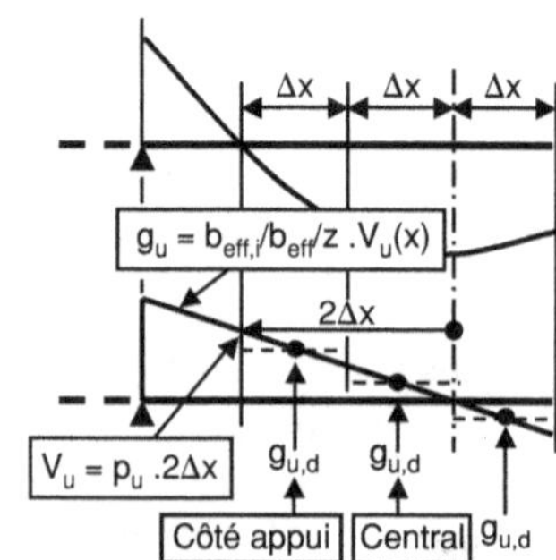

B-III.7.4.2.5 Cas où l'on peut se dispenser d'aciers de couture et de toute autre vérification

Formulation réglementaire

Lorsque la contrainte de cisaillement v_u à l'interface est telle que :

- $v_u = g_{u,d}/h_f \leq k.f_{ctd} \Rightarrow$ les aciers en chapeau du plancher suffisent pour assurer la couture et il n'est pas besoin d'aciers spécifiques ;
- L'Annexe nationale française (AF) propose :
  $k = 0,5$ en cas de surface de reprise verticale rugueuse ;
  $k = 1$ s'il n'y a pas de surface de reprise.
  Dans le cas des poutres en Té, le plancher est généralement coulé en place et il convient de prendre $k = 1$.

En bâtiments courants, cette condition pour la dispense d'aciers spécifiques est généralement vérifiée. Si elle ne l'est pas, essayer de diminuer b_{eff} pour qu'elle le devienne.

Repère pour la dispense d'aciers spécifiques pour la liaison table-nervure

Il est proposé par l'auteur et est développé dans le cas le plus défavorable, celui de Δx côté appui d'une travée isolée uniformément chargée par p_u/m.

Il faut vérifier : v_u côté appui $= (g_{u,d}$ côté appui$)/h_f \leq k\ f_{ctd}$ avec, selon (AF), $k = 1$.

Dans le cas d'une travée isolée on a : $\Delta x = \ell_{eff}/4$ et sachant qu'on considère $z = 0,9_d$,

la condition s'écrit :$\{[(0,75.p_u.2.\ell_{eff}/4)/0,9d].b_{eff,i}/b_{eff}\}/h_f \leq f_{ctd}$

soit $b_{eff,i}/b_{eff} \leq f_{ctd}.2,4.\dfrac{d.h_f}{p_u.\ell_{eff}}$

Dans le cas d'une table symétrique on a $b_{eff,i}/b_{eff} = 0,5 - b_w/2b_{eff}$

Alors, quel que soit b_{eff}, aucune armature spécifique de liaison table-nervure n'est requise tant que $f_{ctd}.2,4.\dfrac{d.h_f}{p_u.\ell_{eff}} \geq 0,5 - b_w/2b_{eff}$, qui s'arrondit du côté de la sécurité en $f_{ctd}.2,4.\dfrac{d.h_f}{p_u.\ell_{eff}} \geq 0,5$

Avec un béton C25/30 : $f_{ctd} = 1,2$ Mpa $\Rightarrow$ vérifier $2,9.\dfrac{d.h_f}{p_u.\ell_{eff}} \geq 0,5$

B-III.7.4.3 Calcul des aciers spécifiques de couture table-nervure lorsqu'ils sont nécessaires

Dans tous les cas, les aciers de couture (A_{sf} et espacement s_f) déterminés pour chaque zone « côté appui » sont prolongés jusqu'à l'axe de l'appui.

Angle θ_f des bielles inclinées

Plage autorisée : $1 \leq cotg\theta_f \leq 2 \Rightarrow$ viser : $cotg\theta_f = 2$

Non-écrasement des bielles

Vérifier que la contrainte de cisaillement à l'interface $v_u = g_{u,d}/h_f \leq v\ (n_u).f_{cd}.sin\theta_f.cos\theta_f$

avec $v = 0,6.(1 - 1/250) =$ coefficient de réduction de $\sigma_{c\ admissible}$ dans les zones d'effort tranchant

Si ce n'est pas vérifié : diminuer $cotg\theta_f$

Disposition des aciers

Voir figure B-III.7.6.

- Systématiquement perpendiculaires aux interfaces à coudre.
- Disposés en une ou deux nappes au choix et prolongés au moins jusqu'à $b_{eff,1}$ et $b_{eff,2}$.
- Totalement ancrés de part et d'autre de chaque interface.
  Dans le cas d'une poutre en demi-Té, mettre des aciers en forme de U.

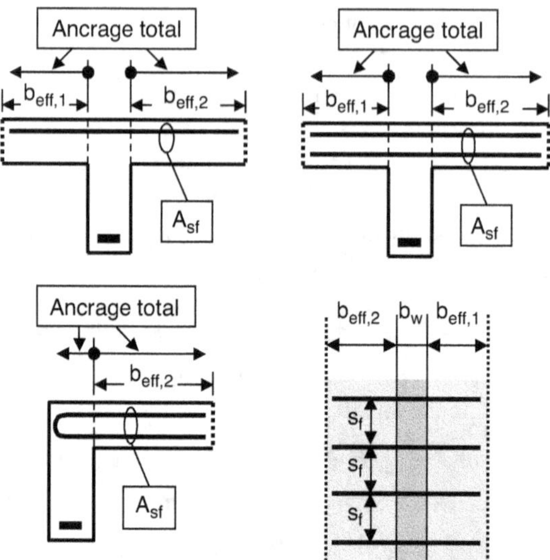

Figure B-III.7.6. Dispositions possibles des aciers de couture table-nervure et notations.
Aciers toujours perpendiculaires à l'interface.

Dimensionnement de ces aciers

Dans chaque zone Δx, ils sont dimensionnés de façon que, travaillant à la contrainte $\sigma_s = f_{yd}$, ils reprennent un effort/unité de longueur $= g_{u,d}/\cotg\theta_f$

On doit avoir : $\dfrac{A_{sf}}{s_f} \cdot f_{yd} \geq g_{u,d}/\cotg\theta_f$

B-III.7.5 Généralisation du recours à une poutre en Té

En bâtiments courants, il y a souvent avantage à considérer une poutre en Té même lorsque ce n'est pas imposé par $\mu_u > \mu_{u,limite}$.

Les arguments sont les suivants :

- Pour le même chargement donc la même valeur de M_u, on a $\mu_{u,Té}$ très inférieur à μ_u originel. Comme le montre la formule $A_s = \dfrac{M_u}{0,9\,d}/f_{yd} \cdot (\mu_u + 0,81)$, cela conduit à une section d'aciers longitudinaux A_s plus petite.
- L'économie est totale si, dans le même temps, la prise en compte d'une poutre en Té n'oblige pas à ajouter des aciers de liaison table-nervure.
  Un élément très favorable est l'épaisseur h_f de la table de compression, souvent importante en regard de d.
  Le calculateur peut aussi aider les choses en limitant les débords de table $b_{eff,i}$, ce qui diminue $g_{u,d}$ et v_u.

B-III.8 Poutres avec aciers comprimés

Un exemple de calcul est proposé au § D.1.7.1.

Notation
Les grandeurs relatives aux aciers comprimés sont repérées par un « prime ».

La solution de dernier recours lorsque $\mu_u > \mu_{u,limite}$ est d'ajouter des aciers comprimés.

Sont particulièrement concernées les sections sur appui des poutres, là où il n'est pas possible de considérer une poutre en Té. De plus, une redistribution, généralement souhaitée, des moments sur appui y impose une limitation drastique de $\mu_{u,appui}$ (voir § C-II.5.1.2 et C-II.6.1).

B-III.8.1 Calcul des aciers transversaux

Identique au cas des poutres sans aciers comprimés.

En plus

Tout acier comprimé de diamètre ϕ_c doit être tenu par des aciers transversaux d'espacement $s \leq 15\ \phi_c$ [9.2.1.2(3)]. Cela peut amener à resserrer les aciers transversaux.

B-III.8.2 Calcul des aciers longitudinaux

La poutre avec aciers comprimés est traitée comme la superposition de deux poutres qui additionnent leurs capacités portantes pour reprendre le moment M sollicitant. Ce sont :
- une poutre sans aciers comprimés (dont la partie comprimée n'est constituée que de béton), reprenant un moment M_1 et contenant les aciers tendus $A_{s,1}$;
- une poutre constituée uniquement d'aciers, une nappe d'aciers comprimés A'_s et une nappe d'aciers tendus $A_{s,2}$, reprenant le complément M_2 du moment total M sollicitant.

Décomposer la poutre réelle en deux poutres fictives superposant leurs effets impose qu'elles aient en commun le même diagramme de déformation, celui de la poutre réelle.

B-III.8.2.1 Calcul de base à l'ELU

Son organisation est illustrée sur la figure B-III.8.1.

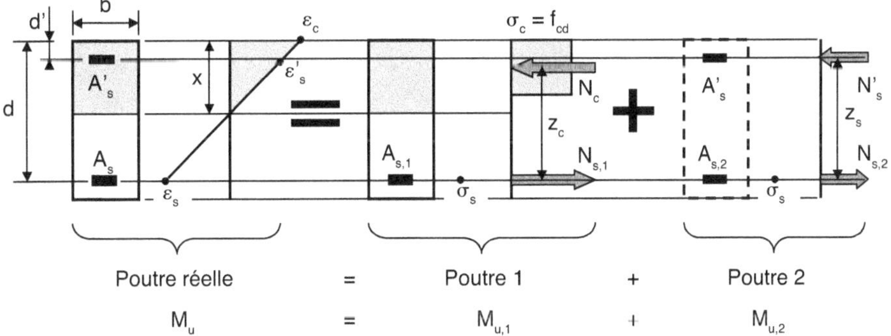

Figure B-III.8.1. Organisation du calcul d'une poutre avec aciers comprimés.

Poutre 1

L'économie invite à choisir $M_{u,1} = M_{u,\text{limite}} = \mu_{u,\text{limite}}.b.d^2.f_{cd}$

Alors, μ_u étant connu, il est égal à $\mu_{u,\text{limite}}$, les paramètres essentiels de cette poutre sont connus, notamment son diagramme de déformation.

Par référence au diagramme rectangle, on a :

$\alpha = 1,25.(1 - \sqrt{1-2.\mu_u}\,)$

$A_{s,1} \approx M_{u,1}/(0,9d.f_{yd}).(\mu_u + 0,81)$

Vu la valeur de μ_u, on est au pivot B, d'où : $\varepsilon_c = \varepsilon_{cu2} = 3,5$ ‰ et on déduit :

$\varepsilon_s = \varepsilon_c.\dfrac{1-\alpha}{\alpha}$ d'où on tire σ_s et $\varepsilon'_s = \varepsilon_c.\dfrac{\alpha.d - d'}{\alpha.d}$ d'où on tire σ'_s

À l'ELU, ce qui est le cas ici, il en découle toujours $\sigma'_s = \sigma_s = f_{yd}$

Poutre 2

$M_{u,2} = M_u - M_{u,1}$

Ses seuls éléments résistants sont ses deux nappes d'aciers,
donc $z_s = d - d'$

On en déduit :
$F_{s,2} = F'_s = M_{u,2}/z_s$ d'où $A_{s,2} = F_{s,2}/\sigma_s$ et $A'_s = F'_s/\sigma'_s$

Compte tenu de $\sigma'_s = \sigma_{s,2} = f_{yd}$ on a enfin : $A'_s = A_{s,2} = F_{s,2}/f_{yd}$

Poutre réelle

$A_s = A_{s,1} + A_{s,2}$ et $A'_s = A'_s$ calculé ci-dessus

B-III.8.2.2 Vérifications à l'ELS

Toutes les vérifications relatives aux limitations de $\sigma_{s,ser}$ sont assurées par $\mu_u \leq \mu_{u,\text{limite}}$.

Limitation de la fissuration et de la flèche

Les prescriptions des § B-III 3.4.1 et B-III 3.5.2 dispensant de la vérification risquent de ne plus être suffisantes.

Deux cas ne posent pas de problème :

- lorsque les aciers comprimés ne sont nécessaires que pour un faible complément de résistance ;
- lorsque les renforts par aciers comprimés ne concernent que les sections sur appui (pour résister aux seuls moments de continuité).

B-III.8.3 Disposition des aciers comprimés

Un cas demande une attention particulière : celui des aciers comprimés renforçant une zone d'appui de continuité. Pontant les cages de ferraillage des deux travées de part et d'autre de l'appui ils sont mis en place en dernier, en surnombre des aciers déjà présents.

Comme illustré sur la figure B-III.8.2, sont déjà présents les aciers inférieurs des deux travées adjacentes qui, comme vu au § B-III.5.2.2, doivent être prolongés sur l'appui. Pour la circonstance, ces aciers ne sont pas mis en recouvrement sur la largeur de l'appui, mais simplement amenés face à face, les barres mises en place comme aciers comprimés jouant le rôle d'éclisses pour assurer une continuité suffisante des aciers inférieurs.

Les aciers comprimés sont donc au mieux en position de deuxième lit. On a alors au mieux : $d' \approx (h-d)_{\text{travée}} + \phi_c/2$. Sinon, ils sont en position de troisième lit $\Rightarrow d' \approx (h-d)_{\text{travée}} + \phi_\ell + \phi_c/2$

Ne pas oublier que tout acier comprimé de diamètre ϕ_c doit être tenu par des aciers transversaux d'espacement $s \leq 15\,\phi_c$. Si nécessaire, resserrer les cadres d'effort tranchant pour respecter cette prescription.

Les appuis étant généralement des nœuds de structure encombrés par de très nombreux aciers (non représentés sur la figure B-III.8.2), il faut, dans la mesure du possible, s'efforcer de les laisser dégagés de tout cadre.

C'est facile tant que $15\,\phi_c \geq$ largeur d'appui.

Dans les autres cas, on note que tout flambement dans un plan vertical est empêché, vers le haut par la masse du la poutre, vers le bas par l'appui lui-même Seule subsiste la possibilité de flambement dans un plan horizontal. Il suffit alors d'épingles horizontales, moins encombrantes que des cadres, pour s'y opposer. Comme les aciers qu'elles retiennent, celles-ci seront positionnées sur le chantier au dernier moment.

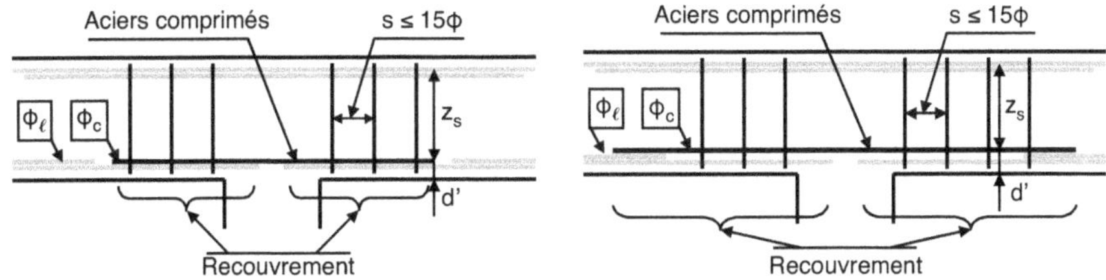

Figure B-III.8.2. Dispositions possibles des aciers comprimés sur appui selon leur longueur (tous les aciers autres que les aciers comprimés et ceux qui participent à leur bon fonctionnement sont en gris ou non représentés).

B-III.8.4 Épure d'arrêt des aciers comprimés

L'épure d'arrêt de tels aciers se fait comme illustré sur la figure B-III.8.3. Le principe est le même que pour les aciers tendus, mais sans décalage du diagramme M_u spécifique aux aciers tendus.

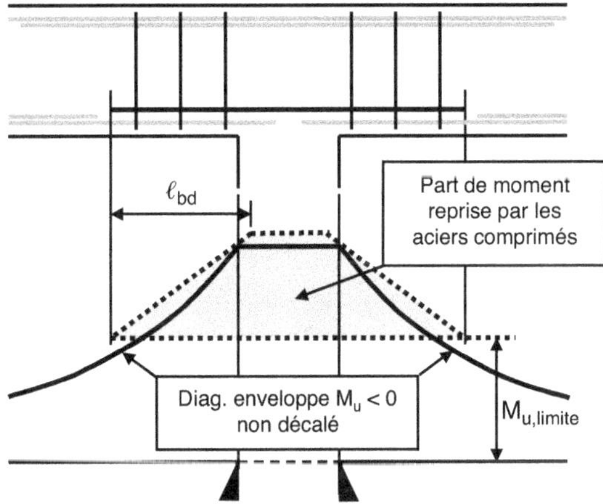

Figure B-III.8.3. Épure d'arrêt des aciers comprimés (exemple d'un appui de continuité).

Partie C

Application aux structures

Données d'un projet et sollicitation de calcul

C-I.1 Introduction

Les données d'un projet découlent :

- des plans, du cahier des charges et des caractéristiques du sol fournies par ailleurs ;
- du poids des différents éléments calculé à partir des dimensions données par les plans et des poids unitaires des matériaux ou composants ;
- des actions variables envisageables découlant de l'usage prévu de l'ouvrage (charges d'exploitation) et de sa situation géographique (vent, neige, séismes).

Leur exploitation se développe en trois volets successifs :

1) Analyse de la structure à construire

   Elle dégage :

   – le ou les type(s) de fondation(s) possible(s) ;

   – les éléments capables d'être porteurs et/ou d'assurer le contreventement.

   Elle aboutit au choix d'un parti constructif complété par un prédimensionnement (portée ou hauteur, section prévisionnelle) de chaque élément.

2) Descente des charges

   Compte tenu du parti constructif et du prédimensionnement du point précédent, c'est le calcul des actions appliquées aux différents éléments de la structure.

3) Portée ou longueur de calcul et sollicitation de chaque élément

   Les portées ou longueurs à prendre en compte selon Eurocode, les actions fournies par la descente des charges et les pondérations propres au calcul considéré sont utilisées pour déterminer la sollicitation (M, V, éventuellement N et T) de calcul de chaque élément.

   Ce dernier volet de la démarche n'est activé qu'au fur et à mesure des besoins, au moment du calcul de chaque élément.

Sont traités ici les cas des poutres et dalles. Le cas des poteaux est traité spécifiquement dans la section C-IV.

C-I.2 Poids propre G des matériaux et de quelques éléments

Les valeurs à prendre pour les poids volumiques des matériaux sont codifiées dans [Eurocode 1, partie 1.1] et son Annexe nationale française. Un extrait est proposé dans le tableau C-I.2.1. En complément, et à titre indicatif seulement, sont proposés les poids surfaciques de quelques éléments courants de bâtiments. Ils sont regroupés dans le tableau C-I.2.2.

Tableau C-I.2.1. Poids volumique des matériaux le plus souvent rencontrés en bâtiments.

Matériau	Poids volumique
Béton de poids courant : • non armé • armé • au coulage (gorgé d'eau)	 24 kN/m^3 25 kN/m^3 + 1 kN/m^3
Béton léger	de 9 à 20 kN/m^3 (voir EN 206)
Mortier de ciment	19 à 23 kN/m^3
Mortier de chaux	12 à 18 kN/m^3
Plâtre	10 kN/m^3
Brique pleine	21 kN/m^3
Pierre	27 à 30 kN/m^3
Sable et gravier en vrac sec Très humide	15 à 16 kN/m^3 18 à 20 kN/m^3
Bois de charpente	$\approx$ 8 kN/m^3

Tableau C-I.2.2. À titre indicatif : poids surfaciques de quelques éléments courants de bâtiments.

Elément	Poids surfacique
Dalle en béton armé	0,25 kN/m^2 par cm d'épaisseur

Plancher poutrelles et entrevous
 • entrevous béton ou brique creux :
   16 + 4
   20 + 4
 • entrevous polystyrène isolants 20 + 4
	
	 2,6 kN/m^2
	 3,0 kN/m^2
	 1,8 kN/m^2

Mur banché	0,24 kN/m^2 par cm d'épaisseur
Mur en agglomérés pleins sans enduit	0,22 kN/m^2 par cm d'épaisseur
Mur en blocs béton creux ou briques creuses sans enduit	0,15 kN/m^2 par cm d'épaisseur
Enduit monocouche	0,1 kN/m^2
Isolation intérieure + plaque de plâtre	0,2 kN/m^2
Cloison non porteuse : en brique plâtrière, en carreaux de plâtre, à base de plaques de plâtre	Classées dans « charges d'exploitation » Q : « cloisons mobiles »
Charpente traditionnelle	0,2 à 0,6 kN/m^2 couvert (concentrés aux points d'appui des fermes)
Charpente fermettes	0,2 à 0,6 kN/m2 couvert (répartis sur la longueur des murs d'appui des fermettes)
Couverture tuiles support compris	0,5 à 0,8 kN/m^2 couvert
Couverture zinc support compris	0,25 kN/m^2 couvert

Couverture plaques ciment-fibre ondulées	$0,2$ kN/m^2 couvert
Charpente métallique	$0,1$ à $0,4$ kN/m^2 couvert
Couverture bacs acier	$0,15$ kN/m^2 couvert
Terrasse non accessible • éventuelle forme de pente • isolation thermique • étanchéité multicouche • protection étanchéité ≥ 5 cm de gravillon	$\approx 0,2$ kN/m^2 par cm d'épaisseur / $0,12$ kN/m^2 $0,18$ à $0,20$ kN/m^2 par cm d'épaisseur

C-I.3 Charges climatiques, classification des ouvrages, charges d'exploitation et coefficients Ψ_0, Ψ_1, Ψ_2

C-I.3.1 Charges climatiques

Actions dues à la neige (notées S) et au vent (notées W)

Elles sont objets d'un fascicule spécifique de l'Eurocode 1 [EN 1991-1.3 et 4].

Nota
Sauf cas particuliers, les efforts dus au vent ne sont à comptabiliser qu'au-delà de R+3.

Les charges climatiques ne se cumulent pas avec les charges d'exploitation, on retient la plus forte des deux. En effet, on déneige avant de s'installer sur une surface ou d'y faire une réparation.

Effets du retrait et de la température
Ils peuvent être négligés si des joints de retrait et de dilatation sont disposés en nombre suffisant comme précisé au §C-I.4.6.1.

C-I.3.2 Classification des ouvrages, charges d'exploitation Q et coefficients Ψ_0, Ψ_1, Ψ_2

Ces points sont codifiés dans [Eurocode 1, Annexe A1.1] et présentés dans le tableau C-I.3.1.

Les valeurs de Ψ_0 ne sont proposées que pour mémoire car, dans les bâtiments courants contreventés par des murs il n'y a *a priori* pas d'action d'accompagnement à considérer.

Noter que pour chaque plancher ou toiture, deux types de charges d'exploitation sont à considérer.

- Le calcul de base est mené avec une charge d'exploitation uniformément répartie q/m^2.

- Puis, localement, chaque élément constitutif de la structure (chaque poutre, chaque portion de plancher, etc.) doit être vérifié avec, pour seul chargement, une force concentrée Q appliquée sur une surface de forme et d'aire adaptées (sauf indication contraire : un carré de 5×5 cm^2) et pouvant se déplacer partout sur l'élément. Cette charge Q, lorsqu'elle est considérée, est une action principale sans action d'accompagnement et elle ne peut être l'action d'accompagnement d'aucune autre.

Très généralement, c'est le calcul basé sur q/m^2 qui est déterminant.

Les données sont complétées par :

- les cas des « cloisons mobiles » (§ C-I.3.2.1) ;
- les coefficients de réduction applicables, d'une part aux locaux de grande surface, d'autre part aux éléments porteurs en fonction du nombre de niveaux portés (abordés au § C-I.3.2.2).

Tableau C-I.3.1. Classification des ouvrages, charges d'exploitation Q et valeurs de Ψ_0, Ψ_1, Ψ_2.

Catégorie	Usage	Ψ_0	Ψ_1	Ψ_2	q (AF) (kN/m²)	Q (AF) (kN)
A	**Habitations et locaux résidentiels** Planchers Escaliers Balcons	0,7	0,5	0,3	 1,5 2,5 3,5	2,0
B	**Bureaux**	0,7	0,5	0,3	2,5	4,0
C	**Lieux de réunion** C1 : espaces équipés de tables C2 : espaces équipés de sièges fixes C3 : espaces sans obstacle à la circulation C4 : espaces permettant des activités physiques C5 : espaces susceptibles d'accueillir des foules importantes	0,7	0,7	0,8	 2,5 4,0 4,0 5,0 5,0	 3,0 4,0 4,0 7,0 4,5
D	**Commerces** D1 et D2 : commerces de détail courants et grands magasins	0,7	0,7	0,6	 5,0	 5,0
E	**Stockage** E1 : possibilité d'accumulation de marchandises E2 : usage industriel	1,0	0,9	0,8	 7,5 Voir le	 7,0 CCTG
F	**Zone de trafic : véhicules ≤ 30 kN**	0,7	0,7	0,6	2,3	15(*)
F	**Zone de trafic : véhicules ≤ 160 kN**	0,7	0,5	0,3	5,0	90(*)
H	**Toiture inaccessible sauf pour entretien**	0	0	0	1,0	1,5
I	**Toiture accessible pour les usages des catégories de A à D**	Valeurs des locaux y donnant accès				

(*) Caractéristiques géométriques de la charge concentrée Q dans ce cas :

a   a

a Q/2 — · — · — · — · — · — Q/2 a

1,80 m

Véhicules ≤ 30 kN : Q = 15 kN et a = 100 mm
Véhicules ≤ 160 kN : Q = 90 kN et a = 200 mm

C-I.3.2.1 Cas des « cloisons mobiles »

Les cloisons mobiles ne se limitent pas aux cloisons légères facilement déplaçables que l'on retrouve dans certains aménagements de bureaux. Entrent aussi dans cette catégorie les cloisons non porteuses en plaques de plâtre, en carreaux de plâtre ou en brique. Elles sont considérées mobiles par démolition et reconstruction. En effet, durant la vie de l'édifice, généralement prévue pour 50 ans, il y a une forte probabilité que les cloisons initiales soient démolies et reconstruites ailleurs pour réaménagement des locaux.

Sous réserve qu'un plancher permette une distribution latérale des charges, fonction notamment assurée par des aciers de répartition (voir § C-III.4, figure C-III.4.1), le poids de ces cloisons peut être assimilé à une charge uniformément répartie à ajouter aux charges d'exploitation q.

- Cloisons mobiles de poids propre $\leq 1,0$ kN/ml $\Rightarrow$ q = 0,5 kN/m^2
  C'est le cas des cloisons constituées de deux plaques de plâtre séparées par un carton alvéolé ou par une structure métallique légère et isolation.
- Cloisons mobiles de poids propre $\leq 2,0$ kN/ml $\Rightarrow$ q = 0,8 kN/m^2
  C'est le cas des cloisons en carreaux de plâtre ou brique plâtrière + un enduit plâtre sur chaque face, épaisseur finie ≈ 7 cm.
- Cloisons mobiles de poids propre $\leq 3,0$ kN/ml $\Rightarrow$ q = 1,2 kN/m^2
  Il s'agit alors des cloisons en brique creuse, épaisseur finie ≈ 12 à 15 cm.

C-I.3.2.2 Réduction de q pour grande surface et en fonction du nombre de niveaux portés

Cette réduction traduit deux constatations :

- souvent, plus l'espace est grand moins son remplissage est dense ;
- tous les niveaux d'un immeuble sont rarement *simultanément* occupés au maximum.

Son traitement est détaillé en {C-III.3.2.2}. Le bénéfice à en tirer étant marginal, il est négligé dans ce livre.

C-I.4 Analyse du projet

Les points d'analyse individualisés ci-dessous pour les besoins de l'exposé ne peuvent être traités séparément. Ils sont totalement interdépendants et tout choix pour l'un modifie la palette de choix pour les autres.

C-I.4.1 Incidence des caractéristiques du sol de fondation

- Si une capacité portante suffisante est disponible à faible profondeur $\Rightarrow$ fondations superficielles. Alors : structure à murs porteurs fondés sur semelles filantes.
- Sinon $\Rightarrow$ fondations semi-profondes (puits) ou profondes (pieux).
  Alors, il faut concentrer toutes les charges en quelques points, les puits ou les têtes de pieux, généralement positionnés à l'aplomb des nœuds de la structure.
  - Si le bâtiment n'a que quelques niveaux : des longrines disposées au niveau des fondations portent les murs.
  - Dans les bâtiments plus élevés, les charges en pied de murs peuvent dépasser la capacité de longrines, même très grosses.
    Une solution est de disposer à chaque étage une poutre qui reprend les charges qu'aurait portées le mur et les concentre sur les poteaux. Alors le mur n'est plus porteur, mais participe encore au contreventement si nécessaire.
    Des solutions mixtes ou intermédiaires sont également possibles. Par exemple, parmi tant d'autres solutions : seuls les murs les moins chargés descendent jusqu'à des longrines, ou encore on ne met pas une poutre à chaque étage, mais seulement tous les x étages.

- Si la capacité portante du sol est très faible, sans possibilité de trouver un support plus résistant en profondeur ⟹ dernier recours qui peut être tenté : un radier.
  C'est alors l'intégralité du plancher inférieur du bâtiment qui assure la fonction fondation. Sa conception et sa construction sont délicates et les impératifs de son bon fonctionnement influencent fortement les choix structuraux de l'ensemble de l'édifice.

C-I.4.2 Choix des éléments retenus comme porteurs

Ils sont choisis parmi les éléments capables d'être porteurs. Ceux-ci sont :
- d'une part, les murs présentant des zones suffisantes sans ouvertures, en béton banché ou d'épaisseur ≥ 20 cm s'ils sont en maçonnerie (s'ils ne se développent que sur une seule hauteur d'étage, une épaisseur ≈ 15 cm est acceptable) ;
- d'autre part, les poteaux.

Comparer les plans de tous les niveaux pour mettre en évidence les éléments qui se superposent de niveau en niveau jusqu'aux fondations. Choisir parmi eux ceux qui seront porteurs.

A priori, il faut prévoir un poteau sous chaque appui des poutres principales. Si nécessaire, il est possible d'ajouter des poteaux non signalés sur les plans de l'architecte, à condition de les inclure dans l'épaisseur de murs existants.

C-I.4.3 Choix des murs assurant le contreventement

Ce sont des murs pleins, sans ou avec très peu d'ouvertures. Généralement ils sont également porteurs. Pour les bâtiments plus hauts que R+1, ils sont en béton banché.

Ils doivent être disposés perpendiculairement aux façades pour résister à la poussée du vent sur chacune d'elles. Ils doivent aussi être disposés de façon que l'effort résistant qu'ils opposent au vent soit le plus possible centré sur l'effort agissant. Sinon, le bâtiment a tendance à se vriller et sa résistance globale à la torsion doit alors être étudiée.

Les murs des cages d'escaliers, les murs séparateurs d'appartements et les murs pignons sont souvent utilisés à cet effet. Notons cependant qu'avec les moyens constructifs actuellement utilisés en France, on préfère construire les murs extérieurs en brique ou bloc béton plutôt qu'en béton banché (⟹ affecter de préférence au contreventement un mur intérieur plutôt qu'un mur de façade). Des exemples sont proposés sur la figure C-I.4.1.

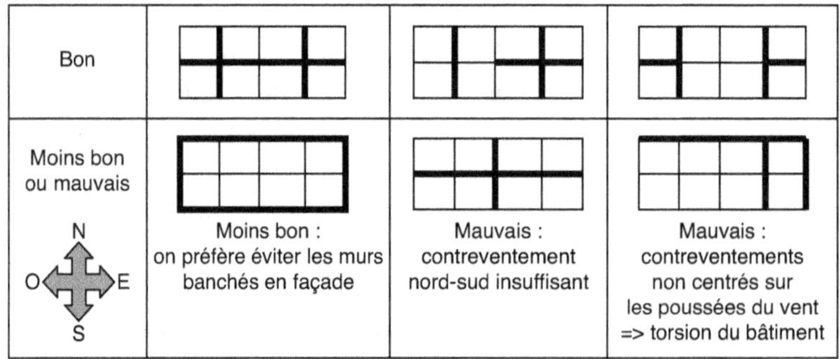

Figure C-I.4.1. Disposition des murs de contreventement (représentés en traits forts).

C-I.4.4 Choix du sens de portée des planchers

Les planchers peuvent porter dans une seule direction ou dans deux directions.

Seuls peuvent porter dans deux directions les panneaux de plancher qui répondent à la fois aux deux conditions suivantes :

- leurs quatre côtés reposent sur un mur porteur ou une poutre de raideur suffisante ;
- le rapport longueur/largeur du panneau doit être $\leq 2,5$.

Les panneaux de plancher portant dans les deux directions affichent une flèche plus faible. Pour cette raison ils s'imposent dans certains cas.

Dans le cas des bâtiments courants, pour simplifier on se contente généralement de faire porter les planchers dans une seule direction. Il faut cependant toujours prévoir dans l'autre direction des aciers de répartition (dimensionnés forfaitairement). Le sens de portée le plus efficace est parallèlement à la petite dimension du panneau.

Les planchers à poutrelles et entrevous et les planchers nervurés, par construction, ne peuvent porter que dans une seule direction, parallèlement à leurs poutrelles ou nervures.

C'est en fonction de la disponibilité de murs capables d'être porteurs et de la possibilité d'implanter une ou des poutre(s) en tel ou tel lieu qu'est choisi le sens de portée des planchers. Sur un même niveau, il n'est pas impératif que tous les panneaux portent dans la même direction.

Voir § C-I.5.2.1 la façon dont leurs charges se reportent sur les éléments porteurs.

C-I.4.5 Poutres de reprise et dalles transfert

Lorsqu'à un certain niveau, des éléments descendant les charges du haut n'aboutissent pas à l'aplomb d'éléments porteurs, une « poutre de reprise », généralement conséquente, est disposée pour reporter leurs charges sur les éléments porteurs disponibles. Lorsqu'il s'agit de reprendre plusieurs charges non alignées pour les reporter sur des éléments porteurs non alignés, c'est à une dalle, appelée « dalle transfert », qu'est confiée cette fonction.

Une telle situation se présente généralement :

- soit au niveau haut du rez-de-chaussée, où les éléments porteurs des étages doivent être rendus compatibles avec ceux du rez-de-chaussée, organisés selon une trame plus large ;
- soit au niveau des fondations, où quelque impératif du sous-sol (par exemple une galerie d'égouts à éviter) ne permet pas de disposer les éléments de fondation à l'emplacement souhaité.

C-I.4.6 Autres éléments à prendre en compte

C-I.4.6.1 Joints de dilatation et/ou de structure

En bâtiments, les joints de dilatation doivent être espacés comme suit [2.3.3(3) NOTE]. (AF).

- 25 m dans les départements voisins de la Méditerranée (régions sèches à forte opposition de température) ;
- 30 m à 35 m dans les régions de l'Est, les Alpes et le Massif central ;
- 40 m dans la région parisienne et les régions du Nord ;

- 50 m dans les régions de l'Ouest de la France (régions humides et tempérées) ;
- Sur la hauteur du dernier niveau, diviser par deux ces espacements.

Les joints de structure sont nécessaires à la frontière entre deux zones de bâtiment susceptibles de se déformer ou de tasser différemment. Ils assurent en même temps la fonction de joints de dilatation.

C-I.4.6.2 Type du plancher inférieur

- S'il s'agit d'un dallage sur hérisson, il n'interagit pas dans le fonctionnement de la structure et possède sa propre fondation, le hérisson.
- S'il s'agit d'un plancher sur vide sanitaire, il est solidaire de la structure, porté par elle et par les fondations de la structure. En raison de sa difficulté de décoffrage (très peu d'espace pour se mouvoir dans le vide sanitaire), on choisit généralement pour ce type de plancher un mode de construction à coffrage perdu et à isolation incorporée, *si possible ne nécessitant pas d'étaiement*. Généralement, un plancher à poutrelles et entrevous isolants dans les maisons individuelles et des prédalles avec isolation incorporée dans les autres cas.

C-I.4.7 Choix final des éléments porteurs et portés

Il s'agit du choix de l'implantation des poutres, poteaux, murs porteurs et murs de contreventement, ainsi que du/des sens de portée du système de poutraison de la toiture, de chaque panneau de plancher et de leur éventuelle continuité en fonction de tous les éléments ci-dessus.

Au départ, prévoir un poteau sous chaque appui de poutre aboutissant sur un mur. Il sera supprimé par la suite si la descente des charges montre que la charge qu'il porte peut être reprise par le mur seul.

C-I.4.8 Prédimensionnement

C-I.4.8.1 Préliminaire

Il faut d'abord choisir la nature et l'épaisseur minimum des murs et planchers pour répondre aux impératifs suivants :

- Isolation phonique. Généralement assurée par la loi de masse $\Rightarrow$ masse du plancher ou mur ≥ 450 kg/m^2, soit épaisseur de béton ≥ 18 cm.
- Protection incendie. L'application de la loi de masse pour l'isolation phonique apporte la réponse à l'isolation incendie dans beaucoup de cas courants.
- Plancher entre un parking et les locaux au-dessus (voir {C-I.7.3.5}) : la protection incendie impose une tenue au feu de 2 heures. Les parkings n'étant pas chauffés, il faut aussi une isolation thermique. Enfin, si les locaux au-dessus sont de l'habitation, il faut aussi une isolation phonique renforcée. On y répond souvent par une dalle pleine en béton armé d'épaisseur ≥ 18 cm avec un enrobage $c_{nom} \geq 3$ cm protégée en sous-face par un flocage ≥ 5 cm.
- Contreventement. Si bâtiment plus haut que R + 1 $\Rightarrow$ murs en béton banché. *A priori*, épaisseur = 18 cm.

C-I.4.8.2 Prédimensionnement proprement dit

Les prescriptions dispensant de la vérification de la flèche (§ B-III.3.5.2) conduisent à un prédimensionnement qui, à ce niveau du projet, est souvent trop précis.

L'auteur propose de se contenter d'un prédimensionnement basé sur le guide simple du tableau C-I.4.1 ci-après. Repris des pratiques antérieures, il se réfère aux portées ℓ_n de nu à nu des appuis et fournit un dimensionnement qui s'avère correct dans la majorité des cas courants.

Tableau C-I.4.1. Guide proposé par l'auteur pour le prédimensionnement en vue de la descente des charges.

Ces règles de prédimensionnement ne proposent que des ordres de grandeur	
Poteaux	Poteau isolé : suivre les dimensions proposées sur le plan Poteau intégré à un mur : petite dimension = épaisseur du mur sans enduit
Murs	D'abord respecter l'épaisseur minimum pour isolation phonique ou incendie Puis, si elles sont conformes, suivre les indications du plan. Attention, y sont spécifiées les épaisseurs finies, y compris d'éventuels enduits
Dalles de planchers	D'abord respecter l'épaisseur minimum pour isolation phonique ou incendie Puis respecter à peu près les proportions ci-dessous : $\ell_n \le 4{,}5$ m $\qquad\qquad$ $h \approx \ell_n/30$ $4{,}5$ m $\le \ell_n \le 7$ m $\qquad\qquad$ $h \approx \ell_n/25$ Puis, si elles sont conformes, suivre les indications du plan. Attention, y sont spécifiées les épaisseurs finies, y compris d'éventuels chape, revêtement et enduit en sous-face Essayer d'uniformiser les niveaux des sous-faces des panneaux de dalle voisins. Le niveau des surfaces finies, y compris chapes et revêtements, est, pour sa part, imposé par les plans
Poutres	Largeur b = largeur du poteau sur lequel elle s'appuie ℓ_n $\qquad$ $h \approx \ell_n/10$ ℓ_n $\quad$ ℓ_n $\quad$ ℓ_n $\qquad$ $\ell_{n,max}/15 \le h \le \ell_{n,max}/12$ Essayer d'uniformiser les hauteurs de retombée des poutres voisines Faire varier les hauteurs de retombée par pas de 5 cm

C-I.5 Descente des charges

C-I.5.1 Généralités

La descente des charges est la détermination des actions appliquées à chaque élément d'un édifice pour en tirer ensuite sa sollicitation de calcul compte tenu des différents coefficients prévus par le règlement.

Il s'agit d'une descente des charges car l'opération est menée en partant du haut de l'édifice puis en descendant, en reportant sur les éléments du dessous les charges apportées par ceux du dessus.

Les données requises sont les suivantes :

- la géométrie de l'édifice fournie par ses plans, le parti constructif ainsi que le prédimensionnement issus de l'analyse ;
- les valeurs unitaires G et Q du poids des matériaux et des actions variables ;

Pour ne pas avoir à recommencer les opérations pour chacune des combinaisons d'actions à considérer, il est impératif de descendre indépendamment chaque type d'action : G, Q, W…

Les pondérations γ_G, γ_Q, Ψ_0, Ψ_1, et Ψ_2 à utiliser ne sont appliquées qu'après, selon les besoins.

Deux types de descentes des charges doivent être distingués :

- Une descente des charges qualifiée ici de « globale ». Elle est destinée à chiffrer les efforts transmis en tête des fondations par les éléments porteurs, les murs et les poteaux. Plus détaillée, elle chiffre aussi la sollicitation des murs et poteaux à chaque niveau.
- Une descente des charges qualifiée ici de « locale ». Elle chiffre la sollicitation à prendre en compte pour le calcul des planchers, poutrelles et poutres. Elle peut aussi être la première étape d'une descente des charges globale détaillée.

C-I.5.2 Répartition des charges sur les éléments porteurs

C-I.5.2.1 Charges des planchers

Les schémas ci-dessous illustrent comment se répartissent les charges sur les éléments porteurs selon que le plancher porte dans une seule direction ou dans deux directions.

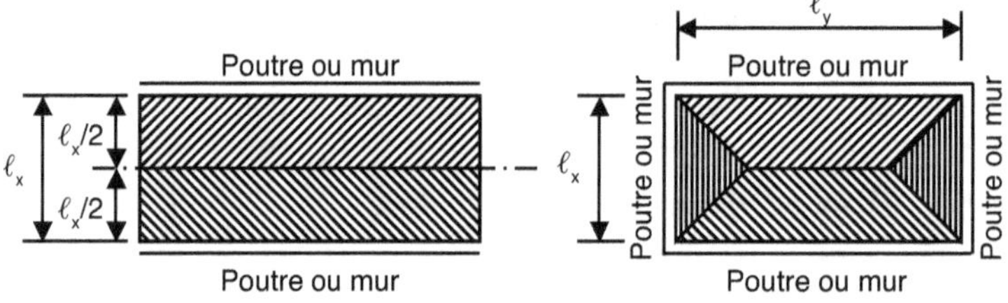

Panneau de plancher portant dans une seule direction : les charges se répartissent à parts égales sur les deux lignes d'appui

Panneau de plancher portant dans les deux directions : les charges se répartissent en trapèze sur les grands côtés et en triangle sur les petits côtés

C-I.5.2.2 Estimation des réactions d'appui des éléments continus et des consoles

Dans le cas d'éléments continus, poutres ou planchers, il y a un renforcement de la réaction sur les appuis proches d'une extrémité, généralement désignés comme « proches de rive », et sur les appuis portant une console.

Pour les besoins de la descente des charges, on se contente des règles simples ci-dessous dans lesquelles :

- R' = réaction d'appui en supposant les travées indépendantes (sans continuité) ;
- R = réaction d'appui de l'élément continu.

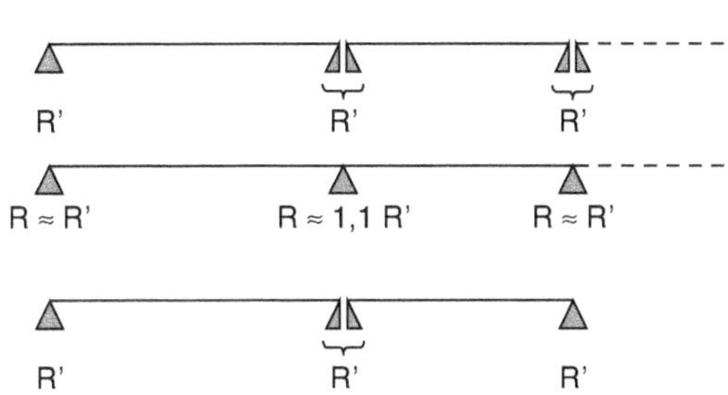

Élément à plus de deux travées continues : renforcement de la réaction sur l'appui proche de rive : $\Rightarrow R \approx 1{,}1\ R'$

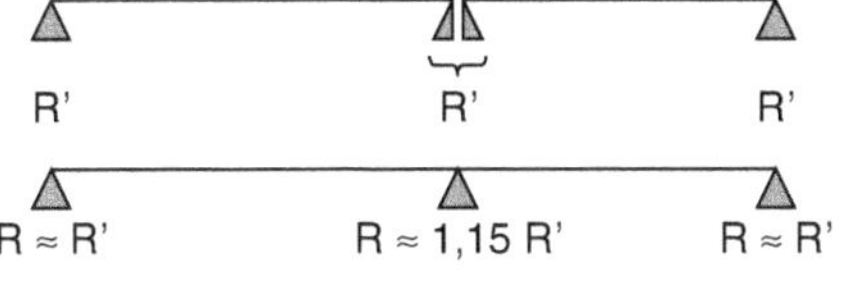

Élément à deux travées continues : l'appui intermédiaire est proche de rive des deux côtés $\Rightarrow$ plus fort renforcement de la réaction : $\Rightarrow R \approx 1{,}15\ R'$

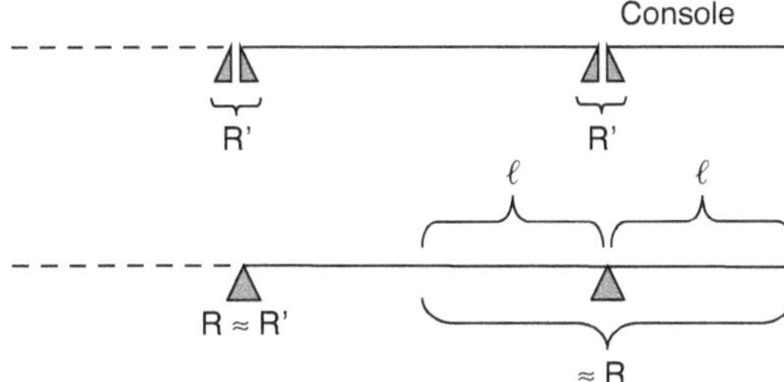

Cas d'une console :

• Le poids de la console est équilibré par un poids côté travée créant un moment égal et opposé.

• En première approximation, la longueur ℓ de la console est équilibrée par une longueur égale de travée $\Rightarrow$ valeur approchée de R.

C-I.5.3 Organisation d'une descente des charges

C-I.5.3.1 Repérage des éléments de la structure

- Repérage en fonction de la nature de l'élément
  Généralement, on repère les murs par M et les poteaux par P. On peut repérer les poutres et les longrines par L.
- Repérage en hauteur
  Aucun type de repérage ne s'est imposé.
  Cependant, il convient, pour chaque niveau, de traiter dans un même bloc les éléments portés (planchers et poutres) et les éléments qui les portent (poteaux et murs).

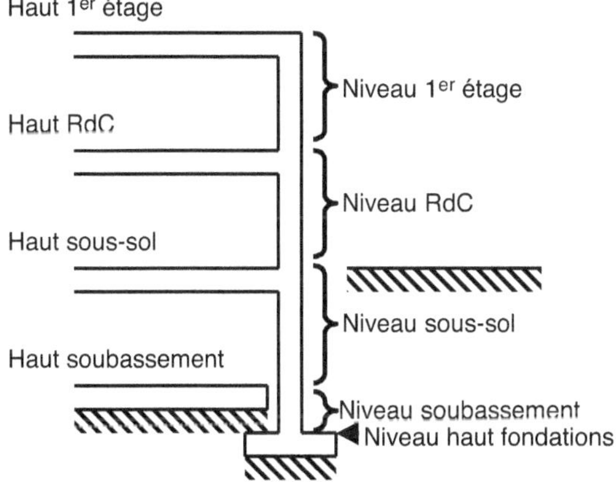

Proposition de l'auteur

Chaque bloc comprend :

– poutres et planchers du « niveau haut de l'étage » considéré ; exemple : poutre (n°) niveau haut RdC ;

– poteaux et murs de l'étage considéré, exemple : poteau (n°) niveau RdC.

• Repérage en plan

Pour un bâtiment bien tramé, on peut faire un repérage orthogonal se référant au repère de chaque trame. Souvent, on est amené à créer localement des subdivisions des trames de base. Le poteau à l'intersection des trames C et 2 est alors désigné PC2, niveau (n°). La poutre reliant les poteaux PC2 et PD2 est désignée LC2D2, niveau haut (n°).

On peut également se contenter de numéroter de 1 à n, sans nécessairement de logique sous-jacente, ou recourir à une solution mixte. C'est l'efficacité et la lisibilité qui doivent guider le choix.

Dans tous les cas, il faut s'efforcer de repérer de façon semblable les éléments qui se superposent d'un étage à l'autre.

C-I.5.3.2 Dimensions prises en compte

Il s'agit de faire simple, tout en limitant les approximations. Notamment, pour le poids propre, il faut comptabiliser tous les volumes pesants sans en compter certains plusieurs fois.

Pour cela, la pratique courante est la suivante :

• Dimensions horizontales : mesurées d'axe à axe des appuis et/ou des trames du plan.

• Dimensions verticales :

– revêtements, chapes éventuelles, dalles ou hourdis : hauteur totale ;

– poutres : compter seulement leur retombée (leur partie haute a déjà été comptée avec la dalle ou le hourdis) ;

– poteaux et murs : hauteur libre entre la surface de la dalle brute (ou du hourdis) du niveau inférieur et la sous-face de la poutre ou de la dalle du niveau porté.

En procédant ainsi : on n'oublie aucun volume ; en revanche, on applique les actions variables, les revêtements et éventuelles chapes dans l'épaisseur des murs et cloisons et sur l'emprise des poteaux ; l'incidence de cette approximation est négligeable.

C-I.5.4 Exemples de descente des charges

C-I.5.4.1 Données

• Pas d'action accidentelle prise en compte.

• Immeuble d'habitation.

• Plans : voir ci-dessous.

Pour la simplicité de cet exemple, tous les niveaux sont identiques.

• Nombre d'étages ≤ 3 ⇒ sauf cas particulier, on néglige les efforts dus au vent.

• Environnement climatique : neige courante = 0,35 kN/m^2 (en plaine hors zone neigeuse).

• Plancher bas du sous-sol : dallage sur hérisson.

• Fondations : superficielles.

C-I.5.4.1.1 Plans de repérage

Le repérage ressort de l'analyse du bâtiment et des choix constructifs.

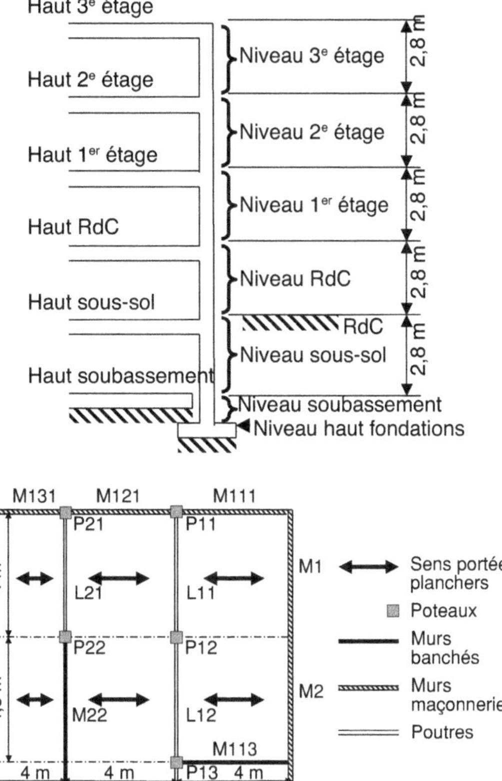

Dans cet exemple, le repérage en plan de chaque élément est individuel. On reconnaît une logique « orthogonale » dans le choix des numéros de chaque élément, c'est l'un des choix possibles.

C-I.5.4.1.2 Poids unitaires

Plancher terrasse non circulable

G en kN/m^2

Protection étanchéité : 4 cm de gravier (20 kN/m^3) 0,8

Étanchéité multicouche 0,12

Isolation thermique .... /

Forme de pente en béton maigre : h moy. $\approx$ 8 cm ($\approx$ 22 kN/m^3) 1,8

Dalle : h = 15 cm (< 18 cm car pas de problème d'isolation phonique épaisseur à justifier selon la portée) 3,75

Revêtement intérieur (1 cm de plâtre) ou faux plafond 0,10

$$G = 6,57 \approx 6,6 \text{ kN/m}^2$$

Charge d'exploitation : Q entretien : 1 kN/m^2 | retenir le plus grand des
neige : 0,35 kN/m^2 | deux (voir § C-I.3.1) $\Rightarrow$ Q = 1 kN/m^2

$$G = 6,6 \text{ kN/m}^2 \text{ et } Q = 1 \text{ kN/m}^2$$

Acrotères

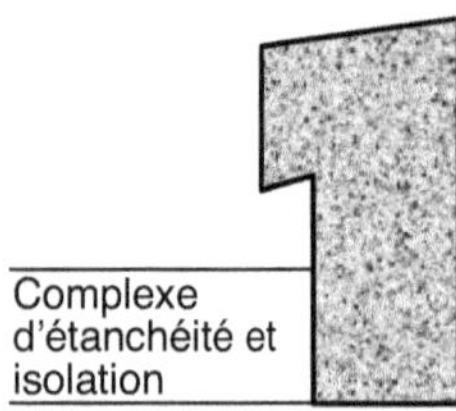

Acrotères bas :

section équivalente = 20×50 cm^2

$$G = 2,5 \text{ kN/m et } Q = 0$$

Planchers appartements

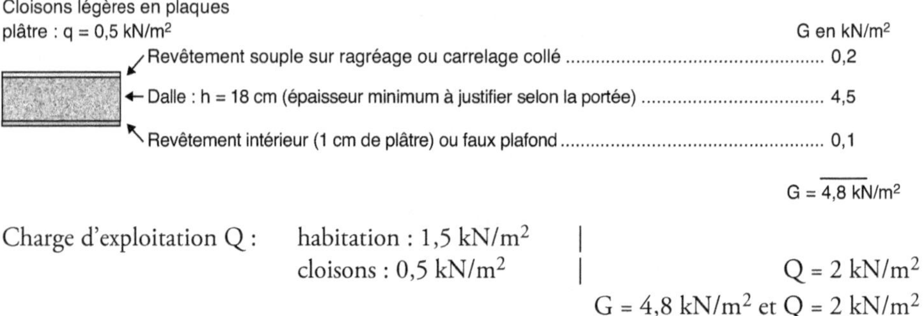

Charge d'exploitation Q :   habitation : 1,5 kN/m^2 |
 cloisons : 0,5 kN/m^2 | $Q = 2$ kN/m^2

$$G = 4,8 \text{ kN/m}^2 \text{ et } Q = 2 \text{ kN/m}^2$$

Poutres

Seule leur retombée doit être comptée ici, le reste de leur volume ayant déjà été pris en compte dans le plancher.

Envisager ici : largeur b $\approx$ 20 cm ; hauteur totale h $\approx$ l/10 = 40 cm $\Rightarrow$ retombée $\approx$ 40 – 18 = 22 cm

Murs extérieurs en maçonnerie avec isolation

- Murs pleins
  Enduit monocouche   0,1 kN/m^2
  Mur brique ou bloc béton creux, e = 20 cm (0,15 kN/m^2/cm d'épaisseur)   3,0 kN/m^2
  Isolation thermique + plaque de plâtre   0,2 kN/m^2
  $$G = 3,3 \text{ kN/m}^2$$

- Murs moyennement ouverts
  Taux d'ouvertures $\approx$ 30 % $\Rightarrow G = 2,2$ kN/m^2
- Murs banchés intérieurs
  Épaisseur = 18 cm, pas d'enduits (0,24 kN/m^2/cm d'épaisseur) $\Rightarrow G = 4,3$ kN/m^2

Poteaux isolés

Pour cet exemple :

section 20×20 cm ; hauteur à comptabiliser = 2,8 m – h poutre $\approx$ 2,4 m $\Rightarrow G = 2,4$ kN

Chaînages, poteaux et poutres de rive construits dans l'épaisseur des murs

Inclus dans le poids des murs et planchers.

Soubassements et éventuelles longrines

Fonction de la situation de chaque édifice. Pour cet exemple :

largeur = 20 cm et hauteur = 30 cm (béton armé $\Rightarrow$ 2,5 kN/m³) $\Rightarrow$ G = 1,8 kN/m

C-I.5.4.2 Descente des charges « locale »

Poutre L11-L12

C'est l'appui proche de rive d'un plancher continu de plus de deux travées $\Rightarrow$ réaction du plancher sur cette poutre = R $\approx$ 1,1 R'

Poutre L11-L12

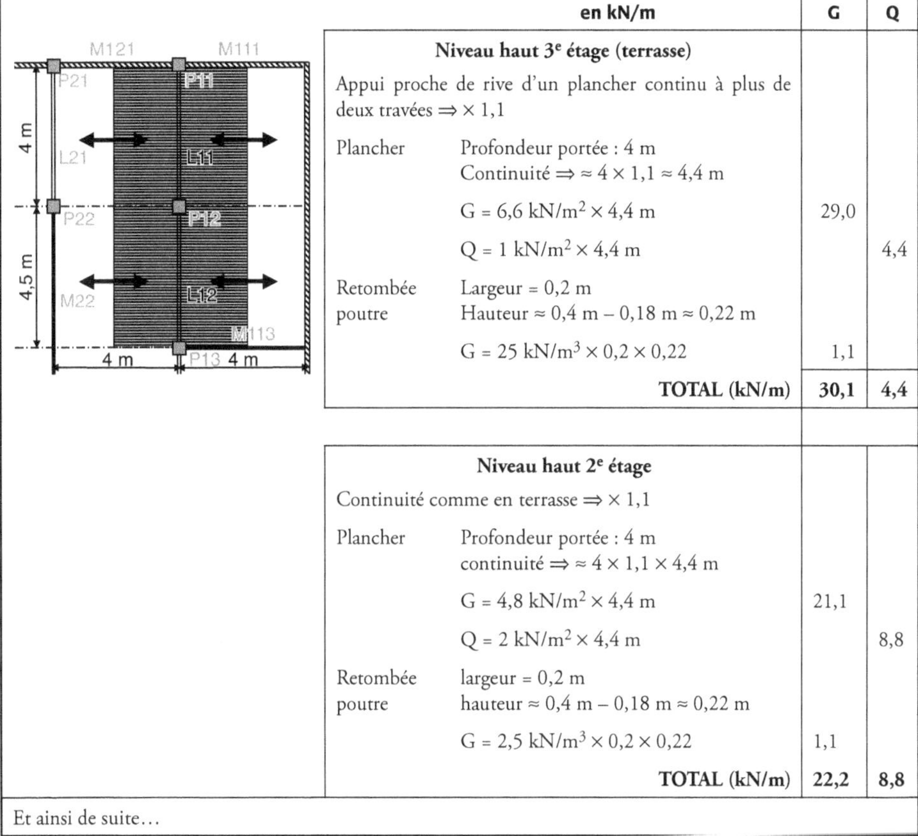

en kN/m	G	Q
Niveau haut 3ᵉ étage (terrasse)		
Appui proche de rive d'un plancher continu à plus de deux travées $\Rightarrow \times 1,1$		
Plancher Profondeur portée : 4 m Continuité $\Rightarrow \approx 4 \times 1,1 \approx 4,4$ m		
G = 6,6 kN/m² $\times$ 4,4 m	29,0	
Q = 1 kN/m² $\times$ 4,4 m		4,4
Retombée Largeur = 0,2 m poutre Hauteur $\approx 0,4$ m $- 0,18$ m $\approx 0,22$ m		
G = 25 kN/m³ $\times$ 0,2 $\times$ 0,22	1,1	
TOTAL (kN/m)	**30,1**	**4,4**
Niveau haut 2ᵉ étage		
Continuité comme en terrasse $\Rightarrow \times 1,1$		
Plancher Profondeur portée : 4 m continuité $\Rightarrow \approx 4 \times 1,1 \times 4,4$ m		
G = 4,8 kN/m² $\times$ 4,4 m	21,1	
Q = 2 kN/m² $\times$ 4,4 m		8,8
Retombée largeur = 0,2 m poutre hauteur $\approx 0,4$ m $- 0,18$ m $\approx 0,22$ m		
G = 2,5 kN/m³ $\times$ 0,2 $\times$ 0,22	1,1	
TOTAL (kN/m)	**22,2**	**8,8**

Et ainsi de suite…

C-I.5.4.3 Descente des charges « globale »

C'est celle qui convient lorsque l'objectif est limité aux charges au niveau fondations. Elle peut alors être assez rapide, comme présenté sur l'exemple ci-dessous.

Façades M1, M2... (charges sur les fondations seulement)

	en kN/m	G	Q
Façade	Acrotère : G = 2,5 kN/m	2,5	
	Mur : G = 3,3 kN/m^2 × 2,8 m × 5 niveaux	46,2	
	Soubassement : G = 1,8 kN/m	1,8	
Plancher	Profondeur portée : 2 m		
	Terrasse :		
	G = 6,6 kN/m^2 × 2 m	13,2	
	Q = 1 kN/m^2 × 2 m		2
	Planchers : 4 niveaux		
	G = 4,8 kN/m^2 × 2 m × 4	38,4	
	Q = 2 kN/m^2 × 2 m × 4		16
Total sur le haut des fondations (kN/m)		**102,1** **≈ 102**	**18**

Nota

La charge à considérer plus tard pour le dimensionnement des fondations, au niveau bas des fondations, doit inclure en plus leur poids propre. Il ne devra pas être oublié et il conviendra, dans une première phase, de l'estimer (voir Section C-VI).

C-I.5.4.4 Autres exemples

C-I.5.4.4.1 Éléments porteurs parallèles au sens de portée des planchers

Il peut s'agir de poutres ou de murs. Ce cas est présenté sur l'exemple des façades M111, M121, M131...

Sauf à être dissociés des planchers par un joint, ces éléments sont au moins partiellement chargés par les planchers.

On peut considérer que chaque élément porteur parallèle au sens ℓ_x de portée d'un plancher porte une bande de ce plancher. S'il y a un plancher de chaque côté du mur, il faut compter une bande de chaque côté.

Cette bande doit être considérée comme pouvant charger l'élément porteur (c'est une forte probabilité, mais pas une certitude) et comptabilisée dans la descente des charges. En revanche, elle ne saurait être soustraite des charges à considérer dans le sens de portée unique ℓ_x. Elle est donc comptabilisée deux fois.

Proposition de l'auteur

Largeur de bande à comptabiliser ≈ max [ℓ_x/10 ; 50 cm]

Exemple des façades M111, M121, M131...

	En kN/m	G	Q
	Niveau haut 3e étage		
Acrotère	G = 2,5 kN/m	2,5	
Terrasse	Profondeur portée : = max [4 m/10 ; 50 cm] = 0,5 m		
	G = 6,6 kN/m² × 0,5 m	3,3	
	Q = 1 kN/m² × 0,5 m		0,5
Mur	h = 2,80 m		
	G = 3,3 kN/m² × 2,8 m	9,24	
	Total niveau haut 3e étage (kN/m)	**15,04**	**0,5**
	Total depuis le haut du bâtiment (kN/m)	**15,04**	**0,5**
		≈ 15	

Et ainsi de suite...

C-I.5.4.4.2 Poteaux deux fois proches de rive

Un exemple est celui du poteau P12. Il reprend la poutre L11-L12 à plus de deux travées dont il constitue l'appui proche de rive $\Rightarrow$ réaction R ≈ 1,1 R'

Cette poutre est également l'appui proche de rive du plancher à plus de deux travées $\Rightarrow$ elle est elle-même chargée environ 1,1 fois plus que si le plancher n'était pas continu.

Donc : réaction R sur ce poteau ≈ (1,1 × 1,1) R' ≈ 1,2 R'

Exemple du poteau P12

	En kN	G	Q
	Niveau haut 3e étage		
Terrasse	Aire portée = 4 × 4,25 m2 = 17 m² Cascade des continuités $\Rightarrow$ × 1,1 × 1,1 $\Rightarrow$ = 20,6 m²		
	G = 6,6 kN/m² × 20,6	136	
	Q = 1 kN/m² × 20,6		20,6
Retombée poutre	Longueur portée = 4,25 m Continuité $\Rightarrow$ × 1,1 $\Rightarrow$ ≈ 4,7 m		
	b = 0,2 m ; h = 0,4 − 0,18 = 0,22 m		
	G = 25 kN/m³ × 0,2 × 0,22 × 4,7	5,2	
Poteau	h = 2,80 m − 0,4 = 2,4 m section = 0,2 × 0,2 = 0,04 m²		
	G = 25 kN/m³ × 2,4 × 0,04	2,4	
	Total niveau haut 3e étage (kN)	**143,6**	**20,6**
	Total depuis le haut du bâtiment (kN)	**143,6**	**20,6**
		≈ 144	

Et ainsi de suite...

C-I.6 Sollicitation de calcul des poutres et dalles

Comme déjà exposé au § B-II.6, la portée qui sert de référence est la portée ℓ_{eff}, généralement d'axe à axe des appuis. Par contre, seules doivent être considérées les charges appliquées entre les nus des appuis, c'est-à-dire sur la longueur ℓ_n = portée de nu à nu des appuis.

Les valeurs à prendre en compte selon le cas sont illustrées sur les figures C-I.6.1 et C-I.6.2.

C-I.6.1 Effort tranchant

L'effort tranchant V maximum à prendre en compte est $V_{nu\,appui}$ déterminé au nu de l'appui. Il est plus petit que $V_{\ell eff,max}$ tiré du calcul RDM brut (avec $\ell = \ell_{eff}$ et charges appliquées sur toute la longueur ℓ_{eff}).

Le diagramme V à retenir est :

- dans le cas d'une travée isolée, *identique* au diagramme $V_{\ell n}$ calculé par référence à ℓ_n ;
- dans le cas d'éléments continus, *presque identique* au diagramme $V_{\ell n}$.

On peut donc admettre en toute circonstance $V_{nu\,appui} = V_{\ell n,appui}$.

C-I.6.2 Moment fléchissant

Le moment fléchissant est calculé sur la base de ℓ_{eff}.

Exclure ou non les charges appliquées sur la largeur des appuis a une incidence faible.

C-I.6.2.1 En travée

Le moment à prendre en compte est $M_{\ell eff}$ découlant du calcul RDM.

C-I.6.2.2 Sur appuis d'extrémité

Le moment est bien sûr nul. Cependant, prendre ℓ_{eff} pour référence implique au nu de l'appui une valeur $M_{\ell eff,travée,nu\,appui}$ loin d'être nulle. Ce qui interpelle.

C-I.6.2.3 Sur appuis intermédiaires

Pour le moment de calcul des chapeaux sur appuis, Eurocode distingue deux cas.

C-I.6.2.3.1 Poutre ou dalle non monolithique avec l'appui [5.3.2.2(2) et (4)]

C'est le cas de poutres ou dalles sur un mur en maçonnerie ou sur appareil d'appui. Il est illustré sur la figure C-I.6.1.

Sur la largeur des appuis intermédiaires, le moment à prendre en compte excède le moment au nu de l'appui mais sa valeur n'atteint pas la valeur maximum $M_{\ell eff,appui,max}$.

On peut dire que « la nature arrondit les angles » et on admet que la pointe du diagramme est remplacée par un raccordement parabolique.

Une autre approche plus calculatoire aboutit au même résultat : si on assimile la réaction d'appui à une charge montante uniforme répartie sur la largeur de l'appui, le bilan de son incidence sur le diagramme des moments d'axe à axe des appuis se traduit par ce raccordement parabolique.

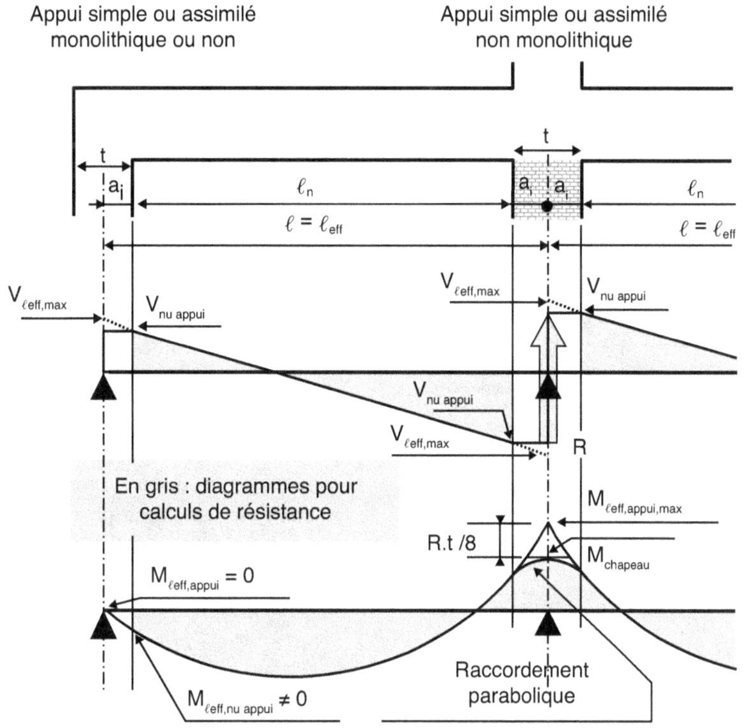

Figure C-I.6.1. Appuis assimilables à des appuis simples. Appui intermédiaire non monolithique, appui d'extrémité monolithique ou non : valeurs à prendre en compte pour les calculs de résistance.

Eurocode propose l'approximation suivante :

$$M_{chapeau} \approx M_{\ell eff,appui,max} - R_{max}.t/8$$

avec $M_{\ell eff,appui,max}$ et R_{max} = valeurs maximums du moment et de la réaction d'appui compte tenu des différents cas de charge envisageables (voir § C-II.2).

Des propriétés de la parabole de raccordement on tire les deux points suivants :

- Le sommet $M_{chapeau}$ du raccordement parabolique est environ à mi-hauteur entre $M_{\ell eff,nu\ appui}$ et le sommet de la pointe $M_{\ell eff,appui,max}$.
  On en tire alors le calcul de $M_{chapeau}$ à partir de $M_{\ell eff,nu\ appui}$ par la relation
  $$M_{chapeau} \approx M_{\ell eff,nu\ appui} + R_{max}.t/8$$
- La valeur $M_{chapeau} \approx M_{\ell eff}$ à la distance $a_i/2 = t/4$ à l'intérieur de l'appui.
  C'est de là qu'est tiré le calcul : $M_{chapeau} \approx M_{\ell eff,appui,max} - R_{max}.t/8$

C-I.6.2.3.2 Poutre ou dalle formant avec l'appui un ensemble monolithique [5.3.2.2(3)]

C'est le cas des poutres ou dalles béton armé sur appui béton armé (poutre, poteau ou mur banché).

Alors la prescription d'Eurocode, illustrée sur la figure C-I.6.2, est de dimensionner les aciers en chapeau avec la valeur du moment négatif sur appuis calculée au nu de l'appui :

$$M_{chapeau} = M_{\ell eff,chapeau,nu\ appui}$$

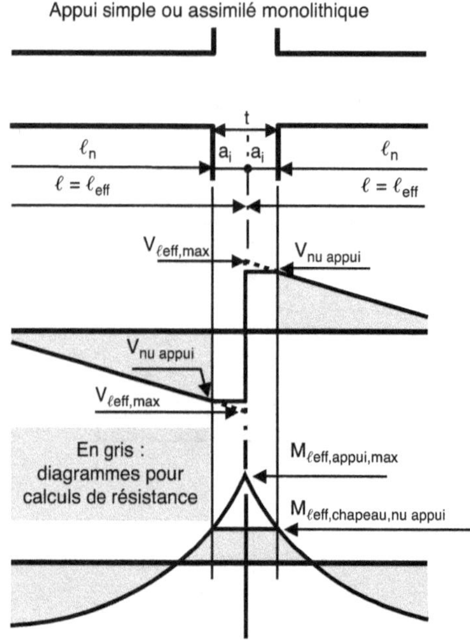

Figure C-I.6.2. $M_{chapeau}$ et V sur appui simple intermédiaire monolithique.

Ce traitement particulier implique cependant une réserve importante. Eurocode exige le respect de

$$|M_{nu\ appui}| \geq 0{,}65\ |M\ encastrement\ parfait|$$

avec $|M\ encastrement\ parfait|$ tel qu'illustré sur la figure C-I.6.3.

Cette réserve pose problème, car dans beaucoup de cas, elle est trop restrictive. On peut y échapper par l'artifice qui consiste à traiter l'appui comme s'il n'était pas monolithique, cela malgré la pénalisation par le raccordement parabolique comme montré sur la figure C-I.6.1.

Depuis décembre 2013, le Guide d'application de l'Eurocode 2 a réglé le problème. Il propose de limiter l'application de cette restriction aux cas où l'ensemble poutres et poteaux est calculé en portique. *En conséquence, dans tous les cas courants d'éléments continus traités en assimilant leurs appuis à des appuis simples, la limitation $|M_{nu\ appui}| \geq 0{,}65\ |M\ encastrement\ parfait|$ peut être ignorée.*

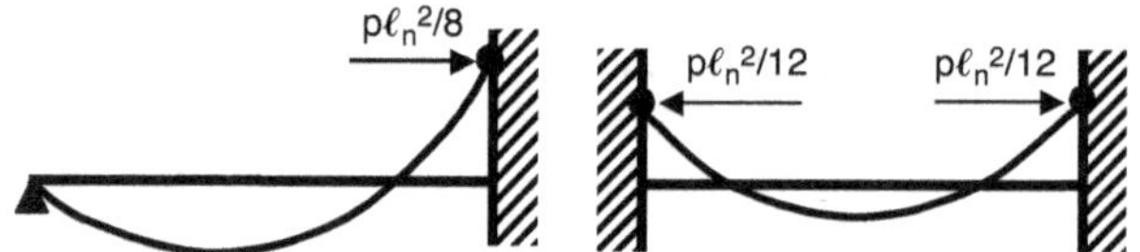

Figure C-I.6.3. $|M\ encastrement\ parfait|$ à prendre en compte pour la limitation $|M_{nu\ appui}| \geq 0{,}65\ |M\ encastrement\ parfait|$: exemple dans le cas d'un chargement uniforme p/m.

Justification du traitement particulier des appuis monolithiques

Le raccordement parabolique est la réalité du diagramme M quelles que soient les circonstances.

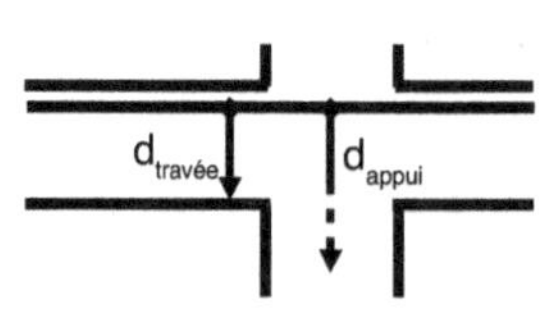

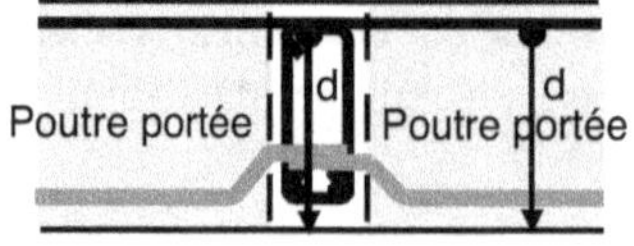

Sur un appui monolithique, comme schématisé ci-contre, la hauteur utile d disponible est plus grande et, à moment égal, la section d'acier nécessaire est plus faible. De fait, cette variation de d est progressive et limitée. Mais elle est suffisante pour que, à toute abscisse sur la largeur de l'appui, la section $A_{s,chapeau}$ strictement nécessaire $\leq A_{s,nu\ appui}$. D'où la règle de calcul proposée.

Nota

Ceci ne s'applique pas au cas où, bien que l'appui soit monolithique, il est constitué par une autre poutre qui n'a pas de retombée par rapport à l'élément porté (voir § B-III.4.4.4).

Continuité

C-II.1 Introduction

1) Contrairement au cas des travées isolées dont le cas de charge défavorable est « tout chargé », avec les éléments continus il est indispensable de prendre en compte tous les cas de charge envisageables comme montré au § A-II.5. C'est alors sur la base des diagrammes *enveloppes* M et V que doivent être menés les calculs

2) Par ailleurs, la résistance à la flexion des éléments continus découle d'une combinaison de leurs capacités de résistance en travée et sur appuis. Le paramètre important est leur résistance globale caractérisée par la hauteur sous la ligne de fermeture du diagramme des moments. La figure C-II.1.1 montre différentes configurations assurant toutes la même capacité de résistance globale, elles ont en commun la même hauteur M_0 sous la ligne de fermeture du diagramme des moments. S'appuyant sur cette propriété, le calculateur a le loisir d'adapter, dans certaines limites, la répartition des moments entre appuis et travée, c'est la « redistribution », à condition que soit préservée (elle peut augmenter mais pas diminuer) la hauteur sous la ligne de fermeture.

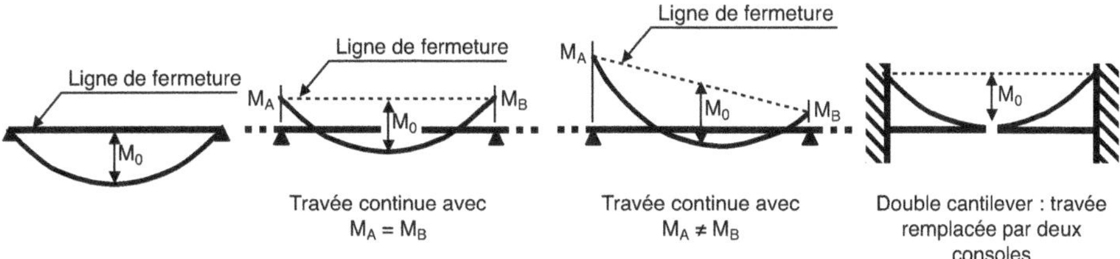

Figure C-II.1.1. Répartitions différentes des moments sur appuis et en travée assurant une même capacité globale de résistance.

3) Une redistribution est conseillée pour adapter le résultat brut du calcul RDM à la réalité du béton armé. En effet, le calcul RDM, mené sur la base de la section de coffrage, est rigoureux dans le cas d'éléments sans épaisseur au comportement parfaitement élastique linéaire. Ce n'est pas le cas des structures en béton armé. La fissuration et le fluage font que leur comportement à terme n'est ni linéaire ni élastique. De plus, malgré une section de coffrage constante, les poutres associées à un plancher sont en fait à inertie variable. Elles fonctionnent en poutre en Té en travée et en poutre rectangulaire sur appuis. Tous ces points concourent à diminuer les moments de continuité effectifs sur appuis et la redistribution doit être appliquée dans ce sens.

Il est souhaitable de viser le degré de redistribution apportant la meilleure correction au calcul RDM. Mais, les déformations de fluage évoluant avec le temps, il est impossible d'apporter la correction parfaite (si elle est bonne à un âge donné, elle ne l'est plus à un autre âge). La marge de manœuvre présentée au point (2) ci-dessus rend acceptable l'écart inévitable avec la solution idéale.

Le calcul des éléments continus tel que codifié par Eurocode peut être complexe. Cet ouvrage se limite aux éléments de base du calcul et à l'application par la règle simple de « redistribution forfaitaire » (§ C-II.6), suffisante pour les cas courants en bâtiments courants. Développée par le groupe de rédaction des Recommandations professionnelles françaises, elle est dérivée de la règle des « moments forfaitaires » (voir {section E-I}) des règlements antérieurs.

C-II.2 Construction des diagrammes enveloppes

Les cas de charge donnant les valeurs extrêmes sont les suivants.

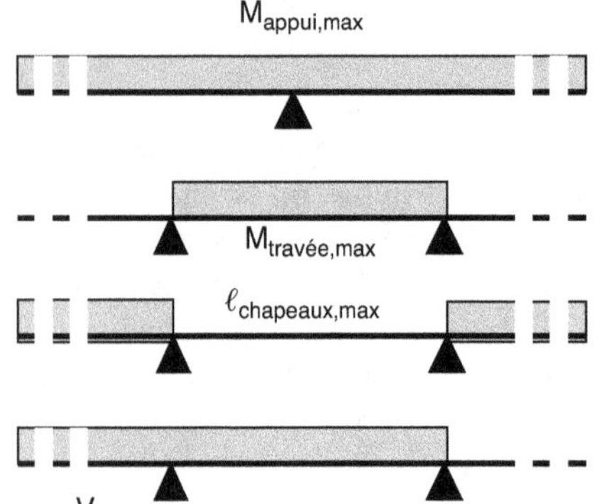

a) Moment maximum sur appui : éléments de part et d'autre de l'appui chargés.

b) Moment maximum en travée : travée chargée, éléments adjacents déchargés.

c) Approche de la longueur maximum de chapeau : travée déchargée entre deux éléments chargés.

d) Effort tranchant maximum sur un appui : travée et élément contigu à l'appui considéré chargés, élément contigu à l'autre appui déchargé.

En bâtiments courants on se contente souvent d'étudier les trois cas de charge de la figure C-II.2.1 regroupés sous la dénomination de chargement « en damier ». Tout en ignorant le cas (d) ci-dessus, ils fournissent, d'une part les valeurs extrêmes des moments, d'autre part une approximation suffisante des valeurs extrêmes de l'effort tranchant et des longueurs de chapeaux.

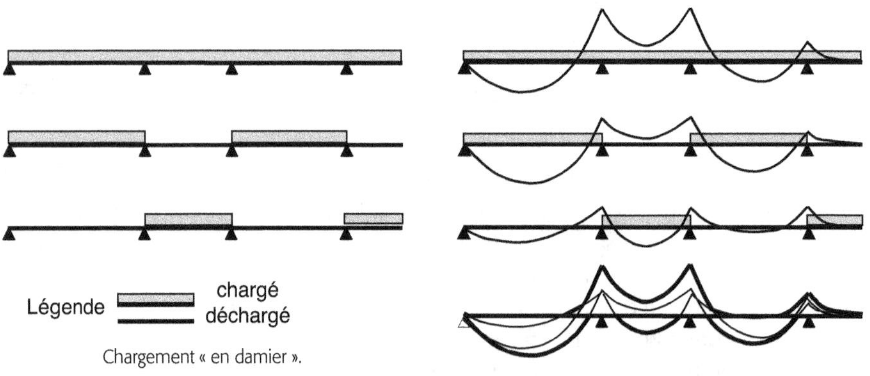

Chargement « en damier ».

Diagrammes du moment fléchissant et leur enveloppe.

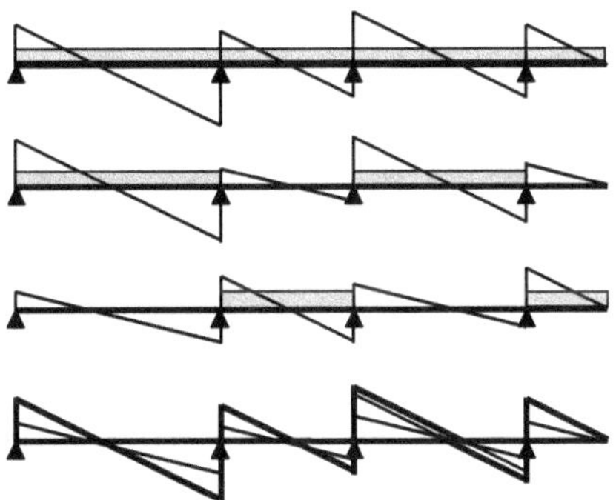

Diagrammes de l'effort tranchant et leur enveloppe.

Figure C-II.2.1. Chargement « en damier » d'éléments continus pour en tirer les diagrammes enveloppes du moment fléchissant et de l'effort tranchant.

C-II.3 Rappels de RDM

Il s'agit du calcul du moment et de l'effort tranchant en toute abscisse x d'une travée connaissant son chargement et ses moments sur appui

Les notations et le principe d'utilisation de la méthode proposée sont présentés sur la figure C-II.3.1.

Attention
Toutes les formules associées sont en valeurs algébriques. Le respect scrupuleux des signes est essentiel.

C-II.3.1 Cas général

Si on désigne par A l'appui de gauche et par B l'appui de droite.

Si le chargement de la travée considérée est caractérisé par les diagrammes M' et V' de la « travée isostatique associée » (il s'agit de la même travée désolidarisée de son contexte et reposant sur deux appuis simples).

A toute abscisse x et en valeurs algébriques ($\Rightarrow V'_A > 0$; $V'_B < 0$; $M_A < 0$; $M_B < 0$)

on a : $M(x) = M'(x) + M_A.(1 - \dfrac{x}{\ell}) + M_B.\dfrac{x}{\ell}$ et $V(x) = V'(x) + \dfrac{M_B - M_A}{\ell}$

Il est par ailleurs à noter que la valeur du moment maximum dans la travée isostatique associée est un repère largement utilisé. Elle est désignée par M_0 et, par définition, on a : $M_0 = M'_{max}$

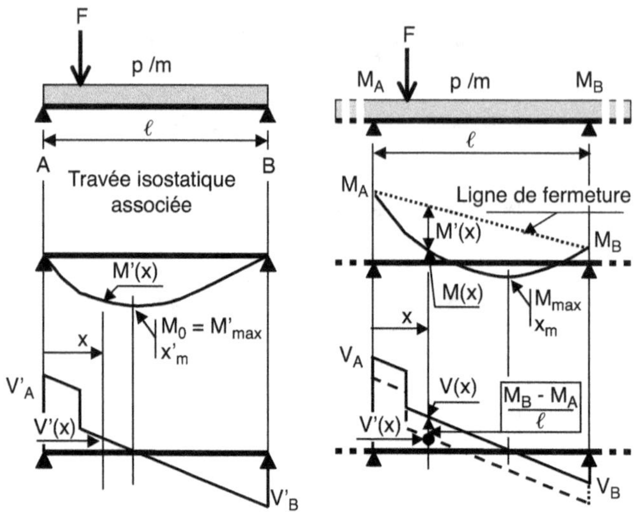

Figure C-II.3.1. M et V en travée en fonction de M', V' et des moments sur appui.

Propriétés caractéristiques de ces relations

- Sous la ligne de fermeture on retrouve le diagramme M' distordu (les longueurs verticales sont conservées mais pas les angles). Un exemple de distorsion est la transformation d'un rectangle en parallélogramme.

- A chaque abscisse x le diagramme $M(x)$ est à la hauteur $M'(x)$ en dessous de sa ligne de fermeture. C'est un mode de détermination graphique de $M(x)$, puis, point par point, de tout le diagramme M.

Il est très facile de calculer M à mi-portée de la travée.

On a en effet $M(\ell/2) = |$hauteur de la ligne de fermeture à $x = \ell/2| - M'(\ell/2)$

d'où : $M(\ell/2) = |(M_A + M_B)/2| - M'(\ell/2)$

Nota

Lorsque, comme avec une charge uniformément répartie, M'_{max} est à l'abscisse $\ell/2$ on a :
$M'(\ell/2) = M_0$

- Le diagramme V est déduit du diagramme V' par une simple translation verticale de vecteur $\dfrac{M_B - M_A}{\ell}$ (en valeurs algébriques). Donc, les diagrammes V et V' ont exactement la même forme. Simplement, l'un est plus haut que l'autre, mais lequel ? C'est le signe du vecteur de décalage $\dfrac{M_B - M_A}{\ell}$ qui donne la réponse (voir § C-II.3.3).

C-II.3.2 Cas d'un chargement uniforme p/m

Diagrammes M' et M : paraboliques

On a : $M_0 = p\ell^2/8$

Le diagramme M' est parabolique et on démontre facilement que le diagramme M est encore parabolique. De plus, il s'agit d'une parabole de mêmes paramètres que le diagramme M'. Elle est simplement déplacée parallèlement à elle-même (sans aucune rotation) pour passer par les points M_A et M_B (voir la figure ci-contre).

L'équation de cette parabole par rapport aux axes passant par son sommet est invariante. Elle s'écrit :

$$|\Delta M| = p.\Delta x_0{}^2/2 \Rightarrow |\Delta x_0| = \sqrt{2\Delta M/p}$$

où, par rapport au sommet de la parabole, $|\Delta M|$ est l'écart en ordonnée pour un écart Δx_0 en abscisse.

Diagrammes V' et V : linéaires, de |pente| = p

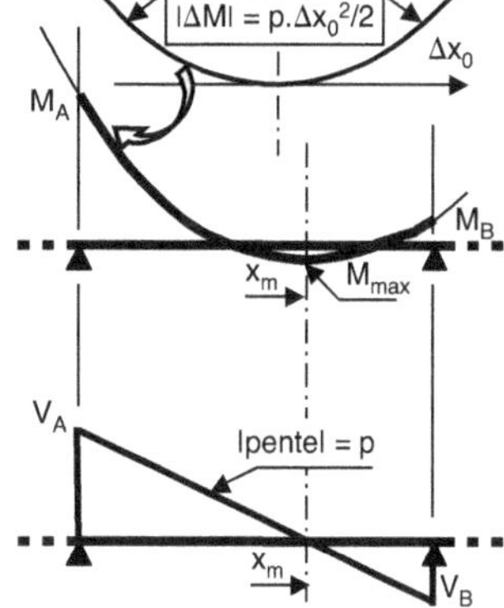

On en tire les valeurs particulières suivantes.

- Abscisse x_m du point de moment maximum = abscisse du point d'effort tranchant nul :

$$x_m = \frac{V_A}{p}$$

C'est la distance à parcourir pour, avec la |pente| = p, passer de V_A sur l'appui A jusqu'à $V = 0$.

- Moment maximum : $M_{max} = \dfrac{V_A^2}{2p} + M_A$ (ne pas oublier que $M_A < 0$)

Sachant que $M = \int V(x).dx$ on a : $M_{max} = M_A +$ aire diagramme V de A jusqu'à x_m
$$= M_A + V_A.x_m/2 = M_A + V_A.(V_A/p)/2$$
$$= M_A + V_A{}^2/2p$$

- Connaissant x_m et M_{max}, coordonnées du sommet de la parabole, on en déduit les coordonnées de tout autre point intéressant par la relation $|\Delta M| = p.\Delta x_0{}^2/2$ ou sa réciproque $|\Delta x_0| = \sqrt{2\Delta M/p}$

Aide à l'arrêt des barres dans le cas de deux lits égaux

Chacun des deux lits égaux reprenant le moment $\Delta M/2$, les relations à retenir sont synthétisées sur la figure ci-contre.

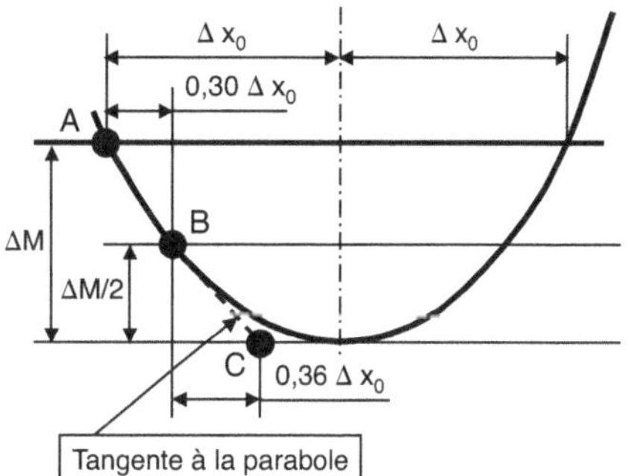

C-II.3.3 Comment éviter les erreurs ?

Toutes ces formules sont en valeurs algébriques. Le respect scrupuleux des signes est essentiel, sinon le résultat peut être n'importe quoi ⇒ toujours s'autocontrôler avec les repères ci-dessous.

Moment fléchissant

- On doit avoir : $M_{max} \leq M_0$
- Calculer $M(\ell/2) = |(M_A + M_B)/2| - M'(\ell/2)$ et vérifier que $M_{max} \geq M(\ell/2)$ (sinon, ce ne serait pas M_{max}) et qu'il ne s'en éloigne pas exagérément.
- Par rapport au diagramme M', le point de moment maximum doit s'éloigner de l'appui de plus fort $|M_{appui}|$.

Effort tranchant

- Par rapport à $|V'|$, $|V|$ augmente sur l'appui de plus fort $|M_{appui}|$.
- En s'appuyant sur ce résultat, il est possible de faire les calculs de V en valeurs absolues :

$$\Rightarrow |V| = |V'| \text{ décalé de } \left|\frac{M_B - M_A}{\ell}\right| \text{ dans le sens indiqué ci-dessus.}$$

C-II.4 Passage des valeurs de M et V obtenues par référence à ℓ_n à celles obtenues par référence à ℓ_{eff}

A défaut de disposer d'un logiciel qui, pour chaque cas de charge, fournit point par point (notamment au nu des appuis) les diagrammes $M_{\ell eff}$ et $V_{\ell eff}$, il est possible de faire un calcul manuel sur la base de la méthode de Caquot comme exposé en {E-I.5.1}. Elle intègre en plus une redistribution réaliste. Une autre solution est aussi le recours à la méthode de « redistribution forfaitaire » exposée au § C-II.6. D'un usage très simple, elle est une approximation à partir de la méthode de Caquot et calée pour respecter les impératifs d'Eurocode.

Ces deux méthodes ont été développées sur la base des règlements antérieurs se référant aux portées ℓ_n de nu à nu des appuis. Leur utilisation éclairée implique la connaissance des règles de passage d'un calcul basé sur ℓ_n à celui, faisant référence pour Eurocode, basé sur ℓ_{eff}. Les points à retenir sont listés ci-dessous et illustrés sur la figure C-II.4.1.

Effort tranchant

Entre les nus d'appuis on a, exactement ou quasi exactement, $V_{\ell n} = V_{\ell eff}$

Moment fléchissant

- A toute abscisse : $M_{\ell eff,travée} > M_{\ell n,travée}$,
- Dans le cas d'une travée isolée : $M_{0,\ell eff} = M_{0,\ell n} + \Delta M$ avec $\Delta M = M_{0,\ell eff} - M_{0,\ell n}$; dans les cas courants où $\ell_{eff} \approx 1.05\,\ell_n$ on a $M_{0,\ell eff} \approx M_{0,\ell n} + 10\,\%$; le moment au nu de l'appui n'est pas nul, on a : $M_{\ell eff,nu\ appui,travée} = \Delta M$
- Sur un appui de continuité : $|M_{\ell eff,nu\ appui}| < |M_{\ell n,appui}|$

$$M_{\ell eff,nu\ appui} \approx M_{\ell n,appui} / \left(1 + \frac{\text{largeur d'appui}}{\text{portée moyenne sur cet appui}}\right)$$

soit $M_{\ell\text{eff,nu appui}} \approx M_{\ell\text{n,appui}}/(1 + \dfrac{t}{\ell_{n,moy}}) = M_{\ell\text{n,appui}}/(1 + \dfrac{2\,t}{\ell_{n,w} + \ell_{n,e}})$

où t = largeur d'appuis = $\ell_{eff} - \ell_n$

* Les moments en toute abscisse d'une travée continue sont déduits des moments au nu des appuis ci-dessus par les formules du § C-II.3, notamment :

$M(x) = M'(x) + M_A.(1 - \dfrac{x}{\ell}) + M_B.\dfrac{x}{\ell}$ et $V(x) = V'(x) + \dfrac{M_B - M_A}{\ell}$

en prenant pour ℓ les valeurs ci-dessous :

    – dans les travées intermédiaires : $\ell = \ell_n$

    – dans les travées de rive : $\ell = \ell_n + a_i$ (voir figure C-II.4.1(c))

* Dans le cas d'appui non monolithique, le raccordement parabolique est dimensionné à partir du moment au nu de l'appui par la formule $M_{chapeau} \approx M_{nu\ appui} + R_{max}.t/8$ du § C-I.6.2.3.1.

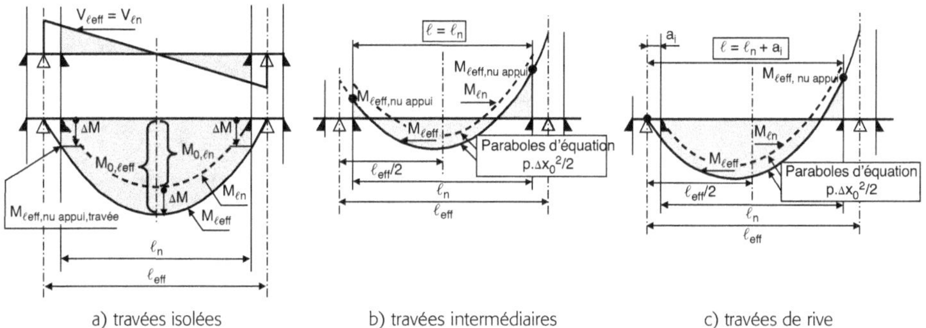

Figure C-II.4.1. Comparaison des références à ℓ_n et ℓ_{eff}.

C-II.5 Redistribution

C'est la capacité de déformation non linéaire (fluage, effet indirect de la fissuration, déformation plastique en phase de rupture ⇔ ductilité) des sections concernées qui rend possible la redistribution. Celle-ci se traduisant par une réduction des moments de continuité, c'est aux sections d'appui que s'appliquent les prescriptions suivantes.

C-II.5.1 Cas général

Eurocode traite de la redistribution en [5.5] (voir aussi {E-I.4}) et la cantonne au domaine de l'ELU.

Elle n'est pas applicable au moment d'encastrement d'une console, irrémédiablement fixé par les actions appliquées à la console, ni aux nœuds des systèmes fonctionnant en portiques, c'est-à-dire non contreventés par des murs (hors de la cible de ce livre).

Son amplitude est caractérisée par le « coefficient de redistribution » δ tel que

$M_{\ell\text{eff,axe appui}}$ après redistribution = $\delta.M_{\ell\text{eff,axe appui}}$ avant redistribution d'où $\delta = \dfrac{M_{\ell\text{eff,axe appui}} \text{ après redistribution}}{M_{\ell\text{eff,axe appui}} \text{ avant redistribution}}$

On note que δ est d'autant plus petit que la redistribution est plus importante.

La méthode est applicable à toutes les classes de ductilité des aciers.

Les calculs associés, menés en plasticité, sont complexes. Souvent, les vérifications imposées limitent le taux de redistribution accessible avec des aciers de classe de ductilité A.

Nota

Le Guide d'application de l'Eurocode 2 propose deux simplifications :
1) Il valide (article 5.6.1(3) P Note(IV)) l'utilisation de la « méthode de Caquot » {E-I.5.1} proposée par les règlements français antérieurs, applicable à de nombreux cas de poutres continues, comme compatible avec les exigences de la « redistribution limitée » (voir § C-II.5.2). Cela avec les restrictions ci-après :
– aciers de classe de ductilité B ou C ;
– limité au cas où les appuis sont assimilés à des appuis simples ;
– section des poutres constante par travée (mais pouvant varier d'une travée à l'autre).
2) Il propose (article 5.6.1(3) P Note(I)) la « méthode redistribution forfaitaire » (voir § C-II.6) applicable aux planchers à charge d'exploitation modérée et aux poutres qui les supportent. C'est une adaptation aux exigences d'Eurocode de la « règle des moments forfaitaires » proposée par les règlements français antérieurs.
Les limitations de cette méthode sont celles de la règle précédente des moments forfaitaires avec *en plus l'obligation d'utiliser des aciers de classe de ductilité B ou C.*

C-II.5.2 Redistribution limitée

Pour les cas courants Eurocode propose des règles simplifiées dispensant du calcul en plasticité. Ce sont les règles de la « redistribution limitée ».

Elles autorisent à s'exonérer du calcul en plasticité sous certaines conditions dont, notamment :

* l'utilisation d'aciers de classe de ductilité B ou C ;
* une limitation du degré de redistribution conditionnée à la hauteur relative α_u de l'axe neutre calculée à l'ELU après redistribution ;
* une limitation supplémentaire de δ dans les cas d'utilisation d'aciers de classe de ductilité A.

Il a en effet été vu au § A-II.2.2.3.3 que les poutres très fortement armées, de ce fait associées à une valeur élevée de a_u, ne sont pas ductiles et que la ductilité augmente au fur et à mesure que la proportion d'acier, et avec elle α_u, diminuent. D'où : plus α_u est grand, plus faible est la réserve de ductilité.

Les Règles professionnelles françaises :

* en étendent l'application à l'ELS [clause 5.5(2)], en conséquence les limites $\mu_{u,\text{limite,ELS}}$ (§ B-III.2.5.4.1) restent utilisables après redistribution ;
* proposent [clause 5.3.2.2(3)] de faire les calculs par référence aux valeurs de $M_{nu\text{ appui}}$ et d'admettre $\delta \approx d_{nu\text{ appui}} = \dfrac{M_{nu\text{ appui}} \text{ après redistribution}}{M_{nu\text{ appui}} \text{ avant}}$, c'est une approximation.

C-II.5.2.1 Domaine d'utilisation

* Utilisation d'aciers de classe de ductilité B ou C.
* Rapport entre portées adjacentes compris entre 0,5 et 2.

- Amplitude de la redistribution limitée comme précisé au § C-II.5.2.2 ci-dessous.

C-II.5.2.2 Amplitude maximum autorisée pour la redistribution limitée

Pour des bétons de classe $\leq$ C50/60 et en se référant au diagramme parabole-rectangle ou sa simplification le diagramme rectangle (cible de cet ouvrage), il faut respecter :

$\delta \geq 0,44 + 1,25.\alpha_u$ où α_u = valeur après redistribution

$\geq 0,7$ avec des aciers de classe de ductilité B ou C

$\geq 0,8$ avec des aciers de classe de ductilité A

$\geq 0,85$ lorsqu'un calcul de résistance au feu est requis

Nota

La capacité de redistribution est restreinte avec les aciers de classe de ductilité A qui ont une capacité d'allongement limitée, d'ou $\delta \geq 0,80$.

La redistribution est plus limitée lorsqu'une vérification au feu est exigée car les incendies affectent d'abord les aciers inférieurs des poutres et dalles. La limitation $\delta \geq 0,85$ a pour objet de privilégier la reprise d'effort par les aciers en chapeau qui, placés en partie supérieure, sont moins affectés par l'incendie.

Par la relation $\mu_u = \alpha_u.\psi_u.(1 - \delta_{Gu}.\alpha_u)$, cette limitation sur α_u peut être traduite en limitation sur μ_u.

Le tableau C-II.5.1 fait la synthèse des prescriptions.

Tableau C-II.5.1. Redistribution limitée : valeurs de α_u et μ_u limitant la redistribution dans le cas d'aciers de classe de ductilité A, B ou C, d'un béton de classe $\leq$ C50/60 et sur la base du diagramme rectangle.

	Avant redistribution	Après redistribution	
Pas de redistribution autorisée : $\delta = 1$	μ_u avant $\geq 0,295$	α_u après $\geq 0,45$	μ_u après $\geq 0,295$
Valeur intermédiaire : $\delta = 0,9$	μ_u avant $\leq 0,279$	α_u après $\leq 0,37$	μ_u après $\leq 0,251$
Limite en cas de vérification au feu : $\delta = 0,85$	μ_u avant $= 0,268$	α_u après $= 0,33$	μ_u après $= 0,228$
Limite avec des aciers de classe de ductilité A : $\delta = 0,8$	μ_u avant $\leq 0,255$	α_u après $\leq 0,29$	μ_u après $\leq 0,204$
Limite absolue, classes de ductilité B et C : $\delta = 0,7$	μ_u avant $\leq 0,220$	α_u après $\leq 0,21$	μ_u après $\leq 0,154$

C-II.5.2.3 Conséquence de la limitation de α_u et μ_u

Les limitations ci-dessus font que, pour tirer le profit maximum de la redistribution, à savoir atteindre $\delta = 0,7$, on doit avoir μ_u sur appui après redistribution $\leq 0,154$, ce qui est très restrictif.

Cela ne pose pas de problème avec les dalles de plancher dans lesquelles la section disponible pour le béton comprimé est généralement très surabondante, ce qui se traduit par des valeurs de μ_u faibles, presque toujours $\leq 0,154$.

Cela pose par contre problème pour les poutres. Avec leur dimensionnement courant, même après redistribution, elles affichent couramment $\mu_{u,appui} > 0,20$. Alors :

- soit on réduit la redistribution à peau de chagrin ;
- soit on augmente la hauteur de la poutre pour diminuer μ_u, ce qui n'est pas toujours possible ;
- soit on ajoute des aciers comprimés, ce qui coûte des aciers supplémentaires et, comme illustré sur la figure C-II.5.1, pose problème en cas de préfabrication.

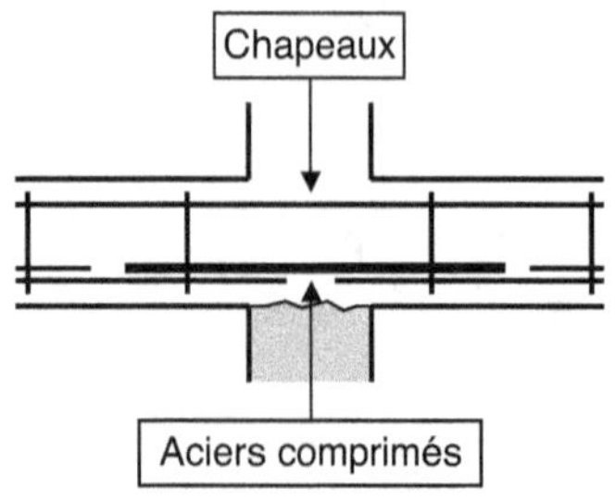

Pas de préfabrication ⇒ pas d'obstacle
à la mise en place d'aciers comprimés.

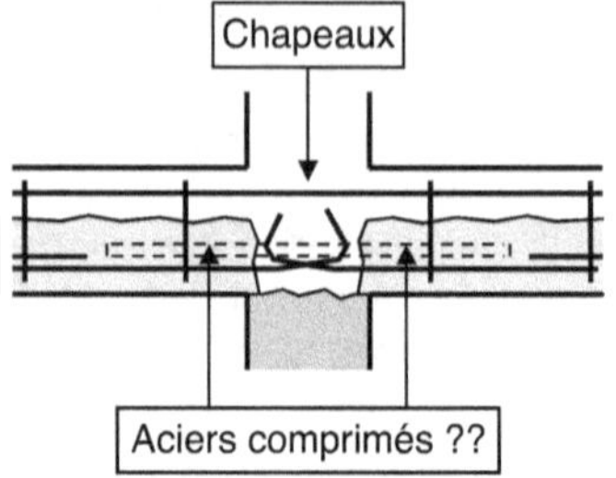

Préfabrication ⇒ là où on voudrait
mettre des aciers comprimés, les
talons des poutres occupent la
place.

Figure C-II.5.1. Aciers comprimés sur appuis : difficulté en cas de poutres à talon préfabriqué.

C-II.6 Méthode de redistribution forfaitaire

Elle a été développée par le groupe de travail des Règles professionnelles françaises et est proposée dans le Guide d'application de l'Eurocode 2.

Elle cible les applications courantes en bâtiments courants et s'applique aux planchers à surcharge modérée portant dans une seule direction ainsi que les poutrelles et poutres les supportant.

C'est une adaptation aux spécificités d'Eurocode de la règle des moments forfaitaires qui prévalait avec le règlement antérieur. Elle fournit directement, par un calcul très simple basé sur les portées ℓ_n de nu à nu des appuis et au prix d'une approximation respectant la sécurité, les diagrammes enveloppes M_u et V_u redistribués.

Elle a été validée sur la base du calcul général, en plasticité, qui s'exonère des restrictions de la « redistribution limitée ». Ainsi, une valeur de $\delta = 0,65 < 0,7$ est-elle accessible avec en plus $\alpha_u \leq 0,25$, plus favorable que la limite $\alpha_u \leq 0,21$ de la « redistribution limitée ».

Elle est limitée à l'usage d'aciers B500B.

C-II.6.1 Domaine d'application

- Planchers à surcharge modérée portant dans une seule direction ainsi que les poutrelles et poutres les supportant.
- Pas de revêtements ou cloisons fragiles et pas de restriction de la fissuration.
- Aciers B500B et béton de classe $\leq$ C50/60.
- $M_u = M_{u,\ell n}$ et $V_u = V_{u,\ell n}$ sont calculés par référence aux portées ℓ_n de nu à nu des appuis.
- Limitations chiffrées :
    - Inertie constante sur l'ensemble des travées.
    - Rapport des portées des travées adjacentes compris entre 0,8 et 1,25 et, sous-entendu, des tarifs de charge peu différents d'une travée à l'autre avec prédominance d'un chargement réparti.

- $G_1 + Q \leq 7{,}5$ kN/m^2 et $Q \leq 2.(G_0 + G_1)$

  où G_0 = poids propre de la dalle brute ou, en cas de prédalle, du béton de première phase et G_1 = autres charges permanentes = poids de l'éventuel béton de seconde phase + chape + revêtement.

- Pour les planchers béton armé ou à prédalles en béton armés : élancement $\ell_n/d \leq 27$.

  S'agissant de poutres, cette vérification est toujours assurée.

  Cette limite est portée à 32 en cas de contrôle qualité avec certification par tierce partie (prédalles béton armé certifiées par exemple).

  Sur appuis : respecter $\alpha_u \leq 0{,}25 \Rightarrow \mu_u \leq 0{,}18$

C-II.6.2 Démarche et formules de calcul

C-II.6.2.1 Diagramme enveloppe $M_{u,\ell eff}$

C-II.6.2.1.1 Choisir les moments de continuité sur appui

Ils sont choisis conformément au bon sens du calculateur dans les limites ci-dessous.

Il faut par ailleurs respecter sur appuis : $\alpha_u \leq 0{,}25 \Rightarrow \mu_u \leq 0{,}18$

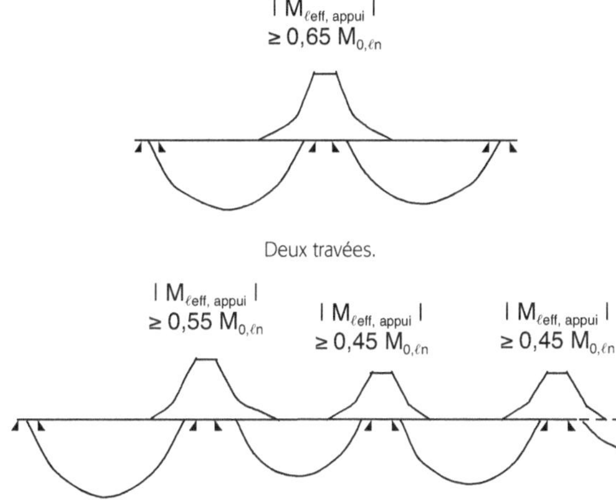

Si $M_{0\ \text{à gauche}} \neq M_{0\ \text{à droite}}$ c'est la moyenne des deux qui sert de référence pour choisir $M_{\ell eff,\ \text{nu appui}}$.

Généralement, sur chaque appui le calculateur choisit pour le moment de continuité la valeur minimum découlant de ces limites. Il a cependant, dans certaines limites, la liberté de choisir une valeur plus élevée (jusqu'à environ 20 % en plus).

> **Nota**
>
> La « règle de moments forfaitaires » proposée par le règlement antérieur (BAEL) préconisait de retenir pour le choix de M_{appui} le plus fort des deux moments $M_{0\ \text{à gauche}}$ et $M_{0\ \text{à droite}}$.
>
> En fait, cette différence n'est pas significative. Elle est noyée dans l'incertitude intrinsèque au calcul forfaitaire.

C-II.6.2.1.2 Calculer dans chaque travée la valeur du moment maximum M_t en travée

Il faut respecter :

Pour les travées intermédiaires :

$$M_{t,\ell\text{eff}} + \frac{|M_{e,\ell n}| + |M_{w,\ell n}|}{2} \geq 1,1.M_0$$

Pour les travées de rive :

$$M_{t,\ell\text{eff}} + \frac{|M_{e,\ell n}| + |M_{w,\ell n}|}{2} \geq 1,15.\, M_0$$

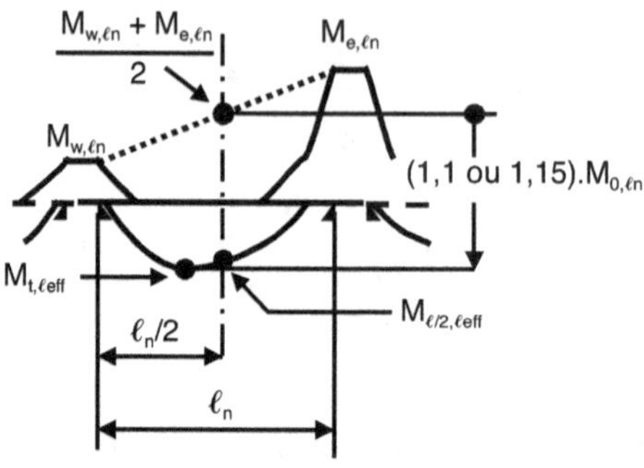

Cette formule traite le moment maximum en travée $M_{t,\ell\text{eff}}$ comme le moment à mi-portée $M_{\ell/2,\ell\text{eff}}$. Les coefficients 1,1 et 1,15 sont calés pour prendre en compte l'incidence des différents cas de charge et aussi pour corriger l'ecart entre $M_{\ell/2}$ et M_t puis entre $M_{t,\ell n}$ et $M_{t,\ell\text{eff}}$.

C-II.6.2.2 Diagramme enveloppe $V_{\ell\text{eff}}$ entre nu des appuis

En bâtiments courants, ce diagramme enveloppe peut être assimilé au diagramme enveloppe $V_{\ell n}$
Il est totalement forfaitaire, avec les valeurs ci-dessous.

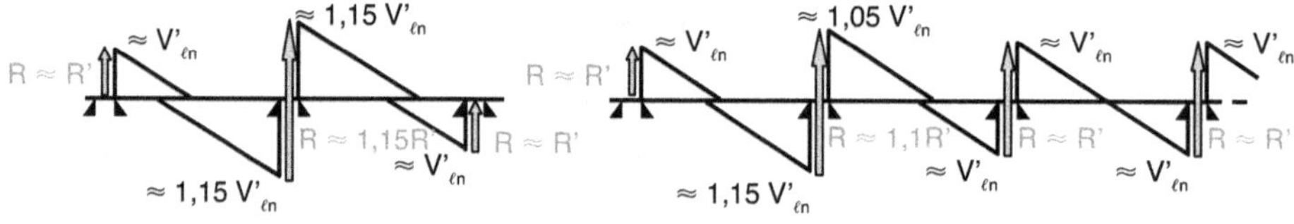

On retrouve ici le résultat déjà énoncé au § C-I.5.2.2 (descente des charges) pour la valeur des réactions.

C-II.6.3 Arrêt forfaitaire des armatures

C'est une adaptation aux spécificités d'Eurocode de l'arrêt forfaitaire proposé par les règlements précédents pour les éléments calculés avec la méthode des « moments forfaitaires ».

C-II.6.3.1 Prescription de base

Elle est limitée aux cas où chaque armature est constituée de deux lits égaux.

L'arrêt forfaitaire proposé ici a été développé par l'auteur.

Il s'applique aux cas où $Q \leq$ environ $G/2$ (à + 30 % près) et $\cot g\theta = 2,5$

La longueur d'arrêt des barres est conditionnée par les trois éléments ci-dessous :

- Le diagramme enveloppe des moments : celui dégagé ci-dessus.
- Le décalage a_ℓ du diagramme des moments pour tenir compte de l'effet de l'effort tranchant :
  - dans le cas des poutres : calé sur $\cot g\theta = 2,5 \Rightarrow a_\ell \approx h$;
  - dans le cas des dalles : a_ℓ est règlementairement = d ; pour cet arrêt forfaitaire on admet $a_\ell \approx h$.

- La longueur d'ancrage ℓ_{bd} des aciers. Son incidence est généralement sensible sur la longueur d'arrêt des deuxièmes lits de chapeaux. D'autant que dans le cas des poutres, les chapeaux sont souvent en zone de mauvaise qualité d'adhérence $\Rightarrow \ell_{bd} = 1{,}4\ \ell_{bd,nom}$

Les décalages $\approx$ h et des longueurs d'ancrage ℓ_{bd} sont différents entre une dalle et une poutre et, pour ces dernières, entre aciers inférieurs et aciers supérieurs. Chaque fois que leur incidence peut être sensible, l'arrêt des barres proposé ci-dessous les fait apparaître explicitement.

L'information est complétée par le cas des travées isolées.

Travées isolées avec deux lits égaux dans les cas où cotgθ = 2,5

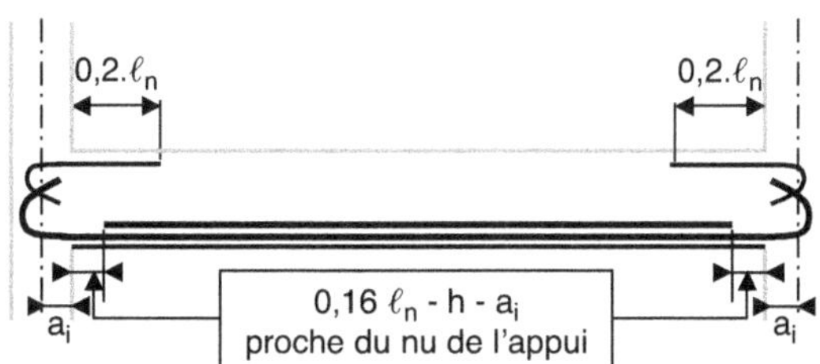

Travées continues, avec dans chaque zone considérée deux lits égaux, et dans les cas où
Q ≤ environ G/2 (à ≈ 30 % près) et cotgθ = 2,5

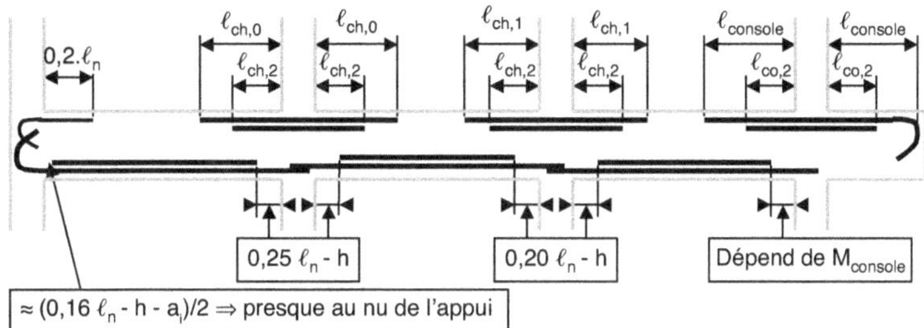

Avec :

- Sur appui proche de rive : $\ell_{ch,0} = h + 0{,}25 \times \max[\ell_{n,w}\ ;\ \ell_{n,e}]$
- Sur appui loin de rive : $\ell_{ch,1} = h + 0{,}2 \times \max[\ell_{n,w}\ ;\ \ell_{n,e}]$
- $\ell_{ch,2} = 0{,}5 \times (\ell_{ch,0}\ \text{ou}\ \ell_{ch,1}) + \Delta_{ancrage}$
- $\ell_{co,2} = 0{,}5 \times \ell_{console} + \Delta_{ancrage}$

  avec $\Delta_{ancrage} = \ell_{bd} - h \geq 0$

Attention. Les chapeaux des poutres sont souvent en zone de mauvaise qualité d'adhérence $\Rightarrow \ell_{bd} = 1{,}4\ \ell_{bd,nom}$

Nota

Dans la formule d'arrêt du deuxième lit en travée, le terme $0{,}16\ \ell_n$ de l'ensemble $(0{,}16\ \ell_n - h - a_i)$ représente en fait $0{,}30\ x_m$ qui est la transposition de $0{,}30\ x_0$ de « Aide à l'arrêt des barres dans le cas de deux lits égaux » du § C-II.3.2.

- Sur une travée isolée, on a $\Delta x_0 = \ell_{eff}/2$. Alors, si on admet $\ell_{eff} \approx 1{,}05\ \ell_n$, on a $0{,}30\ \Delta x_0 \approx 0{,}15\ \ell_{eff} \approx 0{,}16\ \ell_n$.
- Sur une travée de rive, x_m est plus court $\Rightarrow$ le deuxième lit est arrêté plus près de l'appui de rive, à une distance qu'on peut admettre $\approx (0{,}16\ \ell_n - h - ai)/2$.

Le terme « –h » dans la formule de calcul de $\Delta_{ancrage}$ représente, plus ou moins approximativement, le « débord du point E » de l'exemple du § D.1.8.2.3.

C-II.6.3.2 Cas particuliers

Lits inégaux

La prescription de base doit être adaptée.

- Arrêt du premier lit (le lit le plus extérieur).

  Il se développe sur toute la longueur où des aciers tendus sont nécessaires, indépendamment de la répartition des tâches entre premier et deuxième lit.

  Donc il est arrêté conformément à la prescription ci-dessus.

- Arrêt du deuxième lit.

  Les règles ci-dessus ne conviennent plus.

  Si $A_{s\text{ deuxième lit}} > A_{s\text{ total}}/2$, le deuxième lit doit être plus long,

  inversement, si $A_{s\text{ deuxième lit}} < A_{s\text{ total}}/2$, le deuxième lit doit être plus court.

  Alors :

    - soit le calculateur estime l'adaptation à apporter,
    - soit il fait localement une épure d'arrêt de ce second lit, sans oublier le décalage $a_\ell \approx h$ du diagramme des moments (voir l'exemple du § D.1.8.2).

Dans ce deuxième cas, le diagramme M à prendre pour référence dans la zone concernée par l'arrêt du deuxième lit est toujours un diagramme *travée chargée* (voir nota plus bas). Ce diagramme est :

- sur une travée de rive, le diagramme *travée chargée* qui passe par M = 0 à l'axe de l'appui de rive et sur l'autre appui et
  - pour le deuxième lit en chapeau, par $M_{\ell n,\text{appui,diag enveloppe}}$
  - pour le deuxième lit en travée, par la valeur estimée de $M_{\ell n,\text{appui}}$ dans le cas où la travée voisine est déchargée ;

- sur une travée intermédiaire, le diagramme *travée chargée* qui :
  - pour le deuxième lit en chapeau passe par $M_{\ell n,\text{appui,diag enveloppe}}$ sur les appuis de gauche et de droite
  - pour le deuxième lit en travée affiche à mi-portée de la travée la valeur M_t du § C-II.6.2.1.2.

Aciers comprimés

L'arrêt des aciers comprimés est difficile à estimer et une épure s'impose. Voir un exemple § D.1.8.2.4.

Le diagramme des moments à prendre pour référence dans la zone concernée par les aciers comprimés est le même que pour l'arrêt du deuxième lit de chapeau, *mais alors sans le décalage a_ℓ*.

Dans les zones nécessitant des aciers comprimés, il est facile (et du même coup conseillé) de mettre à profit l'épure construite pour l'arrêt des aciers comprimés pour arrêter aussi les aciers tendus associés. Le résultat est de meilleure qualité et la méthode traite, exactement et sans difficulté supplémentaire, les cas de lits inégaux.

> **Nota**
> - Sur appuis, dans le cas de la redistribution forfaitaire, on voit § C-II.6.2.1.1 que le diagramme enveloppe des moments sur appuis suit d'abord un diagramme M *travée chargée* (forte pente) puis (rupture de pente) un diagramme M *travée déchargée* (pente plus faible).
>   Très généralement, le domaine d'action du deuxième lit et aussi des aciers comprimés est dans la zone de l'enveloppe qui correspond à un cas *travée chargée* (forte pente).
>   La redistribution forfaitaire ne permet pas d'avoir une vue suffisamment précise de la portion du diagramme enveloppe correspondant à un cas *travée déchargée* (faible pente) pour un arrêt exact du premier lit. Alors, se contenter de l'arrêt forfaitaire du premier lit.
> - En travée, dans tous les cas le diagramme enveloppe M correspond à un cas *travée chargée*.

Dalles pleines

C-III.1 Introduction

Une dalle pleine est un élément plan en béton armé faisant fonction de plancher et reposant sur des appuis linéaires, des murs ou/et des poutres. Comme vu au § C-I.5.2.1, elle peut porter dans une seule direction ou dans deux directions orthogonales.

C-III.2 Données de base

C-III.2.1 Dimensions en plan et portées

Voir figure C-III.2.1.

Un panneau de dalle rectangulaire a deux dimensions : a et b.

- Il ne porte que dans une seule direction ℓ_x s'il n'a que deux lignes d'appui ou si, même avec quatre lignes d'appui $\ell_y > 2,5\ \ell_x$.
- S'il a quatre lignes d'appui avec $\ell_y \leq 2,5\ \ell_x$ il porte dans les deux directions. ℓ_x est alors toujours la petite dimension du panneau. Elle est qualifiée de « portée principale » et ℓ_y de « portée secondaire ».

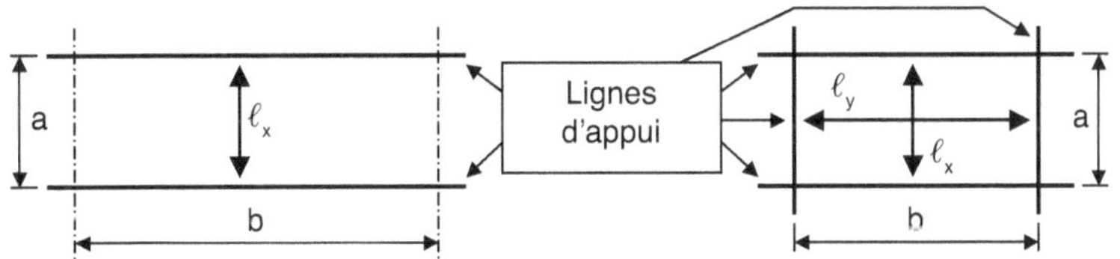

Figure C-III.2.1. Dimensions en plan et portées des dalles.

La valeur de chaque portée est déterminée avec les mêmes règles que pour les poutres (voir § B-II.6). Notamment, ℓ_x et ℓ_y sont déclinées en $\ell_{\text{eff,x ou y}}$ et $\ell_{\text{n,x ou y}}$.

Les appuis sont souvent des murs. S'ils sont en maçonnerie ils ne sont pas de type monolithique et le raccordement parabolique doit être pris en compte pour le calcul des chapeaux.

C-III.2.2 Organisation du calcul

Une dalle est assimilée à une poutre, en l'occurrence plus large que haute.

Dans la pratique, comme illustré sur les figures C-III.4.1 et C-III.5.1, on fait le calcul (diagrammes M et V puis aciers nécessaires) pour une bande de largeur b = 1 m représentative.

C-III.2.3 Épaisseur h minimum

Eurocode n'impose rien. Les limites qui prévalaient avant sont donc reconduites.

Pour les éléments de portée $\geq$ environ 2 m il faut respecter h $\geq$ 12 cm.

Pour les éléments de portée $\leq$ environ 0,8 m (c'est le cas notamment des portées entre poutrelles des planchers nervurés et des couvercles de regards) : h $\geq$ 5 cm (exceptionnellement h $\geq$ 4 cm).

Lorsque l'isolation phonique est assurée par la loi de masse, c'est le cas le plus courant : h $\geq$ 18 cm.

Par ailleurs, h est également fixé par les impératifs de flèche et de fissuration. À défaut d'un calcul plus élaboré : respecter les prescriptions du tableau B-III.3.2 fixant d et par suite h.

Les conditions d'environnement et de résistance à l'incendie modifient la relation entre d et h.

C-III.2.4 Aciers utilisés et leurs spécificités

C-III.2.4.1 Aciers utilisés

A priori des treillis soudés (TS). Ils ont été développés à cet effet.
Pour les applications structurelles (c'est le cas de l'armature des dalles) ils sont exclusivement constitués de barres HA et proposés en panneaux de 2,4 m × 6,0 m.
Un catalogue des panneaux commercialisés est proposé au § E.1.1.2.

Les aciers en barres sont également utilisés s'ils apportent une solution plus simple.

C-III.2.4.2 Ancrage et recouvrement des treillis soudés

C-III.2.4.2.1 Prescriptions d'Eurocode

Elles visent tous les systèmes avec barre(s) soudée(s) et leur application aux treillis soudés n'en est qu'un cas particulier.

Ancrages

En simplifiant, on peut retenir que si une barre soudée du treillis soudé (c'est une soudure de qualité) est à plus que 50 mm à l'intérieur de ℓ_{bd} comme montré sur la figure C-III.2.2, on bénéficie au moins du bonus $\alpha_4 = 0,7$. D'autres éléments de bonus, particulièrement α_2 (voir nota ci-dessous), s'y ajoutent mais on est déjà assuré que $\ell_{bd} \leq 0,7\ \ell_{bd,nom}/\eta_1$, sans oublier de vérifier $\ell_{bd} > \ell_{bd,min}$, avec :

- en traction $\ell_{bd,min} = \max[0,3\ \ell_{bd,total}\ ;10\phi\ ;100\ \text{mm}]$;
- en compression $\ell_{bd,min} = \max[0,6\ \ell_{bd,total}\ ;10\phi\ ;100\ \text{mm}]$ (voir § B-II.3.3.3.1).

Nota

$\alpha_2 = 1 - 0,15(c_d - \phi)/\phi$. [Tableau 8.2 de l'article 8.4].

Dans les treillis soudés standards sur stock : 6mm $\leq \phi \leq$ 9 mm,

$\Rightarrow$ si c_d = 20 mm on a $\alpha_2 \leq 0,8$ et le bonus maximum est atteint dès que $\phi \leq$ 7 mm,

$\Rightarrow$ si c_d = 25 mm on a $\alpha_2 \leq 0,7 \Rightarrow$ bonus maximum, même pour ϕ = 9 mm.

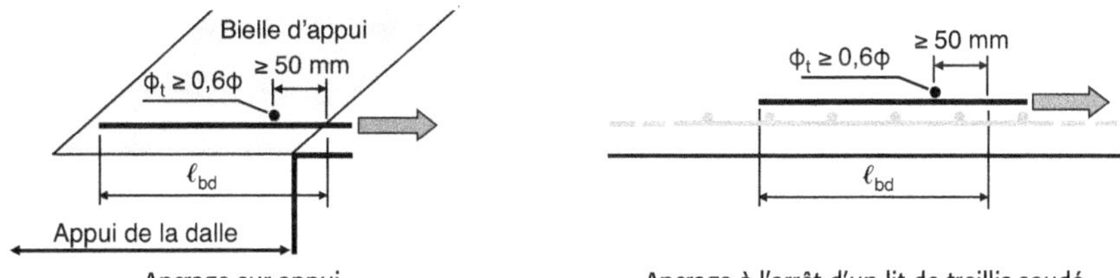

Figure C-III.2.2. Ancrage des treillis soudés : au moins une soudure et disposition de cette soudure.

La « Fiche technique 20 » éditée par l'ADETS (Association technique pour le développement de l'emploi du treillis soudé) et reproduite partiellement au § E.1.1.2, propose un jeu de valeurs précalculées de ℓ_{bd} pour les treillis soudés incluant la vérification de $\ell_{bd,min}$.

Recouvrement des aciers porteurs

Dans le cas de treillis soudés standards sur stock, les seuls considérés dans ce livre, toutes les barres de chaque panneau sont nécessairement en recouvrement en même temps. Donc leurs recouvrements présentent 100 % de superposition et $\alpha_6 = 1,5$ (voir tableau B-II.3.4)

- On a donc longueur de recouvrement $\ell_0 = 1,5.\ell_{bd}$

  et il faut respecter $\ell_0 \geq \ell_{0,min} = \max[0,3\ \ell_{bd} ; 10\phi ; 200\ \text{mm}]$.

- L'Eurocode impose de plus de distinguer deux types de recouvrements (figure C-III.2.3) :

  – les recouvrements « dans un même plan », plus efficaces et les seuls admis en cas de sollicitation de fatigue ;

  – les recouvrements « dans deux plans différents » auxquels sont imposées quelques restrictions :

    · ils ne doivent pas être disposés dans une zone de sollicitation maximum des aciers $\Rightarrow$ respecter au niveau de ce recouvrement $\sigma_{s,u} < 0,8\ f_{yd}$,

    · dans le cas contraire, la hauteur utile doit être calculée par référence au panneau de treillis soudé le plus éloigné du parement.

Là encore, la « Fiche technique 20 » éditée par l'ADETS et reproduite partiellement au § E.1.1.2, propose un jeu de valeurs précalculées.

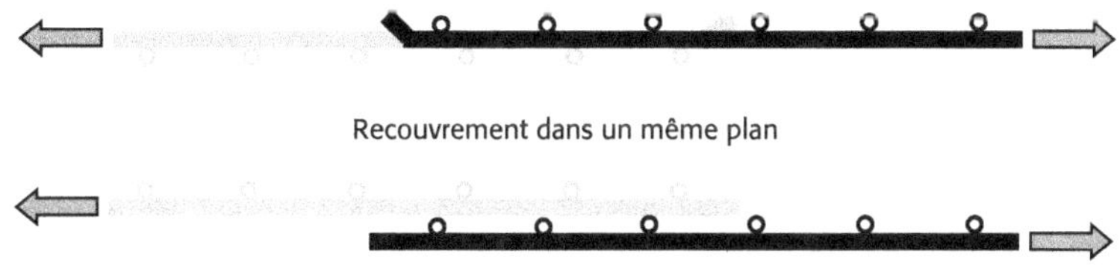

Recouvrement dans un même plan

Recouvrement dans deux plans différents

Figure C-III.2.3.Dispositions possibles pour les recouvrements des aciers porteurs des treillis soudés.

Recouvrement des aciers de répartition

On ne parle d'aciers de répartition que dans le cas de dalles portant dans une seule direction. Ce sont alors les aciers perpendiculaires au sens de portée.

Il faut cependant noter (voir § C-III.4.3) qu'il n'y a pas besoin d'aciers de répartition en partie haute des dalles, notamment pour les aciers en chapeau sur appuis. C'est donc abusivement que les aciers perpendiculaires au sens de portée en chapeau sont appelés aciers « de répartition ». Ce ne sont que des aciers de montage (imposés dans le cas des TS) et ils ne nécessitent aucun recouvrement (voir § C-III.4.3.2.2).

Pour les aciers de répartition, l'Eurocode propose une règle forfaitaire qui s'énonce comme suit :

- si $\phi \leq 6$ mm $\Rightarrow \ell_{0,\text{acier répartition}} \geq$ max [150 mm ; longueur pour inclure 2 soudures] ;
- si 6 mm $\leq \phi \leq 8,5$ mm $\Rightarrow \ell_{0,\text{acier répartition}} \geq$ max [250 mm ; longueur pour inclure 3 soudures] ;
- si 8,5 mm $\leq \phi \leq 12$ mm $\Rightarrow \ell_{0,\text{acier répartition}} \geq$ max [350 mm ; longueur pour inclure 3 soudures].

On peut aussi appliquer aux aciers de répartition les règles des aciers porteurs. C'est souvent la solution la plus économique.

Là encore, la « Fiche technique 20 » éditée par l'ADETS et reproduite partiellement au § E.1.1.2, propose un jeu de valeurs précalculées.

C-III.2.4.2.2 Proposition des Recommandations professionnelles françaises

Dans les cas courants, qui font l'objet de cet ouvrage, les prescriptions du règlement antérieur, BAEL, répondent pour l'essentiel aux exigences de l'Eurocode.

Elles sont très simples et, pour les cas courants, les Recommandations professionnelles françaises les admettent comme une alternative acceptable.

Elles sont illustrées par la figure C-II.2.4 et s'énoncent comme ci-dessous.

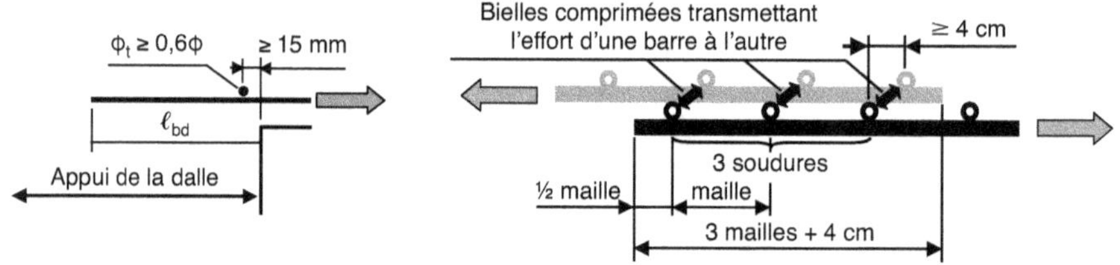

Figure C-III.2.4. Treillis soudés : ancrage sur appui des dalles et recouvrement (exemple d'un recouvrement des aciers porteur).

Aciers porteurs

- Ancrage total : 3 soudures.
- Ancrage des aciers inférieurs sur appui :
    - reconduction de la règle BAEL si l'appui est un mur : 1 soudure telle que montré sur la figure C-III.2.4 ;
    - si l'appui est une poutre : règles de l'Eurocode.

- Recouvrement lorsque nécessaire : 3 soudures + 4 cm ⇒ 3 mailles + 4 cm (voir figure C-III.2.4).
- Les 4 cm viennent du fait que dans un recouvrement, l'effort est transmis d'un panneau à l'autre par des bielles comprimées inclinées comme montré sur la figure C-III.2.4. Cela implique un décalage suffisant entre les barres servant d'appui à ces bielles, il est proposé un décalage ≥ 4 cm.

Aciers de répartition

On ne parle d'aciers « de répartition » que dans le cas de dalles portant dans une seule direction. Ce sont alors les aciers perpendiculaires au sens de portée.

- Ancrage total : 2 soudures.
- Ancrage des aciers de répartition prolongés sur les appuis : 1 soudure quelle que soit la nature de l'appui.
- Recouvrement entre panneaux contigus :
    - panneaux inférieurs (en travée) : 2 soudures + 4 cm ⇒ 2 mailles + 4 cm ;
    - panneaux en chapeau : comme précisé plus haut, il n'y a pas besoin d'aciers de répartition ⇒ pas de recouvrement nécessaire des aciers perpendiculaires au sens de portée.

C-III.3 Résistance aux effets de l'effort tranchant

Généralement les dalles y résistent sans besoin de dispositions spécifiques. C'est ce dont il faut s'assurer avant tout autre calcul.

C-III.3.1 Cas où il n'y a pas besoin d'aciers transversaux

Le dispositif portant consiste alors en une voûte (éventuellement complété de voûtes secondaires) comme schématisé sur la figure C-III.3.1. Les aciers longitudinaux tendus, en retenant les pieds de la voûte y jouent un rôle indispensable.

Un effort de compression est concentré au niveau des pieds de la voute.

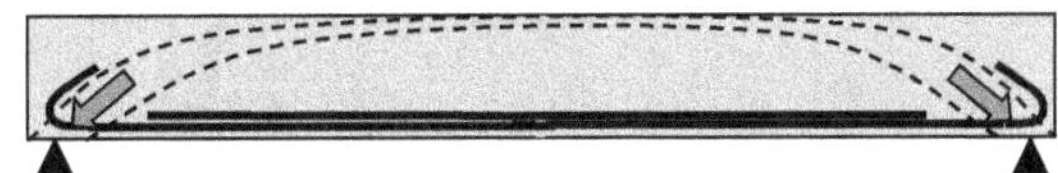

Figure C-III.3.1. Organisation de la résistance en l'absence d'aciers transversaux.

Vérification qu'il n'y a pas besoin d'aciers transversaux

Il faut vérifier :

$$V_{Ed} \leq V_{Rd,c} = [C_{Rd,c}.k.(100\rho_\ell.f_{ck})^{1/3} + k_1.\sigma_{cp}].b.d \geq (v_{min} + k_1.\sigma_{cp}).b.d$$

avec, déterminés sur une bande de largeur b = 1 m = 1000 mm :

- V_{Ed} et V_{Rdc} en Newtons, v_{min} et f_{ck} en Mpa (= N/mm^2), d et b en mm, A_s et A_c en mm^2 (la formule n'est pas homogène et le respect des unités spécifiées est impératif)
- $C_{Rd,c} = 0,18/\gamma_c$
- $k = 1 + \sqrt{200/d} \leq 2,0$ avec d en mm

- $\rho_\ell = A_{s\ell}/(b.d) \leq 0,02$
  où : $A_{s\ell}$ (en mm^2) = aire de la section des armatures tendues, prolongées sur une longueur $\geq (\ell_{bd} + d)$ au-delà de la section considérée comme explicité sur la figure C-III.3.2
- $k_1 = 0,15$
- σ_{cp} (en MPa) = $N_{Ed}/A_c < 0,2\ f_{cd}$ = 0 en flexion simple, propos de ce livre,
  où : N_{Ed} (en newton) = effort normal agissant dans la section droite, dû aux charges extérieures appliquées et/ou à la précontrainte ($N_{Ed} > 0$ en compression)
  A_c (en mm^2) = aire de la section droite du béton
- v_{min} (v minuscule) = $0,34.f_{ck}^{1/2}/\gamma_c$: Annexe nationale française (AF) [6.2.2(1) NOTE] pour les dalles

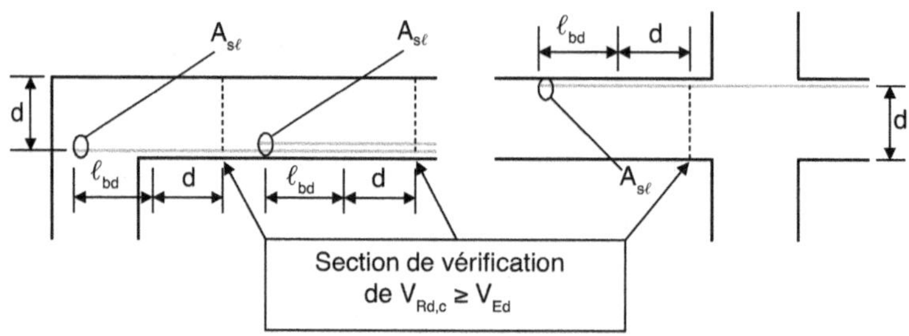

Figure C-III.3.2. Condition à respecter lors de la vérification de $V_{Rd,c} \geq V_{Ed}$.

Vérification de non-écrasement du béton à proximité des appuis

C'est la vérification que la contrainte du béton dans les pieds de la voûte reste admissible. Elle s'écrit :

$$V_{Ed,nu\ appui} = V_{u,nu\ appui} \leq 0,5.b.d.v.f_{cd} \quad \text{avec} \quad v\ (nu) = 0,6.(1 - f_{ck}/250)$$

Condition presque toujours vérifiée dans le cas des dalles courantes.

C-III.3.2 Cas où les vérifications ci-dessus ne sont pas assurées

D'abord envisager une dalle plus épaisse, d'où d plus grand, pour que les conditions soient vérifiées.

Si ce n'est pas possible ou insuffisant, envisager des aciers transversaux. Ils ne sont autorisés que dans les dalles de h $\geq$ 20 cm. Voir {E-II.3.2}.

C-III.4 Dalles portant dans une seule direction

C'est le cas courant. Leur armature comprend :

- Des aciers « porteurs » parallèles à ℓ_x. Ce sont les seuls qui sont calculés (sur une bande de largeur b = 1 m comme déjà dit) et ils assurent à eux seuls la résistance au moment fléchissant. Ils sont disposés le plus à l'extérieur pour bénéficier de la plus grande hauteur utile d possible.
- Des aciers « de répartition » dans la direction perpendiculaire, parallèles à ℓ_y. Ils sont forfaitaires et assurent une répartition transversale des charges portées par la dalle. Ils sont disposés à l'intérieur par rapport aux aciers porteurs.

Ceci est illustré sur la figure C-III.4.1.

Lorsqu'il n'y a pas de problème de flèche à redouter, même si un panneau de dalle dispose d'appuis sur ses quatre côtés, par simplification on se contente souvent de le calculer comme ne portant que dans une seule direction. Le plus efficace et le plus économique est de choisir ℓ_x parallèle au petit côté.

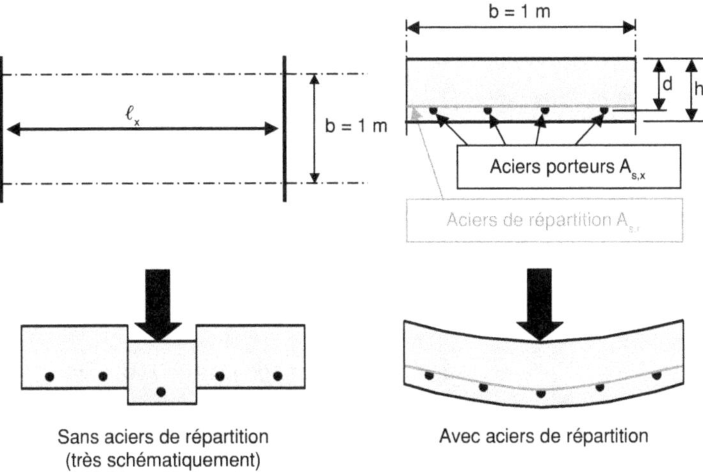

Figure C-III.4.1. Dalles portant dans une seule direction : largeur à prendre en compte, organisation des aciers et rôle des aciers de répartition.

C-III.4.1 Calcul des sollicitations et arrêt des aciers

Dans les bâtiments courants, on se satisfait généralement de la règle de redistribution forfaitaire des moments et de l'arrêt forfaitaire des aciers du § C-II.6.3.

C-III.4.2 Calcul des aciers porteurs

La démarche de calcul et les règles sont celles des poutres.

C-III.4.2.1 Hauteur utile d

Elle ne concerne que les aciers calculés, donc ici $A_{s,x}$. Pour bénéficier de la plus grande hauteur utile, ceux-ci sont placés à l'extérieur.

Dans tous les cas courants, les dalles ne comprennent pas d'aciers transversaux.

C-III.4.2.1.1 Valeur de h – d

Cas des dalles renforcées par des barres

Celles-ci sont disposées en un seul lit (voir figure C-III.4.2) et on a d = h − c$_{nom}$ − $\phi_{s,x}/2$

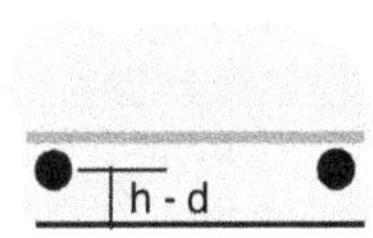

Cas des dalles renforcées par des TS

C'est la situation générale en travée.

Si un seul lit de TS : même situation que ci-dessus pour les barres en un seul lit.

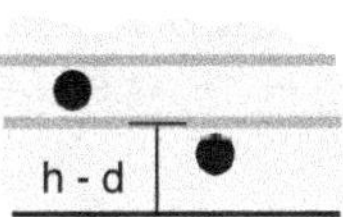

Si deux lits de TS : d se mesure alors à l'axe des aciers de répartition du premier lit et on a :
$d = h - c_{nom} - (\phi_{s,x} + \phi_{s,r}/2)$.

Avec la référence à ℓ_{eff} comme le veut Eurocode, le deuxième lit en travée est très long. Dans le cas d'utilisation de TS sur stock, l'économie finale découlant du choix de deux lits d'aciers pour en arrêter un avant les appuis n'est pas toujours au rendez-vous. Aussi, de plus en plus, ce sont des solutions à un seul lit qui sont retenues.

C-III.4.2.1.2 Valeurs de c_{nom} selon les cas

Elles sont proposées dans les tableaux C-III.4.1 et C-III.4.2.

Les aciers inférieurs des dalles bénéficient de la clause favorable « d'enrobage compact ». De plus, la classe d'exposition XC4 n'a pas lieu d'être car la sous-face des dalles est naturellement protégée du ruissellement de l'eau.

Les aciers supérieurs ne bénéficient pas de la clause d'enrobage compact et la classe d'exposition XC4 est envisageable. Sont particulièrement concernés les chapeaux des balcons et dalles de parking dont la face supérieure est rarement protégée par un revêtement.

Tableau C-III.4.1. Enrobage nominal c_{nom} des aciers inférieurs des dalles.

Enrobages à envisager par défaut pour les aciers inférieurs des dalles : conditions d'enrobage compact, classe d'exposition XC4 exclue Hypothèses : $d_g < 32$ mm et $\Delta c_{dev} = 10$ mm				
Classe envisagée pour le béton	C25/30		C30/37	C35/45
Classe d'exposition	XC1		XS1	XS3
Diamètre $\phi_{s,x}$ des aciers les plus extérieurs	≤ 12 mm (notamment TS)	14 ou 16 mm	≤ 25 mm	≤ 25 mm
Classe structurale (tableau C-I.6.4)	4 – 1 = 3	4 – 1 = 3	4 – 1 = 3	4 – 1 = 3
$c_{min,dur}$ (tableau C-I.6,5)	10 mm	10 mm	30 mm	40 mm
$c_{min,b} = \phi_{s,x}$	≈ 10 mm	≈ 15 mm	≤ 25 mm	≤ 25 mm
$c_{min} = \max\,[c_{min,dur}\,;\,c_{min,b}\,;\,10\text{ mm}]$	≈ 10 mm	≈ 15 mm	30 mm	40 mm
$c_{nom} = c_{min} + \Delta c_{dev}$ avec $\Delta c_{dev} = 10$ mm	≈ 20 mm	≈ 25 mm	40 mm	50 mm

Tableau C-III.4.2. Enrobage nominal c_{nom} des aciers supérieurs des dalles.

Enrobages à envisager par défaut pour les aciers en chapeau des dalles : pas d'enrobage compact, classe d'exposition XC4 possible Hypothèses : $d_g < 32$ mm et $\Delta c_{dev} = 10$ mm				
Classe envisagée pour le béton	C25/30		C30/37	C35/45
Classe d'exposition	XC1	XC4	XS1	XS3
Diamètre $\phi_{s,x}$ des aciers les plus extérieurs	≤ 16 mm	≤ 25 mm	≤ 25 mm	≤ 25 mm
Classe structurale (tableau C-I.6.4)	4	4	4	4
$c_{min,dur}$ (tableau C-I.6.5)	15 mm	30 mm	35 mm	45
$c_{min,b} = \phi_{s,x}$	≈ 15 mm	≈ 15 mm	≤ 25 mm	≤ 25 mm
$c_{min} = \max\,[c_{min,dur}\,;\,c_{min,b}\,;\,10\text{ mm}]$	≈ 15 mm	30 mm	35 mm	45 mm
$c_{nom} = c_{min} + \Delta c_{dev}$ avec $\Delta c_{dev} = 10$ mm	≈ 25 mm	40 mm	45 mm	55 mm

C-III.4.2.2 Condition de non-fragilité

C'est celle des poutres rectangulaires en flexion simple

$\Rightarrow A_s \geq A_{s,min} = 0{,}26.b_t.d.f_{ctm}/f_{yk} \Rightarrow \mu_u \geq \mu_{u,limite,frag}$ rappelé ci-dessous.

Les charges d'exploitation n'étant pas strictement bornées, la condition doit impérativement être respectée. Alors, si μ_u effectif $< \mu_{u,limite,frag}$ les aciers doivent être calculés sur la base de $\mu_u = \mu_{u,limite,frag}$.

Béton	C25/30	C30/37	C35/45
$\mu_{u,limite,frag}$	0,042	0,040	0,038

C-III.4.2.3 Chapeaux minimums en rive dans le sens porteur

Les spécifications sont celles des poutres et, notamment, la fragilité n'est pas à vérifier (voir § B-III.6).

Comme pour les poutres, on doit avoir
$M_{chapeau\ min} \geq 0{,}15\ M_{u,travée}$ environ

Il s'ensuit : $A_{s,chapeau\ min} \geq 0{,}10$ à $0{,}20\ A_{s,travée}$

Surtout, $M_{chapeau\ min}$ doit être modulé en fonction des circonstances.

- En terrasse, il doit être à son minimum pour éviter un soulèvement du bord de la dalle et une fissure en façade comme illustré ci-contre.
  Ne pas hésiter à le diminuer jusqu'à $0{,}10\ M_{u,travée}$.
- Aux niveaux inférieurs, avec le poids de plusieurs étages au-dessus, le risque de soulèvement est mineur et les chapeaux de rive peuvent être plus forts.
  Mais trop forts ils mettent le mur en flexion.

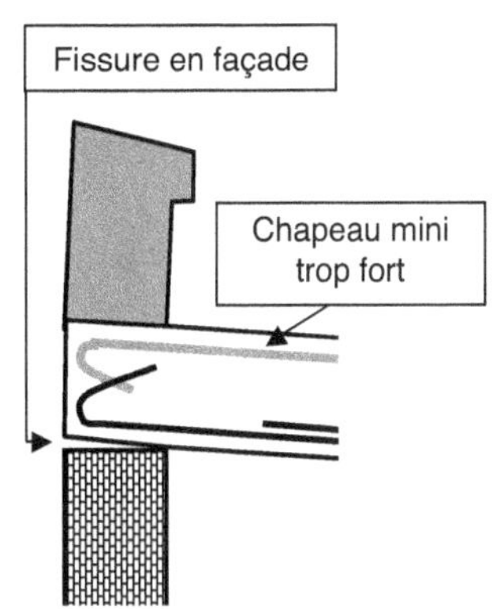

Enfin, les chapeaux minimums doivent être ancrés sur l'appui et se prolonger dans la travée, au-delà du nu de l'appui, sur une longueur $\geq 0{,}2\ \ell_n$.

C-III.4.3 Aciers de répartition

Ils sont forfaitaires : $A_{s,r} \geq 0{,}20\ A_{s,x}$ et ne concernent que les aciers inférieurs.

La figure C-III.4.1 illustre que c'est en partie basse qu'ils sont utiles. De plus, là où il y a des aciers en partie haute, on est sur ou à proximité d'un appui et cet appui, un mur ou une poutre, joue à lui seul un rôle répartiteur suffisant.

Si en chapeau des aciers sont disposés comme des aciers de répartition, ce ne sont en fait que des aciers de construction.

C-III.4.3.1 Chapeaux minimums dans le sens de la répartition et renfort des bords libres

C-III.4.3.1.1 Chapeaux minimums sur les appuis perpendiculaires à la direction ℓ_y

Eurocode n'en parle pas explicitement, mais il faut en mettre.

Proposition de l'auteur

- Si le panneau de dalle porte effectivement dans une seule direction $\Leftrightarrow \ell_y > 2,5\ \ell_x$, alors on transpose à la direction ℓ_y la règle prescrite pour la direction ℓ_x :
  en rive A_s chapeau mini $\approx 0,15\ A_{s,r}$
  sur appui intermédiaire, prévoir aussi un chapeau minimum tel que A_s chapeau mini $\approx 0,25\ A_{s,r}$
- Si le panneau de dalle peut porter dans les deux directions ($\ell_y \leq 2,5\ \ell_x$) mais que, par commodité, il est calculé comme ne portant que dans une seule direction, il faut appliquer aux chapeaux la règle des dalles portant dans les deux directions (voir § C-III.5.3.2.1). Alors : chapeaux mini $\ell_y \approx$ chapeaux mini ℓ_x

C-III.4.3.1.2 Bords libres

Un bord libre est un bord non appuyé (ni sur une poutre ni sur un mur). Il est nécessairement parallèle au sens porteur et donc perpendiculaire au sens de répartition.

Eurocode prescrit : en l'absence d'autres aciers pouvant jouer le même rôle, mettre un renfort conforme au schéma ci-contre. En bref, il faut, le long du bord libre, un ou des aciers filants qui soient solidarisés au corps de la dalle.

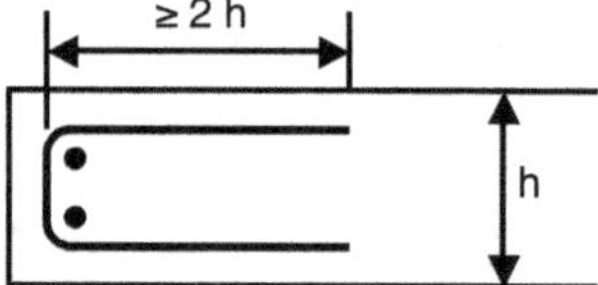

En rive, il y a généralement un chaînage (voir § C-V.3) assurant la section suffisante de renfort filant. S'il est en recouvrement suffisant avec les aciers de répartition, il est solidarisé au corps de la dalle. Sinon, il faut ajouter les aciers en U.

C-III.4.3.2 Disposition en plan des aciers

C-III.4.3.2.1 Espacement maximum $s_{max,slabs}$ entre barres

- Si chargement réparti
  Aciers porteurs : $s_{max,slabs} = \min\,[3\ h\ ;\ 40\ cm]$; aciers de répartition : $s_{max,slabs} = \min\,[3,5\ h\ ;\ 45\ cm]$
- Si charges concentrées
  Aciers porteurs : $s_{max,slabs} = \min\,[2\ h\ ;\ 25\ cm]$; aciers de répartition : $s_{max,slabs} = \min\,[3\ h\ ;\ 40\ cm]$

C-III.4.3.2.2 Organisation des aciers

Elle est illustrée sur la figure C-III.4.2.

Aciers en barres

Dans ce cas, l'expression « lit d'aciers » désigne chaque groupe de barres arrêtées en même temps. Mais de fait, tous ces aciers sont placés dans le même plan.

Aciers en TS

Les lits d'aciers sont effectivement superposés.

- Continuité des aciers de répartition
  Les panneaux de TS font 2,40 m de large. C'est presque toujours moins que la largeur du panneau de plancher à couvrir. Il faut donc disposer plusieurs panneaux « côte à côte » et assurer la continuité des aciers de répartition par un recouvrement de largeur = 2 soudures + 4 cm $\Rightarrow$ 2 mailles + 4 cm (voir § C-III.2.4.2).

Dans le cas de plusieurs lits, il faut décaler les panneaux pour que les recouvrements des divers lits ne se superposent pas (voir un exemple sur la figure C-III.4.2).

En chapeau, il n'y a pas besoin d'aciers de répartition et les panneaux de TS sont simplement juxtaposés sans recouvrement latéral.

- Recouvrement des aciers porteurs

Il est nécessaire lorsque la longueur requise des aciers dépasse 6 m. Il doit être disposé à l'écart des zones de moment maximum et assuré conformément au § C-III.2.4.2 (3 soudures + 4 cm $\Rightarrow$ 3 mailles + 4 cm).

Si plusieurs lits sont concernés, décaler les recouvrements d'un lit à l'autre.

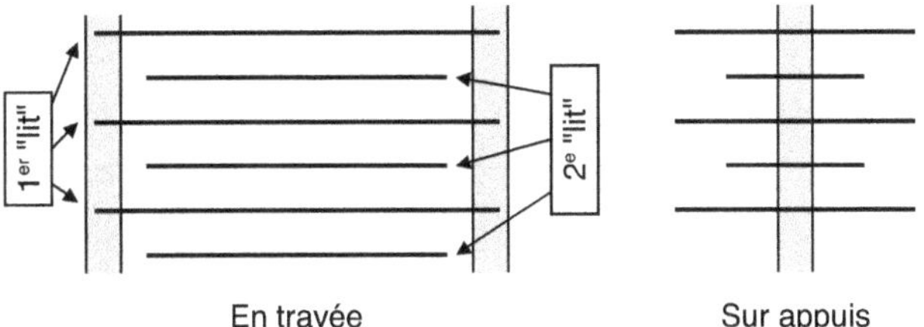

Aciers en barres : les différents « lits » d'aciers sont en fait différents groupes qui sont tous disposés dans le même plan.

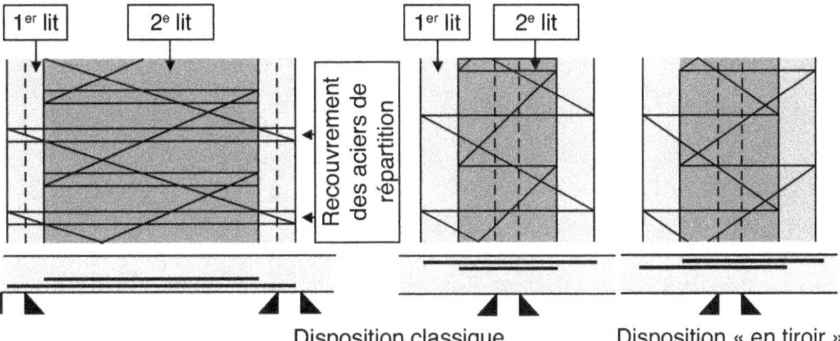

Treillis soudés : s'ils sont disposés en plusieurs lits, ceux-ci sont nécessairement superposés.

Figure C-III.4.2. Disposition des aciers en barres ou en TS dans les dalles.

Remarques sur la figure C-III.4.2

La disposition « en tiroir » n'est illustrée ici que dans un cas, mais elle est applicable à tous les cas : avec TS ou barres, sur appui ou en travée.

Représenter sur un même plan (un même dessin) les différents lits de TS devient vite illisible. Aussi, dans le cas de TS, fait-on généralement un plan par lit.

C-III.5 Dalles portant dans les deux directions

Elles sont appuyées sur leurs quatre côtés et telles que $\ell_y \leq 2,5\, \ell_x$.

Même non continue, une dalle portant dans les deux directions est un système hyperstatique. En effet, chacun de ses points est à la croisée de deux bandes résistantes, l'une dans la direction x, l'autre dans la direction y, qui ont en ce point la même flèche. Le moment repris dans chaque direction découle du rapport des raideurs des deux bandes.

C-III.5.1 Organisation du calcul et aciers résistants

L'essentiel est résumé sur la figure C-III.5.1.

Les aciers dans les deux directions sont calculés à partir des moments respectifs M_x et M_y. Les aciers dans la direction x sont qualifiés de « principaux » et ceux dans la direction y (qui ne sont plus forfaitaires) sont qualifiés de « secondaires ».

Le calcul se fait sur les deux bandes de 1 m de large qui se croisent au milieu du panneau.

Bien que près des bords les sollicitations soient plus faibles, l'ensemble du panneau est armé comme ces deux bandes médianes.

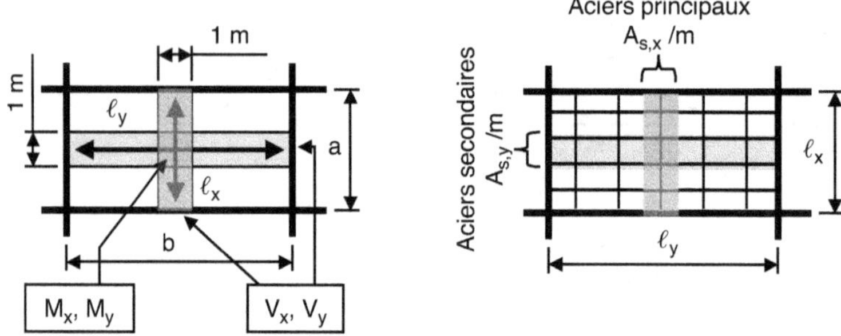

Figure C-III.5.1. Organisation du calcul et des aciers dans les dalles portant dans les deux directions.

C-III.5.2 Règles de calcul

Pour chaque bande de calcul de 1 m de large, les règles qui s'appliquent sont celles prescrites pour la bande ℓ_x des dalles portant dans une seule direction. Il faut de plus respecter $A_{s,y} \geq 0{,}20 \, A_{s,x}$.

C-III.5.3 Détermination des sollicitations M_x, M_y, V_x, V_y

Elle résulte d'un calcul hyperstatique. Les Recommandations professionnelles françaises reconduisent les formules préconisées par BAEL, mais réduisent son domaine d'application aux cas où $\ell_y \leq 2 \, \ell_x$.

Comme vu pour les poutres, les résultats sont à décliner en valeurs issues de la référence à ℓ_n et issues de la référence à ℓ_{eff} comme explicité § C-III.2.1.

Notations
$M_{0,x}$ et $M_{0,y}$ sont les moments maximums dans les directions x et y d'un panneau isolé (sans continuité).
$V'_{x,max}$ et $V'_{y,max}$ sont les efforts tranchants maximums dans les directions x et y d'un panneau isolé.

C-III.5.3.1 Panneau de dalle isolé uniformément chargé par p/m²

Les formules proposées s'appliquent à ℓ_{eff} et ℓ_n. Pour le rappeler, les portées sont simplement notées ℓ.

Paramétrage

- $\alpha = \ell_x/\ell_y$ avec $\ell_x \leq \ell_y$
- μ_x et μ_y sont des paramètres spécifiques donnés par le tableau C-III.5.1.

Moment fléchissant

$M_{0,x} = \mu_x.p.\ell_x^2$ et $M_{0,y} = \mu_y.M_{0,x}$

Effort tranchant

$$V'_{x,max} = \frac{p.\ell_x}{2+\alpha} \text{ et } V'_{y,max} = \frac{p.\ell_x}{3} \leq V'_{x,max}$$

Tableau C-III.5.1. Calcul d'un panneau de dalle isolé uniformément chargé portant sur ses quatre côtés.

$\alpha = \ell_x/\ell_y$	Calcul des moments à l'ELU : béton fissuré $\Rightarrow$ coefficient de Poisson $\nu = 0$		Calcul de la flèche f à l'ELS : béton supposé non fissuré $\Rightarrow \nu = 0,2$
	$\mu_{u,x} = M_{u0,x}/p_u.\ell_x^2$	$\mu_{uy} = M_{u0,x}/M_{u0,y}$	$E.h_3.f/p_{ser}.\ell_x^4$
0,50	0,0965	0,258	0,117
0,55	0,0892	0,289	0,108
0,60	0,0820	0,329	0,0998
0,65	0,0750	0,378	0,0916
0,70	0,0683	0,439	0,0838
0,75	0,0620	0,512	0,0764
0,80	0,0561	0,596	0,0694
0,85	0,0506	0,687	0,0630
0,90	0,0456	0,785	0,0571
0,95	0,0410	0,889	0,0517
1,00	0,0368	0,100	0,0468

C-III.5.3.2 Panneaux continus uniformément chargés par p/m²

Pour prendre en compte la continuité sur appui, les Recommandations professionnelles françaises reconduisent le traitement proposé dans BAEL.

Il s'agit d'une adaptation de la méthode des moments forfaitaires (qui prévalait avant la règle de la redistribution forfaitaire) au cas des dalles portant dans les deux directions. Il faut noter les deux différences essentielles suivantes :

- Parallèlement à ℓ_x :
  les moments de continuité proposés ne font pas de distinction entre appui proche de rive ou non.
- Parallèlement à ℓ_y :
  les moments d'encastrement en rive ou de continuité sur appuis intermédiaires sont de l'ordre de ceux développés dans la direction ℓ_x ; ils imposent leur loi au calcul dans la direction ℓ_y.

Cette méthode s'appuie sur les portées ℓ_n de nu à nu des appuis et est compatible avec Eurocode.

C-III.5.3.2.1 Diagramme enveloppe des moments

La relation de base est : $M_t + \dfrac{|M_e| + |M_w|}{2} \geq 1{,}25\,M_0$

Dans la direction ℓ_x

Choisir les moments sur appuis comme ci-dessous.

Parmi les solutions proposées, celle rapportée ici est celle qui implique le plus faible moment $M_{a,x}$ sur l'appui de rive, le seul suffisamment faible pour être négligée dans le calcul du mur support.

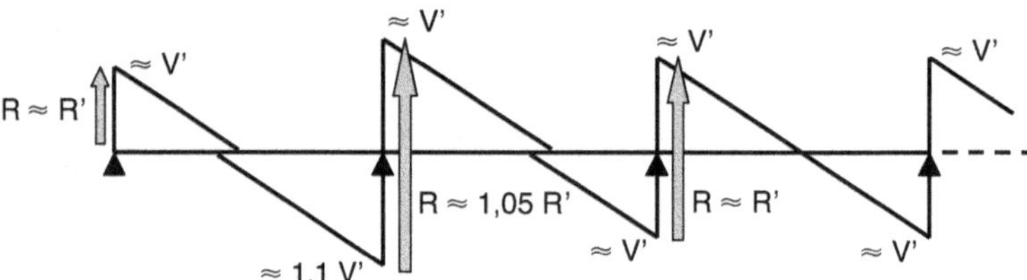

À partir de $M_{a,x}$: calculer ensuite les $M_{t,x}$ par la relation de base et respecter leurs valeurs minimums ci-dessus.

Dans la direction ℓ_y

Même principe avec les valeurs ci-dessous.

C-III.5.3.2.2 Diagrammes enveloppes de l'effort tranchant

Dans les deux directions, on peut admettre :

C-III.5.3.2.3 Arrêt des aciers

Dans ce cas, aucun arrêt forfaitaire n'est satisfaisant.

Il faut donc, dans chaque direction, faire une épure d'arrêt des aciers (voir § B-III.5), même sommaire. (Voir un exemple approchant au § D.1.8.2.)

C-III.6 Poinçonnement [6.4]

Il est traité en {E-II.6}.

Dans le cas des dalles pleines, la vérification n'est à faire qu'en cas de charge poinçonnante importante.

Dans le cas des hourdis de planchers nervurés, beaucoup plus fins, la vérification doit être systématique.

Poteaux

C-IV.1 Introduction

Les poteaux périssent par flambement.

Le flambement est une instabilité qui intervient en phase ultime. Aussi le calcul est-il toujours mené à l'ELU.

Très généralement, *en l'absence de flambement* le béton seul suffirait.

La fonction première des aciers longitudinaux d'un poteau n'est donc pas d'aider à sa résistance en compression (même si, exceptionnellement, leur apport devient nécessaire) mais d'assurer sa résistance au moment fléchissant de flambement. Alors la moitié d'entre eux est tendue et l'autre moitié comprimée. Le sens dans lequel le flambement se développera n'étant pas connu à l'avance, chaque acier est susceptible d'être tendu. Ces aciers assurent par ailleurs la non-fragilité du poteau ($A_s \geq A_{s,min}$) et, à défaut de calcul spécifique, une résistance forfaitaire aux chocs et autres actions exceptionnelles non identifiées.

Le calcul au flambement des poteaux fait l'objet des articles [5.7 et 5.8] d'Eurocode. Il est très laborieux.

Aussi, cet ouvrage se limite-t-il au calcul simplifié proposé par les Recommandations professionnelles françaises pour les poteaux « en compression réputée centrée ». Son application est limitée aux poteaux d'élancement $\lambda \leq 120$ et aux bétons C20/25 à C50/60.

L'expression « compression réputée centrée » signifie que les poteaux concernés ne sont sollicités par aucun moment extérieur explicitement identifié et quantifié, le contreventement étant assuré par ailleurs. Seuls les sollicitent extérieurement des moments négligés dans les calculs courants, conséquences de petits défauts géométriques et de l'encastrement négligé des poutres dans les poteaux.

Un exemple de calcul est proposé au § D.2.

C-IV.2 Données géométriques des poteaux [9.5.3]

C-IV.2.1 Longueur libre = ℓ

- Dans la direction de flambement parallèle à la poutre (voir figure C-IV.3.2) :
  $\ell = \ell_{//}$ = hauteur entre dessus de plancher et dessous de la poutre.

* Dans la direction de flambement perpendiculaire à la poutre :
  $\ell = \ell_\perp$ = hauteur entre dessus de plancher et dessous de plancher.

C-IV.2.2 Section béton et disposition des aciers longitudinaux

Les aciers doivent être disposés symétriquement par rapport aux axes de symétrie de la section.

C-IV.2.2.1 Sections rectangulaires

* A_c = a.b avec b ≤ 4 a et a ≥ 15 cm
* Au moins un acier à chaque angle.
* Des paquets de deux aciers sont envisageables, alors obligatoirement traités comme une barre unique de diamètre équivalent ϕ_n.

C-IV.2.2.2 Sections circulaires

* Diamètre D ≥ 15 cm
* $A_c = \pi.D^2/4$
* Au moins quatre aciers longitudinaux.
  Six aciers, ni plus ni moins, pour pouvoir appliquer le calcul simplifié.
* Les cadres sont circulaires ou polygonaux, individuels ou formant une hélice continue.

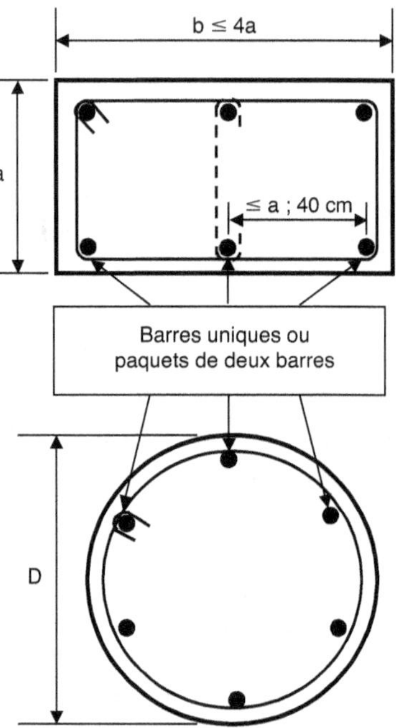

C-IV.2.2.3 Aciers longitudinaux

* ϕ_ℓ ≥ 8 mm
* Distance maximum entre barres : Eurocode ne prescrit rien. L'auteur propose de reconduire la règle BAEL, à savoir : distance entre barres ≤ min [a ou D, 40 cm].

C-IV.2.2.4 Aciers transversaux

Diamètre : ϕ_t ≥ max [6 mm ; $\phi_\ell/4$]. Si armatures transversales en treillis soudé (TS) ⇒ ϕ_t ≥ 5 mm

Espacement en zone courante :

s ≤ min [20 $\phi_{\ell,min}$; 40 cm ; a (petit côté du poteau) ou D]

avec $\phi_{\ell,min}$ = diamètre des barres longitudinales les plus fines à tenir par ces aciers transversaux.

Disposition (voir figure C-IV.2.1) :

* Tous les aciers longitudinaux des angles sont obligatoirement tenus par des aciers transversaux s'opposant directement à leur déplacement vers l'extérieur.

* Les aciers longitudinaux disposés le long des faces peuvent ne pas être tenus s'ils se trouvent à une distance a_s ≤ 15 cm d'une barre tenue.

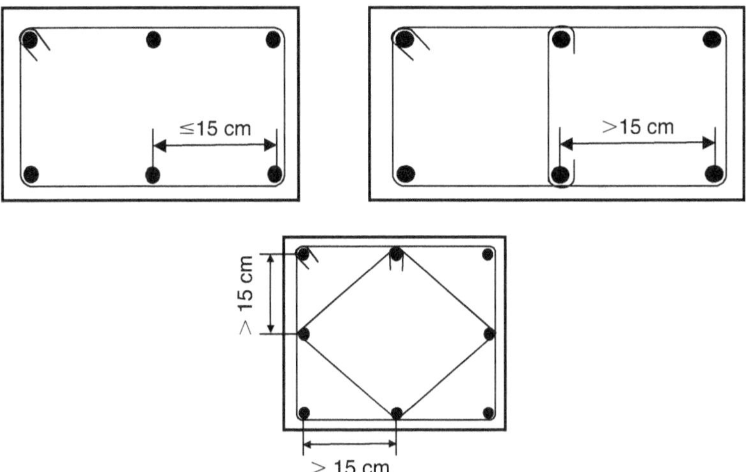

Dans un poteau à 8 aciers, la disposition ci-dessus est préférable à deux épingles en croix.

Figure C-IV.2.1. Nécessité ou non de tenir les barres longitudinales disposées le long des faces.

C-IV.3 Prise en compte du flambement [5.8.3.1]

C-IV.3.1 Longueur de flambement

Elle est désignée ℓ_0. C'est, toutes choses égales par ailleurs, la longueur du poteau bi-articulé (une rotule à chacune de ses deux extrémités) qui aurait le même comportement au flambement.

Une fois la longueur ℓ_0 déterminée, tous les calculs sont faits sur le poteau de même susceptibilité au flambement : bi-articulé de longueur ℓ_0.

Dans les conditions de la RDM, avec un matériau parfaitement élastique, les valeurs de ℓ_0 sont celles de la figure C-IV.3.1.

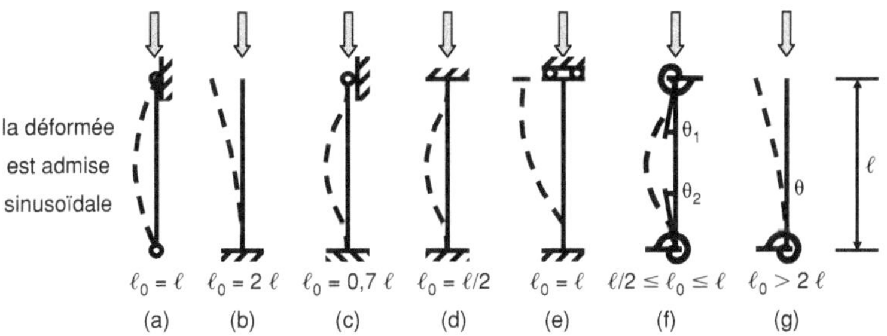

Figure C-IV.3.1. Longueurs de flambement ℓ_0 d'après la RDM.

Dans la réalité des poteaux d'étages courants des bâtiments courants contreventés par des murs (il n'y a ni articulation parfaite ni encastrement parfait et, du fait du contreventement par des murs, il n'y a pas de déplacement horizontal notable) il est préconisé ce qui suit.

- Si le poteau a un bon encastrement en pied *et* en tête : $\ell_0 \approx 0{,}7\,\ell$.
- Sinon : se contenter de $\ell_0 = \ell$.

Bon encastrement

On a un bon encastrement lorsque le poteau est encastré dans un élément de raideur supérieure ou égale à la sienne. On admet généralement que c'est le cas lorsqu'il est encastré dans :

* une fondation ;
* une poutre d'inertie supérieure ou égale à celle du poteau, qui est prolongée de part et d'autre jusqu'à un autre appui.

Mauvais encastrement

Ce sont tous les autres cas.

Nota

La présence d'une console n'améliore pas la qualité de l'encastrement du poteau. Celle-ci suit la rotation du nœud dans lequel elle est encastrée et n'apporte aucune raideur supplémentaire ⇒ mauvais encastrement.

Rapport ℓ_0/ℓ

Il dépend de la direction de flambement considérée. En effet, selon une direction ou l'autre, les conditions d'encastrement peuvent être différentes.

Le résultat à retenir est synthétisé et illustré sur la figure C-IV.3.2.

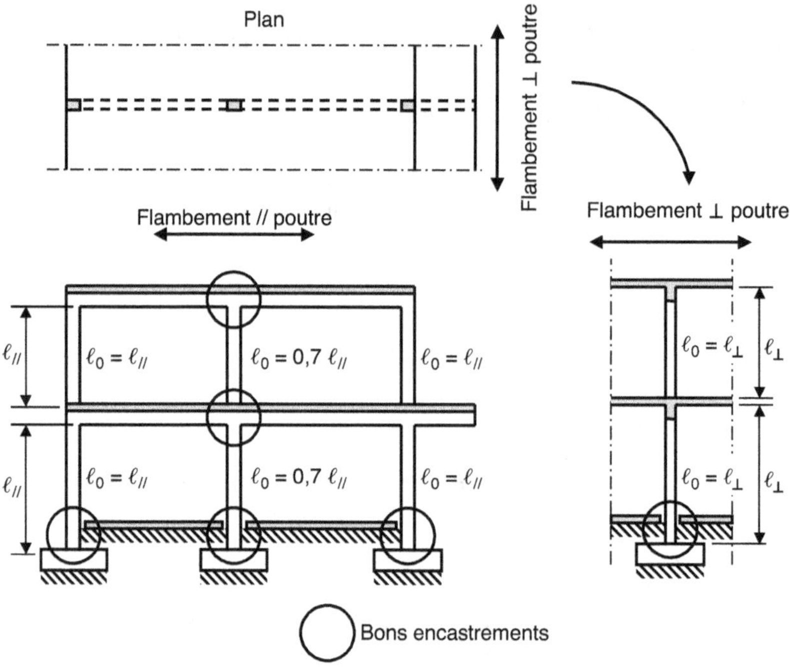

Figure C-IV.3.2. Longueurs de flambement, fonction de la direction de flambement, dans les bâtiments contreventés par des murs.

C-IV.3.2 Élancement

Il caractérise la susceptibilité du poteau au flambement. Plus il est grand, plus le poteau risque de flamber et plus grande doit être la quantité d'aciers longitudinaux pour s'en prémunir.

L'élancement se mesure par $\lambda = \ell_0/i$

> où i = rayon de giration de la section = $\sqrt{I / A_c}$
>
> avec I = inertie de la section béton A_c du poteau par rapport à l'axe passant par son centre de gravité et perpendiculaire à la direction de flambement considérée.

Chaque poteau est caractérisé par deux valeurs de λ, une pour chaque direction de flambement.

Le calcul de résistance est d'abord fait dans la direction la plus défavorable, celle de plus fort λ. Puis, si nécessaire, une vérification est faite dans l'autre direction. Pour les poteaux rectangulaires, cette vérification est nécessaire dès que le ferraillage comprend une ou des barres disposées le long des faces (voir § C-IV.4.2.2).

C-IV.3.2.1 Notations

Le flambement se traduit par une déformation de flexion et les notations sont celles de la flexion. Elles sont explicitées sur la figure C-IV.3.3 dans le cas de poteaux rectangulaires. On a alors :

- largeur du poteau parallèle à la direction de flambement = hauteur h de la section ;
- l'autre dimension = largeur b de la section.

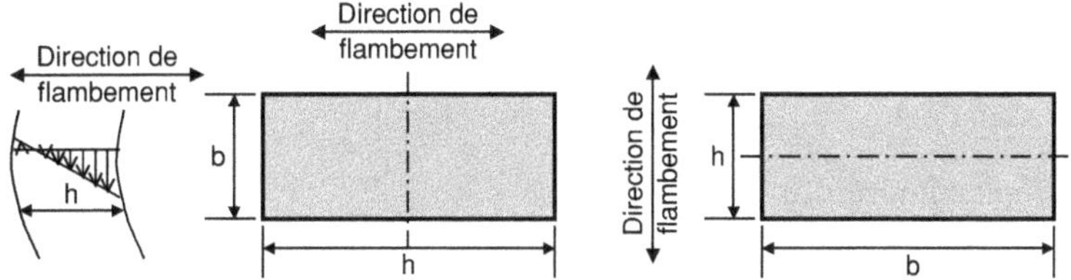

Figure C-IV.3.3. Calcul des poteaux : axe d'inertie, h et b à prendre en compte selon la direction de flambement.

C-IV.3.2.2 Valeur de λ pour les poteaux rectangulaires

$$I = b.h^3/12 \; ; \; A_c = b.h \Rightarrow i = \sqrt{I / A_c} = \sqrt{\frac{(b.h^3 / 12)}{b.h}} = \frac{h}{\sqrt{12}} \text{ d'où on tire :}$$

$$\lambda = \ell_0/i = \frac{\ell_0}{h}.\sqrt{12} \approx 3,5.\frac{\ell_0}{h}$$

Nota

$\ell_0 = 10\,h \Leftrightarrow \lambda = 35$ et par extension $\ell_0 = 20\,h \Leftrightarrow \lambda = 70$ sont deux repères simples pour une estimation rapide de λ. Il convient aussi de retenir $\ell_0 = 25\,h \Leftrightarrow \lambda = 86$ qui est une limite rencontrée plus loin.

Compte tenu de la valeur de ℓ_0 qui peut être différente selon la direction de flambement considérée la valeur la plus défavorable de λ n'est pas nécessairement dans le cas où h = petit côté de la section.

C-IV.3.2.3 Valeur de λ pour les poteaux circulaires de diamètre D

On a alors : $\lambda = 4.\dfrac{\ell_0}{D}$

Nota

Un poteau circulaire a le même rayon de giration i quelle que soit la direction de flambement considérée. Son λ le plus défavorable est donc toujours dans la direction de plus fort ℓ_0.

C-IV.4 Calcul des aciers longitudinaux

C-IV.4.1 Sections minimum et maximum d'acier [9.5.2]

Hors des zones de recouvrement : $A_{s,max} = 0,04\ A_c$

Hors des zones de recouvrement : $A_{s,min} = 0,1.N_{Ed}/f_{yd} = 0,1.N_u/f_{yd} > 0,002\ A_c$

C'est la section totale A_s et non $A_{s,mec\ nec}$ ci-après qui doit être comparée à $A_{s,max}$ ou $A_{s,min}$.

C-IV.4.2 Section mécaniquement nécessaire $A_{s,mec\ nec}$

Il s'agit d'une désignation propre à l'auteur. Elle représente la section d'aciers longitudinaux nécessaire pour assurer la résistance requise compte tenu du risque de flambement.

Pour les poteaux rectangulaires, voir la figure C-IV.4.1, seuls peuvent être pris en compte dans $A_{s,mec\ nec}$ les aciers disposés à une distance d' $\leq$ min [0,3 h ; 10 cm] des faces perpendiculaires à la direction de flambement considérée.

Pour les poteaux circulaires, $A_{mec\ nec}$ doit compter au moins quatre aciers (six aciers ni plus ni moins dans le cas du calcul approché) uniformément répartis sur la circonférence du poteau et disposés à une distance du parement d' $\leq$ min [0,3 D ; 10 cm].

C-IV.4.2.1 Calcul de $A_{mec\ nec}$ par la méthode simplifiée

Son application est limitée aux cas suivants :
- Poteaux en « compression réputée centrée ».
- Bétons C20/25 à C50/60 et chargement à au moins 28 jours.
- Élancements $\lambda \leq 120$.
- Rappel : h ou D $\geq$ 15 cm ; d' $\leq$ min [0,3 h ; 10 cm] ou d' $\leq$ min [0,3 D ; 10 cm].

Il faut vérifier :

$N_{Rd} \geq N_{Ed} = N_u$ avec $N_{Rd} = k_h.k_s.\alpha.(A_c.f_{cd} + A_{s,mec\ nec}.f_{yd})$

Soit : $A_{s,mec\ nec} \geq (\dfrac{N_u}{k_h.k_s.\alpha} - A_c.f_{cd})/f_{yd}$

Les valeurs de k_h, k_s et α, différentes selon que le poteau est rectangulaire ou circulaire, sont données plus loin.

$N_{Ed} = N_u$ doit inclure le poids du poteau.

En effet, l'effort $N_{Ed} = N_u$ est celui qui sollicite le poteau dans sa section de courbure maximum du fait du flambement. Cette section est celle qui sera désignée dans la suite par « section critique ». À part le cas (a) de la figure C-IV.3.1, la section de pied du poteau est la section critique ou fait partie des sections critiques.

C-IV.4.2.2 Poteaux rectangulaires

$$\alpha = \frac{0,86}{1+\left(\dfrac{\lambda}{62}\right)^2} \ \text{si } \lambda \leq 60$$

$$\alpha = \left(\frac{32}{\lambda}\right)^{1,3} \text{ si } 60 < \lambda \leq 120$$

$k_h = (0,75 + 0,5h).(1 - 6\rho.\delta)$ si $h < 0,50$ m sinon $k_h = 1$

avec :

- $\delta = d'/h$: enrobage relatif des aciers longitudinaux (voir figure C-IV.4.1) ;
- $\rho = A_{s,mec\ nec}/(b.h)$: proportion d'aciers longitudinaux.

$k_s = 1,6 - 0,6\ f_{yk}/500 \geq 1$ si $f_{yk} > 500$ MPa *et* $\lambda > 40$

sinon, $k_s = 1$ ($\Rightarrow$ aciers B500 $\Rightarrow k_s = 1$)

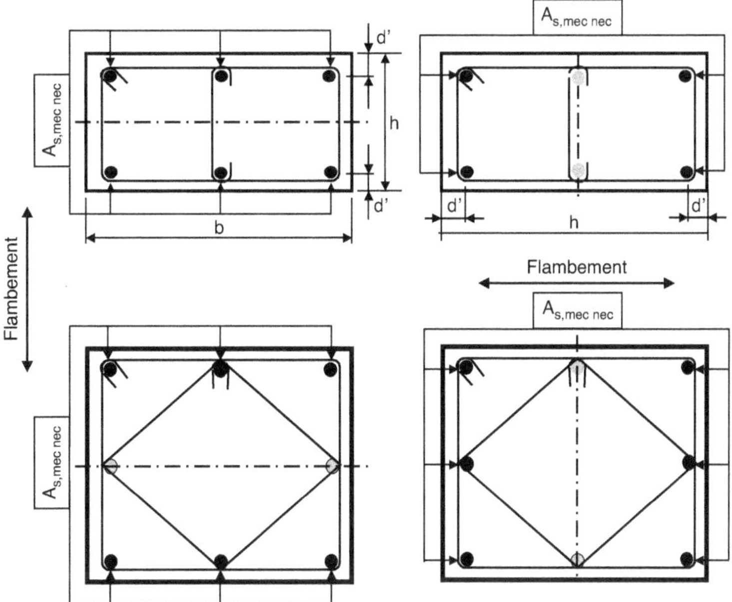

Figure C-IV.4.1. *Aciers pouvant être comptés dans $A_{s,mec\ nec}$ selon les cas et définition de d'*

C-IV.4.2.3 Poteaux circulaires à six aciers longitudinaux

$$N_{Rd} = k_h.k_s.\alpha\ .(\pi D^2/4.f_{cd} + A_{s,mec\ nec}.f_{yd})$$

soit : $A_{s,mec\ nec} \geq (\dfrac{N_u}{k_h.k_s.\alpha} - \pi D^2/4.f_{cd})/f_{yd}$

où :

$$\alpha = \frac{0,84}{1+\left(\dfrac{\lambda}{52}\right)^2} \text{ si } \lambda \leq 60 \qquad \text{et } \alpha = \left(\frac{27}{\lambda}\right)^{1,24} \text{ si } 60 < \lambda \leq 120$$

$k_h = (0,70 + 0,5\ D).(1 - 8\rho.\delta)$ si $D < 0,60$ m sinon $k_h = 1$

avec :

- $\delta = d'/D$ = enrobage relatif des aciers longitudinaux ;
- $\rho = A_{s,mec\ nec}/\dfrac{\pi D^2}{4}$ = proportion d'aciers longitudinaux.

$k_s = 1,6 - 0,65 \, f_{yk}/500 \geq 1$ si $f_{yk} > 500$ MPa *et* $\lambda > 30$

sinon $k_s = 1$ ($\Rightarrow$ aciers B500 $\Rightarrow k_s = 1$)

C-IV.4.2.4 Remarques

- Ce calcul permet de gérer un élancement jusqu'à $\lambda = 120$. C'est très élevé. Dans les cas courants, l'auteur suggère de se limiter à $\lambda = 86 \Leftrightarrow \ell_0 = 25$ h, c'est la limite supérieure imposée par Eurocode pour les murs banchés calculés avec les règles des poteaux (voir § C-V.2.2.2).

- Formules de calcul $A_{s,mec\ nec} \geq (\dfrac{N_u}{k_h.k_s.\alpha} - b.h.f_{cd})/f_{yd}$ et

  $A_{s,mec\ nec} \geq (\dfrac{N_u}{k_h.k_s.\alpha} - \pi \, D^2/4.f_{cd})/f_{yd}$:

  Lorsque h < 50 cm, la valeur du coefficient k_h est fonction de $A_{s,mec\ nec}$ cherché. La valeur de $A_{s,mec\ nec}$ ne peut donc être atteinte que par approximations successives.
  Une aide de calcul est proposée pour cela au § E.1.4.4. Elle s'appuie notamment sur $\sigma_{c,moy} = N_u/(a.b) = N_{Ed}/(a.b)$.
  Lorsque h $\geq$ 50 cm : $k_h = 1$ et le calcul de $A_{s,mec\ nec}$ est direct.

- Dans $N_{Rd} = k_h.k_s.\alpha \, .(b.h.f_{cd} + A_{s,mec\ nec}.f_{yd})$ ou $N_{Rd} = k_h.k_s.\alpha \, .(\pi D^2/4.f_{cd} + A_{s,mec\ nec}.f_{yd})$, on reconnaît à l'intérieur des parenthèses $(A_c.f_{cd} + A_{s,mec\ nec}.f_{yd})$ = effort de compression à l'ELU que serait capable de reprendre le poteau en l'absence de flambement. Très généralement il est supérieur à N_{Ed}, confirmant qu'à l'ELU le rôle essentiel des aciers longitudinaux n'est pas une aide à la résistance en compression.

C-IV.5 Dispositions spécifiques en pied et en tête

C-IV.5.1 Organisation spécifique des aciers transversaux [9.5.3]

Les dispositions de l'article [9.5.3] sont explicitées sur la figure C-IV.5.1 ci-dessous.

Dispositions complémentaires

- Le premier cadre en pied de poteau est placé à une distance $\geq$ 2 cm de l'extrémité des barres.
- Les cadres disposés dans la hauteur de l'ensemble poutre + plancher font obstacle à la mise en place du ferraillage des poutres. Dans la mesure du possible, on essaye de les éviter. La zone la plus critique est sur la hauteur de la retombée de la poutre.

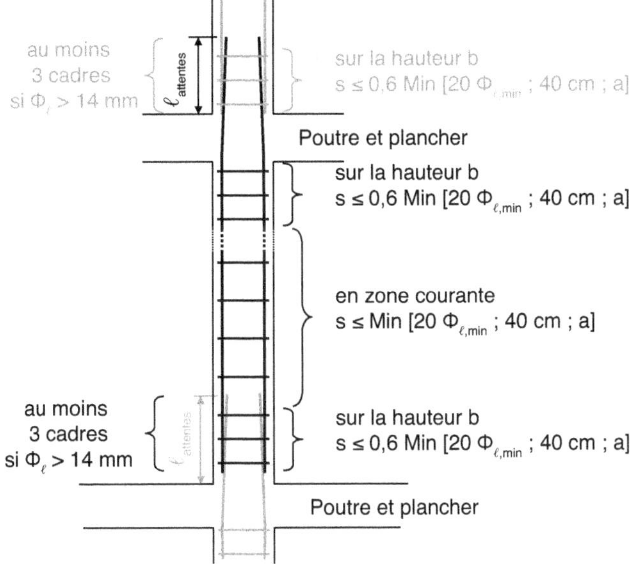

Figure C-IV.5.1. Dispositions en tête et en pied de poteau.

Proposition de l'auteur
– Si la retombée de la poutre est ≤ environ 30 à 40 cm : se dispenser de cadres dans la zone.
– Si elle est plus haute : prévoir des cadres.

Ceux-ci doivent alors pouvoir être mis en place au dernier moment, les autres ferraillages étant déjà en place dans le coffrage. Pour cela, ils sont souvent constitués de deux demi-cadres en U se recouvrant comme illustré ci-contre.

Si le recouvrement de deux U est plus court que ℓ_{bd}, la force du cadre reconstitué est limitée à celle du recouvrement et il faut en tenir compte.

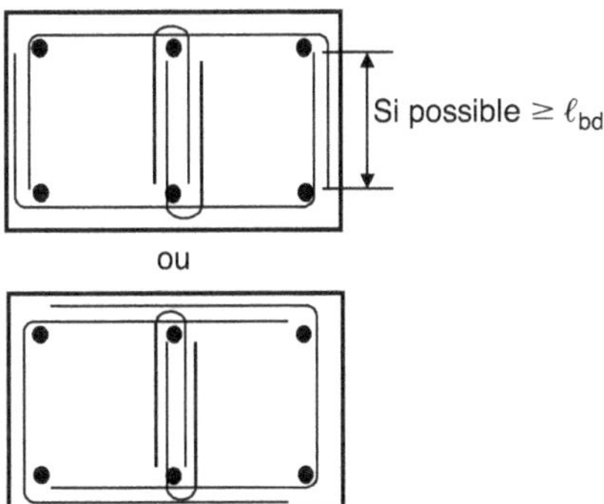

C-IV.5.2 Organisation et longueur des attentes

C-IV.5.2.1 Organisation des attentes

Les attentes sont constituées par le prolongement des aciers du poteau du bas (ou seulement une partie de ces aciers, voir figure C-IV.6.1) pour, par recouvrement, assurer la continuité des aciers du poteau du haut. Leur section sera désignée $A_{s,attentes}$.

Elles doivent être coiffées par la cage d'armatures du poteau du haut, comme illustré sur la figure C-IV.5.1. Aussi sont-elles libres de tout cadre et resserrées pour entrer à l'intérieur de la cage de ferraillage du haut. Si l'angle de déviation des barres pour les resserrer a une tangente ≤ 1/12, c'est le cas général, aucune précaution particulière n'est nécessaire.

C-IV.5.2.2 Longueur des attentes

Le calcul complet est présenté et justifié en {E-III.5.3}.

La longueur des attentes est la longueur nécessaire de recouvrement ℓ_0 (à ne pas confondre avec la longueur de flambement du poteau) entre les aciers des poteaux du haut et du bas. A ce niveau 100 % des aciers sont en recouvrement $\Rightarrow \alpha_6 = 1,5$ (voir § B-II.3.3.5.3).

L'auteur distingue : d'une part, la longueur d'attentes strictement nécessaire notée $\ell_{\text{attentes,nécessaire}}$, d'autre part, la longueur d'attentes reportée sur les plans et intégrant les incertitudes d'exécution notée ℓ_{attentes}.

La prescription est

$\ell_{\text{attentes nécessaire}} = 1,5.[\ell_0.$ ignorant α_6 ; $\geq \ell_{0,\text{min}}]$
Un recouvrement partiel est autorisé et même, ici, encouragé.

C-IV.5.2.2.1 Attentes à une extrémité assimilable à un encastrement

Au niveau d'un encastrement le moment fléchissant de flambement est maximum $\Rightarrow$ l'effort à transmettre par les attentes est l'effort capable de $A_{s,\text{mec nec}}$ poteau du haut.

Si $A_{s,\text{attentes}} > A_{s,\text{mec nec}}$ poteau du haut, ce qui est le cas général, un recouvrement partiel suffit.

Alors : $\ell_{\text{attentes nécessaire}} = 1,5.[(A_{s,\text{mec nec}}$ poteau du haut$/A_{s,\text{attentes}}).\ell_{0,\text{nom}}$; $\geq \ell_{0,\text{min}}]$ + éventuellement a

avec a = distance libre entre les barres en recouvrement (à prendre en compte lorsque $a > 4\,\phi$ ou 50 mm, voir § B-II.3.3.5.3)

C-IV.5.2.2.2 Attentes à une extrémité assimilable à une articulation

À une telle extrémité le moment est nul (c'est le nœud qui tourne et non le poteau qui plie) et les aciers n'ont pas d'effort de flexion à reprendre. Très généralement les aciers n'étant pas nécessaires pour la résistance en compression (voir § C-IV.1), les attentes n'ont alors aucun effort identifié à transmettre.

Donc : $\ell_{\text{attentes nécessaire}} = 1,5.\ell_{0,\text{min}} = 1,5.\max [15\,\phi_\ell$; 200 mm$]$ + éventuellement a

Si des aciers sont nécessaires à la résistance en compression seule, c'est toujours pour une section notablement inférieure à $A_{s,\text{attentes}}$ et on peut compter que la prise en compte d'un recouvrement partiel ramène $\ell_{\text{attentes nécessaire}}$ dans les bornes ci-dessus.

C-IV.5.2.3 Incertitude sur la longueur des attentes

La longueur d'attentes cumule les incertitudes sur : la cote d'assise du ferraillage à son pied (le dessus du plancher brut du bas), la longueur de coupe des aciers, la cote du dessus du plancher brut du haut. La tolérance dimensionnelle en béton armé sur les dimensions finies est de ± 1 cm et l'incertitude sur les cotes brutes est plus grande.

L'incertitude sur les longueurs d'attente est donc ≥ 4 cm.

Proposition de l'auteur
Sur un plancher
Incertitude maximum ≥ 4 cm arrondie à 5 cm $\Rightarrow \ell_{\text{attentes}}$ sur un plancher $\approx \ell_{\text{attentes nécessaire}}$ + 5 cm.

Sur fondation
Les fondations sont le domaine des incertitudes. Lors du coulage de leur béton, c'est le niveau d'arase du terrassement qui sert de référence (voir figure C-IV.2.2), l'incertitude sur leur hauteur h est ≥ 5 cm. S'y ajoute une incertitude presque aussi grande sur l'altitude du pied des attentes (voir figure C-VI.2.3).

Incertitude maximum $\approx 5 + 5 = 10$ cm $\Rightarrow \ell_{\text{attentes}}$ niveau fondation $\approx \ell_{\text{attentes nécessaire}}$ + 10 cm.

C-IV.6 Raccordement de poteaux de géométries différentes [9.5.3]

Les diverses dispositions possibles sont illustrées sur la figure C-IV.6.1. Elles s'appuient notamment sur des barres déviées, autorisées par Eurocode, et sur des barres éclisses. Il est aussi possible de mixer ces solutions.

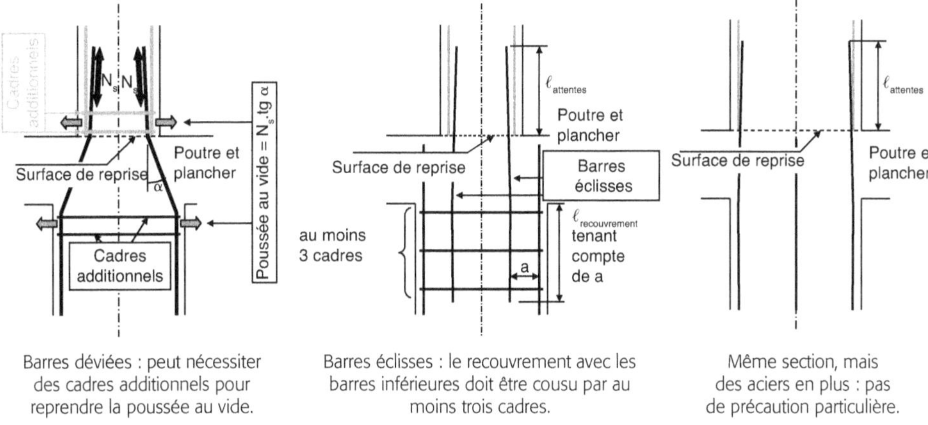

Barres déviées : peut nécessiter des cadres additionnels pour reprendre la poussée au vide.

Barres éclisses : le recouvrement avec les barres inférieures doit être cousu par au moins trois cadres.

Même section, mais des aciers en plus : pas de précaution particulière.

Ne sont représentés sur cette figure que les aciers transversaux spécifiques aux dispositions exposées.

Figure C-IV.6.1. Solutions possibles pour raccorder des poteaux de géométries différentes.

Barres déviées et poussée au vide

Il y a poussée au vide lorsque, au niveau de son changement de direction, une barre est proche d'un parement.

Les barres comprimées poussent au vide dans les angles saillants ⇒ risque d'éclatement du béton d'enrobage avec flambement des aciers.

Les barres tendues poussent au vide dans les angles rentrants ⇒ risque d'éclatement du béton d'enrobage par ces barres qui ont tendance à couper tout droit à l'intérieur de l'angle.

Cas du raccordement par barres déviées de deux poteaux de sections différentes

- Soit c'est au niveau d'une extrémité assimilable à une rotule. Alors les barres n'ont théoriquement pas d'effort à reprendre ⇒ pas de risque de poussée au vide.
- Soit c'est au niveau d'une extrémité assimilable à un encastrement. Alors la sollicitation maximum de la section est le moment maximum de flambement du poteau du haut ⇒ sur une face les aciers sont tendus, sur l'autre ils sont comprimés sans qu'on sache à l'avance quelle face sera comprimée ou tendue (d'où pour l'effort N_s sur la figure C-IV.6.1 : une flèche indiquant une traction ou une compression).

Prescription d'Eurocode

- Aucune précaution particulière tant que tg $\alpha \leq 1/12$.
- Sinon : prévoir, là où indiqué sur la figure C-IV.6.1, des aciers de couture (des cadres et/ou épingles) en quantité suffisante pour reprendre un effort total $\geq$ effort de poussée au vide de chaque barre = N_s.tgα ⇒ A_s aciers de couture = A_s de chaque barre à retenir × tgα.

Murs banchés, chaînages, linteaux

C-V.1 Avant-propos

Les chaînages (pour la plus part d'entre eux) et les linteaux sont disposés dans l'épaisseur des murs. C'est pourquoi ils sont traités avec les murs.

C-V.2 Murs banchés

Comme les poteaux ils sont calculés à l'ELU en incluant le risque de flambement.

C-V.2.1 Caractéristiques géométriques

Notation et dimensions minimums

- ℓ_w = hauteur du mur de dessus de plancher à dessous de plancher
  (ℓ comme la longueur d'un poteau et l'indice w pour *wall*).
  h_w = épaisseur du mur
  (h désigne, comme dans les poteaux, la dimension parallèle à la direction de flambement).
  Pour les murs extérieurs : $h_w > 15$ cm
  Pour les murs intérieurs : $h_w \geq 12$ cm

  Nota

  Lorsque le mur doit aussi assurer la fonction d'isolation phonique, en l'absence de dispositifs spécifiques, il doit respecter $h_w \geq 18$ cm.

  Les murs extérieurs protégés des intempéries par un bardage ou par un autre mur accolé (c'est le cas au niveau des joints de dilatation) sont à considérer ici comme des murs intérieurs.

- b = longueur du mur (b comme la largeur d'un poteau, mais ici il n'y a plus l'indice w).
  Lorsque b est long, on mène le calcul sur une tranche de longueur b = 1 m.

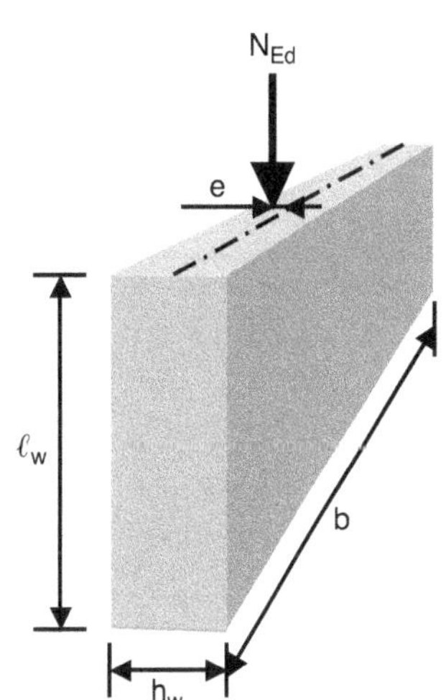

C-V.2.2 Données du calcul de résistance

Comme pour les poteaux, le calcul s'appuie sur la longueur de flambement ℓ_0 (fonction de ℓ_w), l'élancement λ, l'effort normal appliqué $N_{Ed} = N_u$ et son excentricité e. Chaque mur est supposé sollicité par un effort réparti dont la valeur totale, désignée N_{Ed}, est déterminée à sa mi-hauteur (les murs sont traités comme des éléments bi-articulés, voir § C-V.2.2.2 $\Rightarrow$ leur section critique vis-à-vis du flambement est à mi-hauteur).

Le calcul consiste à vérifier que : capacité de résistance $N_{Rd} \geq$ effort agissant $N_{Ed} = N_u$.

C-V.2.2.1 Prise en compte des charges concentrées

Une charge concentrée F peut s'étaler dans la largeur d'un mur comme illustré ci-contre.

- Mur non armé : étalement avec la pente 1 pour 3.
- Mur renforcé par des armatures horizontales, c'est le cas des murs armés : étalement avec la pente 2 pour 3.

L'étalement doit rester symétrique par rapport à la verticale de F, il est donc stoppé dès que d'un côté il bute sur une extrémité du mur ou une ouverture.

On en déduit la contrainte correspondante à mi-hauteur de chaque mur.

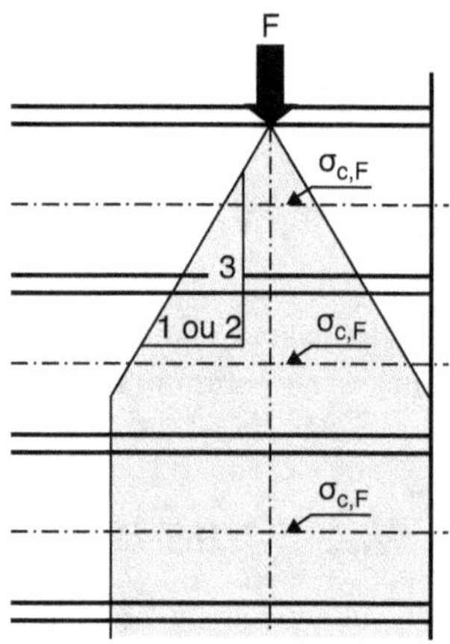

C-V.2.2.2 Longueur de flambement ℓ_0 et élancement λ

Elancement maximum admis : $\lambda \leq 86$ soit $\ell_0 \leq 25\, h_w$

En l'absence de mur(s) banché(s) perpendiculaire(s) ayant un effet raidisseur : $\ell_0 = \ell_w$

Si des murs perpendiculaires peuvent avoir un effet raidisseur : $\ell_0 = \beta.\ell_w$. Les valeurs de β à prendre en compte sont proposées dans le tableau C-V.1.1.

Tableau C-V.1.1. Calcul de la longueur de flambement des murs banchés.

Contexte du mur		$\ell_0 = \beta.\ell_w$
Pas de mur perpendiculaire raidisseur	Plancher supérieur — ℓ_w Mur considéré — Plancher inférieur — b — Plancher supérieur — ℓ_w — Plancher inférieur — b	$\ell_0 = \ell_w$ $\Rightarrow \beta = 1$

		Formule	b/ℓ_w	β
Un mur perpendiculaire raidisseur à une extrémité	Mur raidisseur — Plancher supérieur — ℓ_w Mur considéré — Plancher inférieur — b — Plancher supérieur — Mur raidisseur — ℓ_w — Plancher inférieur — b — b	$\beta = \dfrac{1}{1+(\ell_w / 3b)^2}$	0,2	0,26
			0,4	0,59
			0,6	0,76
			0,8	0,85
			1,0	0,90
			1,5	0,95
			2,0	0,97
			5,0	1,00
			b/ℓ_w	β
Deux murs raidisseurs : un à chaque extrémité	Murs raidisseurs — Plancher supérieur — ℓ_w Mur considéré — Plancher inférieur — b	Si $b \geq \ell_w$ $\beta = \dfrac{1}{1+(\ell_w / b)^2}$ Si $b < \ell_w$ $\beta = \dfrac{b}{2\ell_w}$	0,2	0,10
			0,4	0,20
			0,6	0,30
			0,8	0,40
			1,0	0,50
			1,5	0,69
			2,0	0,80
			5,0	0,96

Si le mur est percé par des ouvertures de hauteur > $\ell_w/3$ (c'est le cas de toutes les portes) ou occupant plus que 1/10 de la surface du mur, il faut considérer séparément chacune des zones séparées par ces ouvertures.

C-V.2.3 Résistance à un effort tranchant

À vérifier lorsqu'il y a un effort tranchant conséquent. C'est notamment le cas lorsque le mur doit résister à des efforts horizontaux de contreventement importants, comme les murs de contreventement des étages inférieurs dans un immeuble haut. C'est hors du champ de cet ouvrage, limité aux cas où le contreventement ne nécessite pas de calculs spécifiques (voir § B-I.1.1.1).

C-V.2.4 Murs en compression réputée centrée

Ce sont les seuls qui seront considérés dans cet ouvrage.

« Compression réputée centrée » a la même définition que pour les poteaux. La seule excentricité de l'effort agissant N_{ed} est alors celle e_i (voir § C-V.2.4.1.2) due aux imperfections géométriques.

C-V.2.4.1 Murs non armés

Ils sont suffisamment résistants sans l'apport d'armatures. C'est le cas de la majorité des murs banchés.

C-V.2.4.1.1 Résistance de calcul à considérer pour le béton

Elle est pénalisée pour tenir compte du risque que constitue la rupture fragile des éléments non armés.

- f_{cd} est remplacé par $f_{cd,pl} = 0,8\ f_{cd}$ et f_{ctd} est remplacé par $f_{ctd,pl} = 0,8\ f_{ctd}$
  (l'indice pl signifie *plain concrete* : « béton non armé » en anglais)

C-V.2.4.1.2 Méthode de calcul simplifiée [12.6.5.2]

La méthode proposée par Eurocode s'applique à des zones uniformément chargées dont la sollicitation à mi-hauteur, incluant les charges concentrées étalées comme vu plus haut, est p_u/m. On en tire l'effort global agissant : $N_{Ed} = p_u.b$

En compression réputée centrée on peut faire le pari que toute la section est comprimée.

Il faut alors vérifier que : $N_{Rd,mur\ non\ armé} = b.h_w.f_{cd,pl}.\Phi \geq N_{Ed}$

Pour Φ, la prescription d'Eurocode est :

$\Phi = (1,14.(1 - 2\ e_{tot}/h_w) - 0,02.\ell_0/h_w \leq (1 - 2\ e_{tot}/h_w)$ qui prend en compte l'excentricité en incluant les effets du second ordre ainsi que les effets normaux du fluage,

où : $e_{tot} = e_o + e_i$

- e_o = excentricité du premier ordre découlant des actions extérieures identifiées (dans le cas des éléments en « compression réputée centrée » : $e_0 = 0$) ;
- e_i = excentricité du premier ordre additionnelle due aux imperfections géométriques.

Dans les bâtiments contreventés, Eurocode [5.2(7)], modifié par l'Annexe nationale française, propose : $e_i = \max\ [\ell_0/400 ; 0,02\ m]$ (AF).

Pour le groupe des Recommandations professionnelles françaises la formule ci-dessus n'est pas sécuritaire et, dans le Guide d'application de l'Eurocode 2, il propose la formulation ci-dessous.

$\Phi = (1,07.(1 - 2\ e_{tot}/h_w) - 0,026.\ell_0/h_w \leq (1 - 2\ e_{tot}/h_w)$ qui prend en compte l'excentricité en incluant les effets du second ordre ainsi que les effets normaux du fluage,

avec les restrictions suivantes :

- béton de C20/25 à C50/60,
- $15\ cm \leq h_w \leq 55\ cm$,
- $\lambda \leq 120$,
- $\varepsilon_{tot} = e_o + e_i \leq 0,3\ h_w$.

C-V.2.4.1.3 Aciers à prévoir

Bien qu'il s'agisse de murs non armés, ils incluent souvent des aciers, particulièrement des aciers de chaînage et éventuellement de peau, voir § C-V.3.4.

C-V.2.4.2 Murs armés

C-V.2.4.2.1 Armatures verticales mécaniquement nécessaires

À partir de N_{Ed} à mi-hauteur, elles sont calculées comme $A_{s,mec\ nec}$ des poteaux.

Elles sont disposées symétriquement sur les deux faces du mur $\Rightarrow A_{s,mec\ nec}$ = section cumulée des deux faces. (Il en est de même pour les différentes sections d'aciers vues plus loin).

Si le mur reçoit des charges horizontales importantes perpendiculaires à son plan, par exemple s'il sert aussi à retenir des terres (mur périphériques en sous-sol), on lui applique en plus les règles des dalles.

C-V.2.4.2.2 Sections minimum et maximum des armatures verticales [9.6.2](AF)

- Section minimum (total des deux faces du mur) : $A_{s,v\ min}$.
  Si $N_{Ed} \leq N_{Rd,mur\ non\ armé} \Rightarrow A_{s,v\ min} = 0$
  Sinon $\Rightarrow A_{s,v\ min} = 0,001\ A_c.[1 + 2.(N_{Ed} - N_{Rd,non\ armé})/(N_{Rd,armé} - N_{Rd,non\ armé})]$
  $\geq 0,002\ A_c$

où A_c = section droite de la zone de mur calculée.
- Section maximum (total des deux faces du mur) : $A_{s,v\ max}$ = 0,04 A_c (comme pour les poteaux)
- Espacement maximum : min [3 h_w ; 40 cm]

C-V.2.4.2.3 Acier transversaux [9.6.4]

Il s'agit d'aciers perpendiculaires au plan du mur.
- Ils ne sont pas nécessaires si $A_s \leq$ 0,02 A_c ou barres $\phi \leq$ 16 mm enrobées de c $\geq$ 2 ϕ.
- Lorsqu'ils sont nécessaires $\Rightarrow \phi_t \geq$ 6 mm : au moins quatre épingles par m^2 ou un dispositif équivalent.

  Dans des zones particulièrement chargées, appliquer les règles des poteaux en prenant b = 4 h_w

C-V.2.4.2.4 Armatures horizontales parallèles aux faces du mur [9.6.3](AF)

D'après l'AF, elles ne sont obligatoires que dans les murs armés. La prescription est alors :
- Section minimum (total des deux faces du mur) : $A_{s,h\ min}$

  Si $N_{Ed} \leq N_{Rd,mur\ non\ armé} \Rightarrow A_{s,h\ min}$ = 0

  Sinon $\Rightarrow A_{s,h\ min}$ = max [$A_v/4$; 0,001 A_c]
- Espacement maximum : 40 cm

C-V.3 Chaînages [9.10] et autres renforts forfaitaires

C-V.3.1 Rôle des chaînages et leur positionnement

Les chaînages sont exclusivement des tirants. Seuls leurs aciers assurent leur résistance et leur continuité doit être assurée au travers des nœuds de structure et d'un niveau à l'autre.

Voici, à la lettre, les termes d'Eurocode :

« Les structures qui ne sont pas conçues pour résister aux actions accidentelles doivent posséder un système de chaînages approprié, destiné à empêcher l'effondrement progressif en fournissant des cheminements alternatifs pour les charges après apparition de dommages locaux. Les règles simples suivantes sont considérées satisfaire à cette exigence.

Il convient de prévoir les chaînages suivants :

a) chaînages périphériques

b) chaînages intérieurs

c) chaînages horizontaux de poteau ou de voile

d) si nécessaire, chaînages verticaux, en particulier dans des bâtiments construits en panneaux préfabriqués.

Lorsqu'un bâtiment est divisé par des joints de dilatation en sections structurellement indépendantes, il convient que chaque section possède un système de chaînages indépendant. »

L'AF a limité la portée du point d) en le modifiant comme suit :

d) si **exigé**, chaînages verticaux, en particulier dans des bâtiments construits en panneaux préfabriqués. … (AF)

Le positionnement de chacun de ces types de chaînage est précisé sur la figure C-V.3.1.

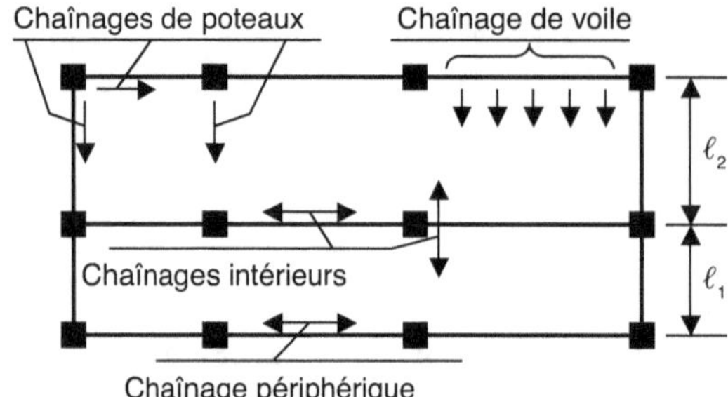

Figure C-V.3.1. Positionnement des différents types de chaînage.

C-V.3.2 Section minimum des différents types de chaînage telle que requise par Eurocode avec des aciers B500

- Chaînage périphérique : $A_s \geq 1{,}4$ cm^2. Peut inclure des aciers jusqu'à 1,2 m de la façade.
- Chaînage intérieur : $A_s \geq 1{,}4$ cm^2. Peut inclure des aciers jusqu'à 0,5 m au-dessous et au-dessus du plancher.
- Chaînage de poteau : $A_s \geq 3$ cm^2. Il s'agit des poteaux de rive. Les poteaux d'angle doivent être liés dans les deux directions, le chaînage périphérique peut y participer.
- Chaînage de mur ou voile : $A_s \geq 0{,}3$ cm^2/m (AF). Il s'agit des murs et voiles périphériques. Les aciers des dalles ancrés sur appui y suffisent généralement.
- Chaînage vertical : A_s découle du § C-V.3.1.

Enfin, point essentiel : les armatures mises en place à d'autres fins dans les poteaux, voiles, poutres et planchers, correctement positionnées pour assurer la fonction chaînage et dont la continuité au niveau des nœuds de structure est assurée, peuvent être comptées en totalité dans la section requise de chaînage.

Les Recommandations professionnelles françaises sont moins exigeantes, voir § C-V.3.4.

Remarque

La section 1,4 cm^2 apparaît comme le dénominateur commun à de nombreux chaînages. Y compris les chaînages de poteau qui sont généralement constitués par une barre bouclée autour du poteau, ils présentent alors deux brins résistants $\Rightarrow 2 \times 1{,}4$ cm$^2 \approx 3$ cm^2 (voir figure C-V.3.2).

La section de 1,4 cm^2 peut notamment être assurée par une barre HA 14 $\Rightarrow A_s = 1{,}54$ cm^2

C-V.3.3 Formes que peuvent prendre ces chaînages

Elles sont illustrées sur la figure C-V.3.2.

Les chaînages peuvent :

- être « monobarre » ;
- former une cage de ferraillage (soit ouverte en forme de V inversé, soit fermée de forme rectangulaire, carrée ou triangulaire) ;
- enfin, utiliser les aciers d'une poutre ou d'une dalle.

Leur continuité au niveau des nœuds de structure est assurée soit par recouvrement (aisé à mettre en œuvre avec les chaînages ouverts en V inversé), soit par l'intermédiaire d'une ou plusieurs barres « éclisses » en recouvrement à la fois avec deux chaînages à mettre en continuité. Lorsque les chaînages font un angle, seule la barre éclisse permet d'apporter la continuité suffisante, elle fait alors elle-même un angle et est appelée « équerre ».

Les chaînages aboutissant perpendiculairement à un autre chaînage doivent, directement ou par l'intermédiaire d'une barre équerre, être bouclés autour ou au moins au-delà de ce dernier.

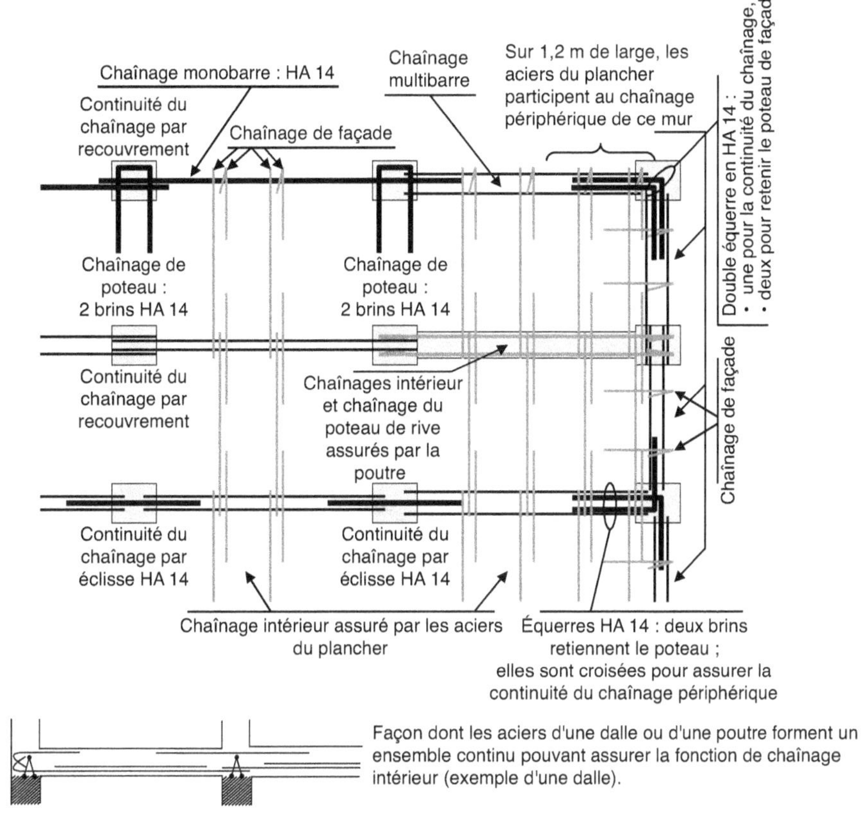

Figure C-V.3.2. Formes que peuvent prendre les chaînages et moyens pour assurer leur continuité aux nœuds de structure

C-V.3.4 Recommandations professionnelles françaises et autres renforts forfaitaires

Les autres renforts forfaitaires à disposer dans les murs sont de deux types :
- Des aciers de peau pour limiter la fissuration des murs extérieurs soumis aux intempéries et autres agressions climatiques (dont le soleil). On en est dispensé si le mur est protégé par un bardage ou un autre mur accolé (par exemple dans un joint de dilatation).
- Des aciers de renfort autour ou au droit des ouvertures.

Les sections de chaînage et de renfort recommandées sont regroupées dans la figure C-V.3.3.

On note que l'exigence française est en deçà de celle d'Eurocode. La plus grande différence concerne les chaînages verticaux qui, tant que le bâtiment n'est pas construit en panneaux préfabriqués, ne sont exigés qu'au dernier niveau, à la jonction de deux murs en façade.

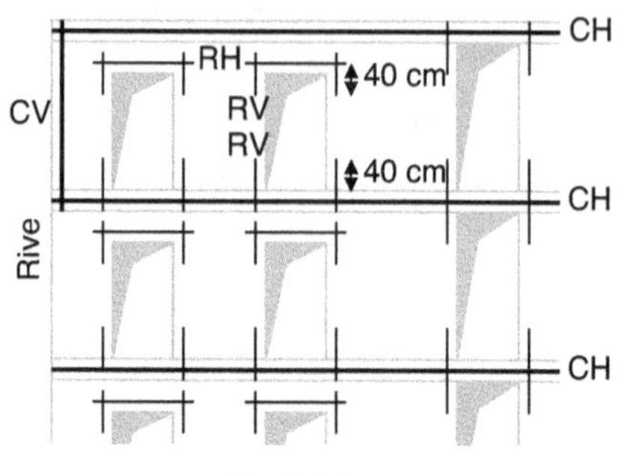

Murs intérieurs.

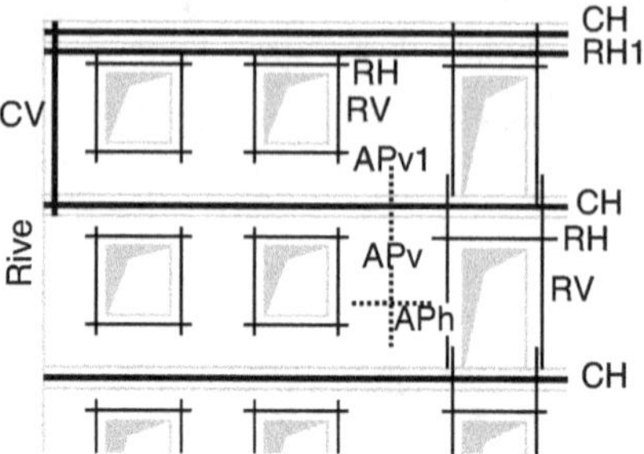

Murs soumis aux intempéries et autres agressions climatiques.

**Dans le cas de murs d'épaisseur $h_w \leq 25$ cm
Pour tous les murs**

CH : chaînages horizontaux, intérieurs et périphériques $\geq 1,2$ cm²

CH fondations : même rôle que CH mais au niveau des fondations $\geq 1,5$ cm²

CV : chaînages verticaux $\geq 1,2$ cm², au dernier niveau à la jonction entre deux murs périphériques

RH : renfort horizontal au droit des ouvertures $\geq 0,8$ cm²

RV : renfort vertical au droit des ouvertures $\geq 0,7$ cm²

Aciers supplémentaires pour les seuls murs soumis au soleil et aux intempéries

RH1 : renfort horizontal périphérique au dernier niveau $\geq 1,88$ cm² dans les 50 cm supérieurs

APh : aciers de peau horizontaux, répartis sur la face externe $\geq 0,96$ cm²/m, espacement ≤ 33 cm

APv : aciers de peau verticaux, répartis sur la face externe $\geq 0,48$ cm²/m, espacement ≤ 50 cm

APv1 : aciers de peau verticaux répartis au droit des planchers de l'avant-dernier niveau

$\geq 0,8$ cm²/m, espacement ≤ 50 cm

Dans le cas de murs d'épaisseur $h_w > 25$ cm

Multiplier toutes les valeurs par $h_w/25$ (en cm)

Figure C-V.3.3. Recommandations professionnelles françaises : sections requises en aciers B500 pour les divers chaînages et renforts forfaitaires dans les murs banchés armés ou non armés.

C-V.4 Linteaux

Les linteaux ordinaires sont calculés comme des poutres et s'appuient directement sur le mur sans autre dispositif d'appui.

Profondeur d'appui a nécessaire

Pour les linteaux pontant des portes ou fenêtres de largeur courante, procéder comme illustré ci-dessous :

- *A priori* : a = h
- Puis, en admettant une répartition triangulaire de la contrainte sur la surface d'appui,
vérifier :

  Mur armé : $\sigma_c = 2\,R_{appui}/(b_w.a) \leq f_{cd}$

  Mur non armé : $\sigma_c = 2\,R_{appui}/(b_w.a) \leq f_{cd,pl}$

  Si ce n'est pas vérifié, augmenter a

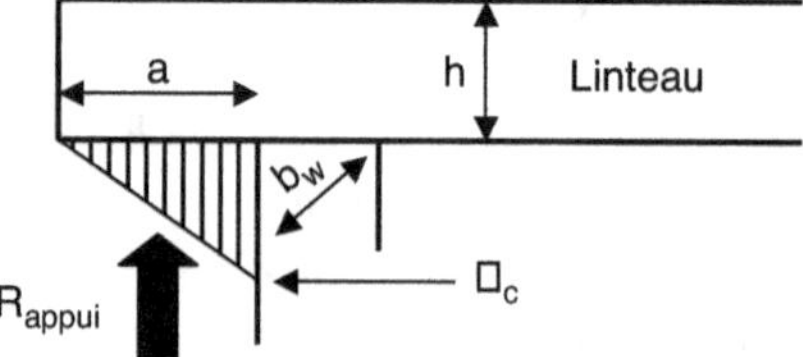

Les linteaux pontant des ouvertures plus grandes s'appuient sur des poteaux noyés dans le mur.

S'ils pontent une large ouverture et sont situés au bas d'une zone de mur sans ouverture ou avec peu d'ouverture, il est économique d'envisager la mise à profit d'une voûte de décharge. Voir {E-IV.3.2.3}.

Fondations superficielles

C-VI.1 Introduction

Les fondations superficielles consistent en un évasement de la base des murs ou poteaux pour adapter la contrainte transmise au sol à la capacité portante de ce dernier.

Ce qui suit se limite au cas des fondations sollicitées en compression centrée.

Ce sont les fondations types des bâtiments contreventés par des voiles dans lesquels murs et poteaux sont en « compression réputée centrée » (en voir la définition § C-IV.1).

L'exposé comprend trois volets :

- Les fondations non armées, réglementairement limitées au cas de fondations filantes.
- Les fondations armées, filantes ou isolées.
- Les longrines de redressement : une solution pour traiter les fondations excentrées sans induire de moment, ni dans les poteaux ou murs, ni dans les fondations sous-jacentes. Dans les bâtiments considérés ici, une telle situation se rencontre notamment en limite de propriété et au droit de joints de structure.
  Eurocode pour les fondations non armées et surtout les Recommandations professionnelles françaises pour les fondations armées proposent un calcul simplifié qui, de fait, reconduit les prescriptions du règlement antérieur, BAEL.
  Un exemple de calcul est proposé au § D.3.

C-VI.2 Notations et dispositions générales

C-VI.2.1 Notations

Données géométriques essentielles et notations associées

Elles sont explicitées sur la figure C-VI.2.1.

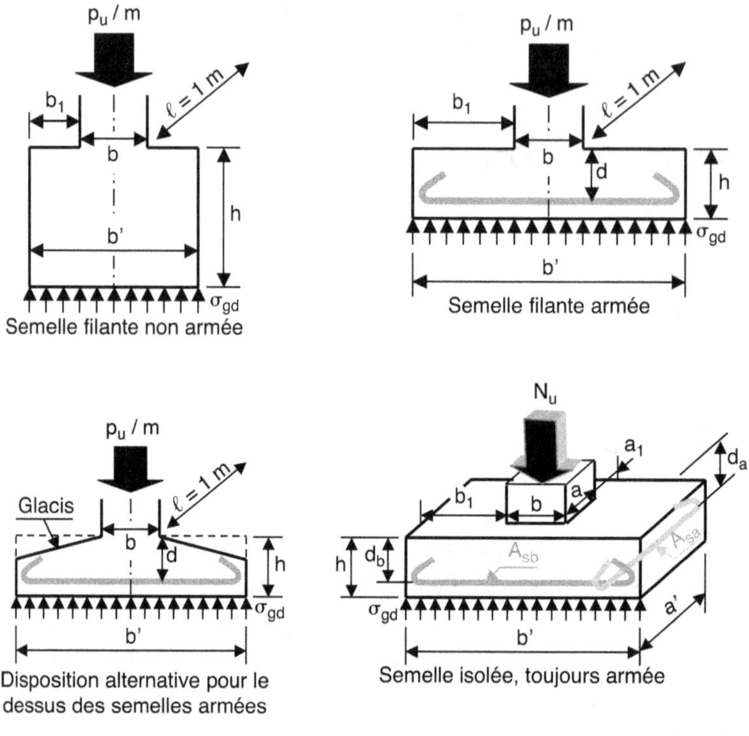

Efforts dimensionnants des armatures : $F_{sb,\,max} \Rightarrow A_{sb}$; $F_{sa,\,max} \Rightarrow A_{sa}$.

Figure C-VI.2.1. Données géométriques des semelles et notations.

Contrainte et capacité portante du sol

- La contrainte imposée par la fondation au sol support est notée σ_{gd}. Elle pourrait aussi être notée $\sigma_{Ed,gd}$. L'indice gd est l'abréviation de *ground*.
- La capacité portante du sol, sa contrainte admissible de calcul, est notée $\sigma_{Rd,gd}$.

C-VI.2.2 Dispositions générales

Dimensions en plan des semelles isolées

Il est souvent proposé que les semelles isolées soient homothétiques des poteaux qu'elles supportent $\Rightarrow$ b'/a' = b/a. En fait, ce n'est pas une nécessité.

Des semelles d'égal débord $\Rightarrow \dfrac{b'-b}{2} = \dfrac{a'-a}{2}$ sont plus harmonieuses, car leurs débords ont la même raideur dans les deux directions.

Sous les poteaux ronds et sous les poteaux rectangulaires tels que b − a ≤ 10 cm environ, préférer des semelles carrées.

Pour éviter une erreur de positionnement, les semelles carrées sous poteaux rectangulaires ont obligatoirement la même section d'acier dans les deux directions. Elles sont donc surdimensionnées dans la direction du plus faible débord. Mais la simplification que cela apporte au chantier vaut ce prix.

Cohabitation des semelles filantes et isolées

À la liaison entre une semelle isolée et une ou plusieurs semelles filantes, une part de la semelle isolée appartient aussi aux semelles filantes qui y convergent et vice-versa.

Pour les calculs, on ignore cette superposition. L'aire nécessaire de la semelle (filante ou isolée) puis son épaisseur requise et ses aciers sont déterminés comme si les semelles incidentes n'existaient pas.

Coulage en pleine fouille, face supérieure brute ou non, béton de propreté, coffrage ?

Voir la figure C-VI.2.2.

Les semelles non armées sont coulées en pleine fouille et leur surface supérieure reste brute.

Les semelles armées sont coulées sur un béton de propreté. Pour les plus grosses d'entre elles, leurs faces latérales sont coffrées.

La face supérieure des semelles armées peut être terminée en glacis incliné. Mais en bâtiment elle est généralement laissée horizontale et brute, comme pour les semelles non armées.

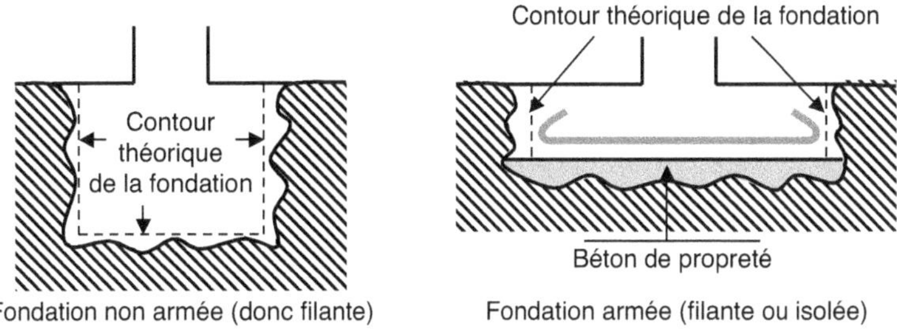

Figure C-VI.2.2. Conditions courantes de coulage des fondations.

Réglage en hauteur des fondations et harmonisation de leurs dimensions

- Réglage en hauteur
  Dans la mesure du possible, afin de simplifier la construction des murs qui s'appuieront dessus, l'arase supérieure de l'ensemble des fondations d'un même bloc de bâtiment est réglé à une cote unique. Pour cela, on joue sur le niveau d'assise de chaque fondation pour respecter sa hauteur nécessaire.
- Profondeur « hors gel »
  Le dessous de chaque semelle doit être suffisamment profond pour être « hors gel ».
  En plaine, dans un climat tempéré comme la France, la profondeur minimum hors gel est 50 cm.
- Harmonisation des dimensions : proposition de l'auteur
  Arrondir chaque dimension (h, b' et a' s'il existe) de chaque fondation par pas de 10 cm entiers. Cet arrondi est conforme à la précision escomptable à la pelle mécanique.
  S'il subsiste alors plus qu'environ trois dimensions de semelles filantes et environ quatre dimensions de semelles isolées, envisager des regroupements ou critères de regroupement supplémentaires.

Toutes les semelles d'un même groupe sont identiques. Elles sont calculées en prenant pour référence la plus défavorable du groupe.

Aciers : diamètre, espacement et enrobage

- Diamètre minimum : $\phi \geq 8$ mm
- Espacement maximum s_{max} : règles des dalles
  Rappel : si charge concentrée (cas des semelles sous poteau), $s_{max} \leq 2\,h \leq 25$ cm
  Sinon (cas des semelles filantes), $s_{max} \leq 3\,h \leq 40$ cm
- Enrobage minimum (rappel du § B-II.5.2.2) :
  Sur les faces au contact direct de la terre $c_{min} = 65$ mm $\Rightarrow c_{nom} = 75$ mm
  Sur un béton de propreté $c_{min} = 30$ mm (AF) $\Rightarrow c_{nom} = 40$ mm
  Le long d'une face coffrée, l'auteur propose la même valeur que sur le béton de propreté.

C-VI.2.2.1 Aciers en attente (voir la figure C-VI.2.3)

- Sous les poteaux (semelles isolées)
  Comme vu au § C-IV.3.1, la liaison fondation-poteau est assimilée à un encastrement $\Rightarrow$ flexion de flambement maximum avec traction maximum envisageable dans les aciers. Ici, il faut assurer l'ancrage *total* des aciers constituant les attentes par un retour horizontal suffisant (voir un exemple de calcul § D.3.5). En pleine masse de la fondation, il n'y a pas de risque de rupture du béton à l'intérieur de la courbure des aciers et on peut se contenter des diamètres de courbure minimums d'Eurocode (§ B-II.3.3.4.2).

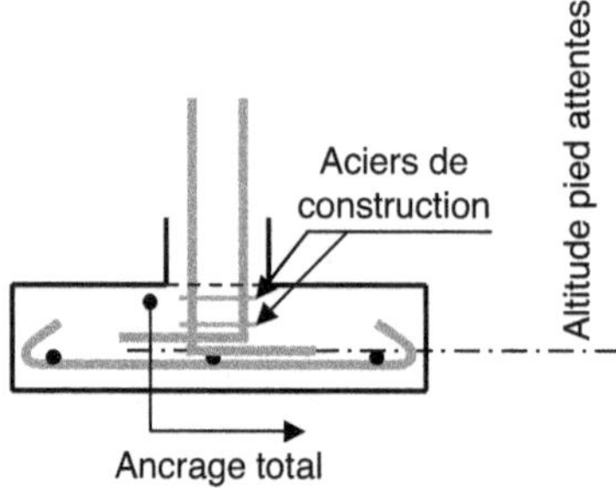

Figure C-VI.2.3. Ancrage des aciers en attente
dans les fondations

- Ce retour a aussi l'avantage de faire reposer les attentes sur le quadrillage d'armatures de la fondation, ce qui leur permet de tenir debout seules et les positionne en altitude. Si souhaité, il permet aussi de solidariser attentes et aciers de la semelle alors ferraillés et mis en place comme un tout.
- Sous les murs (semelles filantes)
  Sous les murs armés : transposition des règles des poteaux.
  Sous les murs non armés : aucune attente n'est exigée.
  Dans la pratique, on prévoit souvent quelques aciers non calculés disposés comme des attentes (par exemple 1 HA 8 tous les 40 cm).

C-VI.2.2.2 Chaînages

Il faut prévoir au niveau des fondations des chaînages périphériques et intérieurs tels que définis au § C-V.3. Ils sont placés en pied de mur ou dans les longrines reliant les poteaux.

> **Rappel**
> Avec des aciers B500, conformément aux Recommandations professionnelles françaises, ces deux types de chaînages doivent avoir une section $A_s \geq 1,5$ cm^2

- Chaînages en pied de mur
  Ils sont placés comme montré sur la figure C-VI.2.4 : soit dans le mur, très près au-dessus de la fondation, soit dans la fondation elle-même.

- Longrines et chaînages reliant les pieds de poteaux
  Toute longrine mise en place pour raison structurelle doit être traitée pour assurer aussi la fonction chaînage.
  Si le sol de fondation est suffisamment ferme, aucune autre longrine n'est nécessaire.
  Si le sol de fondation est mouvant et/ou susceptible de tasser, il est en plus indispensable de relier entre eux tous les pieds de poteaux par un réseau de longrines empêchant ceux-ci de s'écarter ou de se rapprocher. Ces longrines doivent contenir au moins la section de chaînage et beaucoup plus si, en plus, on leur demande de limiter les éventuels tassements différentiels.

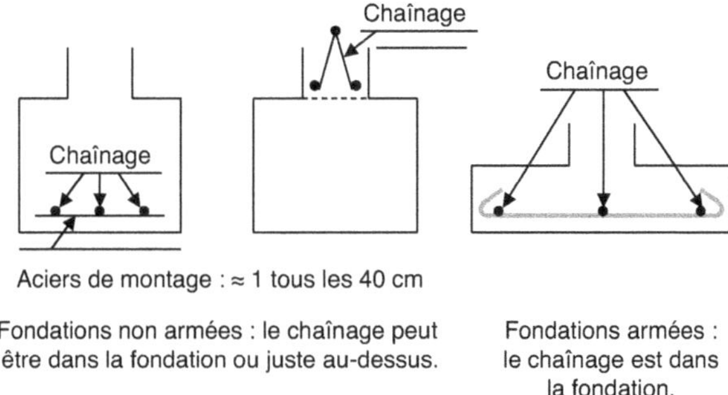

Figure C-VI.2.4. Dispositions possibles pour les chaînages au niveau des fondations.

C-VI.2.2.3 Fondations assises à des niveaux différents

Ces prescriptions ne concernent pas les petites différences de niveau d'assise, utilisées pour ajuster à la même cote les arases supérieures des semelles.

Deux points, illustrés sur la figure C-VI.2.5, sont à respecter.

- Il faut éviter que les « bulbes de pression » de deux fondations voisines s'interpénètrent ⇒ décalage avec pente ≤ 2 pour 3.
- La sous-face des fondations doit toujours être horizontale ⇒ sous-face d'une fondation filante le long d'un terrain en pente obligatoirement en redans conformément à la figure.

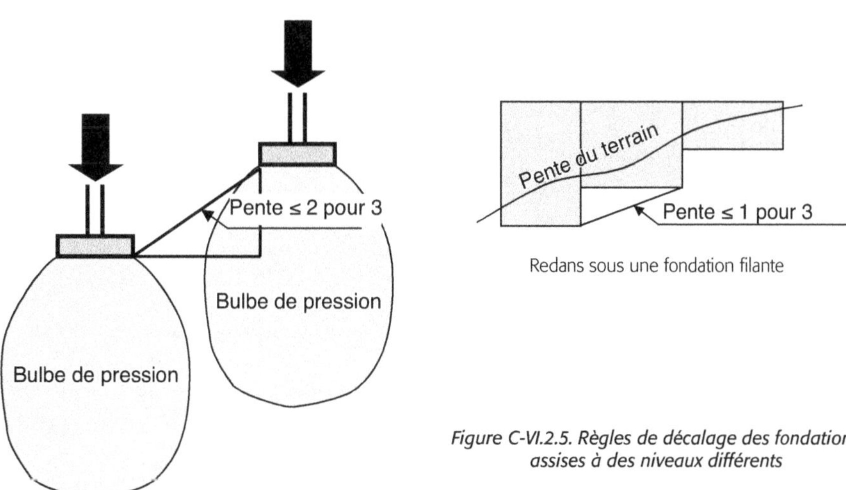

Figure C-VI.2.5. Règles de décalage des fondations assises à des niveaux différents

C-VI.2.2.4 Joints de dilatation et joints de structure

Voir figure C-VI.2.6.

Les joints de dilatation ne descendent que jusqu'à l'arase supérieure des fondations. Les deux éléments (poteaux ou murs) de part et d'autre du joint sont traités comme un tout et partagent la même fondation.

Les joints de structure, au contraire, courent sur toute la hauteur de l'édifice, y compris les fondations, car ils sont là pour pallier un éventuel tassement différend entre deux zones de conditions géotechniques différentes. Ces joints coupant les fondations, chaque demi-fondation se trouve inévitablement sollicitée de façon excentrée. Cela doit être pris en compte dans le calcul.

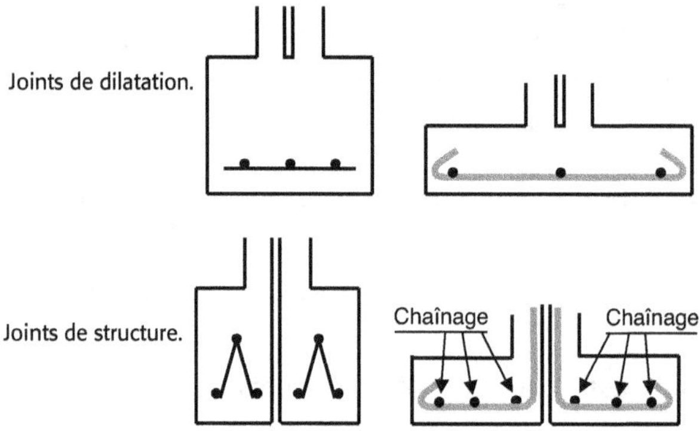

Figure C-VI.2.6. Fondations : joints de dilatation et joints de structure.

C-VI.3 Calculs simplifiés

Les calculs, simplifiés ou non, sont menés uniquement à l'ELU.

Bien que les calculs simplifiés des Recommandations professionnelles françaises ne soient pas strictement limités au cas de la « compression réputée centrée », l'auteur propose de les y limiter.

Pour les calculs plus complexes et beaucoup plus universels prescrits par Eurocode : voir [9.8.2] ou {E-V.6}.

C-VI.3.1 Données de base

C-VI.3.1.1 Valeur de l'effort vertical N_u ou p_u/m à prendre en compte

Dans le domaine du calcul simplifié : N_u ou p_u/m à prendre en compte inclut le poids de la fondation.

C-VI.3.1.2 Aire ou largeur de fondation nécessaire

Pour un poteau : $b'.a' = N_u/\sigma_{Rd,gd}$. Pour une fondation filante : $b' = p_u/\sigma_{Rd,gd}$.

N_u ou p_u/m incluant le poids de la fondation, celui-ci doit être estimé dans un premier temps.

Proposition de l'auteur
Faire le calcul en ignorant le poids de la fondation. Puis augmenter chaque dimension de 5 cm et l'arrondir au nombre entier de 10 cm le plus proche ($\Rightarrow$ valeur retenue en excès de 3 à 8 cm). Enfin, calculer le poids de la fondation et vérifier que les dimensions choisies sont suffisantes.

C-VI.3.2 Fondations non armées

Il s'agit exclusivement de semelles filantes.

Prescription simplifiée admise par Eurocode [12.9.3] :

Elle est très simple et reprend celle de BAEL : $b_1 \leq h/2$

C-VI.3.3 Fondations armées

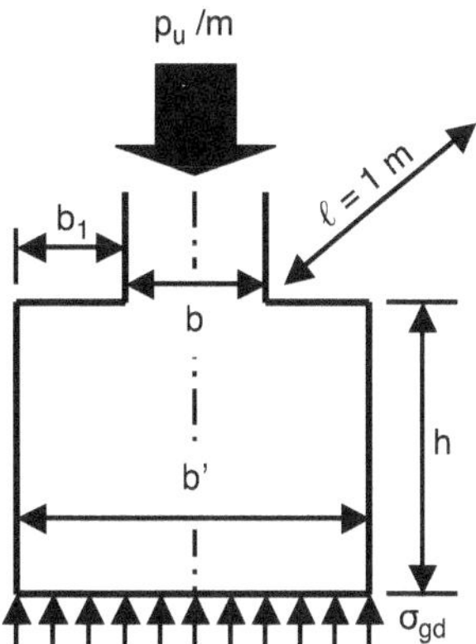

Concerne les semelles isolées (sous poteaux) et des semelles filantes (sous murs).

L'exposé du calcul des aciers nécessaires (horizontaux) est fait sur l'exemple de l'évasement dans la direction b d'une semelle isolée sous un poteau chargeant la fondation par l'effort N_u.

La transposition à l'évasement dans la direction a se fait simplement en remplaçant b et ses déclinaisons par a et ses déclinaisons.

Les semelles filantes se calculant sur une tranche de 1 m de long, la transposition se fait en remplaçant les efforts totaux par des efforts par mètre. Par exemple, N_u est remplacé par p_u/m et $F_{s,max}$ par $F_{s,max}/m$ de longueur de la fondation.

C-VI.3.3.1 Domaine de validité

Déjà vu : l'auteur propose de le limiter au cas de la « compression réputée centrée ».

C-VI.3.3.2 Hauteur utile d et hauteur totale h

Une seule prescription qui assure un bon dimensionnement et dispense des vérifications au poinçonnement et de non-dépassement de la contrainte admise dans le béton :

$d \geq b_1/2 \geq [6$ cm $+ 6\,\phi$ des barres constituant $A_s]$

Attention
Dans les semelles isolées, il y a deux nappes d'acier orthogonales (avec les notations utilisées ici, la hauteur utile de la nappe la plus extérieure est d_b et celle de l'autre est d_a). Chacune de ces deux hauteurs utiles doit respecter l'inégalité ci-dessus.

Après avoir choisi d, on en déduit comme suit la hauteur totale h puis le poids de la fondation.

Les semelles armées étant coulées sur béton de propreté, on a : $c_{nom} = 40$ mm

Estimation proposée
Si, comme pour estimer d dans les poutres, on admet ϕ des barres constituant $A_s \approx 20$ mm, on a :
- pour la nappe A_{sb} extérieure : $h - d_b \approx 5$ cm
- pour la nappe A_{sa} intérieure : $h - d_a \approx 6$ à 7 cm

C-VI.3.3.3 Calcul des aciers inférieurs A_s nécessaires

C-V.3.3.3.1 Principe du calcul

Il est considéré que l'effort N_u appliqué s'étale sur toute la largeur de la fondation par le jeu de bielles comprimées, comme schématisé sur la figure C-VI.3.1.

Les barres inférieures A_s font tirant pour retenir les pieds de chaque couple de bielles avec, à chaque abscisse X, un effort $F_{s,X}$. À leur extrémité, elles ne sont sollicitées que par le couple de bielles le plus externe. Au fur et à mesure qu'on se rapproche du centre s'ajoute l'effet des bielles plus internes et c'est sur l'axe de la fondation que l'effort à reprendre par ces aciers est le plus grand. Il est noté $F_{s,max}$.

C-V.3.3.3.2 Calcul proprement dit

On démontre que l'effort $F_{s,X}$ à reprendre par A_s évolue de façon parabolique et on en tire :

$$F_{s,max} = N_u \cdot \frac{b' - b}{8d}$$

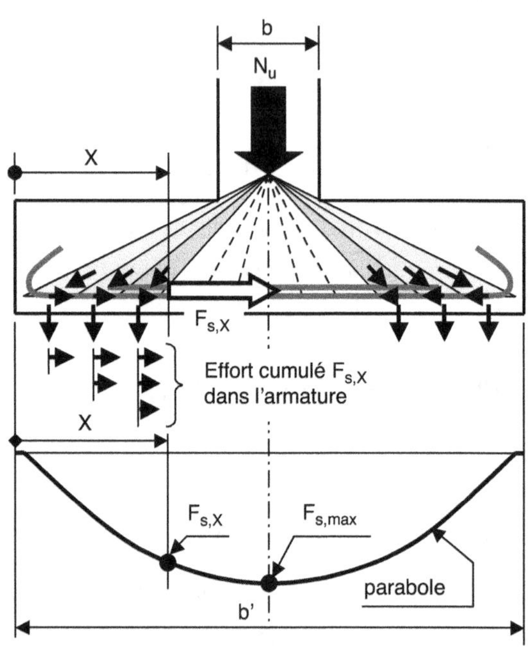

Figure C-VI.3.1. Efforts dans une fondation en compression centrée.

Le calcul est fait à l'ELU $\Rightarrow$ on considère $\sigma_s = f_{yd}$

Donc : section d'acier nécessaire $A_s = F_{s,max}/f_{yd}$

Déclinaison de ce résultat dans les cas réels

- Semelles filantes : $N_u = p_u/m$ et $F_{s,max}/m = N_u \cdot \dfrac{b' - b}{8d}$

- Semelles isolées : on mène le même calcul dans les deux directions b' et a', avec dans chaque direction la valeur totale de N_u :

  On a donc : $F_{sb,max} = N_u \cdot \dfrac{b' - b}{8d_b}$ et $F_{sa,max} = N_u \cdot \dfrac{a' - a}{8d_a}$ Attention : $d_a \neq d_b$

  Dans le cas de semelles d'égal débord, on a : $F_{sb,max} \approx F_{sa,max}$ et par suite : $A_{sa} \approx A_{sb}$ (seulement « à peu près égaux » car $d_a \neq d_b$)

C-VI.3.3.4 Arrêt des aciers et leur ancrage

Il est fait conformément aux indications de la figure C-VI.3.2.

Semelles filantes

Souvent l'ensemble des barres court sur toute la largeur de la fondation. Un ancrage droit convient si $\ell_{bd} \leq b'/4$. Sinon un ancrage par crochet s'impose. Proposition de l'auteur : toujours mettre un crochet.

Lorsque $\ell_{bd} \leq b'/8$ on peut arrêter une barre sur deux par ancrage droit à 0,15 b' du bord de la fondation.

Semelles isolées

Décliner les mêmes prescriptions dans la direction a'.

Lorsque la semelle n'est pas homothétique du poteau, les limites b'/4 et b'/8 et l'arrêt éventuel d'une barre sur deux à 0,15 b' ainsi que leurs déclinaisons dans la direction a' sont remplacés par 0,8.(b'/4), 0,8.(b'/8) et 0,8.(0,15 b'). En revanche, la limite 0,18 b' pour l'ancrage droit des barres arrêtées reste inchangée.

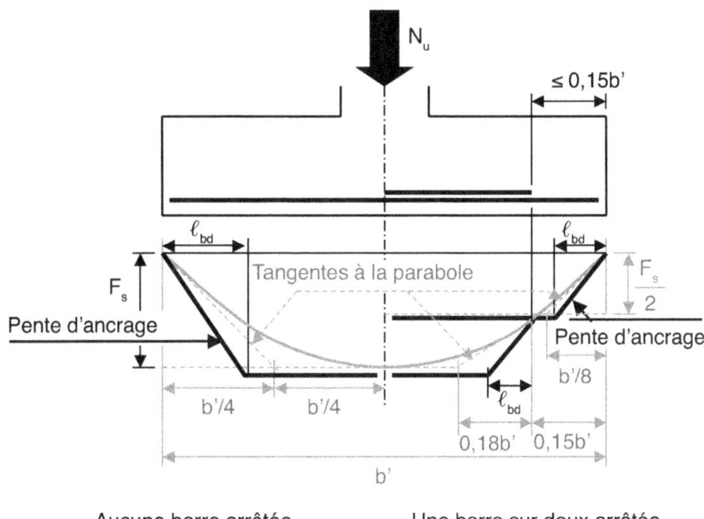

Figure C-VI.3.2. Fondations armées : cas où un ancrage droit des aciers convient et longueur d'arrêt d'une barre sur deux lorsque jugé utile.

C-VI.4 Longrines

Si, quelle qu'en soit la raison, sous un mur il n'est pas possible de mettre en place une semelle filante, on installe à la place une longrine qui supporte le mur et reporte ses charges sur des points d'appui résistants.

Elles sont calculées comme des poutres et doivent de plus assurer la fonction chaînage. Supportant des murs en maçonnerie ou en béton très peu déformables, leur flèche doit être strictement limitée.

Proposition de l'auteur

Les dimensionner avec un rapport d/ℓ 10 à 15 % plus élevé que préconisé pour les poutres classiques.

C-VI.5 Longrines de redressement

En bâtiments courants, la longrine de redressement est une solution simple pour traiter les fondations excentrées : simple au niveau du calcul, mais aussi simple au niveau de l'exécution. En effet, son fonctionnement n'induit aucun moment dans les poteaux concernés, qui peuvent continuer à être calculés et construits sur la base d'une « compression réputée centrée ».

C-VI.5.1 Principe de fonctionnement

Il est illustré sur la figure C-VI.5.1. Une longrine de redressement fonctionne comme une balance romaine avec bras de leviers inégaux. Pour porter le poteau A, elle s'appuie sur la semelle B et l'équilibre est assuré par un effort descendant N_C apporté par un poteau C en bout de fléau.

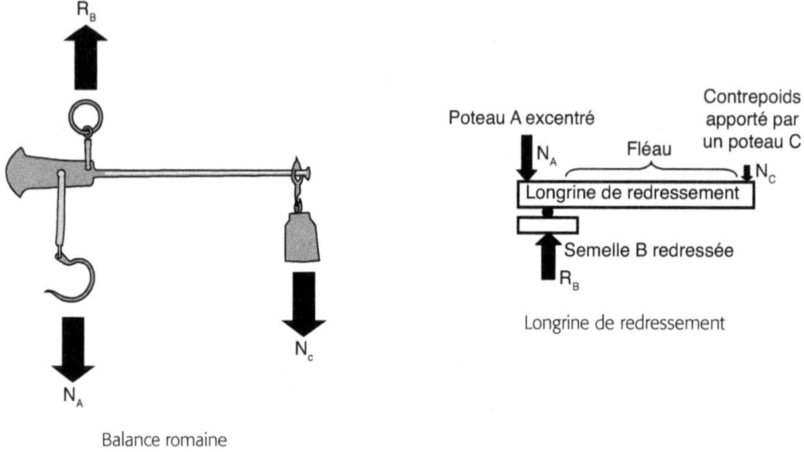

Figure C-VI.5.1. Principe de fonctionnement des longrines de redressement.

C-VI.5.2 Cas des longrines réelles

La longrine ne s'appuie pas sur la semelle redressée par un seul point comme sur le schéma de principe, mais sur toute la longueur de cette dernière, comme illustré sur la figure C-VI.5.2. Cette semelle ne fonctionne donc pas comme une semelle isolée, mais comme une portion de semelle filante.

Le poids du fléau, petit comparé aux autres efforts en présence, peut généralement être négligé.

Les diagrammes du moment fléchissant et de l'effort tranchant qui en découlent sont montrés sur la figure C-VI.5.3.

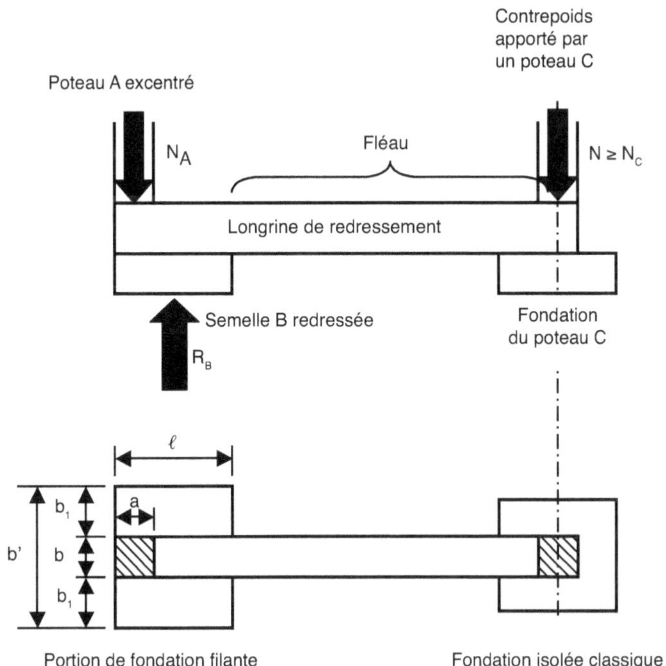

Figure C-VI.5.2. Longrines de redressement : leur géométrie réelle.

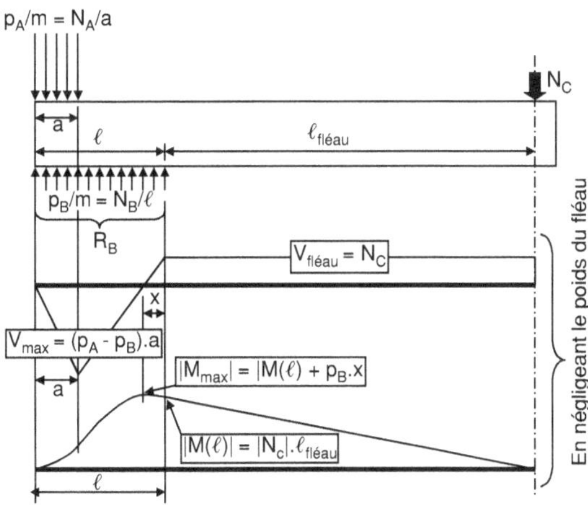

Figure C-VI.5.3. Longrines de redressement : efforts mis en jeu et diagrammes V et M.

C-VI.5.3 Prescription complémentaire d'Eurocode [9.8.3]

S'il y a le risque que des engins de chantier surchargent le fléau de la longrine, Eurocode prescrit que celui-ci soit en plus ferraillé pour résister à une action variable descendante répartie Q = 10 kN/m. C'est notamment le cas lorsque le sol du niveau fondation est posé sur hérisson. Ce dernier est mis en place entre et au-dessus des longrines et, nécessairement, les engins de chantier sont amenés à peser sur les longrines.

Le calcul correspondant est fait en traitant alors le fléau comme une travée isolée sur deux appuis simples car, au moment du terrassement, les efforts N_A et N_C modifiant la donne ne sont pas encore présents.

C-VI.5.4 Organisation pratique des calculs et disposition des aciers

- On s'assure que le poteau en C apporte bien un effort descendant $\geq N_C$.
- On se réfère aux diagrammes simplifiés de la figure C-VI.5.4.
  Dans les zones de forte variation de M et V, il est impossible de suivre exactement leur évolution par l'arrêt des barres et l'espacement des aciers transversaux. Aussi le calcul est-il fait pour une valeur constante, d'une part de M et d'autre part de V, encadrant les valeurs réelles.
- Pour le calcul de la fondation C, on néglige souvent son allègement par l'effort de soulèvement (égal à N_C) en bout de fléau.
- Un exemple du ferraillage est montré sur la même figure C-VI.5.4. Compte tenu de l'effort important à transmettre du poteau A à la longrine, il est bon de boucler en U les aciers supérieurs de la longrine autour de l'impact du poteau. À défaut et comme illustré sur la figure, développer le crochet d'ancrage de ces aciers dans le plan horizontal (ou le plus horizontal possible).
- Pour gagner de la hauteur, il est possible de développer la longrine dans la hauteur des semelles. Alors, les semelles étant supposées chargées en leur partie haute, prévoir des suspentes dans la semelle B pour remonter la charge apportée par la longrine.

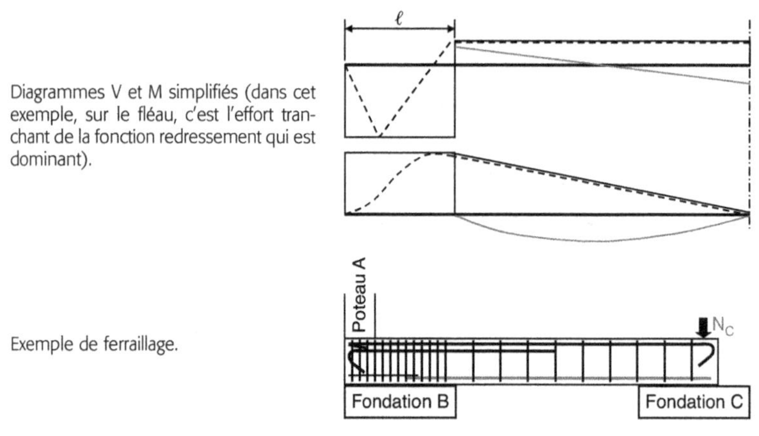

Figure C-VI.5.4. Longrines de redressement : diagrammes V et M simplifiés et exemple de ferraillage (en gris, prise en compte d'une éventuelle incidence des engins de chantier).

Partie D

Exemples de calcul

Chaque exemple est complété par le rappel du paragraphe qui sous-tend le point traité et du paragraphe où trouver l'aide au calcul utilisée.

Sous la désignation « Ordre de grandeur » est indiqué pour comparaison le résultat de l'estimation d'ordre de grandeur du § E.2.

D.1 Poutres

Cet exemple s'appuie sur le cas d'une poutre continue, une poutre intérieure d'un bâtiment de bureau, et se limite au traitement des deux premières travées schématisées ci-dessous.

Il illustre les points suivants.

- Traitement de la continuité par la règle de la redistribution forfaitaire.
- Calcul des aciers longitudinaux en travée et sur appui.
    - Prise en compte d'une poutre en Té en travée.
    - Calcul d'aciers comprimés, ici sur un appui de continuité.
    - Arrêt des aciers.
- Calcul et disposition des aciers transversaux puis conditions d'appuis.

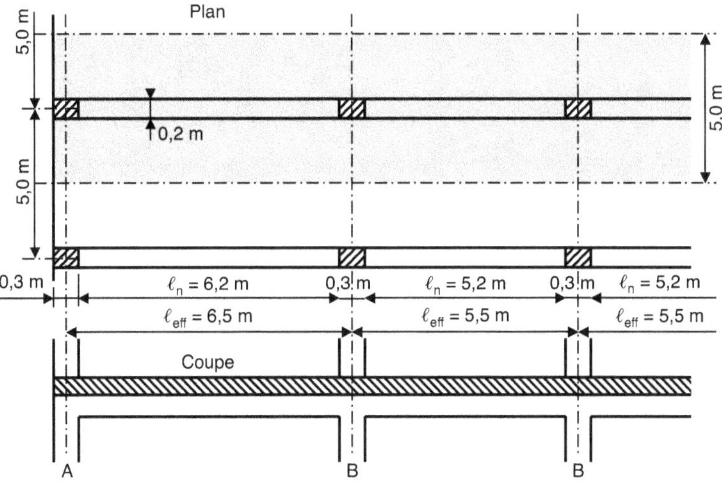

D.1.1 Données

- Bâtiment de bureau, durée d'utilisation = 50 ans, conditions d'exposition XC1
- Choix de la redistribution forfaitaire $\Rightarrow$ aciers B500B
- Béton C25/30
- Géométrie : voir les croquis ci-dessus et ci-contre
- Plancher porté par cette poutre :

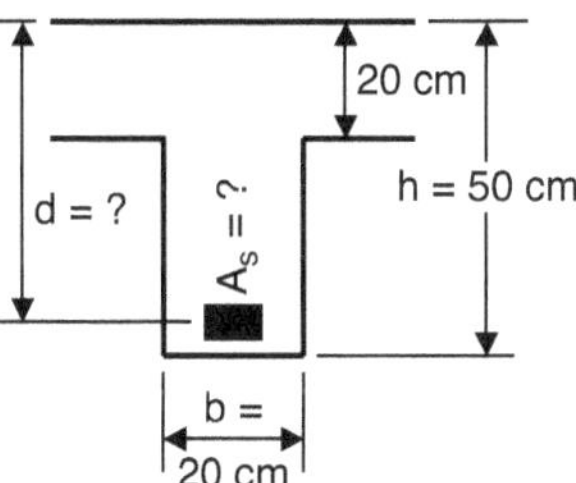

    - dalle d'épaisseur h = 20 cm
    - chape + revêtement = 0,5 kN/m^2
    - charge d'exploitation du plancher : bureaux $\Rightarrow$ Q = 2,5 kN/m^2
    - cloisons légères en plaques de plâtre $\Rightarrow$ Q = 0,5 kN/m^2
    - pas d'action d'accompagnement ni accidentelle
    - pour combinaison quasi permanente (non utilisé dans cet exemple) : ψ_2 = 0,3 (tableau C-I.3.1)

D.1.2 Enrobage à respecter

Durée d'utilisation = 50 ans, classe d'exposition XC1, béton C25/30, d'où :
- Pour la poutre : application de la règle commune $\Rightarrow$ d'après le tableau B-II.5.1 : c_{nom} = 25 mm.
- Pour le plancher :
    - aciers inférieurs (en travée) : « enrobage compact » $\Rightarrow$ d'après le tableau C-III.4.1 : c_{nom} = 20 mm ;
    - aciers supérieurs (sur appuis) : règle commune $\Rightarrow$ d'après le tableau C-III.4.2 : c_{nom} = 25 mm.

D.1.3 Convenance du prédimensionnement

Voir tableau C-I.4.1.

Plancher

Dalle pleine 4,5 m $\leq \ell_n \leq$ 7 m $\Rightarrow$ viser h $\approx \ell_n/25$ = 4,8/25 $\approx$ 0,19 m ; h effectif = 20 cm $\Rightarrow$ OK !

Ce plancher est continu sur les poutres qui le portent. S'il est envisagé de le calculer avec la règle de la redistribution forfaitaire, il doit en plus respecter $\ell_n/d \leq 27$.

Alors en travée :
c_{nom} = 20 mm et l'armature est constituée d'un treillis soudé spécifique en un seul lit $\Rightarrow h - d \approx c_{nom} + 5$ mm $\Rightarrow d \approx h - 2,5$ cm = 20 - 2,5 = 17,5 cm ;
donc ℓ_n/d = 4,8/0,20 = 27,4 : dépasse à peine la limite $\ell_n/d \leq 27 \Rightarrow$ acceptable.

Poutre

Poutre continue $\Rightarrow$ viser $\ell_n/15 \leq h \leq \ell_n/12$

La travée la plus critique est la travée de rive, ici pour deux raisons : car elle est de rive ($\Rightarrow$ toutes choses égales par ailleurs : $M_{travée,max}$ le plus élevé) et en plus car c'est la plus longue.

Pour une travée de rive il faut plutôt h $\approx \ell_n/12$ = 6,2/12 = 0,52 m

Hauteur donnée par les plans : h = 50 cm $\approx$ 52 cm $\Rightarrow$ OK !

Vérification de $\ell_n/d \leq 27$ toujours assurée $\Rightarrow$ redistribution forfaitaire applicable.

D.1.4 Actions

D.1.4.1 Plancher

- Actions permanentes G = poids propre du plancher porté par la poutre.
  Dalle : 0,20 m $\times$ 25 kN/m^3 = 5 kN/m^2 ; revêtement : 0,5 kN/m$^2 \Rightarrow$ Total : G = 5 + 0,5 = 5,5 kN/m^2
- Actions variables Q : charge d'exploitation = 2,5 kN/m^2 ; incidence des cloisons : 0,5 kN/m$^2 \Rightarrow$ Total : Q = 2,5 + 0,5 = 3 kN/m^2

D.1.4.2 Poutre

Cette poutre constitue un appui courant (loin de la rive) du plancher. La réaction du plancher y est donc R $\approx$ R' (voir § C-I.5.2.2) et on a : largeur de plancher portée par la poutre = 5,0 m

G = poids propre de la retombée de la poutre + poids de plancher porté

= [0,20·(0,50 − 0,20) × 1] m³ × 25 kN/m³ + (5,0 × 1) m² × 5,5 kN/m² = 29 kN/m de poutre

Q = (5,0 × 1) m² × 3 kN/m² = 15 kN/m de poutre

Actions totales pondérées

Travée chargée : p_u = 1,35 G + 1,5 Q = 1,35 × 29 + 1,5 × 15 = 61,7 kN/m ≈ 62 kN/m

C'est le seul cas de charge à prendre en compte pour appliquer la redistribution forfaitaire.

D.1.5 Diagrammes enveloppes M_u et V_u par la règle de redistribution forfaitaire

Les calculs sont présentés ci-dessous sous forme de tableau et une synthèse des résultats est proposée sur le schéma des diagrammes enveloppes.

Schéma de la poutre	A		B	C
ℓ_n		6,2 m	5,2 m	5,2 m
p_u		62 kN/m	62 kN/m	62 kN/m
$M_{0\ell n}$		298 kN.m	210 kN/m	210 kN/m
$M_{\ell n,appui}$	0		$-0,55.(M_{0\ell n,gauche} + M_{0\ell n,droite})/2$ -154 kN.m	$-0,45.(M_{0\ell n,gauche} + M_{0\ell n,droite})/2$ -95 kN.m
$M_{travée}$ $= k.M_{0\ell n} - \|M_w + M_e\|/2$		k = 1,15 266 kN.m	k = 1,1 107 kN.m	k = 1,1 136 kN.m
$\|V'\|$		192 kN	161 kN	161 kN
V		$V_A = V' = 192$ kN $V_B = 1,15V' = -221$ kN	$V_B = 1,05V' = 169$ kN $V_C = V' = -161$ kN	$V_C = V' = 161$ kN

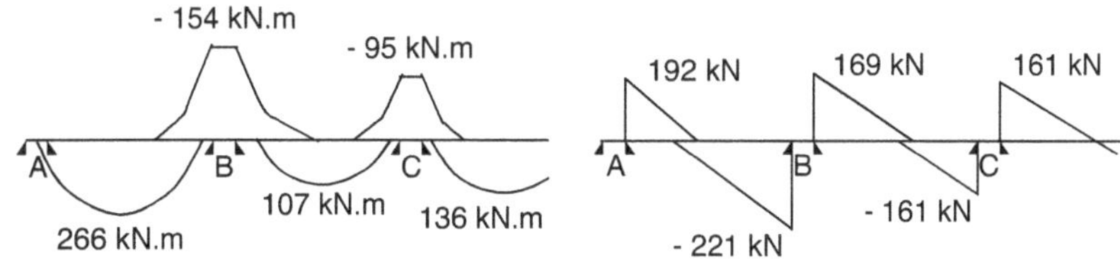

À titre de comparaison

Voici, ci-dessous, le résultat d'une redistribution plus fine, non forfaitaire. Il s'agit ici du résultat de la méthode de Caquot optimisée telle que proposée par l'auteur et exposée en {E-I.5.1.6}.

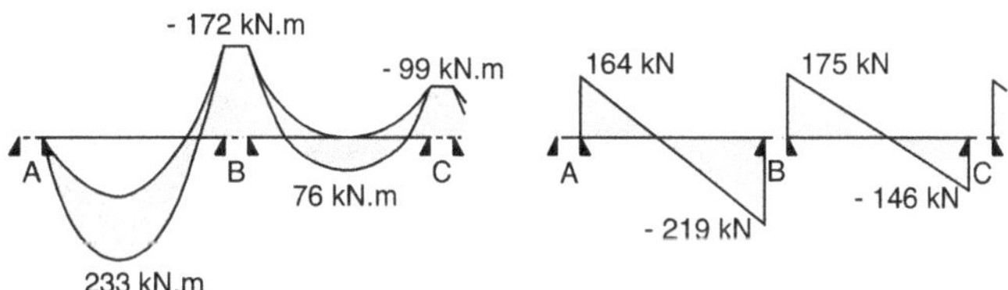

Avoir recours à la redistribution forfaitaire invite à se contenter d'un arrêt forfaitaire des aciers avec cette restriction : il a été développé pour le cas de deux lits d'aciers égaux. Dans les autres cas, soit on revient à une épure d'arrêt conventionnelle, soit *on adapte* à ses risques l'arrêt forfaitaire. Enfin, celui-ci est inutilisable pour l'arrêt d'éventuels aciers comprimés.

D.1.6 Résistance aux moments positifs et poutres en Té

Il convient d'utiliser un jeu d'unités cohérent. Les contraintes étant exprimées en MPa, le plus simple est d'exprimer toutes les longueurs en m (mètres), les aires en m^2 et les efforts en MN (mégaNewton). Alors, la section A_s d'acier, résultat du calcul, est obtenue en m^2.

D.1.6.1 Travée AB

$M_{u,max} = 266$ kN.m $= 0,266$ MN.m

D.1.6.1.1 Estimation de la hauteur utile d

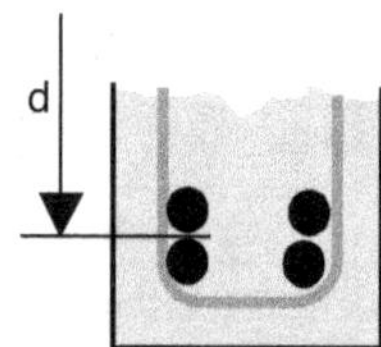

$c_{nom} = 25$ mm, hypothèse de deux lits d'aciers $\phi \approx 20$ mm et encombrement des aciers transversaux ≈ 10 mm $\Rightarrow$ d $\approx$ h $- 5,5$ cm $\Rightarrow$ d $\approx 44,5$ cm

D.1.6.1.2 Valeur de μ_u calculée sur la nervure seule

Béton C25/30 $\Rightarrow f_{cd} = 25/1,5 = 16,7$ MPa $\Rightarrow \mu_u = M_u/(b.d^2.f_{cd}) = 0,266/(0,2 \times 0,445^2 \times 16,7)$ $= 0,402$

C'est très supérieur aux limites admises (voir § B-III.2.5.5).

Ici, l'effort de compression dû à la flexion peut s'étaler dans le plancher. Considérer une poutre en Té devrait apporter la solution.

D.1.6.1.3 Calcul en poutre en Té

Largeur de table à retenir

Voir § B-III.7.2.3.

Dans cette poutre, la table est symétrique et aucune trémie n'ampute une partie du plancher $\Rightarrow b_i = (b_{disponible} - b_w)/2 = 2,4$ m

Débord de table maximum autorisé :

$b_{eff,i} \leq 0,2\, b_i + 0,1\, \ell_0 \leq 0,2\, \ell_0$

Travée de rive $\Rightarrow \ell_0 = 0,85\, \ell_{eff} = 0,85 \times 6,5$ $= 5,5$ m

d'où : $b_{eff,i} \leq 0,2 \times 2,4 + 0,1 \times 5,5 = 1,03$ m

Vérification : $b_{eff,i} \leq 0,2\, \ell_0 = 0,2 \times 5,5 = 1,10$ m : OK !

On a donc : $b_{eff} = 2 \times 1,03 + 0,20 \approx 2,30$ m

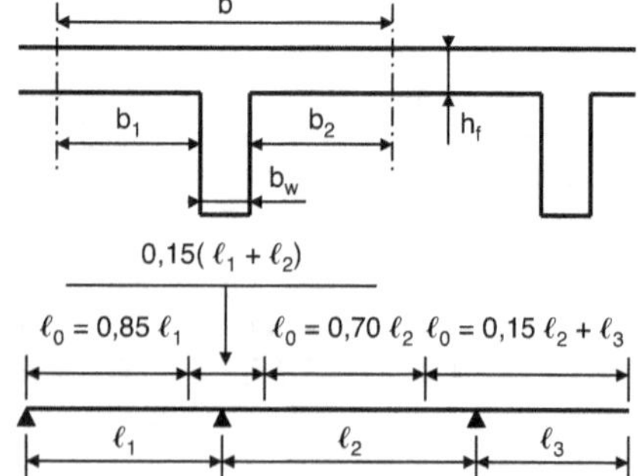

Peut-on se dispenser d'ajouter des aciers de liaison table-nervure ? (voir § B-III.7.4.2.5)

Avec un béton C25/30 : c'est le cas si $\dfrac{b_{eff,i}}{b_{eff}} \leq 2,9.\dfrac{d.h_f}{p_u.\ell_{eff}}$ (longueurs en m et p_u en MN/m)

Si, de plus, la table est symétrique, c'est toujours le cas dès que $2,9.\dfrac{d.h_f}{p_u.\ell_{eff}} \geq 0,5$

Avec cette poutre : $2,9.\dfrac{d.h_f}{p_u.\ell_{eff}} = 2,9 \times 0,445 \times 0,2/(0,062 \times 6,5) = 0,64 > 0,5$

$\Rightarrow$ pas besoin d'ajouter des aciers pour la liaison table-nervure quel que soit $b_{eff} \leq b_{eff,max}$ = 2,30 m.

On choisit b_{eff} = 2,30 m. Pour limiter la servitude de non-percement du plancher, on pourrait choisir b_{eff} plus petit. Vis-à-vis de la liaison table-nervure, la situation serait encore plus favorable.

Valeur de $\mu_{u,Té}$ et vérifications préliminaires

$\mu_{u,Té} = M_u/(b_{eff}.d^2.f_{cd}) = 0,266/(2,3 \times 0,445^2 \times 16,7) = 0,035$

- Non fragilité ?
  Elle doit être vérifiée sur la nervure seule. Alors μ_u = 0,402 très au-delà de la limite de fragilité $\Rightarrow$ OK : poutre non fragile

- Vérifications du bon emploi des aciers, d'une ductilité suffisante et du respect des contraintes limites à l'ELS.
  $\mu_{u,Té}$ vérifie largement les divers $\mu_{u,limite}$ associés (voir § B-III.2.5.5) $\Rightarrow$ OK !

- Vérification de la flèche.
  L'élancement ℓ_n/h de la poutre respectant $1/15 \leq \ell_n/h \leq 1/12$, on peut escompter que l'élancement ℓ_{eff}/d maximum du tableau B-III.3.2 soit respecté.
  Avec une poutre rectangulaire limitée à la nervure on aurait $\mu_u \approx 0,40 \Rightarrow$ respecter $\ell_{eff}/d < 16$ ou 17. Avec ℓ_{eff} = 6,5 m et d = 0,445 m on a ℓ_{eff}/d = 14,6 $\Rightarrow$ condition respectée avec peu de marge : OK !
  Fonctionnement en poutre en Té $\Rightarrow$ flèche un peu plus faible (voir § B-III.3.5.3) $\Rightarrow$ marge augmentée.

- Cette poutre peut-elle se calculer comme une poutre rectangulaire de largeur b_{eff} ?
  Pour cela, il faut que le diagramme des contraintes du béton comprimé se développe totalement dans la table $\Rightarrow$ vérifier que $0,8$ x $\leq h_f$ qui peut aussi s'exprimer par $\mu_u \leq h_f/d - (h_f/d)^2/2$ (voir § B-III.7.3.1.1).

  Dans cet exemple : $\alpha \approx 0,045$ (voir § D.1.6.1.4) $\Rightarrow 0,8$ x = 1,6 cm très inférieur à h_f = 20 cm $\Rightarrow$ OK !
  Ou bien : $\mu_{u,Té} = 0,035 < 20/44,5 - (20/44,5)^2/2 \approx 0,35 \Rightarrow$ OK !

Donc cette poutre satisfait à toutes les vérifications exigées. Il a également été vérifié plus haut qu'avec b_{eff} = 2,30 m elle ne nécessite pas d'ajout d'aciers de liaison table-nervure.

D.1.6.1.4   Calcul de la section A_s nécessaire d'aciers longitudinaux

Rappel : la redistribution forfaitaire impose des aciers B500B.

Démarches de calcul possibles

- Calcul exact complet
  Avec des aciers B500B $\mu_u \leq \mu_{uAB}$ = 0,056 (voir § B-III.2.5.2) $\Rightarrow$ calcul au pivot A $\Rightarrow \varepsilon_s$ = ε_{ud} et ε_c inconnu $\leq$ 3,5 ‰

$\alpha = 1{,}25.(1 - \sqrt{1 - 2.\mu_u}\,) = 0{,}0445 \Rightarrow z_c = d.(1 - \delta_G.\alpha) = 0{,}445 \times (1 - 0{,}4 \times 0{,}0445)$
$= 0{,}437$ m

(Pour un exemple de calcul au pivot B, voir travée BC au § D.1.6.2.2)

$F_c = ?$

En flexion simple sans aciers comprimés, préférer la relation $F_c = M_u/z_c$, soit $M_u/\beta.d$ (avec $\beta = z/d$)

Alors : $F_c = 0{,}266/0{,}437 = 0{,}609$ MN $= 609$ kN

$F_s = ?$

En flexion simple, $F_s = F_c = 0{,}609$ MN

$\sigma_s = ?$

Au pivot A, on a $\varepsilon_s = \varepsilon_{ud} \Rightarrow$ avec des aciers S500 de classe de ductilité B et le choix de l'option a pour leur diagramme déformation-contrainte : (voir § B-II.3.2.2 ou § E.1.1.3) $\sigma_s = 466$ MPa

Enfin :

$A_s = F_s/\sigma_s = 0{,}609/466 = 13{,}1 \times 10^{-4}$ m^2 = 13,1 cm^2

- Calcul exact avec l'aide d'un tableau fournissant la suite de calculs $\mu_u \Rightarrow \alpha \Rightarrow \beta \Rightarrow \varepsilon_s \Rightarrow \sigma_s$
  Sur le tableau du § E.1.4.1.2, on lit directement, déjà calculées, les valeurs nécessaires.
  Nous avons : $\mu_u = 0{,}035 \Rightarrow$ dans la ligne la plus proche du tableau, $\mu_u = 0{,}04$
  on lit : $\alpha = 0{,}051 \Rightarrow \beta = 0{,}98 \Rightarrow \varepsilon_s = 45$ ‰ $\Rightarrow \sigma_s = 466$ MPa
  d'où : $A_s = M_u/(\beta.d)/\sigma_s = 13{,}1$ cm^2 Le résultat est conforme à celui du calcul direct.

- Calcul rapide quasi exact

  Dans le domaine $0{,}04 \leq \mu_u \leq 0{,}24$ et avec des aciers B500B : $A_s = (\dfrac{M_u}{0{,}9d}\,/f_{yd}).(\mu_u + 0{,}81)$

  Lorsque, comme ici, $\mu_u < 0{,}04$, la proposition de l'auteur est d'appliquer la formule avec $\mu_u = 0{,}04$.
  On en tire : $A_s = 0{,}00130$ m^2 = 13,0 cm^2 On constate un très bon accord avec le calcul exact.

  Ordre de grandeur : § E.2.3.2
  $A_s \approx 2{,}5\ M_u$ (kN.m)/d(cm) $- 10$ % car $\mu_u < 0{,}1 = 2{,}5 \times 266/44{,}5 - 10$ % $= 14{,}9 - 1{,}5 = 13{,}4$
  ≈ 13 cm^2

D.1.6.1.5   Choix de la section commerciale

Section calculée : $A_s = 13{,}1$ cm^2

L'hypothèse de calcul est deux lits d'aciers de diamètre ≈ 20 mm. Sachant que $b_w = 20$ cm, on ne peut envisager que deux colonnes d'aciers.

Solutions envisageables

- Deux lits égaux $\Rightarrow$ 4 HA 20 = 12,6 cm^2
  Déficit par rapport à $A_s = 13{,}1$ cm^2 calculé = 4 % > 2 % $\Rightarrow$ insuffisant !
- On peut envisager des HA 25. En bâtiment on s'y résout en préférant qu'ils n'aient pas de crochet.
  Alors : 2 HA 14 + 2 HA 25 = 12,9 cm^2 : déficit < 1,5 % $\Rightarrow$ OK !
- Trois lits d'aciers.
  On essaye d'éviter dans les poutres de hauteur courante.
  Il faut alors escompter d $\approx 42{,}5$ cm $\Rightarrow A_s \approx 13$cm^2/42,2 $\times 44{,}5 \approx 13{,}6$ cm^2.
  Alors : 2 HA 20 + 2 HA 16 + 2 HA 14 = 13,4 cm^2 $\Rightarrow$ OK !

Analyse de ces propositions

- 2 HA 14 + 2 HA 25 avec les 2 HA 25 en deuxième lit.

  Il n'y a pas de crochet aux HA 25 $\Rightarrow$ c'est bien.

  Mais la section A_s du 1er lit = 3,08 cm^2 n'est qu'une très faible proportion de la section $A_{s,travée} \approx 13$ cm^2 $\Rightarrow$ il y a un fort risque que ce 1er lit soit insuffisant pour assurer la condition d'appui. C'est le cas chaque fois que A_s du 1er lit est significativement inférieur à $A_{s,travée}/2$. Le calcul exact du § D.1.10.1 le confirme, il indique que 5,5 cm^2 sont nécessaires $\Rightarrow$ 2 HA 14 = 3,08 cm^2 insuffisant.

- 2 HA 25 + 2 HA 14 avec les 2 HA 25 en premier lit.

  Plus de problème de conditions d'appui.

  Mais on doit faire un crochet aux HA 25. Cela ne pose pas de problème de façonnage mais, du fait de leur encombrement, de tels crochets posent des problèmes au chantier. On préfère éviter.

- Trois lits : essayer d'éviter.

  Si cette option est conservée, pour assurer les conditions d'appui, mettre en premier lit les HA 20. On a en effet vu au point précédent qu'il faut $A_{s,appui} \geq 5,5$ cm^2 alors 2HA14 ou même 2HA16 sont insuffisants.

Aucune de ces trois solutions n'est franchement satisfaisante.

Solution proposée

Retenir 4 HA 20 = 12,6 cm^2 en deux lits égaux.

Pour cela : provoquer une diminution du moment $M_{travée}$ en choisissant une valeur un peu plus élevée du moment $M_{\ell n,appui}$ sur l'appui B. Caler cet ajustement pour que A_s calculé en travée = 4 HA 20 = 12,6 cm^2.

Le nouveau diagramme enveloppe M ainsi obtenu est maintenant le seul à considérer. Il est associé à A_s travée AB = 4 HA 20 = 12,6 cm^2 et est présenté au § D.1.6.1.7. Les valeurs forfaitaires du diagramme enveloppe V ne sont pas affectées.

Nota

Écarts $\Delta M_{\ell n,appui,w}$ et $\Delta M_{\ell n,appui,e}$ $\Rightarrow$ écart $\Delta M_{travée} = (\Delta M_{\ell n,appui,w} + \Delta M_{\ell n,appui,e})/2$

La modification de $M_{\ell n,appui}$ sur l'appui B modifie également $M_{travée}$ dans la travée BC.

D.1.6.1.6 Vérifications associées au choix de quatre HA 20 en deux lits

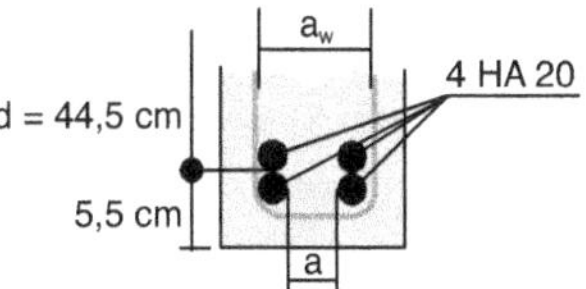

- Vérification de d

  Avec deux lits de 2 HA 20 : c'est l'hypothèse pour estimer d $\Rightarrow$ d exact = d estimé = 44,5 cm $\Rightarrow$ OK !

- Espace suffisant entre les barres ?

  $a_w = b - 2.(c_{nom} + \phi_w)$ − écart d'exécution = 200 − 2.(25 + 10) − 10 = 120 mm

  $a = a_w - 2\,\phi = 120 - 2 \times 20 = 80$ mm

  Il faut respecter a $\geq [\phi$ ou ϕ_n ; $d_g + 5$ mm ; 2 cm$_{in}$; 20 mm ; encombrement aiguille vibrante]

  soit : a $\geq [\phi = 20$ mm ; (15 + 5) mm = 20 mm ; 2 × 15 mm = 30 mm ; 20 mm ; encombrement aiguille vibrante ≈ 50 mm] $\Rightarrow$ OK !

D.1.6.1.7 Nouveau diagramme enveloppe M et rappel du diagramme enveloppe V

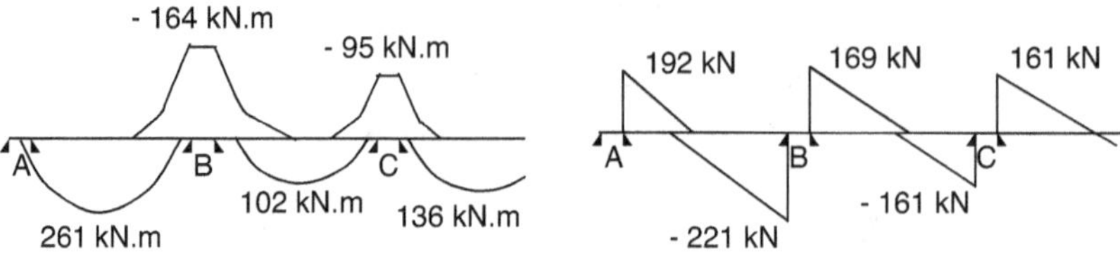

D.1.6.1.8 Si des aciers B500B n'étaient pas imposés ?

Alors, il faudrait envisager l'usage sur chantier d'aciers B500A ou B500B et mener le calcul le plus défavorable entre ces deux types d'acier.

Quant au calcul *rapide quasi exact, il doit approcher au mieux à la fois le résultat du calcul avec les aciers* B500A et B500B. Il faut donc utiliser la formule : $A_s = (\dfrac{M_u}{0{,}9d} / f_{yd}).(\mu_u + 0{,}82)$.

Démarches de calcul possibles

- Calcul exact complet

    $\mu_u = 0{,}035 < 0{,}08 \Rightarrow$ calcul le plus défavorable avec aciers B500A (voir § B-III.2.4.3).

    Il convient de faire le calcul sur la base d'aciers B500A

    $\Rightarrow$ (voir § B-III.2.5.2) $\mu_{uAB} = 0{,}102$ et $\varepsilon_{ud} = 22{,}5$ ‰.

    Ici, $\mu_u = 0{,}035 \le \mu_{uAB} = 0{,}102 \Rightarrow$ calcul au pivot A $\Rightarrow \varepsilon_s = \varepsilon_{ud} = 22{,}5$ ‰ et ε_c inconnu $\le 3{,}5$ ‰

    $\alpha = 1{,}25.(1 - \sqrt{1 - 2.\mu_u}) = 0{,}0445 \Rightarrow z_c = d.(1 - \delta_G.\alpha) = 0{,}445 \times (1 - 0{,}4 \times 0{,}0445) = 0{,}437$ m

(Pour un exemple de calcul au pivot B, voir travée BC au § D.1.6.5)

    $F_c = ?$

    En flexion simple sans aciers comprimés, préférer la relation $F_c = M_u/z_c$, soit $M_u/\beta.d$ (avec $\beta = z/d$)

    Alors : $F_c = 0{,}266/0{,}437 = 0{,}609$ MN $= 609$ kN

    $F_s = ?$

    En flexion simple, $F_s = F_c = 0{,}609$ MN

    $\sigma_s = ?$

    Au pivot A, on a $\varepsilon_s = \varepsilon_{ud} = 22{,}5$ ‰ $\Rightarrow$ avec le choix de l'option a pour leur diagramme déformation-contrainte : (voir § B-II.3.2.2 ou § E.1.1.3) $\sigma_s = 455$ MPa.

    Enfin :

    $A_s = F_s/\sigma_s = 0{,}609/455 = 13{,}4 \times 10^{-4}$ m² $= 13{,}4$ cm².

- Calcul exact avec l'aide d'un tableau fournissant la suite de calculs $\mu_u \Rightarrow \alpha \Rightarrow \beta \Rightarrow \varepsilon_s \Rightarrow s_s$

    Sur le tableau du § E.1.4.1.2, on lit directement, déjà calculées, les valeurs nécessaires.

    Nous avons : $\mu_u = 0{,}035 \Rightarrow$ dans la ligne la plus proche du tableau, $\mu_u = 0{,}04$,

    on lit : $\alpha = 0{,}051 \Rightarrow \beta = 0{,}98 \Rightarrow \varepsilon_s = 22{,}5$ ‰ $\Rightarrow \sigma_s = 455$ MPa,

    d'où : $A_s = M_u/(\beta.d)/\sigma_s = 13{,}4$ cm². Le résultat est conforme à celui du calcul direct.

- Calcul rapide quasi exact

    Ici, dans le domaine $0{,}04 \le \mu_u \le 0{,}24$: $A_s = (\dfrac{M_u}{0{,}9d} / f_{yd}).(\mu_u + 0{,}82)$,

    $\mu_u < 0{,}04 \Rightarrow$ appliquer la formule avec $\mu_u = 0{,}04$.

On en tire : A_s = 0,00131 m^2 = 13,1 cm^2

Ordre de grandeur : § E.2.3.2
A_s ≈ 2,5 M_u (kN.m)/d(cm) – 10 % car μ_u < 0,1 = 2,5 × 266/44,5 - 10 % = 14,9 – 1,5
= 13,4 » 13 cm^2

Choix de la section commerciale

Section calculée : A_s = 13,4 cm^2, aciers disposés en deux colonnes.

Solutions envisageables

- Deux lits égaux ⇒ 4 HA 20 = 12,6 cm^2
  Déficit par rapport à As = 13,4 cm^2 calculé = 6 % > 2 % ⇒ insuffisant !
- On peut envisager des HA 25. En bâtiment on s'y résout en préférant qu'ils n'aient pas de crochet.
  Alors : 2 HA 16 + 2 HA 25 = 13,8 cm^2 ⇒ OK !
- Trois lits d'aciers.
  Il faut alors escompter d ≈ 42,5 cm ⇒ As » 13,4 cm^2/42,2×44,5 » 14,1 cm^2.
  Alors : 2 HA 20 + 2 HA 16 + 2 HA 16 = 14,3 cm^2 ⇒ OK !

Analyse de ces propositions et solution proposée

Même démarche que dans le calcul initial avec aciers B500B.

Choix final : en l'occurrence le même.

À savoir : retenir 4 HA 20 = 12,6 cm^2 en deux lits égaux et provoquer une diminution du moment $M_{travée}$ en choisissant une valeur un peu plus élevée du moment $M_{\ell n,appui}$ sur l'appui B. Caler cet ajustement pour que A_s calculé en travée = 4 HA 20 = 12,6 cm^2.

D.1.6.2   Travée BC

$M_{u,max}$ = 102 kN.m = 0,102 MN.m

Même section de coffrage et même estimation de d que pour la travée AB ⇒ d ≈ 44,5 cm

D.1.6.2.1   Valeur de μ_u et vérifications préliminaires

μ_u calculé sur la nervure = 0,102/(0,2 × 0,445^2 × 16,7) = 0,154

- Non fragilité : μ_u = 0,154 > $\mu_{u,limite,frag}$ = 0,042 ⇒ pas de problème de fragilité.
- Vérifications du bon emploi des aciers, d'une ductilité suffisante et du respect des contraintes limites à l'ELS.
  Tout est vérifié tant que μ_u < 0,24 environ (voir § B-III.2.5.5).
  μ_u = 0,154 est suffisamment éloigné de la limite pour pouvoir affirmer, *sans préciser plus cette limite* (c'est pour cela que la donnée ψ_2 = 0,3 reste ici inutilisée), qu'il lui est inférieur ⇒ Vérifié !
- Vérification de la flèche.
  Situation plus favorable que la travée AB (élancement et μ_u plus faibles) ⇒ OK !

Au vu de cela une poutre rectangulaire convient.

La poutre étant associée à un plancher, il est économique de la calculer en poutre en Té. L'économie est maximum s'il n'y a pas d'besoin aciers de liaison table-nervure (il n'y en a pas eu besoin dans la travée AB qui est dans une situation plus difficile, donc il n'y en a pas besoin dans cette travée).

A part la crainte d'un futur percement d'une trémie qui amputerait une large part de la table de compression, le calcul en poutre en Té est celui qu'il faut retenir.

Pour comparaison, et pour proposer un exemple de calcul au pivot B, les deux calculs sont présentés ci-dessous.

D.1.6.2.2   Calcul en poutre rectangulaire

On a $\mu_u = 0,154$.

> **Nota**
> $\mu_u = 0,154 > 0,08 \Rightarrow$ si la classe de ductilité des aciers n'était pas spécifiée, le calcul à retenir serait celui sur la base d'aciers B500B (voir § B-III.2.4.3). Donc celui présenté ci-après.

$\mu_u = 0,154 \geq \mu_{uAB} = 0,056$ (voir § B-III.2.5.2) $\Rightarrow$ calcul au pivot B $\Rightarrow \varepsilon_c = 3,5$ ‰ et ε_s inconnu $\leq \varepsilon_{ud}$

- Calcul exact complet

  $\alpha = 1,25.(1 - \sqrt{1 - 2.\mu_u}) = 0,210 \Rightarrow z_c = d.(1 - \delta_G.\alpha)$ avec $\delta_G = 0,4 \Rightarrow z_c = 0,407$ m
  F_c et F_s ?

   En flexion simple sans aciers comprimés : $F_s = F_c$ et $F_c = M_u/z_c$, soit $F_c = M_u/\beta.d$

   Alors : $F_s = F_c = 0,102/0,407 = 0,251$ MN $= 251$ kN

  $\sigma_s = $?

   Au pivot B on a : $\varepsilon_s = \varepsilon_c.(1 - \alpha)/\alpha \Rightarrow \varepsilon_s = 3,5$ ‰.$(1 - 0,210)/0,210 = 13,2$ ‰

   Avec des aciers B500B et le choix de l'option a pour leur diagramme déformation-contrainte, on a alors (voir § B-II.3.2.2 ou § E.1.1.3) :

   $\sigma_s = 433 + 0,724 \times 13,2$

  Enfin : $A_s = F_s/\sigma_s = 0,251/443 = 5,67 \times 10^{-4}$ m$^2 = 5,67$ cm^2

- Calcul exact avec l'aide d'un tableau fournissant la suite de calculs $\mu_u \Rightarrow \alpha \Rightarrow \beta \Rightarrow \varepsilon_s \Rightarrow \sigma_s$
  $\mu_u = 0,154 \Rightarrow$ sur la ligne la plus proche du tableau, $\mu_u = 0,15$,
  on lit : $\alpha = 0,214 \Rightarrow \beta = 0,918 \Rightarrow \varepsilon_s = 13,6$ ‰ $\Rightarrow \sigma_s = 443$ MPa
  d'où : $A_s = M_u/(\beta.d)/\sigma_s = 5,63$ cm^2 (toujours conforme au calcul direct).

- Calcul rapide quasi exact

  Dans le domaine $0,04 \leq \mu_u \leq 0,24$ et avec des aciers B500B : $A_s = (\dfrac{M_u}{0,9d}/f_{yd}).(\mu_u + 0,81)$

  On en tire : $A_s = 0,000564$ m$^2 = 5,64$ cm^2 (très bon accord avec le calcul exact).

> **Ordre de grandeur : § E.2.3.2**
> $A_s \approx 2,5\, M_u$ (kN.m)/d(cm) $= 2,5 \times 102/44,5 = 5,73 \approx 5,7$ cm^2

D.1.6.2.3   Calcul en poutre en Té

- Largeur de table
  $b_i = 4,8$ m ; travée intermédiaire $\Rightarrow \ell_0 = 0,70\, \ell_{eff} = 3,85$ m $\Rightarrow b_{eff,i} \leq 0,77$ m imposé par $b_{eff,i} \leq 0,2\, \ell_0$
  d'où : $b_{eff} = 2.b_{eff,i} + b_w \approx 1,74$ m
- Calcul de A_s
  $\mu_{u,Té} = 0,102/(1,74 \times 0,445^2 \times 16,7) = 0,014$
  Valeur très petite $\Rightarrow 0,8$ x très largement $< h_f \Rightarrow$ calcul comme une poutre rectangulaire de largeur b_{eff}

  A_s quasi exact $= (\dfrac{M_u}{0,9d}/f_{yd}).(\mu_u + 0,81)$ avec μ_u limité inférieurement à 0,04

$A_s = 0,00050 \ m^2 = 5,0 \ cm^2$. On gagne ici 12 % par rapport au calcul en poutre rectangulaire.

D.1.6.2.4   Choix et disposition des aciers commerciaux

- Choix des aciers
  Soit deux lits égaux de 4 HA 14 = 6,16 cm², soit deux lits inégaux de 2 HA 12 + 2 HA 14 = 5,26 cm².
  Bien que retenir deux lits égaux permette l'arrêt forfaitaire des aciers (voir § D.1.8), plus simple, cela s'accompagne ici d'une surconsommation de presque 20 %.
  L'auteur propose de choisir A_s = 2 HA 12 + 2 HA 14 = 5,26 cm².
- Vérification de d et de l'espacement entre aciers
  d réel un peu plus grand que d du calcul ⟹ du côté de la sécurité sans arriver au gaspillage ⟹ OK !
  Espace entre aciers plus favorable que pour la travée AB ⟹ OK !

D.1.7   Résistance aux moments négatifs et aciers comprimés

Sur les appuis de continuité, c'est la partie inférieure de la section qui est comprimée. Il n'y a pas, à ce niveau, de plancher dans lequel peut s'étaler l'effort de compression dû à la flexion. Le seul calcul envisageable est en poutre rectangulaire de largeur $b = b_w = 20$ cm

De plus, du fait de la limitation de $\mu_{u,appui}$ imposée par les règles encadrant la redistribution, des aciers comprimés s'imposent souvent.

Rappel des données

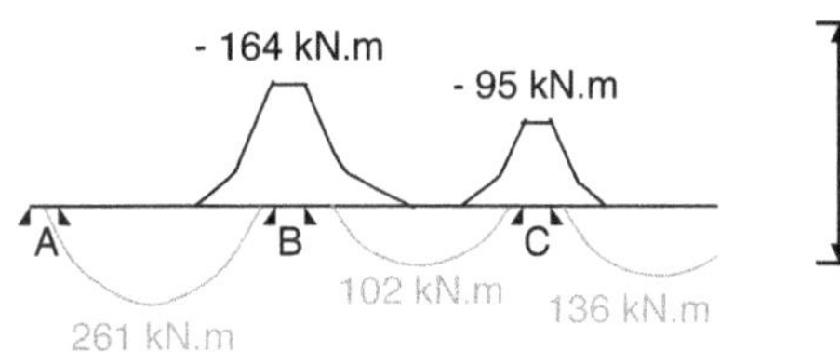

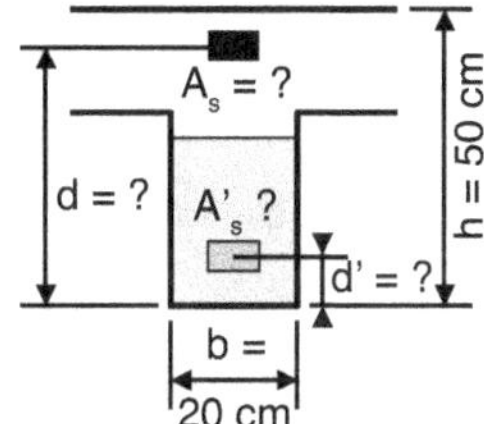

D.1.7.1   Appui A

Il faut mettre un chapeau minimum tel que :

$A_s \approx 0,15 \ A_{s,travée\ AB} = 0,15 \times 12,4 = 1,9 \ cm^2 \Rightarrow$ 2 HA 12 = 2,26 cm²

Débord dans la travée à partir du nu de l'appui $\approx 0,2 \ \ell_n = 0,2 \times 6,2 = 1,24 \ m \approx 1,25 \ m$

Ancrage sur l'appui : un crochet.

D.1.7.2   Valeur de d sur les appuis B et C

Les aciers en chapeau viennent en plus des aciers de construction (voir § B-II.5.4). Les deux dispositions possibles sont schématisées ci-contre, la (a) est plus avantageuse. L'impératif est que l'aiguille vibrante puisse passer entre les aciers en chapeau ⟹ a ≥ 5 cm environ.

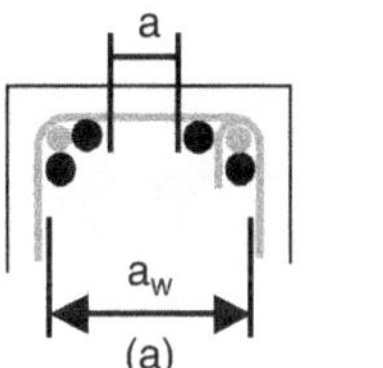

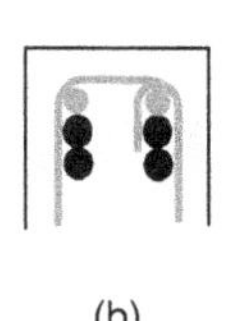

La disposition (a) est-elle possible ?

On a ici : a = b_w – 2.(c_{nom} + encombrement acier transversal + ϕ acier de construction + ϕ acier chapeau) – écart d'exécution

On considère : ϕ acier transversal ≈ 1 cm, ϕ acier de construction ≈ 1 cm, ϕ acier de chapeau ≈ 2 cm et on a c_{nom} = 2,5 cm ainsi qu'écart d'exécution = 1 cm.

D'où : a ≈ 20 – 2.(2,5 + 1 + 1 + 2) – 1 = 6 cm

C'est un passage suffisant pour l'aiguille vibrante et la disposition (a) convient.

Estimation de d

La disposition (a) convenant, les données pour d sont les mêmes qu'en travée ⟹ d ≈ 44,5 cm.

D.1.7.3   Appui B

Nécessairement calcul en poutre rectangulaire : $|M_u|$ = 164 kN.m, largeur b = b_w = 20 cm.

D.1.7.3.1   Valeur de μ_u

μ_u = $M_u/(b.d^2.f_{cd})$ = 0,164/(0,2 × 0,445² × 16,7) = 0,248

μ_u > $\mu_{u,\text{appui autorisé}}$ = 0,18, valeur à ne pas dépasser dans le cas de la redistribution forfaitaire.

En conséquence :

- soit considérer une poutre plus haute ;
- soit ajouter des aciers comprimés pour reprendre la différence entre $\mu_{u\ total}$ = 0,248 et $\mu_{u\ autorisé}$ = 0,18.

Ici, la hauteur de la poutre étant imposée par ailleurs, le seul choix est d'ajouter des aciers comprimés.

D.1.7.3.2   Poutre avec aciers comprimés

Géométrie

d = 44,5 cm comme déjà vu.

d' = ?

Les aciers comprimés sont ici en partie inférieure de la section et nécessairement au-dessus des aciers inférieurs en travée amenés sur l'appui (*a priori* le premier lit).

En supposant un seul lit d'aciers comprimés de diamètre ϕ_c ≈ 20 mm

on a : d' = c_{nom} + ϕ_w + ϕ_ℓ + $\phi_c/2$ ≈ 2,5 + 1 + 2 + 2/2

Donc : d' = 6,5 cm

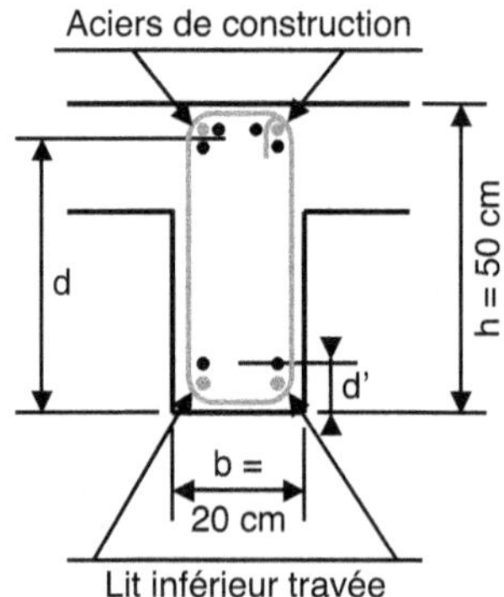

Calcul

Rappel de la figure B-III.8.1 illustrant le fonctionnement d'une poutre avec aciers comprimés. Attention, cette figure a été construite dans le cas d'un moment agissant positif.

M_u = 164 kN.m

$M_{u,1}$ = $\mu_{u,\text{appui autorisé}}.b.d^2.f_{cd}$ = 0,18 × 0,2 × 0445² × 16,7 = 0,119 MN.m = 119 kN.m

$M_{u,2}$ = M_u – $M_{u,1}$ = 164 – 119 = 45 kN.m

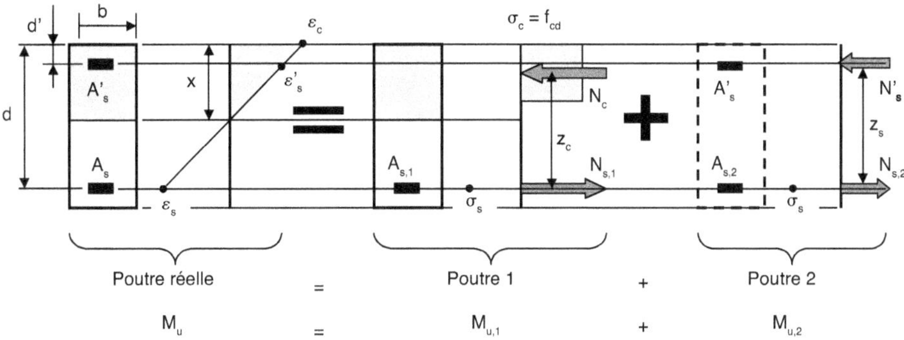

Calcul de la poutre 1

$\mu_{u,1} = 0{,}18 \Rightarrow A_{s,1} = (\mu_{u,1} + 0{,}82).M_{u,1}/(0{,}9d.f_{yd})$

$A_{s,1} = (0{,}199 + 0{,}82) \times 0{,}132/(0{,}9 \times 0{,}445 \times 435) = 0{,}00068 \ \text{m}^2 = 7{,}7 \ \text{cm}^2$

Calcul de la poutre 2

$z_s = d - d' = 44{,}5 - 6{,}5 = 38 \ \text{cm}$

$F_s = F'_s = M_{u,2}/z_s = 0{,}045/0{,}38 = 0{,}118 \ \text{MN}$

$A_{s,2} = A'_s = F_s/f_{yd} = 0{,}118/435 = 0{,}00027 \ \text{m}^2 = 2{,}7 \ \text{cm}^2$

Poutre réelle

$A_s = A_{s,1} + A_{s,2} = 7{,}7 + 2{,}7 = 10{,}4 \ \text{cm}^2$ à disposer en deux lits de deux barres

$A'_s = 2{,}7 \ \text{cm}^2$

Choix des aciers commerciaux et de leur disposition

Aciers en chapeau

$A_s = 9{,}5 \ \text{cm}^2 \Rightarrow$ soit 4 HA 20 en deux lits égaux = 12,6 cm^2, soit 2 HA 20 + 2 HA 16 = 10,30 cm^2
$\Rightarrow$ choix : 2 HA 20 + 2 HA 16 = 10,30 cm^2. Il respecte l'estimation de d $\Rightarrow$ OK !

$A'_s = 2{,}7 \ \text{cm}^2$ à disposer en un seul lit de deux barres comme envisagé dans l'estimation de d'
$\Rightarrow$ 2 HA 14 = 3,08 cm^2. Choix qui respecte l'estimation de d' $\Rightarrow$ OK !

D.1.8   Arrêt des barres

Cet exemple est limité à la travée AB, aciers inférieurs et aciers supérieurs à l'exclusion du chapeau minimum en rive (sur l'appui A) déjà traité au § D.1.7.1.

Il a été choisi la redistribution forfaitaire ⇒ partout où c'est possible, les aciers sont arrêtés forfaitairement.

- En travée : deux lits égaux (2 HA 20 + 2 HA 20) ⇒ arrêt forfaitaire.
- Sur appui B : aciers comprimés ⇒ l'épure conventionnelle d'arrêt des aciers *s'impose* ;

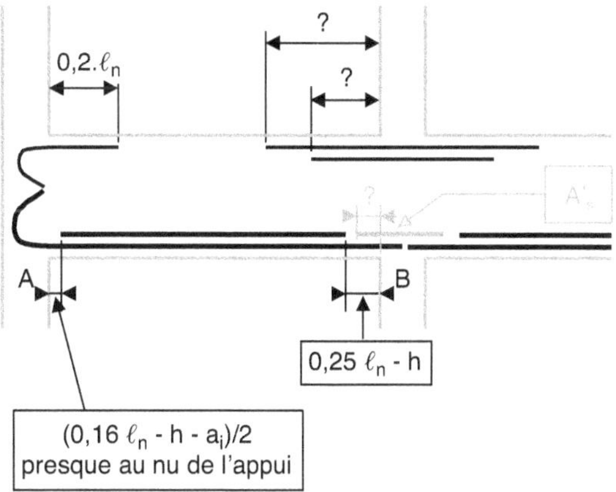

chapeaux en deux lits inégaux $\Rightarrow$ mise à profit de l'épure ci-dessus pour l'arrêt exact du deuxième lit.

D.1.8.1 Arrêt des aciers en travée

Il a été fait le choix de l'arrêt forfaitaire. C'est une approximation $\Rightarrow$ arrondir le résultat.

- Lit inférieur :
  - En rive : crochet.
  - Sur appui de continuité : continuité partielle avec les aciers inférieurs de l'autre travée. Ici il y aura des aciers comprimés qui agiront aussi comme des éclisses $\Rightarrow$ les aciers inférieurs des deux travées sont arrêtés face à face au milieu de l'appui.
- Deuxième lit
  - Côté rive : arrêté à une distance $\approx (0{,}16\,\ell_n - h - a_i)/2$ du nu de l'appui, soit à environ $(0{,}16 \times 620 - 50 - 15)/2 = 17$ cm $\Rightarrow$ à 15 cm du nu de l'appui.
  - Côté appui de continuité : arrêté à $0{,}25\,\ell_n - h$ du nu de l'appui

    soit à $0{,}25 \times 620 - 50 = 105$ cm.

D.1.8.2 Arrêt des aciers sur appui

D.1.8.2.1 Arrêt du premier lit de chapeau : 2 HA 16

Il est arrêté forfaitairement. En effet, l'arrêt forfaitaire du lit le plus extérieur convient même en cas de lits inégaux (voir § C-II.6.3.2).

Débord par rapport au nu de l'appui B = $\ell_{ch,0}$ = h + 0,25 × max $[\ell_{n,w} ; \ell_{n,e}]$ = 50 + 0,25 × 620 = 205 cm

D.1.8.2.2 Arrêt du deuxième lit de chapeau : 2 HA 20

Deux lits inégaux $\Rightarrow$ une épure est conseillée pour l'arrêt du deuxième lit.

Sur cet appui il y a des aciers comprimés $\Rightarrow$ l'épure d'arrêt s'impose.

D.1.8.2.3 Construction de l'épure

Données

Les moments extrêmes sur appui sont associés au cas « tout chargé » $\Rightarrow p_u = p_{u\ \text{travée chargée}}$ = 62 kN/m

ℓ_n = 6,2 m ; a_i = 0,30/2 = 0,15 m ; $M_{\ell n,appui}$ = – 164 kN.m ; A_s calculé = 9,5 cm^2

A_s total = 2 HA 20 + 2 HA 16 = 10,30 cm^2 $\Rightarrow M_{Rd\ associé}$ = 164 × 10,3/9,5 = – 178 kN.m

A_s premier lit = 2 HA 16 = 4,02 cm^2 $\Rightarrow M_{Rd\ associé}$ = 164 × 4,02/9,5 = – 70 kN.m
   C'est la valeur du moment au-delà de laquelle le deuxième lit est nécessaire.

Pour information :
A_s deuxième lit = 2 HA 20 = 6,28 cm^2 $\Rightarrow M_{Rd\ associé}$ = 164 × 6,28/9,5 = – 108 kN.m

Mauvaises conditions d'adhérence $\Rightarrow \ell_{bd}$ = 1,4 $\ell_{bd,nom}$ = 1,4 × 40 ϕ = 1,4 × 40 × 2,0 = 112 cm

Éléments de l'épure d'arrêt des aciers

Ils sont illustrés sur la figure ci-dessous, incluant, en gris, les éléments pour l'arrêt des aciers comprimés.

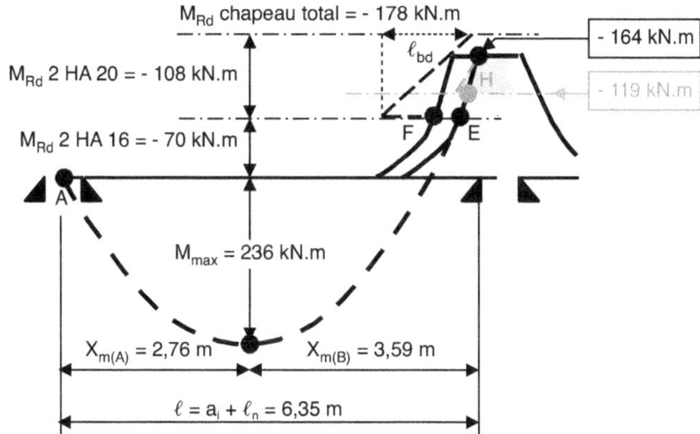

Le chargement est uniforme, donc le diagramme M à considérer est parabolique. La portion concernée par l'arrêt du deuxième lit appartient à la parabole associée à $p_u = p_{u\ travée\ chargée}$ = 62 kN/m qui passe par M_A = 0 à l'axe de l'appui A et par M_B = − 164 kN.m au nu de l'appui B. Elle se développe donc sur la « portée » $\ell = \ell_n + a_i$ = 6,2 + 0,15 = 6,35 m.

Les formules des § C-II.3.1 et 2 permettent d'en calculer les valeurs utiles.

M_A = 0 ; M_B = − 164 kN.m ; ℓ = 6,35 m ; V' = (6,2 × 6,35)/2 = 197 kN

$V_A = V'_A + (M_B − M_A)/\ell$ = 197 + (−164 − 0)/6,35 = 171 kN

x_m mesuré à partir de A = $x_m(A) = V_A/p_u$ = 2,76 m $\Rightarrow$ x_m à partir de B = $x_m(B)$ = 6,35 − 2,76 = 3,59 m

$M_{max} = V_A^2/(2\ p_u) + M_A$ = 236 kN.m

- Abscisse du point E

  C'est le point clé du calcul.

  Le point E est à l'altitude ΔM = 236 + 70 = 306 kN.m au-dessus du sommet de la parabole

  $\Rightarrow$ à une distance $\Delta x_0 = \sqrt{2\Delta M/p}$ = 3,14 m de ce même sommet.

  On a donc débord de E par rapport au nu de l'appui B = $x_{m(B)} − \Delta x_0$ = 3,59 − 3,14 = 0,45 m

- Abscisse du point F qui prend en compte le décalage a_ℓ du diagramme M

  $a_\ell = \cot g\theta.z/2$ = 2,5 × 0,9 × d /2 = 2,5 × 0,9 × 0,445/2 = 0,50 m

  Donc : débord de F par rapport au nu de l'appui B = 0,45 + 0,50 = 0,95 m

Longueur d'arrêt de ce lit

- Prise en compte de la pente d'ancrage

  Si $\ell_{bd} \leq$ évolution de l'abscisse du diagramme M sur la plage concernée par le lit d'aciers arrêté = débord du point E par rapport au nu de l'appui : les aciers sont arrêtés au point F.

  Sinon : repousser le point d'arrêt à l'extrémité de la pente d'ancrage $\Rightarrow$ en admettant $M_{Rd\ chapeaux} = M_{appui}$ (approximation du côté de la sécurité), repousser l'arrêt des aciers de $(\ell_{bd}$ − débord du point E).

  Alors :

  − soit $\ell_{bd} \leq$ débord de E $\Rightarrow$ débord du lit arrêté par rapport au nu de l'appui = débord de E + a_ℓ

  − soit $\ell_{bd} >$ débord de E $\Rightarrow$ débord du lit arrêté par rapport au nu de l'appui = débord de F + ℓ_{bd} − débord de E = débord de E + a_ℓ + ℓ_{bd} débord de E − ℓ_{bd} + a_ℓ

  Donc tous comptes faits : débord du lit arrêté = max $[\ell_{bd}$; débord de E] + a_ℓ

- Résultat
  Ici : ℓ_{bd} = 1,12 m > débord de E = 0,45 m
  $\Rightarrow$ arrêt du 2e lit à max [ℓ_{bd} ; débord de E] + a_ℓ du nu de l'appui = 112 + 50 = 162 $\approx$ 1,60 m

D.1.8.2.4 Arrêt des aciers comprimés : 2 HA 14

Comme vu au § B-III.8.4 :

> – l'arrêt des aciers comprimés se fait par référence au diagramme M *non décalé* ;
> – dans le cas de la redistribution forfaitaire il se fait par référence au diagramme M travée chargée, le même que pour l'arrêt du deuxième lit de chapeau.

- Données
  A'_s = 2 HA 14.
  Aciers disposée en partie inférieure de la poutre $\Rightarrow$ bonnes conditions d'adhérence $\Rightarrow$ ℓ_{bd} = ℓ_{bdnom} = 40 ϕ = 40 × 1,4 = 56 cm.
  Ces aciers sont nécessaires dès que $|M_u|$ > $|M_{u,1}|$ = 119 kN.m

- Coordonnées des points particuliers
  Comme pour les aciers tendus, tout commence par la détermination du débord du point équivalent au point E. Ici il s'agit de H. Son débord est inférieur à celui de E $\Rightarrow$ débord de H < 0,45 m.

- Résultat
  Suivant la remarque plus haut, on peut calculer l'arrêt des aciers nécessaires par :
  débord des aciers arrêtés = max [ℓ_{bd} ; débord du point H] + a_ℓ *avec, pour les aciers comprimés* a_ℓ = *0*.
  Ici, ℓ_{bd} = 0,56 m et débord de H < 0,45 m, donc max [ℓ_{bd} ; débord du point H] = ℓ_{bd}
  Alors : débord des aciers comprimés par rapport au nu de l'appui B = ℓ_{bd} + 0 = ℓ_{bd} = 56 cm $\approx$ 55 cm.

D.1.8.3 Synthèse de l'arrêt des barres

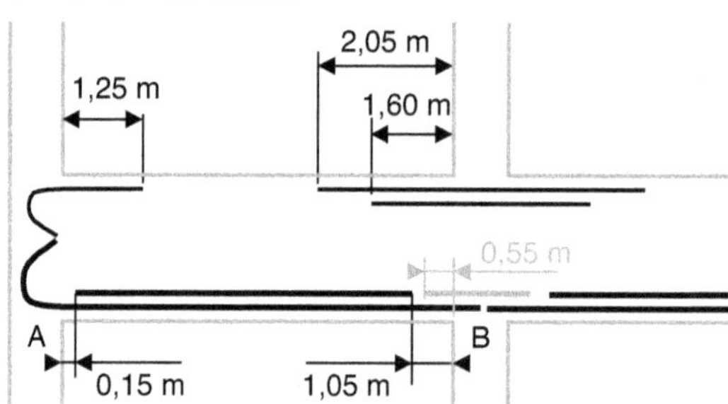

D.1.9 Calcul des aciers transversaux

L'exemple est limité à la travée AB.

Rappel des données

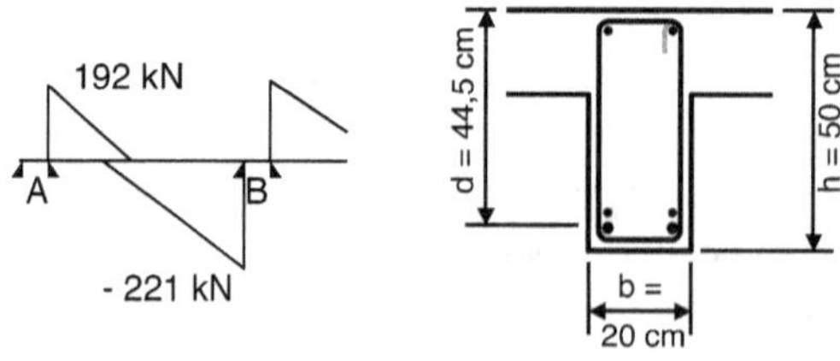

Toujours commencer le calcul par la demi-travée la plus sollicitée. Ici c'est le côté B.

D.1.9.1 Demi-travée côté B

D.1.9.1.1 Valeur de cotgθ

Il faut vérifier si cotgθ = 2,5 convient ⟹ vérifier que $V_{u,AC} \leq \alpha_{cw} . \dfrac{b_w.z.cotg\theta}{1+cotg^2\theta} . \nu_1.f_{cd}$

avec ν_1 (nu$_1$) = 0,6.(1 − f_{ck}/250) ⟹ avec un C25/30, on a ν_1 = 0,6 × 0,9 = 0,54
et α_{cw} = 1 car on est en flexion simple ⟺ aucun effort axial.

Dans le cas d'un chargement réparti, la vérification se fait avec $V_{u,nu\ appui}$ (sans le décalage AC) et assure en même temps la vérification de la bielle d'appui.

D'où ici : 221 kN = 0,221 MN $\leq \dfrac{0,20 \times (0,9 \times 0,445) \times 2,5}{1+2,5^2} \times 16,7 = 0,249$ MN

C'est vérifié ⟹ cotgθ = 2,5 convient et la bielle d'appui en B est vérifiée aussi.

D.1.9.1.2 Constitution et espacements minimum et maximum des cours d'aciers transversaux

Constitution d'un cours d'aciers transversaux

Ici : un simple cadre. On a d ≤ 45 cm ⟹ ϕ_w = 8 mm (voir § B-III.4.3.2.1 rappelé au § E.2.3.3).
Sa section est : deux brins ϕ_w = 8 mm ⟹ A_{sw} = 1 cm^2 = 1.10^{-4} m^2

Espacement minimum $s_{\ell,min}$

$s_{\ell,min} = \dfrac{A_{sw}}{b_w} . \dfrac{2.f_{ywd}}{\nu_1.f_{cd}}$ avec ν_1 (nu$_1$) déjà vu = 0,54 dans le cas d'un C25/30

$s_{\ell,min} = \dfrac{1.10^{-4}}{0,2} . \dfrac{2 \times 435}{0,54 \times 16,7} = 0,05$m = 5 cm

Espacement maximum s_{max}

$s_{max} = min\ [s_{\ell,max} ; s_{\ell,max,\rho w}] = min\ [0,75\ d\ ; \dfrac{A_{sw}}{b_w} . \dfrac{f_{ywk}}{0,08.\sqrt{f_{ck}}} .]$

$s_{max} = min\ [0,75 \times 0,445 = 0,33\ m = 33\ cm\ ; \dfrac{1.10^{-4}}{0,2} . \dfrac{500}{0,08.\sqrt{25}} = 0,62\ m = 62\ cm]$
Donc : s_{max} = 0,75 d = 33 cm

D.1.9.1.3 Espacement initial s_{init} et répartition des aciers transversaux

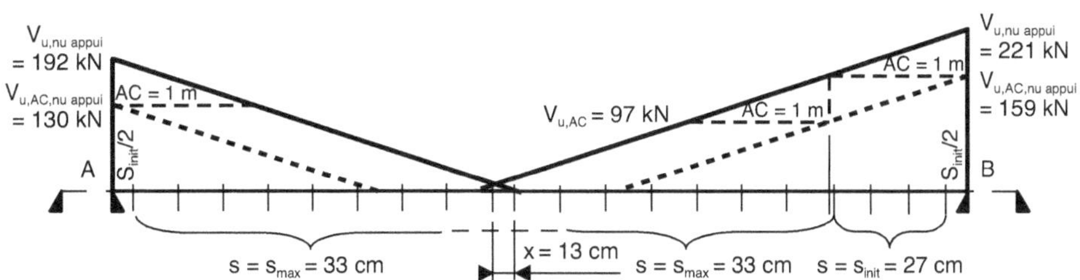

Pour illustrer le traitement spécifique de la répartition des aciers transversaux à mi-travée, la figure ci-dessous englobe l'ensemble de la travée AB.

Par ailleurs, les calculs étant menés en valeurs absolues, on a l'habitude de tracer en valeurs positives les diagrammes V relatifs à chacune des deux demi-travées, donc du même côté de l'axe des abscisses.

Espacement initial s_{init}

Il est calculé sur la base de $V_{u,AC,nu\ appui}$

$AC = z.cotg\theta = 0,9d.2,5 = 0,9 \times 0,445 \times 2,5 = 1,00$ m

$V_{u,AC,nu\ appui} = V_{u,nu\ appui} - p_u.AC = 221 - (62 \times 1) = 159$ kN $= 0,159$ MN

$$s_{init} = \frac{A_{sw}}{V_{u,AC,nu\ appui}} .z.cotg\theta.f_{ywd} = (1.104/0,159).(0,9 \times 0,445) \times 2,5 \times 435 = 0,27 \text{ m} = 27 \text{ cm}$$

Donc : $s_{init} = 27$ cm $< s_{max} = 33$ cm

> **Ordres de grandeur : § E.2.3.3.2**
>
> $AC \approx 2\,h = 2 \times 50 = 100$ cm $= 1$ m ; $s_{max} \approx 0,75\,d = 33$ cm
>
> Sur l'appui de continuité d'une travée de rive :
>
> $$s_{init}\,(cm) \approx 145.\frac{h(cm).A_{sw}(cm^2)}{V_{u,AC,nu\ appui}(kN)} - 25\,\% = 145 \times 50 \times 1/221 - 25\,\% = 33 - 25\,\% \approx 25 \text{ cm} < s_{max}$$
>
> Cohérent avec $s_{init} = s_{max}$ tant que $5\,V_{u,nu\ appui}\,(kN) \leq 1\,000\,A_{sw}\,(cm^2) \Rightarrow$ ici :
> $5 \times 241 \leq 100 \times 1 \Rightarrow 1\,250 \leq 1\,000$: non vérifié $\Rightarrow$ effectivement $s_{init} < s_{max}$

Répartition

- Le premier cadre est placé à $s_{init}/2$ du nu de l'appui.
  Soit ici à : $27/2 = 14$ cm (toujours arrondir à un nombre entier de cm, par excès ou par défaut)
- Ensuite, sur la longueur $AC = 1$ m : des espacements $s = 27$ cm
- Espacement des cadres sur le palier AC suivant.
  $V_{u,AC}$ à considérer $= V_{u,nu\ appui} - 2.AC.p_u = 221 - (2 \times 1,00) \times 62 = 97$ kN $= 0,097$ MN
  d'où : $s = (1.10^4/0,097).(0,9 \times 0,445) \times 2,5 \times 435 = 0,45$ m $= 45$ cm $> s_{max} = 33$ cm
  Au-delà de la distance $AC = 1$ m de l'appui : $s = C_{te} = s_{max} = 33$ cm

> **Nota**
>
> Pour le calcul « sur le palier AC suivant », la seule donnée qui change est $V_{u,AC}$. On peut donc arriver au résultat par une règle de trois :
>
> $s_{(Vu,AC\,=\,97)} = s_{(Vu,AC\,=\,159)} \times 159/97 = 27 \times 159/97 = 44$ cm $> s_{max}$
>
> La différence, 1 cm, avec le calcul direct vient de la cascade d'arrondis du calcul en chaîne. Elle est tout à fait compatible avec l'incertitude admise pour les espacements d'aciers transversaux.

D.1.9.2   Demi-travée côté A

Données

Par rapport à l'autre demi-travée :

- La géométrie de la poutre et la qualité du béton sont identiques $\Rightarrow A_{sw}$, $s_{\ell,min}$, s_{max} et AC restent inchangés. V est plus petit $\Rightarrow cotg\theta = 2,5$ convient encore.
- La seule différence est : $V_{u,nu\ appui} = 192$ kN

Calculs

$V_{u,AC,nu\ appui} = V_{u,nu\ appui} - p_u.AC = 192 - (62 \times 1) = 130$ kN

D'où $s_{init} = \dfrac{A_{sw}}{V_{u,AC,nu\ appui}}.z.cotg\theta.f_{ywd} = (1.104/0,130).(0,9 \times 0,445) \times 2,5 \times 435 = 0,335$ m $= 33$ cm

d'où on tire $s = 33$ cm $\geq s_{max} = 33$ cm $\Rightarrow s = C_{te} = 33$ cm

$\Rightarrow$ premier cadre à $s_{init}/2 = 17$ cm du nu de l'appui,

les suivants à espacements constants $s = s_{max} = 33$ cm

Espacement résiduel autour du point d'effort tranchant nul = $x = 13$ cm.

Sur les plans d'exécution il n'est pas coté mais simplement noté x.

Il doit être calculé $\Rightarrow$ si $x > s_{max}$ l'espacement est coupé en deux par un cadre supplémentaire ; si $x \leq 4$ cm environ, remplacer les deux cadres très rapprochés par un seul.

D.1.10 Conditions d'appui

Dans le cas de charges réparties, la vérification de la bielle d'appui a déjà été traitée par la vérification que $cotg\theta$ choisi convient.

La quantité d'acier à amener et ancrer sur l'appui peut être déterminée sur l'épure d'arrêt des barres. Cependant, celle-ci exige un tracé précis et il est souvent plus simple de traiter ce point par le calcul. C'est ce qui est proposé dans cet exemple (voir § B-III.4.4).

D.1.10.1 Appui A

Données

$V_{u,nu\ appui} = 192$ kN ; $cotg\theta = 2,5 \Rightarrow cotg\theta_{bielle\ appui} \approx 2,5/2 = 1,25$

Section d'acier à amener et ancrer sur l'appui

En admettant par excès que la bielle d'appui est sollicitée par $V_{u,nu\ appui}$, c'est l'hypothèse du traitement par l'arrêt des barres, on a :

$A_{s,cond.\ appui} \geq V_{u,nu\ appui}.cotg\theta_{bielle\ appui}/f_{yd} = 0,192 \times 1,25/435$

d'où : $A_{s,cond.\ appui} \geq 0,00055$ m^2 = 5,5 cm^2

Section d'acier disponible sur l'appui

Il s'agit de 2 HA 20 = 6,28 cm^2 $\Rightarrow$ suffisant (c'est très généralement le cas tant que A_s amené sur appui $\geq A_{s,travée}/2$).

Cette section est même un peu excédentaire. Si on ancre ces aciers par crochet, on peut envisager un ancrage partiel dans la proportion 5,5/6,28.

Ancrage de ces aciers

- Espace disponible

  L'ancrage débute à l'entrée de la barre dans la bielle d'appui et peut se développer sur toute la profondeur d'appui disponible en respectant l'enrobage requis.

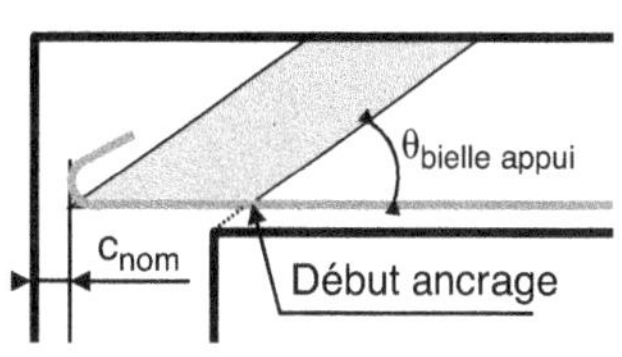

  Débord de la zone d'ancrage côté travée = $(c_{premier\ lit} + \phi/2).cotg\theta_{bielle\ appui}$

  $= (c_{nom} + \phi_w + \phi/2).cotg\theta_{bielle\ appui} = (2,5 + 0,8 + 2/2) \times 1,25 = 5,5$ cm

  Retrait par rapport au parement = $c_{nom} = 2,5$ cm

Donc : espace disponible pour l'ancrage = 30 cm − 2,5 cm + 5,5 cm = 33 cm

- Encombrement du crochet

Ancrage nominal : $\ell_{bd,eq,eff}$ = 22 ϕ = 22 × 2 = 44 cm $\Rightarrow$ espace insuffisant.

Ancrage partiel : (voir § B-II.3.3.3.2 et B-II.3.3.4.2 et surtout le tableau du § E.1.1.5).

$\ell_{bd,eq,eff}$ = $\ell_{bd,nom}$·$A_{s, nécessaire}$/$A_{s,effectif}$ − 24 ϕ

= 40 × 2 cm × (5,5/6,28) − 24 × 2 cm ≈ 22 cm

> 6 ϕ = 12 cm (pour laisser subsister toute la partie au-delà du début de la courbure)

Encombrement ancrage partiel ≈ 22 cm inférieur à l'espace disponible $\Rightarrow$ OK !

Si cela n'avait pas suffi, deux solutions auraient été envisageables :

- prendre en compte le décalage $AC_{bielle\ appui}$ ignoré dans ce premier calcul ;
- si insuffisant, recalculer toute la poutre avec cotgθ plus petit ;
- sinon augmenter la profondeur de l'appui, pas toujours possible ;
- ou encore développer une solution avec « bielles relevées » (voir {D-IV.8.1.3} ;
- ou encore prévoir un crochet spécial avec une partie rectiligne après la courbure plus longue ; attention il y a un vrai risque que la fabrication ignore cette particularité demandée.

D.1.10.2 Appui B

C'est un appui intermédiaire.

Il y a de fortes chances qu'il n'y ait pas besoin d'aciers inférieurs sur l'appui. C'est ce qu'on s'applique à vérifier en premier. La vérification la plus défavorable est celle qui est faite avec le plus fort effort tranchant au nu de l'appui. Ici, c'est avec $V_{u,nu\ appui}$ côté travée AB.

On a : $A_{s,cond.\ appui}$ ≥ ($V_{u,nu\ appui}$·cotg$\theta_{bielle\ appui}$ − $M_{u,appui}$/z)/f_{yd} avec z = 0,9 d

d'où : $A_{s,cond.\ appui}$ ≥ [0,221 × 1,25 − 0,164/(0,9 × 0,445)]/435 < 0 $\Rightarrow$ pas besoin d'aciers inférieurs sur cet appui $\Rightarrow$ la disposition choisie, illustrée sur la figure du § D.1.8.3, convient.

D.2 Poteau en compression réputée centrée

Il s'agit d'un poteau intérieur du niveau inférieur (sur fondations) d'un bâtiment d'habitation. Le sol du niveau inférieur est un dallage sur hérisson, il n'a pas d'incidence sur la structure.

Il est schématisé ci-dessous.

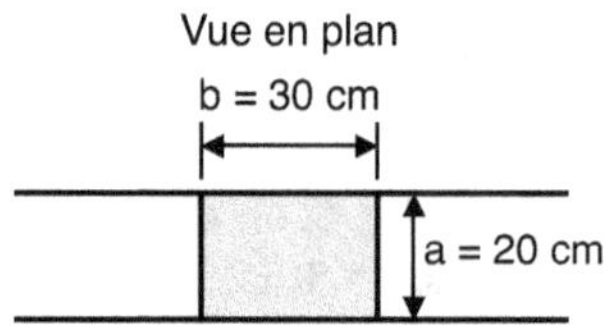

D.2.1 Données

- Bâtiment d'habitation, durée d'utilisation = 50 ans, conditions d'exposition XC1
- Béton C25/30, aciers B500A ou B500B
- Géométrie : voir ci-contre
- Comme tous les poteaux : calcul à l'ELU uniquement
- Nu : voir ci-contre
- Pas d'action d'accompagnement ni accidentelle
- Classe structurale S4 et enrobage nominal c_{nom} = 25 mm

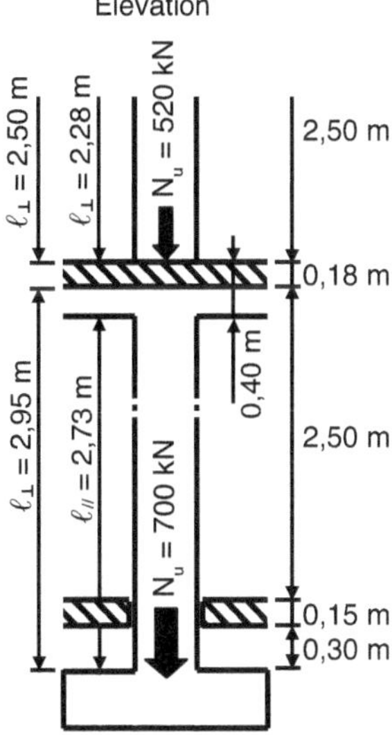

D.2.2 Estimation de d′

On suppose des aciers de diamètre $\phi_\ell \approx 20$ mm

$d' = c_{nom}$ + encombrement aciers transversaux + $\phi_\ell/2 \approx 25 + 10 + 20/2$
≈ 45 mm

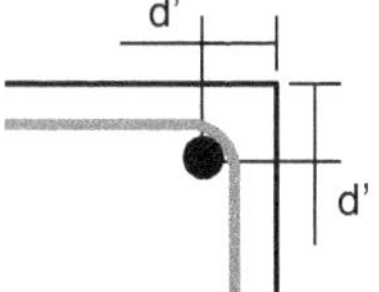

D.2.3 Calcul des aciers longitudinaux

D.2.3.1 Longueur de flambement et élancement

Parallèlement à la poutre : $\ell// $ = hauteur de dessus de la fondation à dessous de la poutre = 2,73 m.

Perpendiculairement : $\ell\perp$ = hauteur de dessus de la fondation à dessous du plancher = 2,95 m.

En pied, ce poteau est encastré dans une fondation : c'est un bon encastrement dans les deux directions.

En tête, il est encastré dans une poutre continue de part et d'autre.

D.2.3.1.1 Longueur de flambement

// à la poutre, le poteau est bien encastré en pied et en tête $\Rightarrow \ell_0// = 0,7\ \ell// = 0,7 \times 2,73 = 1,91$ m.

$\perp$ à la poutre, le poteau est mal encastré à au moins une de ses extrémités $\Rightarrow \ell_{0\perp} = \ell_\perp = 2,95$ m.

D.2.3.1.2 Élancement

// à la poutre : $\ell_0// = 1,91$ m et h = 0,3 m

$\Rightarrow \lambda// = \sqrt{12} \cdot \dfrac{\ell_0}{h} \approx 3,5 \cdot \dfrac{\ell_0}{h} = 22,3$

$\perp$ à la poutre : $\ell_{0\perp} = 2,95$ m et h = 0,2 m $\Rightarrow \lambda_\perp \approx 3,5 \cdot \dfrac{\ell_0}{h} = 51,6$

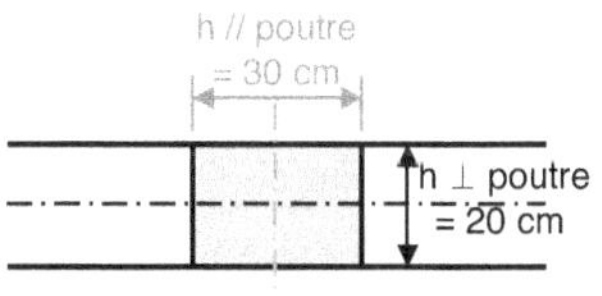

La situation la plus défavorable est perpendiculairement à la poutre $\Rightarrow$ calcul de $A_{s,\text{mec nec}}$ dans ce cas.

D.2.3.2   Section requise pour les aciers longitudinaux A_s minimum et maximum

$A_{s,\text{max}} = 0,04\,A_c = 0,04 \times 0,2 \times 0,3 = 0,0024\ \text{m}^2 = 24\ \text{cm}^2$

$A_{s,\text{min}} = 0,1.N_u/f_{yd} > 0,002\,A_c$ où $0,1.N_u/f_{yd} = 0,1 \times 0,700/435 = 0,00016\ \text{m}^2$
   et $0,002\,A_c = 0,002 \times 0,2 \times 0,3 = 0,00012\ \text{m}^2 \Rightarrow A_{s,\text{min}} = 1,6\ \text{cm}^2$

D.2.3.2.1   Calcul de $A_{s,\text{mec nec}}$ dans la direction de flambement défavorable : $\perp$ poutre

Le calcul se fait selon la formule du § C-IV.4.2.2.

Aciers B500 $\Rightarrow f_{yk} = 500\ \text{MPa} \Rightarrow k_s = 1$

$h < 50\ \text{cm} \Rightarrow k_h$ inconnu à l'avance $\Rightarrow$ on n'arrive au résultat que par approximations successives.

Dans le cas d'aciers B500, de béton C25/30 et d' = 45 mm, le tableau du § E.1.4.4 permet d'arriver directement au résultat.

Ses entrées sont : $\sigma_{c,\text{moy}} = N_u/(a.b)$, λ, h et d'. Le résultat est $\rho = A_{s,\text{mec nec}}/(a.b)$

Calcul proprement dit

Données

- $\sigma_{c,\text{moy}} = 0,700\ \text{MN}/(0,2 \times 0,30) = 11,7\ \text{MPa}$; $\lambda = 51,6$; h = 20 cm ; d' = 4,5 cm

Calcul avec le tableau du § E.1.4.4

- $\lambda = 50 \Rightarrow \rho = 0,00581.\sigma_{c,\text{moy}} - 0,0433$
- $\lambda = 60 \Rightarrow \rho = 0,00686.\sigma_{c,\text{moy}} - 0,0433$
- d'où $\lambda = 51,6 \Rightarrow \rho \approx 0,00597.\sigma_{c,\text{moy}} - 0,0433$

Pour $\sigma_{c,\text{moy}} = 11,7\ \text{MPa}$, on en déduit $\rho = 0,0265 \Rightarrow A_{s,\text{mec nec}} = \rho.a.b = 15,9\ \text{cm}^2$

Vérification $A_{s,\text{min}} \leq A_{s,\text{mec nec}} \leq A_{s,\text{max}}$

$1,6\ \text{cm}^2 \leq 15,9\ \text{cm}^2 \leq 24\ \text{cm}^2 \Rightarrow$ OK !

Section commerciale proposée

$A_s = 4\ \text{HA}\ 20 + 2\ \text{HA}\ 16 = 16,7\ \text{cm}^2$

disposés comme schématisé ci-contre.

- Vérifications :
  $\phi_\ell \geq 8\ \text{mm}$: OK !
  Distance entre barres $\leq \min\ [a, 40\ \text{cm}]$: largement vérifié.

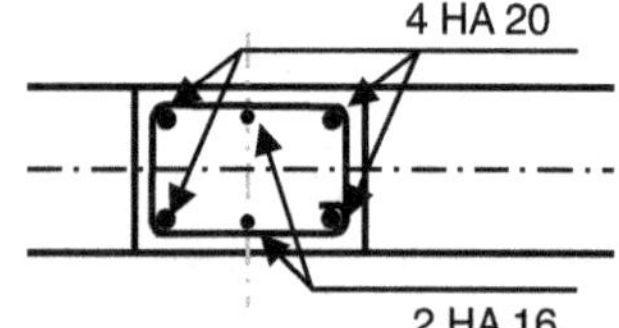

D.2.3.2.2   Vérification dans l'autre direction

Voir la figure C-IV.4.1.

Dans cette autre direction, // poutre, les 2 HA 16 dont la valeur de d' associée est > min [0,3 h ; 10 cm] ne peuvent être pris en compte dans le calcul. Étant ici exactement sur l'axe d'inertie, ils sont même totalement inefficaces. La section A_s efficace est alors limitée aux 4 HA 20.

Est-ce suffisant ?

C'est suffisant si $A_{s,\text{mec nec}}$ calculé dans cette direction $\leq 4\ \text{HA}\ 20 = 12,6\ \text{cm}^2$

La situation étant tellement plus favorable dans cette direction (λ = 22,3 contre λ = 51,6 dans l'autre direction), on peut se douter que les 4 HA 20 suffiront largement.

Le calcul aboutit à $A_{s,mec\ nec}$ = 6,5 cm^2. Donc, les 4 HA 20 conviennent (même très largement).

D.2.3.2.3 Synthèse aciers longitudinaux

Pour ce poteau : retenir 4 HA 20 + 2 HA 16 = 16,7 cm^2 disposés comme montré plus haut.

D.2.4 Attentes

D.2.4.1 En pied de poteau

Dans le cas de ce poteau, il s'agit des attentes à disposer dans la fondation. Elles sont calculées avec le poteau, mais sont en fait des aciers qui seront mis en place avec les fondations.

Lorsque les aciers ne sont pas tous de même diamètre, les attentes sont calculées par référence aux aciers les plus gros (ici les HA 20).

L'effort normal sollicitant le poteau au niveau des attentes est N_u ou N_{Ed} = 700 kN.

La liaison d'un poteau avec sa fondation est assimilée à un encastrement.

Alors, d'après le § C-IV.5.1.2.2 :

- Le coefficient α_6 = 1,5 s'applique aux armatures $A_{s,pied}$ calculées suivant le maximum de :
    - $A_{s,min}$ = 0,1.N_{Ed}/f_{yd} > 0,002 A_c (§ C-IV.4.1),
    - A_s calculé en tenant compte de l'excentricité du deuxième ordre : c'est $A_{s,mec\ nec}$.
- Dans le cas des attentes sur fondation, $A_{s,attentes}$ est calé pour être égal à $A_{s,mec\ nec}$ poteau du haut $\Rightarrow$ pas de possibilité de recouvrement partiel $\Rightarrow$ pas de bénéfice à en attendre.

Donc : ℓ_0 = 1,5 $\ell_{bd,nom}$ = 1,5 $\times$ 40 ϕ = 1,5 $\times$ 40 $\times$ 2 cm = 120 cm > $\ell_{0,min}$
(ici ℓ_0 représente la longueur de recouvrement)

Enfin, conformément au § C-IV.5.2.3, pour tenir compte des incertitudes sur une fondation, il convient de retenir : $\ell_{attentes}$ $\approx$ ℓ_0 + 10 cm $\Rightarrow$ ici : $\ell_{attentes}$ = 120 + 10 = 130 cm.

D.2.4.2 En tête de poteau

Les attentes à ce niveau appartiennent au poteau calculé et doivent permettre d'assurer la continuité des aciers du poteau au-dessus.

Question : les 2 HA 16 sont-ils nécessaires à ce niveau ?

La réponse est apportée par le calcul de $A_{s,mec\ nec}$ du poteau au-dessus. On trouve $A_{s,mec\ nec}$ = 4 HA 8.

Donc ici, assurer la continuité des quatre aciers des angles suffit. De plus, 4 HA 20 sont plus que suffisants pour assurer la continuité de 4 HA 8.

Longueur des attentes

À ce niveau et dans la direction de flambement qui a conditionné le calcul, la liaison poteau-structure est assimilée à une articulation. Alors, d'après le § C-IV.5.1.2.2 :

$\ell_{attentes\ nécessaire}$ = 1,5.$\ell_{0,min}$ = 1,5.max [15 ϕ_ℓ ; 200 mm] = 1,5 $\times$ max [15 $\times$ 2 ; 20 cm] = 45 cm

Vérification dans l'autre direction : bon encastrement $\Rightarrow$ assurer la continuité de $A_{s,\text{mec nec}}$ qui, dans cette direction, est assurée par 4 HA 8 $\Rightarrow$ par recouvrement partiel :

$\ell_{\text{attentes nécessaire}} <$ ci-dessus $\Rightarrow$ OK !

On est sur un plancher $\Rightarrow$ d'après le § C-IV.5.2.3 : ℓ_{attentes} = 45 cm + 5 cm = 50 cm

D.2.4.3 Longueur de coupe des aciers

- Les 4 HA 20 : longueur = ℓ poteau sous plancher + h plancher + ℓ_{attentes} = 2,95 + 0,18 + 0,50 = 3,63 m arrondi aux 5 cm les plus proches $\Rightarrow$ longueur = 3,65 m
- Les 2 HA 16 : longueur = ℓ poteau sous plancher + h plancher = 2,95 + 0,18 = 3,13 m arrondi aux 5 cm inférieurs pour ne pas dépasser $\Rightarrow$ longueur = 3,10 m

D.2.5 Aciers transversaux

D.2.5.1 Diamètre et tracé

- Diamètre : $\phi_t \geq$ max [6 mm ; $\phi_\ell/4$] = max [6 mm ; 5 mm] $\Rightarrow \phi_t$ = 6 mm
- Tracé

Tenir tous les aciers des angles $\Rightarrow$ un cadre périphérique.
Faut-il une épingle pour tenir les 2 HA 16 ?
Ils sont le long d'une face.
Distance à un acier tenu = [b − 2.(c_{nom} + $\phi_\ell/2$)]/2 = 9,5 cm $\leq$ 15 cm $\Rightarrow$ pas besoin d'ajouter une épingle.

Donc, chaque cours d'aciers transversaux = un cadre périphérique ϕ_t = 6 mm

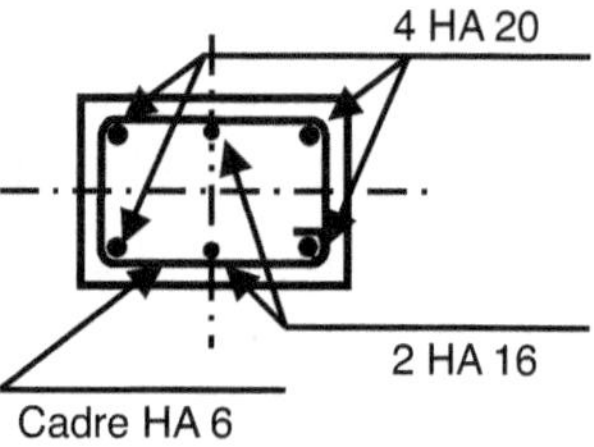

D.2.5.2 Disposition des aciers transversaux

Espacement s en zone courante

s $\leq$ min [20 $\phi_{\ell,\text{min}}$; 40 cm ; a (petit côté du poteau)] $\leq$ min [32 cm ; 40 cm ; 20 cm] $\Rightarrow$ s = 20 cm

Espacement $s_{\text{extrémités}}$ en tête et en pied

Sur la longueur b = 30 cm : $s_{\text{extrémités}} \leq$ 0,6 s = 0,6 × 20 = 12 cm

$\Rightarrow$ sur 30 cm : 30/12 = 2,5 espacements $\Rightarrow$ trois cadres espacés de 12 cm

Espacement s_{attentes} sur la longueur des attentes

Seule est à considérer la couture des attentes en pied. (La couture des attentes en tête est assurée par les cadres du poteau au-dessus.)

Si ϕ_ℓ > 14 mm : il faut au moins trois cadres sur la longueur des attentes.

Aciers HA 16 et surtout HA 20 $\Rightarrow \phi_\ell$ > 14 mm

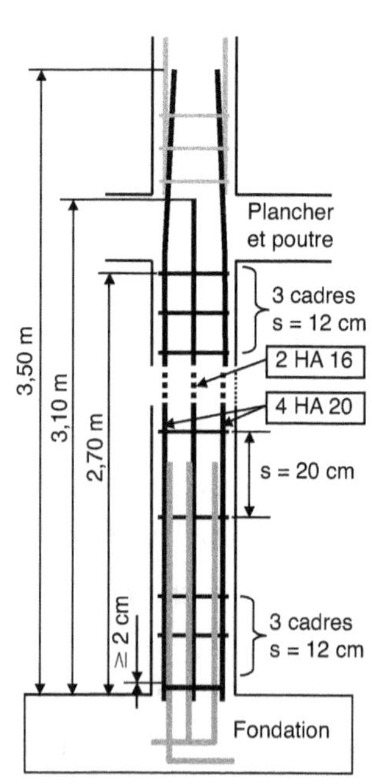

La longueur d'attente minimum envisageable sur le terrain est dans le cas où toutes les incertitudes jouent dans le sens d'un raccourcissement. Cette longueur est $\ell_{\text{attente nécessaire}} = 120$ cm

Compte tenu de cette longueur d'attentes, il y a assurément trois cadres pour coudre le recouvrement.

Pas de cadre à moins de 2 cm des extrémités de la zone de recouvrement ou de l'extrémité des barres longitudinales.

Le travail du calculateur doit se terminer par un croquis tel que celui ci-dessus précisant tous les éléments constructifs.

D.3 Fondation sous un poteau en compression centrée

Il s'agit de la fondation sous le poteau du § D.2 précédent.

Elle est schématisée ci-dessous.

D.3.1 Données

- Fondation en compression centrée
- Section du poteau à supporter : $a.b = 20 \times 30$ cm^2
- Effort descendu par ce poteau : $N_u = 700$ kN
- Capacité portante du sol support $\sigma_{Rd,gd} = 0,2$ MPa
- Béton C25/30, aciers B500A ou B500B
- Enrobage $c_{nom} = 40$ mm

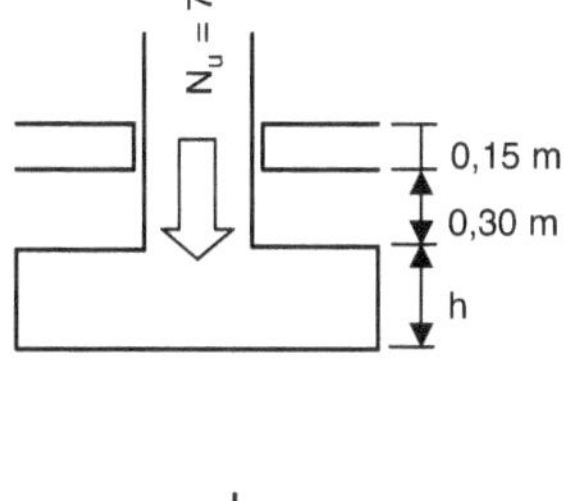

D.3.2 Dimensions en plan a′ et b′

- Le poteau est presque carré : $b - a \leq 10$ cm environ
  Alors on préfère une semelle carrée.
- Aire brute = $N_u/\sigma_{Rd,gd} = 0,700/0,2 = 3,5$ m^2
- Dimensions : $a' = b' = \sqrt{3,5} = 1,87$ m
  ajouter 5 cm et arrondir aux 10 cm les plus proches
  d'où $a' = b' = 1,87 + 5 = 1,92$ m arrondi à 1,90 m
  Voir § C-VI.3.1.2.

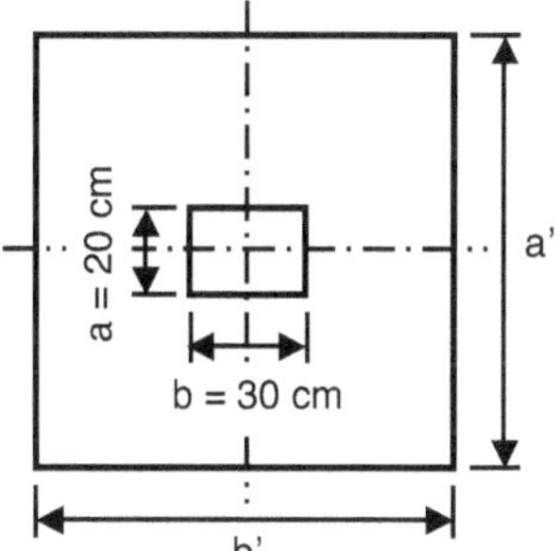

D.3.3 Hauteur utile d et hauteur totale h

Débord maximum

Il est dans la direction a et vaut $(a' - a)/2 = (1,90 - 0,20)/2 = 0,85$ m

Première approximation de la hauteur utile

$d \geq$ débord$/2 = 0,85/2 \approx 0,43$ m

Hauteur totale

Cette fondation étant armée par les mêmes aciers dans les deux directions, il faut considérer la valeur h – d la plus défavorable, c'est-à-dire celle relative à la nappe supérieure d'aciers de renfort. On a alors (voir § C-VI.3.3.2) : h – d = 6 à 7 cm (7 cm avec des aciers ϕ = 20 mm, 6 cm avec des aciers plus fins).

Avec l'expérience, dans cette fondation, on peut pressentir ϕ largement < 20 mm $\Rightarrow$ h – d $\approx$ 6 cm

Donc : h $\approx$ 43 + 6 = 49 cm arrondi à h = 50 cm $\Rightarrow$ d $\approx$ 50 – 6 = 44 cm

Vérification en incluant le poids de la fondation

Poids de la fondation = 1,90 m $\times$ 1,90 m $\times$ 0,5 m $\times$ 24 kN/m^3 = 43 kN

N_u incluant le poids de la fondation = 700 + 43 = 743 kN

Aire de fondation nécessaire = 0,743/0,2 = 3,72 m^2.

L'aire initialement envisagée, 1,90 m $\times$ 1,90 m = 3,6 m^2 est en déficit de 3 %.

La connaissance des caractéristiques du sol de fondation, dont la valeur de $\sigma_{Rd,gd}$, est entachée d'une incertitude beaucoup plus grande que celle frappant les matériaux du béton armé. De ce fait, l'auteur considère raisonnable d'admettre une incertitude, donc un déficit acceptable atteignant 4 à 5 % pour les calculs intégrant $\sigma_{Rd,gd}$.

Avec un déficit de 3 %, l'aire de fondation initialement envisagée, 1,90 m $\times$ 1,90 m = 3,6 m^2, convient.

D.3.4   Aciers à mettre en place dans les deux directions

D.3.4.1   Section d'acier nécessaire dans les deux directions et vérifications

Calcul de la section nécessaire

$$A_s = N_u \cdot \frac{a' - a}{8d} \cdot \frac{1}{f_{yd}} = 0,743 \times \frac{1,9 - 0,2}{8 \times 0,44} \cdot \frac{1}{435} = 0,00082 \text{ m}^2 = 8,2 \text{ cm}^2$$

Ordre de grandeur. § E.2.4.2
A_s (cm^2) $\approx$ 1,15 % de N_u (kN) = 8,4 cm^2
Ce résultat est en excès par rapport au calcul exact, car ici : d réel > débord/2

Nombre de barres possible

Espacement maximum entre barres : $s_{max} \leq 2\,h \leq 25$ cm $\Rightarrow s_{max} = 25$ cm
Nombre de barres dans chaque direction $\geq a'/s_{max} = b'/s_{max} = 190/25 = 7,6 \Rightarrow \geq$ huit barres

D.3.4.2   Aciers commerciaux, disposition et arrêt

Proposition

La proposition la plus évidente est 8 HA 12 = 9,04 cm^2

Si, par souci d'économie, on souhaite arrêter une barre sur deux, il faut conserver un ferraillage symétrique. Il convient alors d'avoir une barre longue le long de chaque bord de la fondation $\Rightarrow$ un nombre impair de barres s'impose.

Dans ce cas il faut viser neuf barres : cinq longues et quatre courtes.
Choix proposés :
- 9 HA 12 = 10,2 cm^2 ⇒ forte surconsommation d'acier ;
- 5 HA 12 (barres longues) + 4 HA 10 (barres courtes) = 8,79 cm^2 ⇒ OK !

Vérification de d

$d_{réel}$ = h − c_{nom} − ϕ − ϕ /2 = h − 5,8 cm ≈ h − 6 cm pris en compte dans les calculs ⇒ OK !

Disposition et arrêt des barres

- Distance entre barres = b'/nombre de barres = 190/9 = 21 cm
  Il faut compter ici autant d'espacements que de barres, car les barres extérieures sont placées à un demi-espacement des bords de la fondation.
- Barres non arrêtées (barres longues)
  Ce sont des HA 12 ⇒ ℓ_{bd} ≈ 40 ϕ = 48 cm
  La fondation n'est pas homothétique du poteau (voir fin du § C-VI.3.3.4) ⇒ pas de crochet si ℓ_{bd} ≤ 0,8.b'/8 = 0,8 × 190/8 = 19 cm
  ℓ_{bd} = 48 cm > 0,8.b'/8 = 19 cm ⇒ ancrer les barres non arrêtées par crochet (ce qui est conforme à la proposition de l'auteur).
  Longueur d'encombrement de ces barres = b' − 2.c_{nom} = 1,90 − 2 × 0,04 = 182 m
  Il s'agit bien de la longueur d'encombrement. C'est le responsable du ferraillage (et du prix) qui, sur ces bases, calculera la longueur développée.
- Barres arrêtées (barres courtes)
  L'arrêt proposé sur la figure C-VI.3.2 pour deux « lits » égaux, est du côté de la sécurité lorsqu'il est, comme ici, appliqué à un deuxième lit de section < $A_s/2$.
  Ce deuxième « lit » est constitué par les HA 10 ⇒ ℓ_{bd} ≈ 40 ϕ = 40 cm
  Pour ces barres aussi : fondation non homothétique du poteau ⇒ avant prise en compte de ℓ_{bd}, viser d'arrêter ces barres à la distance 0,8 × 0,15 b' = 0,8 × 1,5 × 190 = 23 cm du bord de la fondation.
  En fait : ℓ_{bd} = 40 cm > 0,18 b' = 0,18 × 190 = 34 cm ⇒ allonger ces barres de 40 − 34 = 6 cm
  Donc, les barres courtes sont arrêtées à 23 − 6 = 17 cm du bord de la fondation.
  Leur longueur de coupe est 1,90 − (2 × 0,17) = 1,56 m arrondi à 1,60 m

Ferraillage retenu

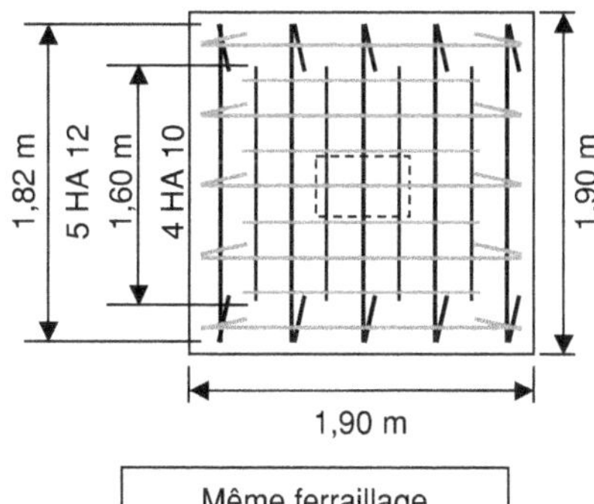

D.3.5   Attentes

Les aciers en attente sont constitués comme illustré ci-dessous.

La longueur d'attente nécessaire au-dessus de la fondation a été traitée au § D.2.4.1, sa valeur est ℓ_{attente} = 130 cm.

Longueur de la partie verticale des aciers constituant ces attentes = d + ℓ_{attente} = 44 + 130 = 174 cm $\Rightarrow$ 175 cm

La liaison fondation-poteau est assimilée à un encastrement et (voir Nota commentant la figure C-VI.2.2.1) l'ancrage dans la fondation des barres en attente doit être total. Il comprend un retour horizontal et on doit avoir : longueur verticale à l'intérieur de la fondation + longueur du retour horizontal $\geq \ell_{\text{bd,nom}}$

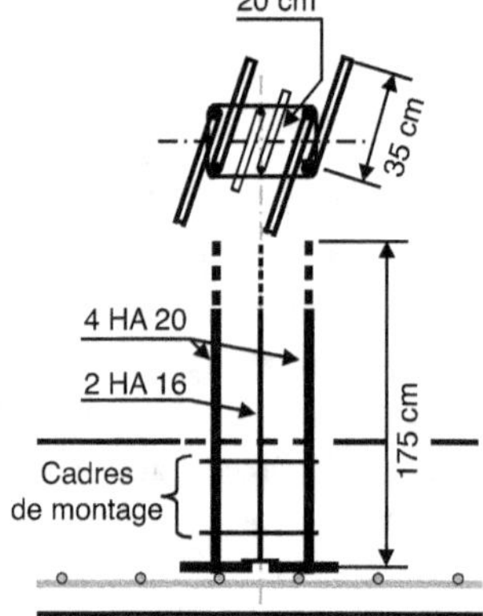

Longueur verticale $\approx$ d = 44 cm
Pour les HA 20 : $\ell_{\text{bd,nom}}$ = 40 ϕ = 80 cm $\Rightarrow$ retour horizontal = 80 – 44 = 36 cm arrondi à 35 cm
Pour les HA 16 : $\ell_{\text{bd,nom}}$ = 40 ϕ = 64 cm $\Rightarrow$ retour horizontal = 64 – 44 = 20 cm

De plus, la longueur de ces retours doit être suffisante pour que le pied ainsi constitué ne passe pas à travers les mailles du ferraillage principal de la fondation. Ici l'ouverture des mailles est de 21 cm $\Rightarrow$ le retour horizontal de 35 cm des HA 20 assure un pied approprié.

Enfin, cet ensemble est assemblé par quelques cadres (deux ou trois) en un groupe indissociable facilitant sa manutention et sa mise en place.

Partie E

Aides au calcul
et ordres de grandeur

E.1 Aides au calcul

E.1.1 Données des matériaux et ancrages

E.1.1.1 Tableaux des sections d'acier

Tableau des sections d'acier en barres.

φ (mm)	Section (cm²)									
	Nombre de barres									
	1	2	3	4	5	6	7	8	9	10
6	0,283	0,566	0,849	1,13	1,42	1,70	1,98	2,26	2,55	2,83
8	0,503	1,01	1,51	2,01	2,52	3,02	3,52	4,02	4,53	5,03
10	0,785	1,57	2,36	3,14	3,93	4,71	5,50	6,28	7,07	7,85
12	1,13	2,26	3,39	4,52	5,65	6,78	7,91	9,04	10,2	11,3
14	1,54	3,08	4,62	6,16	7,70	9,24	10,8	12,3	13,9	15,4
16	2,01	4,02	6,03	8,04	10,1	12,1	14,1	16,1	18,1	20,1
20	3,14	6,28	9,42	12,6	15,7	18,8	22,0	25,1	28,3	31,4
25	4,91	9,82	14,7	19,6	24,6	29,5	34,4	39,3	44,2	49,1
32	8,04	16,1	24,1	32,2	40,2	48,2	56,3	64,3	72,4	80,4
40	12,6	25,2	37,8	50,4	63,0	75,6	88,2	101	113	126

En gris : diamètres dont l'usage est autant que possible évité en bâtiments courants.

E.1.1.2 Tableau des treillis soudés (TS)

Par défaut les treillis soudés sur stock sont de classe de ductilité A. Depuis 2014, ils sont disponibles en classe B sur demande.

Les tableaux ci-dessous sont gracieusement mis à disposition par l'ADETS (Association technique pour le développement de l'emploi du treillis soudé). Ils sont également consultables à l'adresse : adets.fr/documents-a-telecharger/fiche-technique. Ils comprennent deux parties.

- Le catalogue des treillis soudés (TS) sur stock normalisés distribués en France :
    - les treillis « de surface » couramment appelés « antifissuration » (appellation rappelée dans la désignation des panneaux : PAF). Le panneau « PAF V » est particulier ; il est calibré pour constituer l'armature de peau des murs banchés extérieurs (voir § C-V.3.4, figure C-V.3.3) ;
    - les treillis « de structure » (désignés par ST comme « structure »). Ils sont destinés à constituer l'armature résistante des dalles et autres éléments plans.

    On note que les TS sont maintenant distribués exclusivement en panneaux.

- Un extrait, limité au cas des bétons C25/30 à C35/40, de tableaux proposant les longueurs d'ancrage et de recouvrement des treillis soudés calculées au plus juste. Puis un tableau proposant les longueurs forfaitaires de recouvrement des aciers de répartition. Souvent, le calcul exact (notamment en s'aidant des tableaux précédents) est plus avantageux.

Tableaux des produits standardisés sur stock – Caractéristiques nominales
(reproduits avec l'aimable autorisation de l'ADETS)

Treillis soudés de surface (NF A 35-024 de nuance B600A) * (NF A 35-080-2 de nuance B500A) **												
Désignation ADETS	Section S	S s	E e	D d	Abouts AV AR ad ag	Nombre de fils N n	Longueur Largeur L l	Masse nominale	Surface 1 panneau	Masse 1 panneau	Colisage	Masse 1 paquet
	(cm²/m)	(cm²/m)	(mm)	(mm)	(mm/mm)		(m)	(kg/m²)	(m²)	(kg)		(kg)
* PAF R°	0,80	0,80 0,53	200 300	4,5 4,5	150/150 100/100	12 12	3,60 2,40	1,042	8,64	9,00	100	900
* PAF C°	0,80	0,80 0,80	200 200	4,5 4,5	100/100 100/100	12 18	3,60 2,40	1,250	8,64	10,80	100	1080
* PAF V°	0,99	0,80 0,99	200 160	4,5 4,5	135/25 100/100	12 16		7,68	9,60	100	960
** PAF 10°	1,19	1,19 1,19	200 200	5,5 5,5	100/100 100/100	12 21	4,20 2,40	1,870	10,08	18,85	70	1319

Treillis soudés de structure (NF A 35-080-2)												
Désignation ADETS	Section S	S s	E e	D d	Abouts AV AR ad ag	Nombre de fils N n	Longueur Largeur L l	Masse nominale	Surface 1 panneau	Masse 1 panneau	Colisage	Masse 1 paquet
	(cm²/m)	(cm²/m)	(mm)	(mm)	(mm/mm)		(m)	(kg/m²)	(m²)	(kg)		(kg)
ST 15 C°	1,42	1,42 1,42	200 200	6 6	100/100 100/100	12 20	4,00 2,40	2,220	9,60	21,31	70	1492
ST 20°	1,89	1,89 1,28	150 300	6 7	150/150 75/75	16 20	6,00 2,40	2,487	14,40	35,81	40	1432
ST 25°	2,57	2,57 1,28	150 300	7 7	150/150 75/75	16 20	6,00 2,40	3,020	14,40	43,49	40	1740
ST 25 C°	2,57	2,57 2,57	150 150	7 7	75/75 75/75	16 40	6,00 2,40	4,026	14,40	57,98	30	1739
ST 25 CS°	2,57	2,57 2,57	150 150	7 7	75/75 75/75	16 20	3,00 2,40	4,026	7,20	28,99	40	1160
ST 35°	3,85	3,85 1,28	100 300	7 7	150/150 50/50	24 20	6,00 2,40	4,026	14,40	57,98	30	1739
ST 40 C°	3,85	3,85 3,85	100 100	7 7	50/50 50/50	24 60	6,00 2,40	6,040	14,40	86,98	20	1740
ST 50°	5,03	5,03 1,68	100 300	8 8	150/150 50/50	24 20	6,00 2,40	5,267	14,40	75,84	20	1517
ST 50 C°	5,03	5,03 5,03	100 100	8 8	50/50 50/50	24 60	6,00 2,40	7,900	14,40	113,76	15	1706
ST 60°	6,36	6,36 2,54	100 250	9 9	125/125 50/50	24 24	6,00 2,40	6,986	14,40	100,60	16	1610
ST 65 C°	6,36	6,36 6,36	100 100	9 9	50/50 50/50	24 60	6,00 2,40	9,980	14,40	143,71	10	1437

Nota

Il convient que la longueur d'about ne soit pas inférieure à 25 mm (NF A 35-080-2)

La gamme des treillis soudés de structure existe en nuances B500A et B500B. Pour la nuance B500B, consulter les sociétés de vente.

Tableaux des longueurs d'ancrage et de recouvrement (limités ici aux bétons ≤ C35/45)
(reproduits avec l'aimable autorisation de l'ADETS)

Longueur d'ancrage de calcul ℓ_{bd} (mm) ; $\eta_1 = 1$; $f_{yd} = 435$ MPa ; c = 20 mm

1re ligne : traction – 2e ligne : compression

f_{ck}	ST 65 C	ST 50 C	ST 40 C	ST 25 C ST 25 CS	ST 15 C	ST 60 (100)	ST 60 (250)	ST 50 (100)	ST 50 (300)	ST 35 (100)	ST 35 (300)	ST 25 (150)	ST 25 (300)	ST 20 (150)	ST 20 (300)
Ø (mm)	9	8	7	7	6	9	9	8	8	7	7	7	7	6	7
25 MPa (traction)	195	175	142	142	130	207	195	190	175	185	142	185	142	169	142
25 MPa (compression)	235	209	185	197	169	254	235	226	209	197	185	197	197	180	197
30 MPa (traction)	187	157	128	128	130	187	187	190	157	183	128	183	128	152	128
30 MPa (compression)	211	190	178	178	152	228	211	203	190	185	178	185	178	180	178
35 MPa (traction)	170	143	116	116	130	170	170	190	143	166	116	166	116	138	116
35 MPa (compression)	195	185	161	161	138	208	195	190	185	185	161	185	161	180	161

Longueur d'ancrage de calcul ℓ_{bd} (mm) ; $\eta_1 = 0{,}7$; $f_{yd} = 435$ MPa ; c = 25 mm

1re ligne : traction – 2^e ligne : compression

f_{ck}	ST 65 C	ST 50 C	ST 40 C	ST 25 C ST 25 CS	ST 15 C	ST 60 (100)	ST 60 (250)	ST 50 (100)	ST 50 (300)	ST 35 (100)	ST 35 (300)	ST 25 (150)	ST 25 (300)	ST 20 (150)	ST 20 (300)
Ø (mm)	9	8	7	7	6	9	9	8	8	7	7	7	7	6	7
25 MPa (traction)	246	209	185	197	169	266	246	226	209	197	185	197	197	180	197
25 MPa (compression)	335	298	261	261	242	363	335	322	298	282	261	282	261	242	261
30 MPa (traction)	221	190	178	178	152	239	221	203	190	185	178	185	178	180	178
30 MPa (compression)	302	268	235	254	218	326	302	290	268	254	235	254	254	218	254
35 MPa (traction)	201	185	161	161	138	218	201	190	185	185	161	185	161	180	161
35 MPa (compression)	274	244	213	231	198	297	274	264	244	231	213	231	231	198	231

Longueur de recouvrement ℓ_0 (mm) ; $\eta_1 = 1$; $f_{yd} = 435$ MPa ; c = 20 mm

1re ligne : traction – 2^e ligne : compression

f_{ck}	α_6	ST 65 C	ST 50 C	ST 40 C	ST 25 C ST 25 CS	ST 15 C	ST 60 (100)	ST 60 (250)	ST 50 (100)	ST 50 (300)	ST 35 (100)	ST 35 (300)	ST 25 (150)	ST 25 (300)	ST 20 (150)	ST 20 (300)
Ø (mm)		9	8	7	7	6	9	9	8	8	7	7	7	7	6	7
25 MPa (traction)	1,5	293	262	214	214	200	311	293	285	262	278	214	278	214	254	214
25 MPa (compression)		352	313	278	296	254	281	352	338	313	296	278	296	296	270	296
30 MPa (traction)	1,5	280	236	200	200	200	280	280	285	236	275	200	275	200	228	200
30 MPa (compression)		317	285	266	266	228	343	317	305	285	278	266	278	266	270	266
35 MPa (traction)		254	215	200	200	200	255	254	285	215	250	200	250	200	208	200
35 MPa (compression)		293	277	242	242	208	311	293	285	277	278	242	278	242	270	242

Longueur de recouvrement ℓ_0 (mm) ; $\eta_1 = 0{,}7$; $f_{yd} = 435$ MPa ; c = 25 mm

1re ligne : traction – 2^e ligne : compression

f_{ck}	α_6	ST 65 C	ST 50 C	ST 40 C	ST 25 C ST 25 CS	ST 15 C	ST 60 (100)	ST 60 (250)	ST 50 (100)	ST 50 (300)	ST 35 (100)	ST 35 (300)	ST 25 (150)	ST 25 (300)	ST 20 (150)	ST 20 (300)
Ø (mm)		9	8	7	7	6	9	9	8	8	7	7	7	7	6	7
25 MPa (traction)	1,5	369	313	278	296	254	399	369	338	313	296	278	296	296	270	296
25 MPa (compression)		503	447	391	391	363	544	503	483	447	423	391	423	391	363	391
30 MPa (traction)	1,5	332	285	266	266	228	359	332	305	285	278	266	278	266	270	266
30 MPa (compression)		453	402	352	381	326	489	453	435	402	381	352	381	381	326	381
35 MPa (traction)		302	277	242	242	208	326	302	285	277	278	242	278	242	270	242
35 MPa (compression)		412	366	320	346	297	445	412	395	366	346	320	346	346	297	346

Longueurs de recouvrement forfaitaires pour les aciers de répartition (mm)

	ST 65 C	ST 50 C	ST 40 C	ST 25 C ST 25 CS	ST 15 C	ST 60 (100)	ST 60 (250)	ST 50 (100)	ST 50 (300)	ST 35 (100)	ST 35 (300)
Ø (mm)	9	8	7	7	6	9	9	8	8	7	7
ℓ_0 (mm)	350	300	300	450	400	750	350	900	300	900	300

	ST 25 (150)	ST 25 (200)	ST 20 (150)	ST 20 (300)	PAF 10	PAF V (160)	PAF V (200)	PAF C	PAF R (200)	PAF R (300)	
Ø (mm)	7	7	6	7	5,5	4,5	4,5	4,5	4,5	4,5	
ℓ_0 (mm)	900	450	600	450	400	400	430	400	600	400	

E.1.1.3 Aciers : diagramme déformation-contrainte de calcul

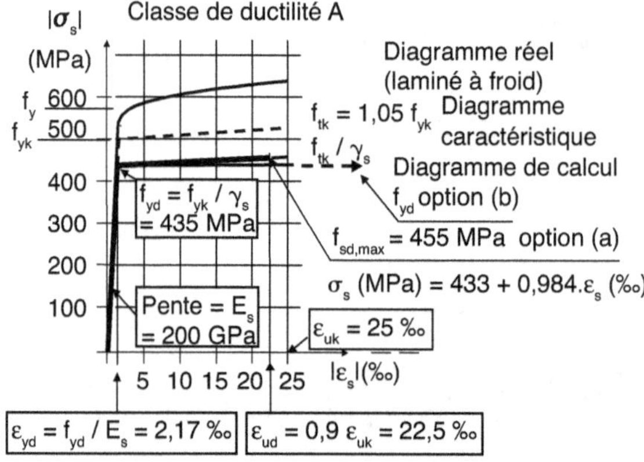

Classe de ductilité A (aciers B500A)

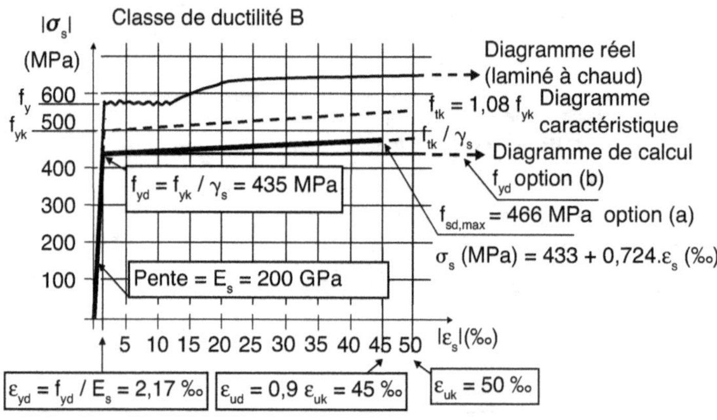

Classe de ductilité B (aciers B500B)

E.1.1.4 Béton : valeurs fréquemment utilisées

Classe du béton	C25/30	C30/37	C35/45
f_{cd} (MPa)	16,7	20,0	23,3
f_{ctd} (fractile 5 %) (MPa)	1,2	1,3	1,5
f_{ctm} (MPa)	2,6	2,9	3,2
E_{cm} (GPa)	31	33	34

E.1.1.5 Ancrages

Ancrage des aciers B500 HA en barres

Ancrages nominaux							
				Béton	**C25/30**	**C30/37**	**C35/45**
Ancrages droits		$\ell_{bd,nom}$			$40\ \phi$	$36\ \phi$	$33\ \phi$
Ancrages courbes (géométrie proposée par l'auteur)		h_b	ℓ_{b1}	ℓ_{b2} et $\ell_{b,eq,eff}$			
Coudes	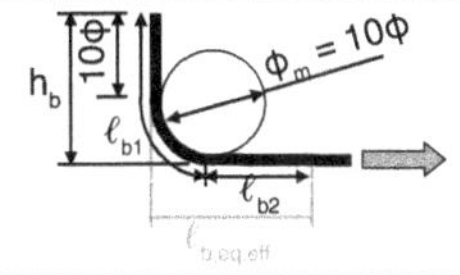	$\approx 16\ \phi$	$\approx 18\ \phi$	ℓ_{b2}	$\approx 22\ \phi$	$\approx 18\ \phi$	$\approx 15\ \phi$
				$\ell_{b,eq,eff}$	$\approx 28\ \phi$	$\approx 24\ \phi$	$\approx 21\ \phi$
Crochets	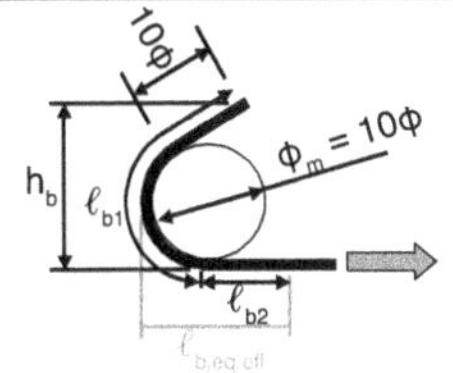	$\approx 16\ \phi$	$\approx 24\ \phi$	ℓ_{b2}	$\approx 16\ \phi$	$\approx 12\ \phi$	$\approx 9\ \phi$
				$\ell_{b,eq,eff}$	$\approx 22\ \phi$	$\approx 18\ \phi$	$\approx 15\ \phi$
Ancrages courbes partiels							
Effort sollicitant F_s < effort nominal $F_{s,nom}$			**Coude**	$\ell_{bd,eq,eff} = \ell_{bd,nom}.F_s/F_{s,nom} - 12\ \phi \geq 6\ \phi$			
			Crochet	$\ell_{bd,eq,eff} = \ell_{bd,nom}.F_s/F_{s,nom} - 18\ \phi \geq 6\ \phi$			

Pour l'ancrage des traillis sondés, voir § E.1.1.2.

E.1.2 Construction des diagrammes M et V

Voir § C-II.3

E.1.3 Diagrammes enveloppes et arrêt des aciers forfaitaires

Voir § C-II.6.2.1 et C-II.6.3.

E.1.4 Calculs : tableaux, formules et valeurs limites

E.1.4.1 Calculs en flexion

La construction et la justification des outils proposés sont détaillées en {G.3.1}.

E.1.4.1.1 Domaine d'application

- Sections rectangulaires en flexion simple sans aciers comprimés.
- Béton : diagramme rectangle, f_{ck} indifférent ≤ 50 MPa.
- Aciers : B500A ou B500B, option a.

E.1.4.1.2 Suite de calculs $\mu_u \Rightarrow \alpha_u \Rightarrow \beta_u \Rightarrow \varepsilon_{s,u} \Rightarrow \sigma_{s,u}$

Le tableau proposé est un recueil de résultats pré-calculés. On y entre par l'une des valeurs tabulées, par exemple la valeur de μ_u, et on lit sur la même ligne les valeurs correspondantes de α, β, ε_s, σ_s. L'intervalle entre deux lignes a été choisi pour que l'erreur induite en travaillant dans la ligne la plus proche, sans interpolation, soit acceptable.

Les valeurs de μ_u consédérées encadrent le domaine des calculs pratiques :

0,04 environ $\leq \mu_u \leq$ 0,24 environ

Calcul des sections rectangulaires sans aciers comprimés en flexion simple ou composée Diagramme Rectangle, aciers B500A ou B500B, option a							
			B500A		**B500B**		
μ_u	$\alpha_u = x_u/d$	β_u $= z_{c,u}/d$	$\varepsilon_{s,u}$ ‰	$\sigma_{s,u}$ Mpa	$\varepsilon_{s,u}$ ‰	$\sigma_{s,u}$ Mpa	
0,03	0,038	0,985	22,5	455	45,0	466	B500A défavorable
0,04	0,051	0,980	22,5	455	45,0	466	
0,05	0,064	0,974	22,5	455	45,0	466	
0,056	0,072	0,971	22,5	455	45,0	466	
Frontière $\mu_{u,AB}$, aciers B500B							
0,06	0,077	0,969	22,5	455	41,7	463	
0,07	0,091	0,964	22,5	455	35,0	458	
0,08	0,104	0,958	22,5	455	30,0	455	
0,09	0,118	0,953	22,5	455	26,1	452	B500B défavorable
0,10	0,132	0,947	22,5	455	23,0	450	
0,102	0,135	0,946	22,5	455	22,5	449	
Frontière $\mu_{u,AB}$, aciers B500A							
0,11	0,146	0,942	20,5	453	20,5	448	
0,12	0,160	0,936	18,3	451	18,3	446	
0,13	0,175	0,930	16,5	449	16,5	445	
0,14	0,189	0,924	15,0	448	15,0	444	
0,15	0,204	0,918	13,6	446	13,6	443	
0,16	0,216	0,912	12,5	445	12,5	442	B500B défavorable (suite)
0,18	0,250	0,900	10,5	443	10,5	441	
0,20	0,282	0,887	8,92	442	8,92	439	
0,22	0,315	0,874	7,63	441	7,63	439	
0,24	0,349	0,861	6,54	439	6,54	438	
0,26	0,384	0,846	5,62	438	5,62	437	

E.1.4.1.3   Calcul rapide quasi exact de $A_{s,u}$

Pour les sections rectangulaires en flexion simple sans aciers comprimés, aciers B500 A ou B500B et option a, quelle que soit la classe du béton :

Dans le domaine $0,04 \leq \mu_u \leq 0,24$: $A_{s,u}$ quasi exact $= (\dfrac{M_u}{0,9d} /f_{yd}).(\mu_u + 0,82)$

E.1.4.2   Limites prévenant une flèche excessive en flexion simple

On peut entrer dans ce tableau au choix par $\rho = \dfrac{A_s}{b.d}$ ou par μ_u calculés sur la nervure seule.

Valeurs limites de ℓ_{eff}/d dispensant du calcul de la flèche

(entrer dans le tableau au choix par $\rho = \dfrac{A_s}{b.d}$ ou par μ_u calculés sur la nervure seule)

Flexion simple			Poutres		Dalles (AF)		
			$\rho =$ 1,5 %	$\rho =$ 0,5 %	(AF) $\rho \approx$ 0,41 %	(AF) $\rho \approx$ 0,36 %	$\rho \approx$ 0,26 %
Système structural $\Rightarrow$ valeur de K	K	Béton	$\mu_u \approx$	$\mu_u \approx$	$\mu_u \approx$	$\mu_u \approx$	$\mu_u \approx$
		C25/30	0,310	0,124	0,104	0,093	0,069
		C30/37	0,269	0,106	0,088	0,078	0,058
		C35/45	0,237	0,092	0,077	0,068	0,050
			Valeurs limites de ℓ_{eff}/d				
Travées isolées sur appuis simples : poutres ou dalles portant dans une seule direction	1,0	C25/30	14	18	22	25	40
		C30/37	14	20	25	30	49
		C35/45	15	23	29	35	58
Travée de rive d'une poutre ou dalle continue ou dalle continue le long d'un grand côté et portant dans les deux directions	1,3	C25/30	18	23	28	32	52
		C30/37	18	26	30	35	44
		C35/45	19	30	38	46	76
Travée intermédiaire d'une poutre ou dalle portant dans une ou deux directions	1,5	C25/30	20	27	33	38	60
		C30/37	20	30	35	40	73
		C35/45	22	34	44	53	88
Consoles : poutre ou dalle portant dans une direction	0,4	C25/30	6	7	9	10	16
		C30/37	6	8	10	12	19
		C35/45	6	9	12	14	23

Si $\ell_{eff} > 7$ m, multiplier la valeur de ℓ_{eff}/d par $7/\ell_{eff}$ (avec ℓ_{eff} en m).

Pour les valeurs de ρ ou μ_u intermédiaires entre les valeurs ci-dessus : interpoler linéairement.

E.1.4.3 Valeurs de $\mu_{u,limite}$

Avec des aciers B500 A ou B option a,
le domaine réglementaire est confiné dans les limites ci-dessous.

environ $0,04 \leq \mu_u \leq$ environ $0,24$

(non-fragilité) (limitation ELS)

Pour plus de détail

Non-fragilité			Limitation ELS Pratiquement limitée à $\sigma_{c,ser,qp} \leq 0{,}45.f_{ck}$			
Classe d'exposition et béton associé		$\mu_{u,limite,frag}$	$\gamma_{qp} = M_u / M_{ser,qp}$	1,6	1,8	2,0
XC1 à XC4	C25/30	0,042	$\mu_{u,limite,\sigma cqp}$	0,201	0,241	0,282
XS1	C30/37	0,040	$\mu_{u,limite,\sigma cqp}$	0,212	0,253	0,296
XS3	C35/45	0,038	$\mu_{u,limite,\sigma cqp}$	0,223	0,253	0,309

Limites pour une ductilité suffisante et pour permettre une redistribution des moments

* En travée (proposition de l'auteur) : si possible, éviter $\mu_{u,travée} > 0{,}295$ et préférer $\mu_{u,travée} \leq 0{,}24$ environ
* Sur appui avec redistribution forfaitaire : $\mu_{u,appui} \leq 0{,}18$

E.1.4.4 Calcul des poteaux en compression réputée centrée

Lorsque $h \leq 50$ cm ou $D \leq 50$ cm un tableau de calcul est utile.

Il faut un tableau différent pour chaque trio f_{cd}, f_{yd} et d'.

Poteaux en compression réputée centrée : relation entre ρ, $\sigma_{c,moy}$ et $h \leq 50$ cm Cas de béton C25/30, aciers B500 et d' $\approx$ 45 mm		
$\rho = f\,(\sigma_{c,moy}$ en Mpa$)$		
h	$\lambda = 35$	$\lambda = 40$	$\lambda = 50$
20 cm	$\rho = 0{,}00464\,\sigma_{c,moy} - 0{,}0433$	$\rho = 0{,}00499\,\sigma_{c,moy} - 0{,}0433$	$\rho = 0{,}00581\,\sigma_{c,moy} - 0{,}0433$
25 cm	$\rho = 0{,}00441\,\sigma_{c,moy} - 0{,}0423$	$\rho = 0{,}00473\,\sigma_{c,moy} - 0{,}0423$	$\rho = 0{,}00551\,\sigma_{c,moy} - 0{,}0423$
30 cm	$\rho = 0{,}00422\,\sigma_{c,moy} - 0{,}0416$	$\rho = 0{,}00453\,\sigma_{c,moy} - 0{,}0416$	$\rho = 0{,}00528\,\sigma_{c,moy} - 0{,}0416$
35 cm	$\rho = 0{,}00406\,\sigma_{c,moy} - 0{,}0411$	$\rho = 0{,}00436\,\sigma_{c,moy} - 0{,}0411$	$\rho = 0{,}00508\,\sigma_{c,moy} - 0{,}0411$
40 cm	$\rho = 0{,}00392\,\sigma_{c,moy} - 0{,}0407$	$\rho = 0{,}00421\,\sigma_{c,moy} - 0{,}0407$	$\rho = 0{,}00491\,\sigma_{c,moy} - 0{,}0407$
45 cm	$\rho = 0{,}00380\,\sigma_{c,moy} - 0{,}0405$	$\rho = 0{,}00408\,\sigma_{c,moy} - 0{,}0405$	$\rho = 0{,}00475\,\sigma_{c,moy} - 0{,}0405$
50 cm	$\rho = 0{,}00368\,\sigma_{c,moy} - 0{,}0402$	$\rho = 0{,}00396\,\sigma_{c,moy} - 0{,}0402$	$\rho = 0{,}00461\,\sigma_{c,moy} - 0{,}0402$
$\rho = f\,(\sigma_{c,moy}$ en Mpa$)$		
h	$\lambda = 60$	$\lambda = 70$	$\lambda = 86$
20 cm	$\rho = 0{,}00686\,\sigma_{c,moy} - 0{,}0433$	$\rho = 0{,}00838\,\sigma_{c,moy} - 0{,}0433$	$\rho = 0{,}0110\,\sigma_{c,moy} - 0{,}0433$
25 cm	$\rho = 0{,}00651\,\sigma_{c,moy} - 0{,}0423$	$\rho = 0{,}00795\,\sigma_{c,moy} - 0{,}0423$	$\rho = 0{,}0104\,\sigma_{c,moy} - 0{,}0423$
30 cm	$\rho = 0{,}00623\,\sigma_{c,moy} - 0{,}0416$	$\rho = 0{,}00761\,\sigma_{c,moy} - 0{,}0416$	$\rho = 0{,}00995\,\sigma_{c,moy} - 0{,}0416$
35 cm	$\rho = 0{,}00699\,\sigma_{c,moy} - 0{,}0411$	$\rho = 0{,}00732\,\sigma_{c,moy} - 0{,}0411$	$\rho = 0{,}00957\,\sigma_{c,moy} - 0{,}0411$
40 cm	$\rho = 0{,}00579\,\sigma_{c,moy} - 0{,}0407$	$\rho = 0{,}00707\,\sigma_{c,moy} - 0{,}0407$	$\rho = 0{,}00924\,\sigma_{c,moy} - 0{,}0407$
45 cm	$\rho = 0{,}00561\,\sigma_{c,moy} - 0{,}0405$	$\rho = 0{,}00685\,\sigma_{c,moy} - 0{,}0405$	$\rho = 0{,}00895\,\sigma_{c,moy} - 0{,}0405$
50 cm	$\rho = 0{,}00544\,\sigma_{c,moy} - 0{,}0402$	$\rho = 0{,}00664\,\sigma_{c,moy} - 0{,}0402$	$\rho = 0{,}00868\,\sigma_{c,moy} - 0{,}0402$

Comment construire un tableau pour un autre trio f_{cd}, f_{yd} et d' ?

La relation $\rho = f\,(\sigma_{c,moy})$ est indépendante de la largeur b du poteau.

* Pour chaque couple de valeurs de h et λ et une valeur quelconque de b (car le résultat est indépendant de b) :
    - choisir deux valeurs de ρ (par exemple, les valeurs minimum et maximum autorisées : 0,002 et 0,04) puis en tirer les deux valeurs de A_s correspondantes ;
    - alors, par la formule du § C-IV.4.2.1 calculer les valeurs de N_{Rd} et $\sigma_{c,moy}$ associées.
* Enfin, des deux couples ρ et $\sigma_{c,moy}$ obtenus ci-dessus, tirer l'équation de la relation linéaire $\rho = f\,(\sigma_{c,moy})$ correspondant au couple h et λ considéré.

Nota

En testant plusieurs valeurs de b et quelques valeurs intermédiaires de ρ, on peut vérifier qu'effectivement :

- le résultat est indépendant de b ;
- la relation $\rho = f\,(\sigma_{c,moy})$ est linéaire.

E.2 Ordres de grandeur

L'objectif est de mettre le calculateur en mesure d'appliquer le précepte de Robert L'Hermite :
« Si le résultat d'un calcul n'est pas conforme à ce que vous indique votre bon sens, recommencez le calcul, c'est probablement lui qui est faux. »

Ce chapitre propose des repères, des valeurs de référence et des modes de calcul approché permettant d'estimer rapidement l'ordre de grandeur du résultat visé, si possible de tête. Ensuite, c'est par la pratique des calculs approchés et l'expérience que le bon sens s'étoffe et s'affirme.

E.2.1 Quelques repères

E.2.1.1 Prédimensionnement

Valeurs reprises du § C-I.4.8.2.

Prédimensionnement pour les cas courants		
Dalles de planchers	$\ell_n \leq 4,5$ m	$h \approx \ell_n/30$
	$4,5$ m $\leq \ell_n \leq 7$ m	$h \approx \ell_n/25$
Poutres	Largeur b = largeur du poteau sur lequel elle s'appuie.	
	$h \approx \ell_n/10$	
	$\ell_{n,max}/15 \leq h \leq \ell_{n,max}/12$	

E.2.1.2 Descente des charges

E.2.1.2.1 Poids unitaires

- Béton armé = 25 kN/m^3 $\Rightarrow$ 0,25 kN/cm d'épaisseur $\Rightarrow$ 450 kN/m^2 pour une dalle de 18 cm d'épaisseur.
- Murs en blocs béton creux ou brique creuse, y compris enduit et éventuelle isolation : $\approx$ 0,15 kN/cm d'épaisseur.
- Escaliers en béton armé : poids = celui d'une dalle pleine horizontale de 23 à 25 cm d'épaisseur.

E.2.1.2.2 Pondération des actions

$1,35$ G + $1,5$ Q $\approx 1,4.(G + Q)$

E.2.1.2.3 Ordres de grandeur pour la descente des charges des bâtiments d'habitation ou de bureau

- Charges sur les fondations des poteaux : estimées en comptant pour chaque niveau, y compris le niveau de toiture : $1,35$ G + $1,5$ Q ≈ 10 kN/m^2
- Charges sur les fondations filantes : rajouter ($1,35 \times$ poids des murs concernés).
- Charges à des niveaux intermédiaires : transposer les indications ci-dessus.

E.2.1.3   Section des aciers commerciaux

E.2.1.3.1   Support à la mémorisation

- Section d'un acier = $A_s = \pi\phi^2/4$.
  En corolaire, multiplier ou diviser ϕ par 2 $\Rightarrow A_s$ multiplié ou divisé par $2^2 = 4$
  Il s'ensuit :

$$1\ HA\ 20 \Rightarrow \phi = 2\ cm \Rightarrow A_s = \pi \times 2^2/4 = \pi$$

$$1\ HA\ 10 \Rightarrow \phi = 2/2\ cm \Rightarrow A_s = \pi/4$$

- Il faut retenir la section de 1 HA 8, l'acier de très nombreux aciers transversaux :
  $1\ HA\ 8 \Rightarrow A_s = 0,5\ cm^2$
  En corolaire : $1\ HA\ 16 \Rightarrow A_s = A_{s,HA\ 8} \times 4 = 0,5 \times 4 = 2\ cm^2$

- Pour combler les trous de la liste des aciers : noter ce qui suit.

  Les diamètres commerciaux sont échelonnés selon une série géométrique de raison $\sqrt{2}$.
  L'arrondi de chaque diamètre commercial à un nombre entier de mm apporte quelques écarts par rapport à la série théorique.

  Donc, passer au diamètre commercial suivant $\Rightarrow A_s$ multipliée par environ $\sqrt{2} \approx 1,5$
  Ainsi : $1\ HA\ 10 \Rightarrow A_s \approx A_{s,HA\ 8} \times 1,5 = 0,5 \times 1,5 = 0,75\ cm^2$ (comparé à A_s exact $= 0,785\ cm^2$)

E.2.1.3.2   Tableau des valeurs ainsi mémorisables

ϕ	A_s exact	A_s approché
6 mm	$0,28\ cm^2$	$\approx 0,3\ cm^2$
8 mm	$0,50\ cm^2$	$= 0,5\ cm^2$
10 mm	$0,78\ cm^2$	$= \pi/4 \approx 0,75\ cm^2$
12 mm	$1,13\ cm^2$	$\approx 1,1\ cm^2$
14 mm	$1,54\ cm^2$	$\approx 1,5\ cm^2$
16 mm	$2,01\ cm^2$	$= 2\ cm^2$
20 mm	$3,14\ cm^2$	$= \pi \approx 3\ cm^2$
25 mm	$4,91\ cm^2$	$\approx 5\ cm^2$

E.2.1.4   Ancrages d'aciers B500 HA

- Ancrages droits

Béton	C25/30	C30/37	C35/45
Bonnes conditions d'adhérence : $\ell_{bd} = \ell_{bd,nom}$	$\approx 40\ \phi$	$\approx 36\ \phi$	$\approx 33\ \phi$
Mauvaises conditions d'adhérence : $\ell_{bd} = 1,4.\ell_{bd,nom}$	$\approx 56\ \phi$	$\approx 50\ \phi$	$\approx 46\ \phi$

- Ancrages courbes : voir le tableau du § E.1.1.5.

E.2.2   Calculs de RDM et arrêt des barres : valeurs approchées

E.2.2.1   Calcul de $M_0 = p\,\ell^2/8$

Concerne les travées isolées et constitue une donnée de base pour les travées continues.

Pour les portées courantes en bâtiments, de 3 à 7 m, poser le calcul sous la forme $p \times (\ell^2/8)$.

Pour $\ell = 4$ m, une portée très courante, on a : $\ell^2/8 = 4^2/8 = 16/8 = 2$

Le tableau ci-dessous traite l'ensemble des portées considérées.

Calcul approché de $\ell^2/8$		
ℓ	$\ell^2/8$ exact	$\ell^2/8$ approché
3 m	$9/8 = 1{,}125$	$> 8/8 \approx 1{,}1$
3,5 m	Interpolé	$\approx 1{,}5$
4 m	$16/8 = 2$	$= 2$
4,5 m	Interpolé	$\approx 2{,}5$
5 m	$25/8 = 3{,}125$	$\approx 24/8 = 3$
6 m	$36/8 = 4{,}5$	$= 4{,}5$
7 m	$49/8 = 6{,}125$	$\approx 48/8 = 6$

E.2.2.2   Travées continues

Redistribution forfaitaire $\Rightarrow$ pour les diagrammes enveloppes M et V, voir § C-II.6.2.1.

Le diagramme enveloppe V est totalement forfaitaire.

Le diagramme enveloppe M demande un peu de calcul. Pour les cas les plus courants, les diagrammes ci-dessous proposent des valeurs envisageables par défaut.

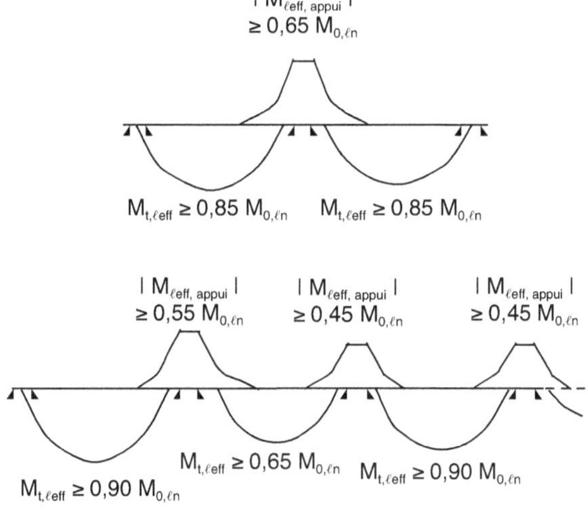

E.2.2.3   Arrêt des barres

Voir § C-II.6.3.

E.2.3   Calcul béton armé des éléments fléchis

Les propositions ci-dessous couvrent les cas les plus courants en bâtiments. Dans les autres cas, elles doivent être adaptées.

Hypothèses

- Béton C25/30 et aciers HA B500A ou B500B
- Classe d'environnement XC1 $\Rightarrow c_{nom}$ = 25 mm, charges réparties.

E.2.3.1   Hauteur utile d

- Formule générale (très approximative) : $d \approx 0{,}9\,h$
- Plus précisément, en classe d'environnement XC1 $\Rightarrow c_{nom}$ = 25 mm
    - Poutres avec A_s en deux lits : $d \approx h - 5{,}5$ cm (voir § B-II.5.1.2)
    - Dalles armées avec du treillis soudé (TS) (voir § C-III.4.2.1.1) :
      Aciers inférieurs avec « enrobage compact »
        en deux lits : $d \approx h - 3{,}5$ cm
        en un lit : $d \approx h - 2{,}5$ cm
      Aciers en chapeau (pas d'enrobage compact)
        en deux lits : $d \approx h - 4$ cm
        en un lit : $d \approx h - 3$ cm

E.2.3.2   Aciers longitudinaux

Poutres rectangulaires ou en Té, sans ou avec aciers comprimés.

- Aciers tendus

  Poutres courantes : $A_s(\text{cm}^2) \approx \dfrac{M_u(\text{kN.m})}{d(\text{cm})}.2{,}5$

  Poutre en Té ou $\mu_u < 0{,}10$ environ : A_s ci-dessus $- 10\ \%$

- Si aciers comprimés : $\mu_u > \mu_{u,\text{limite}}$

  Approximation (souvent sous-estimée) : $A'_s \approx A_s.\dfrac{\mu_u - \mu_{u,\text{limite}}}{\mu_u}$

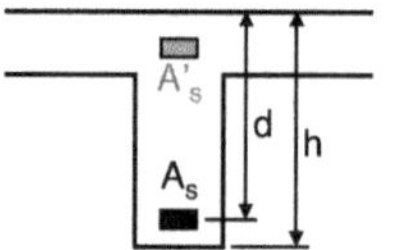

Poutres en Té avec table symétrique

Béton C25/30 $\Rightarrow$ pas besoin d'aciers spécifiques de liaison table-nervure tant que :
$2{,}9.\dfrac{d.h_f}{P_u.\ell_{\text{eff}}} \geq 0{,}5$

E.2.3.3   Aciers transversaux

Hypothèse complémentaire : $h \approx \ell_n/10$, $\cot g\,\theta = 2{,}5$

Pour les autres cas, les formules doivent être adaptées.

E.2.3.3.1   Choix de ϕ_w

- $d \leq 35$ cm environ $\Rightarrow \phi_w = 6$ mm
- $d \leq 45$ cm environ $\Rightarrow \phi_w = 8$ mm
- $d \leq 65$ cm environ $\Rightarrow \phi_w = 10$ mm
- $d \leq 85$ cm environ $\Rightarrow \phi_w = 12$ mm
- …

E.2.3.3.2 Éléments de calcul des aciers transversaux

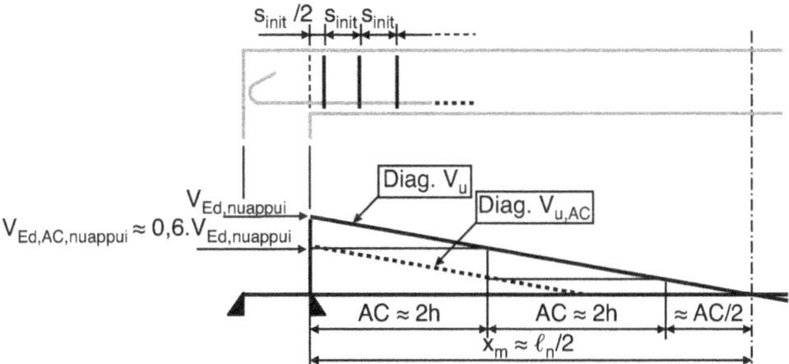

Valeurs intermédiaires

- Décalage diagramme V_u : $AC \approx 2\,h$ et $V_{u,AC,nu\ appui} \approx 0,6.V_{u,nu\ appui}$
- Espacement maximum autorisé : $s_{max} \approx 0,75\,d$

Espacement initial s_{init}

- Travées isolées ou intermédiaires : $s_{init}\,(cm) \approx 145.\dfrac{h(cm).A_{sw}(cm^2)}{V_{u,nu\ appui}(kN)} \leq s_{max} \approx 0,75\,d$

- Travées de rive (du côté de la sécurité) :

    – appui de continuité : $s_{init}\,(cm) \approx 145.\dfrac{h(cm).A_{sw}(cm^2)}{V_{u,nu\ appui}(kN)} - 25\,\% \leq s_{max} \approx 0,75\,d$

    – appui de rive : $s_{init}\,(cm) \approx 145.\dfrac{h(cm).A_{sw}(cm^2)}{V_{u,nu\ appui}(kN)} + 20\,\% \leq s_{max} \approx 0,75\,d$

E.2.3.4 Conditions d'appui : section minimum d'acier à ancrer sur appui d'extrémité

$A_{s,cond.\ appui}(cm^2) \approx 0,03.V_{u,nu\ appui}(kN)$

E.2.4 Fondations

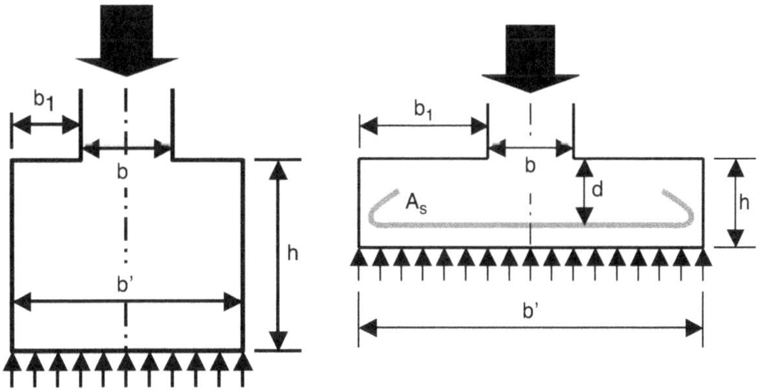

E.2.4.1 Fondations filantes non armées

Respecter $b_1 \leq h/2$

E.2.4.2 Fondations armées, filantes ou isolées

Viser $d = b_1/2$

Alors, dans chaque direction : $N_s = \dfrac{b' - b}{8d} \Rightarrow N_s = N_u/2 \Rightarrow A_s = N_u/(2.f_{yd})$

Donc, avec des aciers B500 :

$A_s \ (cm^2) = 0{,}0115.N_u \ (kN) = 1{,}15 \ \%$ de $N_u \ (kN)$

Si $d > b_1/2 \Rightarrow$ diminuer A_s dans la proportion $(b_1/2)/d_{réel}$